ARM Cortex-M0 微控制器
原理与实践

温子祺　刘志峰　冼安胜　林秩谦　潘海燕　编著

U0325972

北京航空航天大学出版社

内 容 简 介

本书以新唐公司 ARM Cortex-M0 内核的 NuMicro M051 系列微控制器为蓝本,由浅入深,软硬结合,全面系统地介绍基于该微控制器的原理与结构、开发环境与工具、各种接口与功能单元应用的软件编写方法。本书以夯实基础,面向应用,理论与实践、方法与实现紧密结合为主线展开,根据 ARM Cortex-M0 的运行速度快、资源丰富、功能强大等显著特点,采用 C 语言作为系统软件的开发平台,由浅入深,以螺旋式上升的方式进行编排。在讲解原理和设计方法的同时,还穿插了作者相关的经验、技巧和注意事项,有很强的实用性和指导性。

本书可以作为高等院校电子、自动化、仪器仪表和计算机等相关专业的辅助教材,也可作为 ARM Cortex-M0 微控制器的培训教材,可供相关技术人员学习和参考。

图书在版编目(CIP)数据

ARM Cortex-M0 微控制器原理与实践 / 温子祺等编著. —北京 :北京航空航天大学出版社,2013.1
 ISBN 978 - 7 - 5124 - 1037 - 4

Ⅰ. ①A… Ⅱ. ①温… Ⅲ. ①微控制器 Ⅳ.
①TP332.3

中国版本图书馆 CIP 数据核字(2012)第 295544 号

版权所有,侵权必究。

ARM Cortex-M0 微控制器原理与实践

温子祺 刘志峰 冼安胜 林秩谦 潘海燕 编著
责任编辑 刘 晨 刘朝霞

*

北京航空航天大学出版社出版发行

北京市海淀区学院路 37 号(邮编 100191) http://www.buaapress.com.cn
发行部电话:(010)82317024 传真:(010)82328026
读者信箱:emsbook@gmail.com 邮购电话:(010)82316936
涿州市新华印刷有限公司印装 各地书店经销

*

开本:710×1 000 1/16 印张:34.5 字数:735 千字
2013 年 1 月第 1 版 2013 年 1 月第 1 次印刷 印数:4 000 册
ISBN 978 - 7 - 5124 - 1037 - 4 定价:79.00 元 (含光盘 1 张)

若本书有倒页、脱页、缺页等印装质量问题,请与本社发行部联系调换。联系电话:(010)82317024

前　言

嵌入式领域的发展日新月异，读者也许还没有注意到，但是如果停下来想一想MCU系统10年前的样子并与当今的MCU系统比较一下，会发现PCB设计、元件封装、集成度、时钟速度和内存大小已经经历了好几代的变化。在这方面最热门的话题之一是仍在使用8位MCU的用户何时才能摆脱传统架构，并转向使用更先进的32位微控制器架构，如基于ARM Cortex-M的MCU系列。在过去几年里，嵌入式开发者向32位MCU的迁移一直呈现强劲势头，采取这一行动的最强有力的理由是市场和消费者对嵌入式产品复杂性的需求大大增加。随着嵌入式产品彼此互联越来越多、功能越来越丰富，目前的8位和16位MCU已经无法满足处理要求，即使8位或16位MCU能够满足当前的项目需求，它也存在限制未来产品升级和代码重复使用的严重风险。第二个常见原因是嵌入式开发者开始认识到迁移到32位MCU带来的好处，且不说32位MCU能提供超过10倍的性能，单说这种迁移本身就能够带来更低的能耗、更小的程序代码、更快的软件开发时间以及更好的软件重用性。

随着近年来制造工艺的不断进步，ARM Cortex微控制器的成本也不断降低，已经与8位和16位微控制器处于同等水平；另一个原因是基于ARM的器件的选择余地、性能范围和可用性。如今，越来越多的微控制器供应商提供基于ARM的微控制器，这些产品能提供选择范围更广的外设、性能、内存大小、封装、成本等。另外，基于ARM Cortex－M的微控制器还具有专门针对微控制器应用的一些特性，这些特性使ARM微控制器具有日益广泛的应用范围。与此同时，基于ARM的微控制器的价格在过去5年里已大幅降低，并且面向开发者的低成本甚至免费开发工具也越来越多。

与其他架构相比，选择基于ARM的微控制器也是更好的投资。现今，针对ARM微控制器开发的软件代码可在未来多年内供为数众多的微控制器供应商重复使用。随着ARM架构的应用更加广泛，聘请具有ARM架构行业经验的软件工程师也比聘请其他架构工程师更加容易，这也使得嵌入式开发者的产品和资产能够更加面向未来。

本书微控制器的选型以新唐公司ARM Cortex-M0内核的NuMicro M051系列微控制器为蓝本。

本书共分为5大篇。

第 1 篇为初步认知篇,简略介绍微控制器的发展趋势,详细讲解 ARM 的由来,并初步了解 ARM 微控制器指令集和 C 语言编程基础。

第 2 篇为基础入门篇,着重讲解 NuMicro M051 系列微控制器的内部资源的基本使用,如 GPIO、定时器、外部中断、串口(含模拟串口)、看门狗、Flash 内存控制器、I²C 总线控制器、SPI 通信、模拟/数字转换等,同时对 74LS164 串行输入并行输出锁存器、数码管、LCD 进行简单介绍。基础入门篇做到原理与实践相结合的过程体系,初学者能够迅速掌握 NuMicro M051 系列微控制器的基本应用。最后阐述了 NuMicro M051 如何进行功耗控制、软件复位等应用和 Keil 内建的 RTX-Kernel 实时系统以及 LIB 的生成、调用,特别是 RTX-Kernel 实时系统的学习将对以后进军嵌入式实时系统提供了厚实的根基。

第 3 篇为深入篇,对接口编程、微控制器编程优化、微控制器稳定性作深入的研究,以深入接口和深入编程进行讲解,是技术上的重点,同样是技术上的难点。这样我们对微控制器的理解不再浮于表面,而是站在一名项目开发者角度,思考着众多的技术性问题,譬如深入接口部分是以数据校验为重点,包含奇偶校验、校验和、CRC16 循环冗余检验,加深大家对数据校验的理解。深入编程以编程规范、代码架构、C 语言的高级应用(如宏、指针、强制转换、结构体等复杂应用)、程序防跑飞等要点作深入的研究。深入篇从技术角度来看是整本书内容的精华部分,在研究如何优化微控制器的性能、稳定性搞得焦头烂额的时候指引了明确的方向。深入篇是我们必看的部分,因其涉及的内容是微控制器与 C 编程的精髓,并为解决这多方面的问题,提供了不可多得的参考价值。

第 4 篇为番外篇,何谓番外篇,因为本篇超出了介绍微控制器的范畴,但是又不得不说,因为在高级实验篇很大部分的篇章已经涉及了界面的应用。说实话,现在的微控制器程序员或多或少与界面接触,甚至要懂得界面的基本编写,也就是说,微控制器程序员同时演绎着界面程序员的角色,这在中小型企业比较常见,编写的往往是一些比较简单的调试界面,常用于调试或演示给老板或参观的人看,当产品竣工时,要提供相应的 DLL 给系统集成部,缔造出不同的应用方案。在番外篇中,界面编程开发工具为 VC++2008,通过 VC++2008 向大家展示界面如何编写,同时如何实现串口通信、USB 通信、网络通信,只要使用笔者编写好的类,实现它们的通信是如此的简单,就像在 C 语言中调用函数一样,只需要掌握 Init()、Send()、Recv()、Close() 函数的使用就可以了,相信大家会在这篇中基本掌握界面编程,最后驾轻就熟,编写出属于自己的调试工具。

第 5 篇为高级通信接口开发篇,阐述了 USB 与网络通信的原理及其应用。在我们进行产品研发的过程当中,不可避免地要接触各种各样的 USB 设备,并要为其编写程序。一旦当前的 USB 设备满足不了项目的要求时,往往使用网络设备取代 USB 设备,这个现象是十分常见的。其实很大一部分人如果是初始接触 USB 或者网络设备开发,他们就感觉到非常痛苦的事情,为什么这样说呢? 因为要对 USB 或者网络设备进行开发,必须要对 USB 或网络协议要熟悉。难能可贵的是本书在有限篇幅里简明扼要地对 USB 和网络的协议描述得一清二楚,并通过实验进行验证,以此消除他们对 USB 和网络编程的恐惧,从此对 USB 与网络设备的开发驾轻就熟。由于篇幅限制,第 5 篇关于 USB 和网络章节的相关内容见随书光盘。

本书以 SmartM-M051 开发板为实验平台(见实物图附录 A.2),该开发板是为初学者设计的一款实用型的开发板,不仅含有基本的设备单元,同时在开发板的实用性的基础上能够搭载 USB 模块与网络模块,很好地满足了书中所有实验的要求。本人还编写了单片机多功能调试助手(详见附录 B),专为大家排忧解难,该软件不但能够实现串口、USB、网络调试、常用校验值计算、编码转换等功能。

天下大事,必作于细,无论是从微控制器入门与深入的角度出发,还是从实践性与技术性的角度出发,都是本书的亮点,可以说是作者用尽了心血进行编写,多年工作经验的积累,读者通过学习本书相当于继承了作者的思路与经验,找到了快捷径,能够花最少的时间获得最佳的学习效果,节省不必要的摸爬打滚的时间。

参与本书编写工作的主要人员有温子祺、刘志峰、冼安胜、林秩谦,潘海燕小姐负责本书的前期排版,最终方案的确定和本书的定稿全部由温子祺负责;其次还要感谢佛山市安讯智能科技有限公司工作的卢永坚、何超平、王雨杰、程国洪、张铭坤先生和美的公司工作的龙俊贤先生,他们对本书提出了不少建设性的建议;感谢温子龙、温子明、李祖达、陈春柳经理等对本人的支持;感谢北京航空航天大学出版社的胡晓柏主任,在从写书到出版的过程中提出了不少有价值的参考意见,让此书不断完善。

本书主要取材于实际的项目开发经验,对于微控制器编程的程序员说是一个很好的消息,本书例程编程规范良好,代码具有良好的移植性,移植到不同的平台十分方便。最后希望本书能对微控制器应用推广起到一定的作用,由于程序代码较复杂、图表比较多,难免会有纰漏,恳请读者批评指正,并且可以通过 E-mail:wenziqi@hotmail.com 进行反馈,并欢迎大家访问 www.smartmcu.com,我们希望能够得到读者的参与和帮助。

温子祺
2013 年 1 月

目 录

目录

第 2 篇　基础入门篇

第4篇 番外篇

绪 论

0.1 什么是微控制器

微控制器是指一个集成在一块芯片上的完整计算机系统。尽管它的大部分功能集成在一块小芯片上，但是它具有一个完整计算机所需要的大部分部件：CPU、内存、内部和外部总线系统，目前大部分还会具有外存。同时集成诸如通信接口、定时器、实时时钟等外围设备。而现在最强大的微控制器系统甚至可以将声音、图像、网络、复杂的输入/输出系统集成在一块芯片上，如图 0.1.1 所示。

图 0.1.1　NuMicro M051 系列微控制器

0.2 微控制器历史

微控制器诞生于 20 世纪 70 年代末，经历了 SCM、MCU、SoC 三大阶段。

（1）SCM 即单片微型计算机（Single Chip Microcomputer）阶段，主要是寻求最佳的单片形态嵌入式系统的最佳体系结构。"创新模式"获得成功，奠定了 SCM 与通用计算机完全不同的发展道路。在开创嵌入式系统独立发展道路上，Intel 公司功不可没。

（2）MCU 即微控制器（Micro Controller Unit）阶段，主要的技术发展方向是：不断扩展满足嵌入式应用时，对象系统要求的各种外围电路与接口电路，突显其对象的智能化控制能力。它所涉及的领域都与对象系统相关，因此，发展 MCU 的重任不可避免地落在电气、电子技术厂家。从这一角度来看，Intel 逐渐淡出 MCU 的发展也有其客观因素。在发展 MCU 方面，最著名的厂家当数 NXP（原 Philips）公司。

NXP 公司以其在嵌入式应用方面的巨大优势，将 MCS - 51 从单片微型计算机迅速发展到微控制器。因此，当我们回顾嵌入式系统发展道路时，不要忘记 Intel 和 NXP 的历史功绩。

（3）微控制器是嵌入式系统的独立发展之路，向 MCU 阶段发展的重要因素，就是寻求应用系统在芯片上的最大化解决；因此，专用微控制器的发展自然形成了 SoC 化趋势。随着微电子技术、IC 设计、EDA 工具的发展，基于 SoC 的微控制器应用系统设计会有较大的发展。因此，对微控制器的理解可以从单片微型计算机、单片微控制器延伸到单片应用系统。

0.3　微控制器应用领域

目前微控制器渗透到我们生活的各个领域，几乎很难找到哪个领域没有微控制器的踪迹。导弹的导航装置，飞机上各种仪表的控制，计算机的网络通信与数据传输，工业自动化过程的实时控制和数据处理，广泛使用的各种智能 IC 卡，民用豪华轿车的安全保障系统，录像机、摄像机、全自动洗衣机的控制，以及程控玩具、电子宠物手机（例如苹果公司的 iPhone4 手机，见图 0.1.2）等，这些都离不开微控制器。更不用说自动控制领域的机器人、智能仪表、医疗器械了。因此，微控制器的学习、开发与应用将造就一批计算机应用与智能化控制的科学家、工程师。

图 0.1.2　苹果 iPhone4 手机

微控制器广泛应用于仪器仪表、家用电器、医用设备、航空航天、专用设备的智能化管理及过程控制等领域，大致可分如下几个范畴：

1. 在智能仪器仪表上的应用

微控制器具有体积小、功耗低、控制功能强、扩展灵活、微型化和使用方便等优点，广泛应用于仪器仪表中，结合不同类型的传感器，可实现诸如电压、功率、频率、湿度、温度、流量、速度、厚度、角度、长度、硬度、元素、压力等物理量的测量。采用微控制器控制使得仪器仪表数字化、智能化、微型化，且功能比起采用电子或数字电路更加强大，例如精密的测量设备（功率计，示波器，各种分析仪）。

2. 在工业控制中的应用

用微控制器可以构成形式多样的控制系统、数据采集系统。例如工厂流水线的智能化管理，电梯智能化控制、各种报警系统，与计算机联网构成二级控制系统等。

3. 在家用电器中的应用

可以这样说，现在的家用电器基本上都采用了微控制器控制，从电饭煲、洗衣机、电冰箱、空调机、彩电、其他音响视频器材、再到电子秤量设备，五花八门，无所不在。

4. 在计算机网络和通信领域中的应用

现代的微控制器普遍具备通信接口，可以很方便地与计算机进行数据通信，为在计算机网络和通信设备间的应用提供了极好的物质条件，现在的通信设备基本上都实现了微控制器智能控制，从手机、电话机、小型程控交换机、楼宇自动通信呼叫系统、列车无线通信、再到日常工作中随处可见的移动电话、集群移动通信、无线电对讲机等。

5. 微控制器在医用设备领域中的应用

微控制器在医用设备中的用途也相当广泛，例如医用呼吸机、各种分析仪、监护仪、超声诊断设备及病床呼叫系统等。

6. 在各种大型电器中的模块化应用

某些专用微控制器设计用于实现特定功能，从而在各种电路中进行模块化应用，而不要求使用人员了解其内部结构。如音乐集成微控制器，看似简单的功能，微缩在纯电子芯片中（有别于磁带机的原理），就需要复杂的类似于计算机的原理。例如：音乐信号以数字的形式存于存储器中（类似于 ROM），由微控制器读出，转化为模拟音乐电信号（类似于声卡）。

在大型电路中，这种模块化应用极大地缩小了体积，简化了电路，降低了损坏、错误率，也方便于更换。

7. 微控制器在汽车设备领域中的应用

微控制器在汽车电子中的应用非常广泛，例如汽车中的发动机控制器，基于 CAN 总线的汽车发动机智能电子控制器，GPS 导航系统，ABS 防抱死系统，制动系统等。

此外，微控制器在工商、金融、科研、教育、国防航空航天等领域都有着十分广泛的用途。

第 **1** 篇

初步认知篇

MCU 市场上不同产品的发展状况,32 位 MCU 的增长最为抢眼,特别应用在手机上的 ARM 微控制器。与 8 位 MCU 相比,32 位产品并没有浪费资源。32 位 MCU 提升了工作效率,简化了设计,使功耗更低,成本也并不比 8 位 MCU 高多少。例如,通信对更高带宽的需求,智能电表要求通过以太网或其他方式实现自动抄表,汽车智能化的提升等都带动了集成各种网络接口、低功耗的 32 位 MCU 的发展。

此外,16 位产品面对 8 位和 32 位 MCU 的"双向夹击",将逐步消亡,这已成为大部分 MCU 企业的共识。产业将高度整合 MCU 市场在不断扩张的同时,产业却有可能走向高度垄断,一些企业将被迫离开这一行业,而这一切可能缘于 ARM 核心的异军突起。

2007 年,意法半导体作为第一家半导体行业中的大厂,推出了基于 ARM Cortex 微控制器的 MCU 产品。当时,瑞萨、飞思卡尔、德州仪器、东芝、爱特梅尔(Atmel)、富士通微电子等企业都专注于各自专有核心 MCU 产品的开发和推广。但仅仅在 3 年之内,MCU 产业发生了巨大的转变,大多数 MCU 企业都争先恐后般推出了基于 ARM Cortex 微控制器的 MCU。

现在 MCU 市场重新洗牌在即,8 位微控制器只能苦守,16 位机将逐步消亡,32 位微控制器 ARM 大行其道,因此,学习 32 位的 ARM 微控制器是必然的趋势。

第 1 章

微控制器发展趋势

1.1 概　述

　　嵌入式领域的发展日新月异,读者也许还没有注意到,但是如果读者停下来想一想微控制器系统十年前的样子并与当今的微控制器系统比较一下,就会发现 PCB 设计、元件封装、集成度、时钟速度和内存大小已经经历了好几代的变化。在这方面最热门的话题之一是仍在使用 8 位微控制器的用户何时才能摆脱传统架构并转向使用现代 32 位微控制器架构,如基于 ARM Cortex-M 的微控制器系列。在过去几年里,嵌入式开发者向 32 位微控制器的迁移一直呈现强劲势头。本章节将讨论加速这种迁移的一些因素。

　　在本章节的第一部分,我们将总结为什么嵌入式开发者应该考虑向 32 位微控制器迁移。采取这一行动的最强有力的理由是市场和消费者对嵌入式产品复杂性的需求大大增加。随着嵌入式产品彼此互联越来越多、功能越来越丰富,目前的 8 位和 16 位微控制器已经无法满足处理要求。即使 8 位或 16 位微控制器能够满足当前的项目需求,它也存在限制未来产品升级和代码重复使用的严重风险。

　　第二个常见原因是嵌入式开发者开始认识到迁移到 32 位微控制器带来的好处,且不说 32 位微控制器能提供超过 10 倍的性能,单说这种迁移本身就能够带来更低的能耗、更小的程序代码、更快的软件开发时间以及更好的软件重用性。

　　另一个原因是基于 ARM 的器件的选择余地、性能范围和可用性。如今,越来越多的微控制器供应商提供基于 ARM 的微控制器。这些产品能提供选择范围更广的外设、性能、内存大小、封装、成本等。另外,基于 ARM Cortex-M 的微控制器还具有专门针对微控制器应用的一些特性。这些特性使 ARM 微控制器具有日益广泛的应用范围。与此同时,基于 ARM 的微控制器的价格在过去 5 年里已大幅降低,并且面向开发者的低成本甚至免费开发工具也越来越多。

　　与其他架构相比,选择基于 ARM 的微控制器也是更好的投资。现今,针对 ARM 微控制器开发的软件代码可在未来多年内供为数众多的微控制器供应商重复使用。随着 ARM 架构的应用更加广泛,聘请具有 ARM 架构行业经验的软件工程师也比聘请其他架构工程师更加容易。这也使得嵌入式开发者的产品和资产能够更加面向未来。

在很多人的印象中,8 位微控制器采用 8 位指令,而 32 位微控制器采用 32 位指令。如图 1.1.1 所示,事实上,8 位微控制器的许多指令是 16 位、24 位或者 8 位以上的其他指令长度,例如,PIC18 的指令是 16 位。即使是古老的 8051 架构,有些指令长度是 1 字节,也有很多其他指令是 2 字节或 3 字节。16 位架构同样如此,例如,MSP430 的某些指令是 6 字节(MSP430X 指令甚至是 8 字节)。

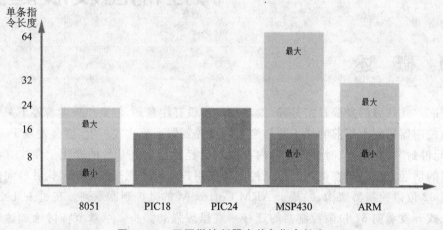

图 1.1.1　不同微控制器中单条指令长度

ARM Cortex-M3 和 Cortex-M0 微控制器基于能提供卓越代码密度的 Thumb-2 技术。采用 Thumb-2 技术的微控制器可以支持同时包含 16 位和 32 位指令的 Thumb 指令集,32 位指令功能是 16 位版本的超集。在大多数情况下,C 编译器使用 16 位版本指令,除非操作只能使用 32 位版本才能执行。

在 Cortex-M 微控制器的编译程序中,32 位指令的数量仅占整个指令数量的一小部分。例如,在专为 Cortex-M3 编译的 Dhrystone 程序映像中,32 位指令的数量仅占指令总数的 15.8%(平均指令长度为 18.5 位)。而对 Cortex-M0 来说,32 位指令数量所占的比例更低,仅为 5.4%(平均指令长度为 16.9 位)。

注:Dhrystone 是测量处理器运算能力的最常见基准程序之一,常用于处理器的整形运算性能的测量。程序是用 C 语言编写的,因此 C 编译器的编译效率对测试结果也有很大影响。

1.2　ARM Cortex-M 微控制器优势

1.2.1　指令集效率

ARM Cortex-M 微控制器使用的 Thumb 指令集的效率很高。例如,ARM 微控制器的多加载指令、多存储指令、堆栈推入和堆栈弹出指令允许由单条指令实现多个数据传输。

强大的内存寻址模式还简化了 ARM 微控制器的内存访问序列。例如,通过寄存器偏移、立即偏移、PC 相关或堆栈指针相关(对本地变量有用)的寻址模式等单一指令都可以访问内存。同时,还具有内存指针自动调整等附加功能。

如表 1.2.1 所列,所有基于 ARM 的微控制器在处理 8 位和 16 位数据方面是非常高效的。对于 8 位、16 位和 32 位数据处理,无论是有符号还是无符号,都有紧凑型内存访问指令可以使用。另外还有一些指令专门用于数据类型转换。总的来说,使用 ARM 微控制器处理 8 位和 16 位的数据与处理 32 位数据一样简单和高效。

基于 ARM Cortex-M 的微控制器可提供强大的条件执行功能。针对有符号和无符号数据类型的分支条件进行综合选择,这是现在所有 ARM 微控制器共有的功能,此外,基于 ARM Cortex-M3 的微控制器还提供有条件执行、比较和分支复合指令。

Cortex-M0 和 Cortex-M3 都支持 32 位的单周期乘法操作。此外,基于 Cortex-M3 的微控制器还支持有符号和无符号的整数除法、饱和运算、32 位和 64 位累积乘法(MAC)操作以及多种位字段操作指令。

表 1.2.1　在各微控制器体系结构之间比较 16 位乘法运算

8 位示例	16 位示例	ARM Cortex-M
MOV A,XL;2 字节	MOV R4,&0130h	MULS r0,r1,r0
MOV B,YL;3 字节	MOV R5,&0138h	
MUL AB;1 字节	MOV SumLo,R6	
MOV R0,A;1 字节	MOV SumHi,R7	
MOV R1,B;3 字节	(操作数被移入或移出内	
MOV A,XL;2 字节	存映射的硬件乘法单元)	
MOV B,YH;3 字节		
MUL AB;1 字节		
ADD A,R1;1 字节		
MOV R1,A;1 字节		
MOV A,B;2 字节		
ADDC A,#0;2 字节		
MOV R2,A;1 字节		
MOV A,XH;2 字节		
MOV B,YL;3 字节		
MUL AB;1 字节		
ADD A,R1;1 字节		
MOV R1,A;1 字节		
MOV A,B;2 字节		

8 位示例	16 位示例	ARM Cortex-M
ADDC A,R2;1 字节		
MOV R2,A;1 字节		
MOV A,XH;2 字节		
MOV B,YH;3 字节		
MUL AB;1 字节		
ADD A,R2;1 字节		
MOV R2,A;1 字节		
MOV A,B;2 字节		
ADDC A,♯0;2 字节		
MOV R3,A;1 字节		

注意：Cortex-M 乘法实际上执行 32 位乘法,此处假设 r0 和 r1 包含 16 位数据。

1.2.2　8 位应用程序的神话

　　许多嵌入式开发人员错误地认为其应用程序仅执行 8 位的数据处理,因此没必要迁移到 32 位微控制器。但是如果深入了解一下 C 编译器手册,就会知道丑整数(humble integer,即因子为 2/3/5 的整数)在 8 位微控制器上其实是 16 位数据保留每次执行一个整数操作,或者访问需要整数操作的 C 库函数,处理的都是 16 位数据。8 位微控制器内核必须使用一系列指令和更多时钟周期来处理这些数据。

　　同样的情况也适用于指针。在大多数的 8 位或 16 位微控制器中,地址指针至少需要 16 位。如果在 8051 中使用通用内存指针,由于需要额外的信息以表明所指的是哪块内存,或使用存储体切换或类似技术来克服 64 KB 内存障碍,指针的使用将增加。因此,在 8 位系统中内存指针的处理效率是非常低的。由于在寄存器库中的每个整数变量占用多个寄存器,在 8 位微控制器中进行整数运算也会导致更多的内存访问,更多的内存读/写指令,以及更多的堆栈操作指令。所有这些问题都大大增加了 8 位微控制器的程序代码长度。

　　那么,让我们看看在特定基准实例的比较结果? 例如,针对多种进行长度优化的架构编译的 Dhrystone 程序会产生以下结果如表 1.2.2 所列。

表 1.2.2　特定基准实例

微控制器	SiliconLabs C8051F320	Cortex-M0	Cortex-M3
工具	Keil μVision 3.8 PK51 8.18	RVDS 4.0—SP2	RVDS 4.0—SP2
二进制输出大小/字节	3186	912	900

大多数嵌入式应用程序迁移到基于 ARM Cortex-M 的微控制器后，由于使用较少的代码而受益，因为这意味着对微控制器内存要求降低，可以使用更便宜的微控制器。代码尺寸减小的原因是指令集效率更高、指令规模更小、以及大多数嵌入式应用程序需要处理 16 位或更大的数据。

ARM 微控制器的代码尺寸较小的优势能够影响微控制器的性能、功耗和成本。许多嵌入式开发人员从 8 位和 16 位微控制器切换到 32 位微控制器的一个重要原因是其嵌入式产品对性能有更高的需求。切换到 ARM 微控制器还可降低功耗并且延长嵌入式产品的电池寿命，尽管这些益处通常不易觉察和理解。

1.2.3　性　能

比较微控制器性能的一种常见方法是使用 Dhrystone 基准，如图 1.2.1 所示。它免费、易用且小巧，在微控制器中只占很小的内存（尽管它不是一个"最理想的"基准套件）。原始的 8051 的性能仅为 0.0094 DMIPS/MHz。新型 8051 的性能略有提高，例如，Maxim 80C310 设备为 0.027 DMIPS，最快的 8051 微控制器宣称拥有 0.1 DMIPS/MHz 的 Dhrystone 性能。这仍然大大低于基于 ARM Cortex-M 微控制器的性能，如 Cortex-M3 微控制器的最高性能是 1.25 DMIPS/MHz，Cortex-M0 微控制器的最高性能达到 0.9 DMIPS/MHz。其他 8 位和 16 位架构又如何呢？PIC18 的性能为 0.02 DMIPS/MHz（内部时钟），比某些 8051 的性能还要低，并且 Microchip 的 16 位产品性能还不及 ARM Cortex-M3 微控制器的一半。

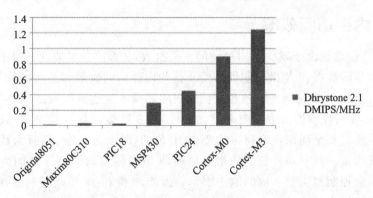

图 1.2.1　基于 Dhrystone 的基本性能比较

1.2.4　8 位和 16 位微控制器的局限

总的来说，8 位微控制器在处理 16 位和 32 位数据时效率很低。如前文所述，这会涉及 C 代码和库函数中的整数及指针的处理。每次在处理整数变量和指针时，都需要一系列的指令，这会导致更低的性能和更长的代码。

造成许多 8 位和 16 位微控制器效率低下的另一个原因是指令集和编程模型的

局限。例如,8051 严重依赖于累加器（ACC）和数据指针(DPTR)进行数据传输和处理。结果,将数据移入和移出 ACC 和 DPTR 都需要指令,这对代码长度和执行周期来说是个很大的开销。

如果需要访问超过 64 KB 的内存,8 位和 16 位微控制器的性能会进一步降低。这些架构是为处理 16 位地址而设计的(这些架构使用 16 位程序计数器和 16 位数据指针,且指令集的设计只考虑了支持 64 KB 地址范围)。如果需要超过 64 KB 的内存,就需要额外的硬件和指令开销来产生额外的地址位。对于需要访问大于 64 KB 内存的标准 8051 来说,将把内存分成若干段并且所有段转换代码都要通过库来执行,这就增加了代码长度和时钟周期开销,降低了内存使用效率。某些 16 位微控制器通过使用更大的程序计数器和内存分割来避免这个缺陷,但是大的地址值仍需要额外处理,还是难免降低性能并增加了程序代码。

1.2.5　低功耗

功耗怎么样呢？关于向 ARM 架构迁移的最常见问题是它是否会增加能耗。如果读者研究一下基于 ARM 微控制器的最新产品,这个问题就会很清楚了,ARM Cortex-M 微控制器的能耗实际上低于许多 16 位和 8 位微控制器。

ARM 微控制器本来就是为低功耗设计的,它采用了多项低功耗技术。例如,Cortex-M0 和 Cortex-M3 微控制器在架构上支持睡眠模式和 Sleep-on-exit 功能(一旦中断处理完成,微控制器即返回到睡眠模式)。

1.2.6　内存访问效率

使用 32 位总线由于减少了内存访问所需次数,从而降低了能耗。对于在内存中复制同样数量的数据,8 位微控制器需要 4 倍的内存访问次数和更多的取指。因此,即使内存大小相同,8 位微控制器也要消耗更多功率才能达到相同结果。

Cortex-M 微控制器的取指效率要比 8 位和 16 位微控制器高很多,因为每次取指是 32 位,所以每个周期可取得多达 2 个 16 位的 Thumb 指令,同时为数据访问提供更多总线带宽。对于同样长度的指令序列,8 位微控制器需要 4 倍的内存访问次数,而 16 位微控制器需要 2 倍的取指次数。因此,8 位和 16 位微控制器比 ARM 微控制器要消耗更多的能量。

1.2.7　通过降低操作频率来降低能耗

32 位高性能微控制器可以通过在更低的时钟频率上运行应用程序来降低能耗。例如,原来在 8051 上以 30 MHz 运行的应用程序,可以在 ARM Cortex-M0 微控制器上仅以 3 MHz 的时钟频率运行并且达到同样的性能水平。

1.2.8　通过缩短活跃周期来降低能耗

另外,通过 ARM 微控制器的休眠模式,可以在某个处理任务完成后进一步降低能耗。与 8 位或 16 位微控制器相比,Cortex-M 微控制器具有更高的性能,可以在完成任务后更快地进入睡眠模式,从而缩短微控制器处于活跃状态的时间,如图 1.2.2 所示。

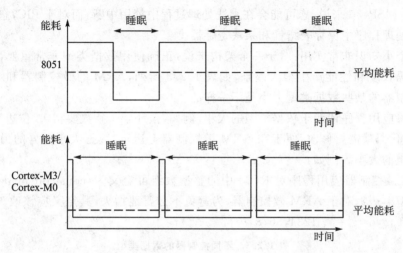

图 1.2.2　Cortex 微控制器可以通过减少处于活跃状态的时间来降低系统能耗

1.2.9　低功耗的总体优势

与 8 位和 16 位微控制器相比,ARM Cortex-M 微控制器可提供最佳的能效和更高的性能。ARM 处理器为实现高能效而设计,应用程序可以充分利用这个优势通过多种方式来降低能耗。

1.2.10　软件开发

任何微控制器,如果没有相应的应用程序支持,只不过就是一个硬件而已。一些嵌入式软件开发人员可能认为 ARM 微控制器的软件开发比较困难。事实上,为 ARM Cortex-M 微控制器开发软件要比开发 8 位微控制器产品简单得多。

Cortex-M 的微控制器不仅可以采用 100% 的 C 语言编程,而且具有多种增强调试功能,方便定位软件中的问题。此外,互联网上还有很多实例和教程,其包括许多基于 ARM 的微控制器供应商网站以及包括在微控制器开发工具包之内的资源。

1.2.11　从 8 位或 16 位微控制器向 ARM 移植软件

与简单的 8 位微控制器相比,ARM Cortex-M 微控制器在外设里通常有更多的寄存器。ARM 微控制器的外设通常功能更多,因此可利用的编程寄存器也更多。但是别担心,ARM 微控制器供应商会提供设备驱动程序库,只需调用少数几个函数就可以配置外设。

与大多数 8 位或 16 位架构相比,ARM 微控制器的编程更加灵活。例如,没有硬件堆栈限制,函数可递归调用(局部变量存储在堆栈而不是静态存储器中),也不用担心特殊寄存器在中断处理程序中的保存问题,它在中断入口由微控制器进行处理。例如,对 MSP430 来说,您可能会在乘法处理过程中禁用中断,而对于 PIC,您可能会在中断处理程序中保存表指针和乘法寄存器。

有个小知识非常实用:对于一个架构来说,正确使用数据类型非常重要,因为它能使代码长度和性能产生很大差别,如表 1.2.3 所列,ARM 的微控制器和 8 位/16 位微控制器的某些数据类型大小是不一样的。

如果应用程序依赖于数据类型的大小,例如,预计某个整数要在 16 位边界溢出,那么,该代码就需要修改,便于在 ARM 微控制器上运行,数据大小差异的另一个影响是数组的大小。例如:

8 位微控制器应用程序对 ROM 中的整型数组可定义为:const int mydata = { 1234,5678,…};对于 ARM 微控制器,为避免不必要地增大,其定义应该改为:const short int mydata = { 1234,5678,…}。

表 1.2.3 不同控制器的数据类型

数据类型	8 位/16 位微控制器	ARM 微控制器
整型	16 位	32 位(或使用 16 位短整型)
枚举型	8 位 / 16 位	8 位 / 16 位 / 32 位
指针	16 位或以上	32 位
双精度浮点型	32 位(使用单精度)	64 位(或使用 32 位浮点型)

浮点指令的差异也可导致计算结果略有不同。由于 8 位和 16 位微控制器性能的局限性,双精度数据,其实是作为单精度数据(32 位)来处理。在 ARM 微控制器中,双精度数据类型是 64 位,因此 32 位浮点(单精度)应使用浮点数据类型而不是双精度数据类型。这种差异也会影响数学函数。例如,下面取自 Whetstone 的代码在 ARM 微控制器中将产生双精度数学函数:

X = T * atan(T2 * sin(X) * cos(X)/(cos(X + Y) + cos(X − Y) − 1.0));

若仅是单精度,程序代码应变为

X = T * atanf(T2 * sinf(X) * cosf(X)/(cosf(X + Y) + cosf(X − Y) − 1.0F));

1.2.12 调 试

对于一些用户来说,选择微控制器的关键要求之一是调试支持。ARM Cortex-M

微控制器支持全面调试功能，包括硬件断点、观察点、寄存器访问和运行时内存访问。调试可采用 JTAG 或串行线协议（两根信号线），搭配标准的 Cortex 调试连接器，方便将目标板连接到调试主机。

Cortex-M3 用户还可以通过跟踪支持实现额外的调试功能。Cortex-M3 支持选择性数据跟踪、事件跟踪、异常跟踪和文本输出（仪器跟踪）。跟踪数据可以由串行线输出的单引脚接口进行收集，与调试主机连接共享 JTAG/串行线连接器。这样，与程序执行相关的有用信息可通过低成本调试硬件所捕获，无需额外的跟踪硬件。许多基于 Cortex-M3 的微控制器还支持嵌入式跟踪宏单元（ETM），它支持完整的指令跟踪。此功能可以对应用程序代码的执行情况进行详细分析。由于 Cortex-M0 和 Cortex-M3 存在相似性，可以通过指令跟踪在 Cortex-M3 上开发和调试应用程序，然后进行少量的代码修改即可将应用程序移植到 Cortex-M0 上。

1.2.13 选 择

使用 ARM 微控制器的一个最重要优势是选择范围大。基于 Cortex-M 的微控制器的供应厂商越来越多，外围设备、接口、内存大小、封装和主频范围也多种多样。市场上既有免费和低成本的开发工具，也有具有许多高级功能的专业开发工具。支持 ARM 的嵌入式操作系统、编解码器和中间件供应商也日益增多。

1.2.14 软件可移植性

ARM Cortex-M 微控制器还提供了高度的软件可移植性。虽然微控制器供应商为数众多，各自都有自己的设备驱动程序库，C 编译器供应商也有若干，但是嵌入式软件开发者通过 Cortex 微控制器软件接口标准（CMSIS），可以轻松实现软件移植。

CMSIS 已经被包含在许多微控制器供应商提供的设备驱动程序库中。它给内核函数和内核寄存器提供软件接口，并提供标准化的系统异常处理程序名称。基于 CMSIS 开发的软件可以在不同的 Cortex-M 微控制器之间轻松地移植，并且使得嵌入式操作系统或中间件可以同时支持多家微控制器供应商和多种编译器套件。CMSIS 通过提供更好的软件可重用性来保护软件开发上的投资。

1.2.15 迁移成本

随着近年来制造工艺的不断进步，ARM Cortex 微控制器的成本也不断降低，如图 1.2.3 所示，已经与 8 位和 16 位微控制器处于同等水平。另一方面，用户对性能优越、功能丰富的微控制器的需求不断增加，大大提高了产量并降低了单位成本。

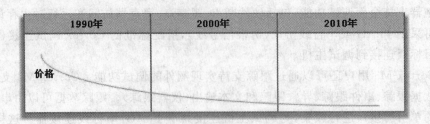

图 1.2.3　32 位微控制器的价格已大幅下降

1.2.16　结　论

如表 1.2.4 所列,从 8 位微控制器向 ARM Cortex-M 微控制器迁移可以得到更好的性能,降低复杂软件的开发成本,还能够降低能耗和代码尺寸。迁移到 16 位架构或其他 32 位架构则不会获得同样级别的好处。

从 8 位迁移到 16 位架构只能解决 8 位微控制器中出现的部分限制。16 位架构在处理大型内存(＞64KB)时具有与 8 位架构相同的效率低下的问题,并且通常基于私有架构,限制了设备选择性和软件可移植性。其他 32 位微控制器架构在中断特性、能效、系统特性和软件支持等方面也相对落后。一般情况下,迁移到 ARM 才能实现最大效益,包括降低成本和适应未来发展。

无论您的应用程序有何要求,您都可以轻松找到一个适合的 ARM Cortex-M 微控制器产品。即便日后您需要增强产品以实现更多功能和更高性能或更低能耗,ARM Cortex-M 微控制器的架构兼容优势还可以让您在不同的 ARM 微控制器产品之间轻松转换。

展望未来,随着更多 Cortex-M 微控制器产品的推出,越来越多的嵌入式项目将迁移到 ARM。从长远来看,不难发现,ARM Cortex-M 成为微控制器的标准架构已是不争的事实。

表 1.2.4　各种控制器的综合对比与评分

指　标	8051	其他 8 位架构	16 位架构	其他 32 位架构	ARM Cortex-M 微控制器
性能	1	1	2	3	3
低能耗	3	3	3	3	3
代码密度	1	1	2	1	3
内存＞64 KB	1	1	1	3	3
矢量中断	3	3	3	2	3
低中断延时	3	3	3	1	3
低成本	3	3	3	1	3
多供货源(非专有架构)	3	3	1	1	3

指　标	8051	其他 8 位架构	16 位架构	其他 32 位架构	ARM Cortex-M 微控制器
编译器选择性	3	2	2	2	3
软件可移植性	3	2	2	2	3
评分	24	22	25	17	30

深入重点

✓　ARM Cortex-M 控制器具有功耗低、性能高、低成本、软件可移植性强等特性。

1.3　ARM Cortex-M 微控制器程序迁移

1. 架构概述

对于一些嵌入式程序员(尤其是那些习惯使用汇编语言编程的程序员),首先要做的事情就是了解编程模型。

2. 寄存器

ARM Cortex-M 微控制器具有一个 32 位寄存器库和一个 xPSR(组合程序状态寄存器)。如图 1.3.1 所示,而 8051 具有 ACC(累加器)、B、DPTR(数据指针)、PSW(微控制器状态字)和 4 个各含 8 个寄存器的寄存器库 (R0～R7)。

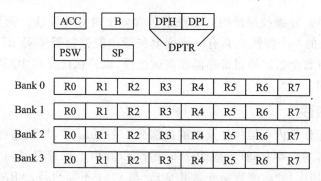

图 1.3.1　8051 主要寄存器

在 8051 中,一些指令会频繁使用某些寄存器,如 ACC 和 DPTR。这种相关性会极大降低系统的性能,而在 ARM 微控制器中,指令可使用不同的寄存器来进行数据处理、内存存取和用作内存指针,因此不会有这个问题。从根本上说,ARM 架构是一个基于加载(Load)和存储(Store)的 RISC 架构,微控制器寄存器加载数据,然后将数据传给 ALU 进行单周期执行。而 8051 寄存器(ACC、B、PSW、SP 和 DPTR)可在 SFR(特殊功能寄存器)的内存空间中访问。

为了确保普通的 C 函数能够用作中断处理程序,在需要处理中断时,Cortex-M 的寄存器(R0~R3、R12、LR、PC 和 xPSR)会被自动压入堆栈,而软件仅需在必要时将其他寄存器压入堆栈。虽然 8051 具有 4 个寄存器库,但是 ACC、B、DPTR 和 PSW 寄存器并不会自动压栈,因此通常需要通过中断处理程序对这些寄存器进行软件压栈。

3. 内　存

ARM 微控制器具有 32 位寻址,可实现一个 4 GB 的线性内存空间。该内存空间在结构上分成多个区,每个区都有各自的推荐用法(虽然并不是固定的)。统一内存架构不仅增加了内存使用的灵活性,而且降低了不同内存空间使用不同数据类型的复杂性。

8051 在外部 RAM 内存空间上最高支持 64 KB 的程序内存和 64 KB 的数据内存。理论上,可以利用内存分页来扩展程序内存大小。不过,内存分页解决方案并未标准化,换句话说,不同 8051 供应商的内存分页的实现并不相同。这不仅会增加软件开发的复杂性,而且由于处理页面切换所需的软件开销,还会显著降低软件性能。

在 ARM Cortex-M3 或 M4 上,SRAM 区和外设区都提供了一个 1MB 的位段区(bit band region)。此位段区允许通过别名地址访问其内部的每个位。由于位段别名地址只需通过普通的内存存取指令即可访问,因此 C 语言完全可以支持,不需要任何特殊指令。而 8051 提供了少量的位寻址内存(内部 RAM 上 16 字节和 SFR 空间上 16 字节)。处理这些位数据需要特殊指令,而要支持此功能,C 编译器中需要 C 语言扩展。

ARM Cortex-M 微控制器的内存映射包含多个内置外设块。例如,ARM Cortex-M 微控制器的一个特性是具有一个嵌套矢量中断控制器(NVIC)。此外,系统区中内存映射有数个指定控制寄存器和调试组件,以确保优异的中断处理并极大方便开发人员使用。

4. 堆栈内存

堆栈内存操作是内存架构的重要组成部分。在 8051 中,堆栈指针只有 8 位,同时堆栈位于内部的内存空间(上限为 256 个字节,并由工作寄存器(4 个各由 R0 至 R7 构成的寄存器库)和内部数据变量共享)。与 8051 不同的是,ARM Cortex-M 微控制器使用系统内存作为堆栈,采用满递减模型。

满递减堆栈内存模型更受 C 语言的支持。例如,微控制器中的 SRAM 的使用可组织为,使用动态分配内存空间的 C 库和应用程序通常需要堆内存。

尽管 Cortex-M 微控制器的每次压栈需要 32 位的堆栈内存,总的 RAM 使用仍然要比 8051 小。8051 的变量通常是静态地放在 IDATA 上,而 ARM 处理的局部变量是放在堆栈内存上的,因此,只有当函数执行的时候,局部变量才会占用 RAM 空间。

此外，ARM Cortex-M 微控制器提供有第二个堆栈指针，以允许操作系统内核和进程堆栈使用不同的堆栈内存。这使得操作更可靠，也使操作系统设计更高效（堆栈指针切换是自动处理的）。

5. 外　设

8051 中的很多外设是通过特殊功能寄存器（SFR）来控制的。由于 SFR 空间只有 128 个字节，而且其中一些已经为微控制器寄存器和标准外设所占用，剩余的 SFR 地址空间通常非常有限，因此也就限制了可通过 SFR 控制的外设数量。虽然可以通过外部内存空间来控制外设，但是与 SFR 存取相比，外部存取通常需要更多的开销（需要将地址复制到 DPTR，数据必须通过 ACC 传输）。

在 ARM Cortex-M 微控制器中，所有外设都是内存映射的。由于所有寄存器都可用作指针或数据访问中的数据值，因此效率非常高。在 C 语言中，访问外设地址的一个简单方法就是使用指针，如：

```
(*((volatile unsigned long *)(Led_ADDRESS))) = 0xFF;
    ReceviedData = (*((volatile unsigned long *)(IO_INPUT_ADDRESS)));
```

此外，您可以声明外设块的数据结构。使用数据结构，程序代码只需要存储外设的基址，而且每个寄存器访问可以利用带有立即数偏移量的加载或存储指令来执行，因此效率会得到提高。例如，具有 4 个寄存器的外设可以定义为：

```
typedef struct
{
volatile unsigned long register0;
volatile unsigned long register1;
volatile unsigned long register2;
volatile unsigned long register3;
} SomePeripheral_Type;

#define SomePeripheral ((SomePeripheral_Type *) 0x40003000)
        SomePeripheral->register2 = 0x3;
```

由于 ARM 微控制器中外设总线协议的特性，外设寄存器通常定义为 32 位，即使只会用到其中几位。此外，外设寄存器的地址是字对齐的。例如，如果外设位于地址 0x40000000 处，那么对应外设寄存器的地址就是 0x40000000、0x40000004 和 0x40000008 等。某些运行在主系统总线上的外设没有这个限制。

6. 异　常

8051 支持具有两个可编程优先级的矢量中断。一些较新的 8051 支持 4 个级别和稍多的中断源。它们也支持嵌套中断。当中断发生时，程序会保存返回地址，然后跳转到矢量表中的固定地址。矢量表通常包含有另一个分支指令，以便跳转至中断服务程序的实际开始位置。进入中断服务程序时,需要通过软件代码将 PSW(也可能包括 ACC 和 DPTR 等)压入堆栈并切换寄存器库。

ARM Cortex-M 微控制器的中断处理由嵌套矢量中断控制器(NVIC)提供。NVIC 紧密地耦合到微控制器内核,支持矢量中断和嵌套中断。此外,它还支持更多中断源:Cortex-M0/M1 支持最多 32 个 IRQ,Cortex-M3 支持最多 240 个 IRQ。Cortex-M0/M1 支持 4 个可编程优先级,而 Cortex-M3 则支持 8 至 256 个级别,具体数目视实现情况而定(通常为 8 或 16 个级别)。

与 8051 不同的是,ARM Cortex-M 微控制器的矢量表存储的是异常处理程序的开始地址。此外,Cortex-M 微控制器支持 NMI(非屏蔽中断)和一些系统异常。系统异常包括特别针对操作系统的异常类型和用于检测非法操作的故障处理异常。这些功能都是 8051 上所没有的。8051 中的中断服务程序需要通过 RETI 指令来终止,该指令与用于标准函数的 RET 指令不同。在 ARM Cortex-M 中,中断服务程序与普通的 C 函数完全相同。异常机制使用异常进入期间 LR 中生成的特殊返回地址代码来检测异常返回。

7. 软　件

简单了解架构情况后,我们现在来讨论软件代码的移植。在很多情况下,针对 8051 编写的 C 代码需要进行大量的修改。很显然,内存映射和外设驱动代码是不同的。除此之外,我们还需要特别注意其他一些地方。

(1) 数据类型

8051 和 ARM 微控制器的数据类型有一些差异,如表 1.3.1 所列。由于数据大小不同,如果程序代码依赖于数据大小或溢出行为,不做修改可能会无法工作。下表所示为常见数据类型的大小,具体视编译器而定。这里是指 8051 的 KEIL C 编译器和 ARM RealView 编译器(也适用于 KEIL RealView 微控制器开发套件)。

表 1.3.1　8051 与 ARM 数据类型对比

类 型	8051	ARM
char,unsigned char	8	8
enum	16	8/16/32(选择最小的数)
short,unsigned short	16	16
int,unsigned int	32	32
long,unsigned long	32	32

数据类型大小不同的另一个影响是在 ROM 中保留常数数据所需的大小。例如,如果 8051 程序中包含一个整数型常数数组,那么用户需要修改代码,将该数组定义为短整型常数。否则,代码长度可能会因为该数组从 16 位变成 32 位而增加。

Cortex-M3 微控制器的用户可以使用位段区来管理位数据。由于位段允许利用位段别名地址通过普通的内存存取指令来访问位数据,因此可以将位数据声明为指向位段别名地址的内存指针。

或者,如果正在使用 ARM RealView 编译器或 KEIL MDK−ARM,那么可以使用编译器特有的位段功能。有关此功能的更多详细信息,请参阅《ARM RealView 编译器用户指南》或 Keil 在线文档。对于外设地址,可以按照前文所述将 SFR 数据类型替换为易失性内存指针。由于 8051 指令集的特性,SFR 地址是硬编码在指令中的。在 ARM 微控制器中,您可以将外设的寄存器定义为内存指针,并将寄存器作为数据结构或数组来访问,这要比 8051 灵活很多。

由于 8051 的处理能力限制,大多数 8051 C 编译器会将"双精度"数据类型(64位)作为单精度(32 位)来处理。而在 ARM 微控制器中使用相同代码时,C 编译器将使用双精度,因此程序行为可能会发生变化。例如,如果只需要单精度,就需要对以下从 Whetstone 中提取的代码进行修改:

```
X = T * atan(T2 * sin(X) * cos(X)/(cos(X + Y) + cos(X - Y) - 1.0));
Y = T * atan(T2 * sin(Y) * cos(Y)/(cos(X + Y) + cos(X - Y) - 1.0));
```

对于单精度运算,代码需要更改为:

```
X = T * atanf(T2 * sinf(X) * cosf(X)/(cosf(X + Y) + cosf(X - Y) - 1.0F));
Y = T * atanf(T2 * sinf(Y) * cosf(Y)/(cosf(X + Y) + cosf(X - Y) - 1.0F));
```

对于不需要双精度精确度的应用程序,将代码更改为单精度能够提高性能以及缩短代码长度。

(2) 中断处理程序

为了使 8051 C 编译器为中断处理程序产生正确的代码,需要用到一些函数扩展。这可确保函数使用 RETI(而非 RET)来返回并确保将所有用到的寄存器保存到堆栈中。在 8051 的 KEIL C 编译器中,这是通过"interrupt"扩展来实现的。示例:

```
void timer0_isr (void) interrupt 1
{ / * 8051 timer ISR * /
  ...
  return;
}
```

在 ARM Cortex-M 微控制器中,中断服务程序被作为普通的 C 函数那样来编译。因此,可以去掉"interrupt"扩展。在 ARM RealView 编译器中,也可以添加__irq 关键词来加以说明。示例:

```
__irq void timer0_isr (void)
{ / * ARM timer ISR * /
  ...
```

```
    return;
}
```

8051 编译器的另一 C 扩展用于指定所使用的寄存器库。示例：

```
void timer0_isr (void) interrupt 1 using 2
{ /* use register bank #2 */
  ...
    return;
}
```

同样，ARM 微控制器不需要此扩展，可以将其删除。

(3) 可重入函数

对于 8051，普通的 C 函数无法用作可重入函数。这是因为局部变量是静态的，如果重入函数，局部变量可能会遭到损坏。为了解决此问题，一些 8051 C 编译器支持"reentrant"扩展。例如，使用 KEIL 8051 C 编译器时，可以将函数声明为：

```
void foo (void) reentrant
{
  return;
}
```

ARM 微控制器的局部变量存储在堆栈中，重入普通函数并不会出现问题，因此可以删除"reentrant"扩展。

(4) 非对齐数据

在 ARM 微控制器编程中，数据变量的地址通常必须是对齐地址。换句话说，变量"X"的地址应该是 sizeof(X) 的倍数。例如，字变量的地址最低两位应该是零。

ARM Cortex-M0/M1 要求数据对齐。Cortex-M3 微控制器支持非对齐数据访问，然而 C 编译器通常不会生成非对齐数据。如果数据不对齐，那么访问数据将需要更多的总线周期，因为 AMBA AHB LITE 总线标准（在 Cortex-M 微控制器中使用）不支持非对齐数据。访问非对齐数据时，总线接口必须将其拆分成数个对齐传输。在使用不同大小的元素来创建数据结构时，用户可能会尝试各元素的不同排列方式使该数据结构所需的内存最少。例如，像下面这样的结构：

```
struct sample {
  short field1;  // 2 字节
  Int field2;    // 4 字节
  char field3;   // 1 字节
  Int field4;    // 4 字节
};
```

通过重新排列结构中的元素，可以使该结构所需的内存减小：

```
struct sample {
  short field1; // 2 字节
  char field3;  // 1 字节
  Int field2;   // 4 字节
  Int field4;   // 4 字节
};
```

由于 Cortex-M0/M1 不支持非对齐数据处理,如果应用程序尝试使用非对齐传输,会触发故障异常。C 程序通常不会产生非对齐传输,但如果手动安排 C 指针的位置,就可以生成非对齐数据,并导致 Cortex-M0/M1 的故障异常。Cortex-M3 可以配置异常陷阱来检测非对齐传输,从而强制非对齐传输生成故障异常。

(5) 故障异常

ARM 微控制器和 8051 之间的一个主要差别在于,ARM 微控制器通过故障异常来处理错误事件。内存或外设可能会发生错误(总线/错误响应),检测到异常操作时,微控制器内部也可能会发生错误(如无效指令),错误检测功能有助于构建可靠的系统。

常见故障包括:

● 内存(数据或指令)访问无效内存空间。

● 无效指令(例如指令内存损坏)。

● 不允许的操作(例如尝试切换到 ARM 指令集,而非 Thumb 指令集)。

● 违反 MPU 内存访问权限(非特权程序尝试访问特权地址)。

在 Cortex-M0/M1 微控制器中,检测到任何错误时,都将使用称为硬故障的异常类型。硬故障处理程序的优先级要高于除 NMI 之外的其他异常。您可以使用此异常来报告错误,或者在必要时复位系统。

Cortex-M3 微控制器中有两个级别的错误处理程序。当错误发生时,如果已启用第一级错误处理程序,并且这些处理程序的优先级高于当前的执行级别,就执行这些处理程序。如果未启用第一级错误处理程序,或者这些处理程序的优先级并不高于当前的执行级别,就调用第二级错误异常,即硬故障异常。

此外,Cortex-M3 微控制器包含有数个故障状态寄存器,用于对故障进行诊断。对于 Cortex-M0/M1,由于进入硬故障异常时会将数个核心寄存器(如 PC 和 PSR)压入堆栈,因此可通过堆栈跟踪获取基本调试信息。

8. 设备驱动程序和 CMSIS

微控制器厂商会以设备驱动程序库的形式提供很多外设控制程序代码。这类代码可显著缩短软件开发时间。即使不直接使用该设备驱动程序代码,它也可为设置和控制各种外设提供颇具价值的参考。

在一些 ARM 微控制器厂商提供的设备驱动程序中包含 CMSIS(Cortex 微控制器软件接口标准)。CMSIS 是用于 Cortex-M 微控制器的一套函数和定义。这些函数和定义是多个厂商共同采用的标准,它使得在不同 Cortex-M 微控制器之间移植软件变得更容易。

CMSIS 由以下内容组成:

● 寄存器定义,包括 NVIC 中断控制、系统控制块(用于微控制器控制)、SysTick 定时器(用于嵌入式操作系统的 24 位减法计数器)。

● 一些用于 NVIC 中断控制的函数。

● 一些实现微控制器核心功能的函数。

● 标准化的系统初始化函数。

例如,如果希望禁用或启用所用中断,可以使用 CMSIS 函数"_ _disable_irq"和"_ _enable_irq"。借助 CMSIS,此代码可以在不同的 Cortex-M 微控制器上使用,并且得到了 ARM 开发工具(ARM RealView 开发套件和 KEIL MDK-ARM)、GCC(如 CodeSourcey G++)和 IAR C 编译器的支持。

此外,CMSIS 包含一些隐含函数,让你可以产生一些特殊指令,这些指令无法用普通 C 代码由 C 编译器来产生。例如,可以使用隐含函数来访问特殊寄存器和创建独占访问(对于 Cortex-M3 的多微控制器编程)等。同样,CMSIS 使得所开发的软件可以在多个 C 编译器产品之间进行移植。CMSIS 对所有 Cortex-M 开发人员都非常重要,尤其是那些为多个项目开发嵌入式操作系统、中间件和可重用嵌入式软件的人员。CMSIS 包含在微控制器厂商提供的设备驱动程序中,也可以从 www.onarm.com 网站下载。

9. 混用 C 语言和汇编程序

大多数情况下,用户可以完全用 C 语言来编写 Cortex-M 应用程序。即使需要访问一些 C 编译器无法通过普通 C 代码生成的特殊指令,也可以使用 CMSIS 提供的隐含函数,或者根据需要在应用程序中使用汇编语言。用户可以在单独的汇编程序文件中编写汇编代码,也可以使用 C 编译器的特定方法将汇编代码混合在 C 程序文件中。

使用 ARM(和 KEIL)开发工具时,将汇编代码插入 C 编程文件的方法称为"嵌入式汇编程序"。汇编代码声明为函数,并可以被 C 代码调用。示例:

```
int main (void)
{
    int   status;
    status = get_primask();
    while(1);
}

__asm int get_primask (void)
{
    MRS  R0,  PRIMASK ; Put interrupt masking register in R0
```

```
  BX  LR ; Return
}
```

有关嵌入式汇编程序的更多详细信息,请参阅《RealView 编译器用户指南》。使用 GCC 和 IAR 编译器时,您可以使用内嵌汇编程序将汇编代码插入到 C 程序代码。请注意,虽然包括 RVDS 和 KEIL MDK－ARM 在内的 ARM 开发工具中也包含内嵌汇编程序功能,但是 ARM 工具中的内嵌汇编程序仅支持 ARM 指令,并不支持 Thumb 指令,因此不能用于 Cortex-M 微控制器。在汇编程序和 C 语言混合环境中,您可以通过汇编程序代码调用 C 函数,也可以通过 C 函数调用汇编程序代码。数据传输的寄存器使用可参见《ARM 架构程序调用标准（AAPCS）》的文档。此文档可以从 ARM 网站获取。在简单的情况下,用户可以使用 R0～R3 作为函数的输入（R0 作为第一个输入变量,以此类推）,并使用 R0 来返回结果。函数应该保留 R4～R11 的值,而如果调用 C 函数,那么返回时该 C 函数可能会更改 R0～R3 和 R12 的值。

10. 调试和跟踪功能概述

ARM Cortex 微控制器可以使用 JTAG 或串行线协议来调试嵌入式应用程序。串行线协议是在 Cortex-M3 中引入的。该协议可以完成相同的调试任务,却仅需要 2 根信号线（JTAG 需要 5 根信号线）。大多数 Cortex-M0 微控制器允许使用 JTAG 或串行线协议,但并不允许使用两者。Cortex-M 微控制器包含有一些断点和观察点比较器,你还可以使用断点指令向程序代码中插入其他断点。调试器允许你暂停、重新启动和单步调试程序执行,并允许你检查核心寄存器和内存中的数据。你甚至可以在微控制器运行时访问系统内存。此外,Cortex-M3 微控制器支持可选的嵌入式跟踪宏单元（ETM）。借助 ETM、RealView Trace 或 Keil ULINK Pro 等跟踪端口分析器可以跟踪程序指令执行序列并收集相关信息。在程序编译期间,跟踪信息可用来对程序代码中的问题进行调试,或者由 RealView Profiler 用来提高优化性能。

对于一些不具备指令跟踪(ETM)的 Cortex-M3 微控制器,仍然可实现基本的跟踪功能。Cortex-M3 微控制器支持单线浏览器(Single-wire Viewer)输出,允许通过单个引脚输出少量信息。可以利用 ULINK2 等低成本的调试硬件来收集跟踪信息。利用单线浏览器提供的跟踪信息,可以实现数据跟踪、事件跟踪(如中断)、PC 采样和仪器跟踪,其中仪器跟踪是一种新的调试功能,允许调试器收集软件生成的消息(例如,可以实现 printf,而不会对软件执行速度造成太大影响)。

11. 调试连接

在 8051 微控制器中,调试连接通常非常少,而 ARM 微控制器具有更多的调试连接:

- JTAG/串行线。
- 串行线输出(通常与 TDO 共享,仅限 Cortex-M3/M4)。

● 跟踪输出（仅限 Cortex-M3/M4，通常在使用 ETM 跟踪时使用。它包含 5 个信号）。

请注意，ARM 规定了调试连接的物理连接器标准。进行 PCB 设计时，使用标准连接器会简单很多。对于新设计，建议使用新的 Cortex 调试和 ETM 连接器（0.05″ 20 引脚头 — Samtec FTSH-120）。有关信号协议的详细信息，请参阅"ETM 架构规范"和"CoreSight 架构规范"。

对于没有 ETM 的设备，可以使用更小的 0.05i±10 引脚连接器。或者，还可以使用旧的 ARM JTAG/串行线 20 路 IDC 连接器。此外，还有一个旧的基于 38 位 Mictor 连接器的跟踪连接。对于新设计，不建议采用。

CoreSight 是 ARM 调试和跟踪技术，它是整个片上系统（SoC）的最完善片上调试和实时跟踪解决方案，从而使基于 ARM 微控制器的 SoC 成为最容易调试和优化的产品。使用 CoreSight 提高了系统性能并缩短了开发时间，通过使用 CoreSight 系统 IP，嵌入式软件开发人员和 SoC 设计人员可以开发高性能的系统（软件和硬件），同时缩短开发时间和降低风险。ARM 开发工具和 KEIL 开发工具以及全球超过 25 个其他调试和性能分析工具支持 CoreSight 产品组合（包含 ARM 嵌入式跟踪宏单元），从而向产品开发团队保证其产品将得到广泛的支持。

深入重点

✓ ARM Cortex-M0 不支持内置追踪宏单元（ETM）。

✓ 为了确保普通的 C 函数能够用作中断处理程序，在需要处理中断时，Cortex-M 的寄存器（R0～R3、R12、LR、PC 和 xPSR）会被自动压入堆栈，而软件仅需在必要时将其他寄存器压入堆栈。虽然 8051 具有 4 个寄存器库，但是 ACC、B、DPTR 和 PSW 寄存器并不会自动压栈，因此通常需要通过中断处理程序对这些寄存器进行软件压栈。

✓ 在 ARM Cortex-M 微控制器中，所有外设都是内存映射的。由于所有寄存器都可用作指针或数据访问中的数据值，因此效率非常高。

✓ 尽管 Cortex-M 微控制器的每次压栈需要 32 位的堆栈内存，总的 RAM 使用仍然要比 8051 小。8051 的变量通常是静态地放在 IDATA 上，而 ARM 处理的局部变量是放在堆栈内存上的，因此，只有当函数执行的时候，局部变量才会占用 RAM 空间。

✓ ARM Cortex-M 微控制器的中断处理由嵌套矢量中断控制器（NVIC）提供。NVIC 紧密地耦合到微控制器内核，支持矢量中断和嵌套中断。此外，它还支持更多中断源：Cortex-M0/M1 支持最多 32 个 IRQ，Cortex-M3 支持最多 240 个 IRQ。Cortex-M0/M1 支持 4 个可编程优先级，而 Cortex-M3 则支持 8～256 个级别，具体数目视实现情况而定（通常为 8 或 16 个级别）。

✓ ARM 微控制器具有 32 位寻址，可实现一个 4GB 的线性内存空间。该内存空间在结构上分成多个区。每个区都有各自的推荐用法（虽然并不是固定的）。统一内存架构不仅增加了内存使用的灵活性，而且降低了不同内存空间使用不同数据类型的复杂性。

✓ ARM 微控制器的局部变量存储在堆栈中，重入普通函数并不会出现问题，因此可以删除"reentrant"扩展。

✓ 在 ARM Cortex-M 微控制器中，中断服务程序被作为普通的 C 函数那样来编译。因此，可以去掉"interrupt"扩展。

✓ ARM 微控制器和 8051 之间的一个主要差别在于，ARM 微控制器通过故障异常来处理错误事件。内存或外设可能会发生错误（总线/错误响应），检测到异常操作时，微控制器内部也可能会发生错误（如无效指令），错误检测功能有助于构建可靠的系统。

✓ CoreSight 是 ARM 调试和跟踪技术，它是整个片上系统（SoC）的最完善片上调试和实时跟踪解决方案，从而使基于 ARM 微控制器的 SoC 成为最容易调试和优化的产品。

27

第 **2** 章

ARM 概述

2.1 ARM

如图 2.1.1 所示，ARM(Advanced RISC Machines)是微控制器行业的一家知名企业，设计了大量高性能、廉价、耗能低的 RISC 微控制器、相关技术及软件。技术具有性能高、成本低和能耗省的特点。适用于多种领域，比如嵌入控制、消费/教育类多媒体、DSP 和移动式应用等。

英文全称：Advanced RISC Machines

国家：英国（欧洲）

行业：电子半导体　微控制器　智能手机

总部：英国剑桥

CEO：沃伦·伊斯特

竞争对手：英特尔

图 2.1.1　ARM LOGO

市场份额：手机微控制器 90％的市场份额、上网本微控制器 30％的市场份额、平板电脑微控制器 70％的市场份额

ARM 公司是苹果、Acorn、VLSI、Technology 等公司的合资企业。ARM 将其技术授权给世界上许多著名的半导体、软件和 OEM 厂商，每个厂商得到的都是一套独一无二的 ARM 相关技术及服务。利用这种合伙关系，ARM 很快成为许多全球性 RISC 标准的缔造者。

目前，总共有 30 家半导体公司与 ARM 签订了硬件技术使用许可协议，其中包括 Intel、IBM、LG 半导体、NEC、SONY、飞利浦和国家半导体这样的大公司。至于软件系统的合伙人，则包括微软、SUN 和 MRI 等一系列知名公司。

1991 年 ARM 公司成立于英国剑桥，主要出售芯片设计技术的授权。目前，采用 ARM 技术知识产权（IP）核的微控制器，即我们通常所说的 ARM 微控制器，已遍及工业控制、消费类电子产品、通信系统、网络系统、无线系统等各类产品市场，基于 ARM 技术的微控制器应用约占据了 32 位 RISC 微控制器 75％以上的市场份额，ARM 技术正在逐步渗入到我们生活的各个方面。

　　20 世纪 90 年代,ARM 公司的业绩平平,微控制器的出货量徘徊不前。由于资金短缺,ARM 做出了一个意义深远的决定:自己不制造芯片,只将芯片的设计方案授权(licensing)给其他公司,由它们来生产。正是这个模式,最终使得 ARM 芯片遍地开花,将封闭设计的 Intel 公司置于"人民战争"的汪洋大海。

　　进入 21 世纪之后,由于手机制造行业的快速发展,出货量呈现爆炸式增长,ARM 微控制器占领了全球手机市场。2006 年,全球 ARM 芯片出货量为 20 亿片,2010 年预计将达到 45 亿片。

　　ARM 公司是专门从事基于 RISC 技术芯片设计开发的公司,作为知识产权供应商,本身不直接从事芯片生产,靠转让设计许可由合作公司生产各具特色的芯片,世界各大半导体生产商从 ARM 公司购买其设计的 ARM 微控制器核,根据各自不同的应用领域,加入适当的外围电路,从而形成自己的 ARM 微控制器芯片进入市场。目前,全世界有几十家大的半导体公司都使用 ARM 公司的授权,因此既使得 ARM 技术获得更多的第三方工具、制造、软件的支持,又使整个系统成本降低,使产品更容易进入市场被消费者所接受,更具有竞争力。

　　ARM 商品模式的强大之处在于它在世界范围有超过 100 个的合作伙伴。ARM 是设计公司,本身不生产芯片。采用转让许可证制度,由合作伙伴生产芯片。

　　2007 年底,ARM 的雇员总数为 1728 人,持有专利 700 项(另有 900 项正在申请批准中),全球分支机构 31 家,合作伙伴 200 家,年收入 2.6 亿英镑。

　　ARM 公司本身并不靠自有的设计来制造或出售 CPU,而是将微控制器架构授权给有兴趣的厂家。ARM 提供了多样的授权条款,包括售价与散播性等项目。对于授权方来说,ARM 提供了 ARM 内核的整合硬件叙述,包含完整的软件开发工具(编译器、debugger、SDK),以及针对内含 ARM CPU 硅芯片的销售权。对于无晶圆厂的授权方来说,其希望能将 ARM 内核整合到他们自行研发的芯片设计中,通常就仅针对取得一份生产就绪的核心技术(IP Core)认证。对这些客户来说,ARM 会释出所选的 ARM 核心的闸极电路图,连同抽象模拟模型和测试程序,以协助设计整合和验证。需求更多的客户,包括整合元件制造商(IDM)和晶圆厂家,就选择可合成的RTL(暂存器转移层级,如 Verilog)形式来取得微控制器的智财权(IP)。藉著可整合的 RTL,客户就有能力进行架构上的最佳化与加强。这个方式能让设计者完成额外的设计目标(如高震荡频率、低能量耗损、指令集延伸等)而不会受限于无法更动的电路图。虽然 ARM 并不授予受权方再次出售 ARM 架构本身,但受权方可以任意地出售制品(如芯片元件、评估板、完整系统等)。商用晶圆厂是特殊例子,因为他们不仅授予能出售包含 ARM 内核的硅晶成品,对其他客户来讲,他们通常也重制 ARM 内核的权利。

　　就像大多数 IP 出售方,ARM 依照使用价值来决定 IP 的售价。在架构上而言,更低效能的 ARM 内核比更高效能的内核拥有较低的授权费。以硅芯片实作而言,一颗可整合的内核要比一颗硬件宏(黑箱)内核要来得贵。更复杂的价位问题来讲,持有 ARM 授权的商用晶圆厂(例如韩国三星和日本富士通)可以提供更低的授权价格给他们的晶圆厂客户。透过晶圆厂自有的设计技术,客户可以更低或是免费的 ARM 预付授权费来取得 ARM 内核。相较于不具备自有设计技术的专门半导体晶圆厂(如台积电和联电),富士通/三星对每片晶圆多收取了两至三倍的费用。对中少量的应用而言,具备设计部门的晶圆厂提供较低的整体价格(透过授权费用的补助)。对于量产而言,由于长期的成本缩减可借由更低的晶圆价格,减少 ARM 的 NRE 成本,使得专门的晶圆厂也成了一个更好的选择。

许多半导体公司持有 ARM 授权:Atmel、Broadcom、Cirrus Logic、Freescale(于 2004 从摩托罗拉公司独立出来)、Qualcomm、富士通、英特尔(借由和 Digital 的控诉调停)、IBM、英飞凌科技、任天堂、恩智浦半导体(于 2006 年从飞利浦独立出来)、OKI 电气工业、三星电子、Sharp、STMicroelectronics、德州仪器和 VLSI 等许多这些公司均拥有各个不同形式的 ARM 授权。虽然 ARM 的授权项目由保密合约所涵盖,在智慧财产权工业,ARM 是广为人知最昂贵的 CPU 内核之一。单一的客户产品包含一个基本的 ARM 内核可能就需索取一次高达 20 万美元的授权费用。而若是牵涉到大量架构上修改,则费用就可能超过千万美元。

2.2　RISC

ARM 公司设计的微控制器基于 RISC 架构,而 RISC(reduced instruction set computer,精简指令集计算机)是一种执行较少类型计算机指令的微控制器,起源于 20 世纪 80 年代的 MIPS 主机(即 RISC 机),RISC 机中采用的微控制器统称 RISC 微控制器。这样一来,它能够以更快的速度执行操作(每秒执行更多百万条指令,即 MIPS)。因为计算机执行每个指令类型都需要额外的晶体管和电路元件,计算机指令集越大就会使微控制器更复杂,执行操作也会更慢。

2.2.1　简　介

纽约约克镇 IBM 研究中心的 John Cocke 证明,计算机中约 20% 的指令承担了 80% 的工作,他于 1974 年提出了 RISC 的概念。第一台得益于这个发现的计算机是 1980 年 IBM 的 PC/XT。再后来,IBM 的 RISC System/6000 也使用了这个思想。RISC 这个词本身属于伯克利加利福尼亚大学的一个教师 David Patterson。RISC 这个概念还被用在 SUN 公司的 SPARC 微控制器中,并促成了现在所谓的 MIPS 技术的建立,它是 Silicon Graphics 的一部分。许多当前的微芯片都使用 RISC 概念。

2.2.2　概念分析

RISC 概念已经引领了微控制器设计的一个更深层次的思索。设计中必须考虑到:指令应该如何较好的映射到微控制器的时钟速度上(理想情况下,一条指令应在一个时钟周期内执行完）；体系结构需要多"简单"；以及在不诉诸于软件的帮助下，微芯片本身能做多少工作等等。

2.2.3　特　点

改进特点

RISC 和 CISC 相比，除了性能的改进，RISC 的一些优点以及相关的设计改进还有：

① 如果一个新的微控制器其目标之一是不那么复杂，那么其开发与测试将会更快。

② 使用微控制器指令的操作系统及应用程序的程序员将会发现，使用更小的指令集使得代码开发变得更加容易。

③ RISC 的简单使得在选择如何使用微控制器上的空间时拥有更多的自由。

④ 比起从前，高级语言编译器能产生更有效的代码，因为编译器使用 RISC 机器上的更小的指令集。

除了 RISC，任何全指令集计算机都使用的是复杂指令集计算（CISC）。RISC 典型范例如 MIPS R3000、HP—PA8000 系列，Motorola M88000 等均属于 RISC 微控制器。

1. 主要特点

RISC 微控制器不仅精简了指令系统，采用超标量和超流水线结构；它们的指令数目只有几十条，却大大增强了并行处理能力。如：1987 年 SUN Microsystem 公司推出的 SPARC 芯片就是一种超标量结构的 RISC 微控制器。而 SGI 公司推出的 MIPS 微控制器则采用超流水线结构，这些 RISC 微控制器在构建并行精简指令系统多处理机中起着核心的作用。RISC 微控制器是当今 UNIX 领域 64 位多处理机的主流芯片。

2. 性能特点

性能特点一：由于指令集简化后，流水线以及常用指令均可用硬件执行。

性能特点二：采用大量的寄存器，使大部分指令操作都在寄存器之间进行，提高了处理速度。

性能特点三：采用[缓存—主存—外存]三级存储结构，取数与存数指令分开执行，使微控制器可以完成尽可能多的工作，且不因从存储器存取信息而放慢处理速度。

应用特点：由于 RISC 微控制器指令简单、采用硬布线控制逻辑、处理能力强、速度快，世界上绝大部分 UNIX 工作站和服务器厂商均采用 RISC 芯片作 CPU 用。如原 DEC 的 Alpha21364、IBM 的 Power PC G4、HP 的 PA—8900、SGI 的 R12000A 和 SUN Microsystem 公司的 Ultra SPARC。

3. 运行特点

RISC 芯片的工作频率一般在 400MHz 数量级。时钟频率低,功率消耗少,温升也少,机器不易发生故障和老化,提高了系统的可靠性。单一指令周期容纳多部并行操作。在 RISC 微控制器发展过程中。曾产生了超长指令字(VLIW)微控制器,它使用非常长的指令组合,把许多条指令连在一起,以能并行执行。VLIW 微控制器的基本模型是标量代码的执行模型,使每个机器周期内有多个操作。有些 RISC 微控制器中也采用少数 VLIW 指令来提高处理速度。

2.2.4　区　别

RISC 和 CISC 是目前设计制造微控制器的两种典型技术,虽然它们都是试图在体系结构、操作运行、软件硬件、编译时间和运行时间等诸多因素中做出某种平衡,以求达到高效的目的,但采用的方法不同,因此,在很多方面差异很大,它们主要如下:

(1) 指令系统:RISC 设计者把主要精力放在那些经常使用的指令上,尽量使它们具有简单高效的特色。对不常用的功能,常通过组合指令来完成。因此,在 RISC 机器上实现特殊功能时,效率可能较低。但可以利用流水技术和超标量技术加以改进和弥补。而 CISC 计算机的指令系统比较丰富,有专用指令来完成特定的功能。因此,处理特殊任务效率较高。

(2) 存储器操作:RISC 对存储器操作有限制,使控制简单化;而 CISC 机器的存储器操作指令多,操作直接。

(3) 程序:RISC 汇编语言程序一般需要较大的内存空间,实现特殊功能时程序复杂,不易设计;而 CISC 汇编语言程序编程相对简单,科学计算及复杂操作的程序设计相对容易,效率较高。

(4) 中断:RISC 机器在一条指令执行的适当地方可以响应中断;而 CISC 机器是在一条指令执行结束后响应中断。

(5) CPU:RISC CPU 包含有较少的单元电路,因而面积小、功耗低;而 CISC CPU 包含有丰富的电路单元,因而功能强、面积大、功耗大。

(6) 设计周期:RISC 微控制器结构简单,布局紧凑,设计周期短,且易于采用最新技术;CISC 微控制器结构复杂,设计周期长。

(7) 用户使用:RISC 微控制器结构简单,指令规整,性能容易把握,易学易用;CISC 微控制器结构复杂,功能强大,实现特殊功能容易。

(8) 应用范围:由于 RISC 指令系统的确定与特定的应用领域有关,故 RISC 机器更适合于专用机;而 CISC 机器则更适合于通用机。

2.2.5　种　类

目前常见使用 RISC 的微控制器包括 DEC Alpha、ARC、ARM、MIPS、Power-PC、SPARC 和 SuperH 等。

2.2.6　CPU 发展

　　CPU 是怎样从无到有，并且一步步发展起来的。Intel 公司成立于 1968 年，格鲁夫(左)、诺依斯(中)和摩尔(右)是微电子业界的梦幻组合如图 2.2.1 所示。

　　1971 年 1 月，Intel 公司的霍夫(Marcian E. Hoff)研制成功世界上第一枚 4 位微控制器芯片 Intel 4004，标志着第一代微控制器问世，微控制器和微机时代从此开始。因发明微控制器，霍夫被英国《经济学家》杂志列为"二战以来最有影响力的 7 位科学家"之一。

　　4004 当时只有 2300 个晶体管，是个四位系统，时钟频率在 108kHz，每秒执行 6 万条指。功能比较弱，且计算速度较慢，只能用在 Busicom 计算器上。

　　1971 年 11 月，Intel 推出 MCS—4 微型计算机系统(包括 4001 ROM 芯片、4002 RAM 芯片、4003 移位寄存器芯片和 4004 微控制器)，其中 4004 包含 2300 个晶体管，尺寸规格为 3mm×4mm，计算性能远远超过当年的 ENIAC，最初售价为 200 美元。

　　1972 年 4 月，霍夫等人开发出第一个 8 位微控制器 Intel 8008。由于 8008 采用的是 P 沟道 MOS 微控制器，因此仍属第一代 RISC 微控制器。

图 2.2.1　Intel 创始人

　　Intel 8080 第二代微控制器，1973 年 8 月，霍夫等人研制出 8 位微控制器 Intel 8080，以 N 沟道 MOS 电路取代了 P 沟道，第二代微控制器就此诞生。主频 2MHz 的 8080 芯片运算速度比 8008 快 10 倍，可存取 64KB 存储器，使用了 RISC。基于 6 微米技术的 6000 个晶体管，处理速度为 2.64MIPS。

　　摩尔定律，摩尔预言，晶体管的密度每过 18 个月就会翻一番，这就是著名的摩尔定律。

　　第一台微型计算机如图 2.2.2 所示：Altair 8800 1975 年 4 月，MITS 发布第一个通用型 Altair 8800，售价 375 美元，带有 1KB 存储器。这是世界上第一台微型计算机。

图 2.2.2　第一台微型机器

图 2.2.3　8085 微控制器

　　1976 年，Intel 发布 8085 微控制器如图 2.2.3 所示。当时，Zilog、Motorola 和

Intel 在微控制器领域三足鼎立。Zilog 公司于 1976 年对 8080 进行扩展,开发出 Z80 微控制器,广泛用于微型计算机和工业自动控制设备。直到今天,Z80 仍然是 8 位微控制器 8085 的巅峰之作,还在各种场合大卖特卖。CP/M 就是面向其开发的操作系统。

第一台微型机器许多著名的软件如:WORDSTAR 和 DBASE II 都基于此款微控制器。WordStar 处理程序是当时很受欢迎的应用软件,后来也广泛用于 DOS 平台。

2.2.7　CPU 的制造过程

1. 切割晶圆

切割晶圆是指用机器从单晶硅棒上切割下一片事先确定规格的硅晶片,并将其划分成多个细小的区域,每个区域都将成为一个 CPU 的内核(die)。

2. 影印(photolithography)

影印是指在经过热处理得到的硅氧化物层上面涂敷一种光阻(photoresist)物质,紫外线通过印制着 CPU 复杂电路结构图样的模板照射硅基片,被紫外线照射的地方光阻物质溶解。

3. 蚀刻(etching)

蚀刻是指用溶剂将被紫外线照射过的光阻物清除,然后再采用化学处理方式,把没有覆盖光阻物质部分的硅氧化物层蚀刻掉。然后把所有光阻物质清除,就得到了有沟槽的硅基片。

4. 分　层

分层是指为加工新的一层电路,再次生长硅氧化物,然后沉积一层多晶硅,涂敷光阻物质,重复影印、蚀刻过程,得到含多晶硅和硅氧化物的沟槽结构。

5. 离子注入(ionImplantation)

离子注入通过离子轰击,使得暴露的硅基片局部掺杂,从而改变这些区域的导电状态,形成门电路。接下来的步骤就是不断重复以上的过程。一个完整的 CPU 内核包含大约 20 层,层间留出窗口,填充金属以保持各层间电路的连接。完成最后的测试工作后,切割硅片成单个 CPU 核心并进行封装,一个 CPU 便制造出来了。

第 3 章

ARM Cortex-M0

ARM 公司于 2009 年推出了 Cortex-M0 微控制器,如图 3.1.1 所示,这是市场上现有的尺寸最小、能耗最低(在不到 12 K 门的面积内能耗仅有 85 μW/MHz(0.085 mW))、最节能的 ARM 微控制器。该微控制器能耗非常低、门数量少、代码占用空间小,能保留 8 位微控制器的价位获得 32 位微控制器的性能。超低门数还使其能够用于模拟信号设备和混合信号设备及 MCU 应用中,可明显降低系统成本,同时保留功能强大的 Cortex-M3 微控制器的工具和二进制兼容能力。该微控制器的

图 3.1.1　ARM Cortex-M0

推出把 ARM 的 MCU 路线图拓展到了超低能耗 MCU 和 SoC 应用中,如医疗器械、电子测量、照明、智能控制、游戏设置、紧凑型电源、电源和马达控制、精密模拟系统和 IEEE 802.15.4(ZigBee)及 Z-Wave 系统(特别是在这样的模拟设备中:这些模拟设备正在增加其数字功能,以有效地预处理和传输数据)。

3.1　总线架构

随着深亚微米工艺技术日益成熟,集成电路芯片的规模越来越大。数字 IC 从基于时序驱动的设计方法,发展到基于 IP 复用的设计方法,并在 SOC 设计中得到了广泛应用。在基于 IP 复用的 SoC(System on Chip 的缩写,称为系统级芯片,也有称片上系统)设计中,片上总线设计是最关键的问题。为此,业界出现了很多片上总线标准。其中,由 ARM 公司推出的 AMBA 片上总线受到了广大 IP 开发商和 SoC 系统集成者的青睐,已成为一种流行的工业标准片上结构。AMBA 规范主要包括了 AHB(Advanced High performance Bus)系统总线和 APB(Advanced Peripheral Bus)外围总线。

Cortex-M0 属于 ARMv6-M 架构,包括 1 颗专为嵌入式应用而设计的 ARM 核、紧耦合的可嵌套中断微控制器 NVIC、可选的唤醒中断控制器 WIC,对外提供了基于 AMBA 结构(高级微控制器总线架构)的 AHB-lite 总线和基于 CoreSight 技术的 SWD 或 JTAG 调试接口,如图 3.1.2 所示。Cortex-M0 微控制器的硬件实现

包含多个可配置选项：中断数量、WIC、睡眠模式和节能措施、存储系统大小端模式、系统滴答时钟等，半导体厂商可以根据应用需要选择合理的配置。

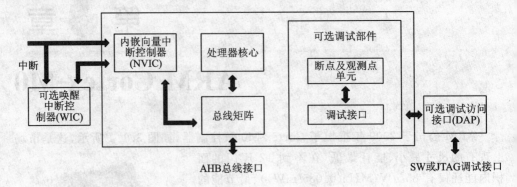

图 3.1.2　Cortex-M0 架构

3.1.1　什么是 AMBA

　　ARM 研发的 AMBA(Advanced Microcontroller Bus Architecture)提供一种特殊的机制，可将 RISC 微控制器集成在其他 IP 芯核和外设中，2.0 版 AMBA 标准定义了三组总线：AHB(AMBA 高性能总线)、ASB(AMBA 系统总线)、和 APB(AMBA 外设总线)。

1. AHB(the Advanced High-performance Bus)

　　由主模块、从模块和基础结构(Infrastructure)3 部分组成，整个 AHB 总线上的传输都由主模块发出，由从模块负责回应。基础结构则由仲裁器(arbiter)、主模块到从模块的多路器、从模块到主模块的多路器、译码器(decoder)、虚拟从模块(dummy slave)、虚拟主模块(dummy master)所组成，是应用于高性能、高时钟频率的系统模块，它构成了高性能的系统骨干总线(back-bone bus)。它主要支持的特性如下：

- 数据突发传输(burst transfer)。
- 数据分割传输(split transaction)。
- 流水线方式。
- 一个周期内完成总线主设备(master)对总线控制权的交接。
- 单时钟沿操作。
- 内部无三态实现。
- 更宽的数据总线宽度(最低 32 位，最高可达 1024 位，但推荐不要超过 256 位)。

2. ASB(the Advanced System Bus)

　　是第一代 AMBA 系统总线，同 AHB 相比，它数据宽度要小一些，它支持的典型数据宽度为 8 位、16 位、32 位。它的主要特征如下：

- 流水线方式。
- 数据突发传送。
- 多总线主设备。
- 内部有三态实现。

3. APB(the Advanced Peripheral Bus)

是本地二级总线(local secondary bus),通过桥和 AHB/ASB 相连。它主要是为了满足不需要高性能流水线接口或不需要高带宽接口的设备的互连。APB 的总线信号经改进后全和时钟上升沿相关,这种改进的主要优点如下:

- 更易达到高频率的操作。
- 性能和时钟的占空比无关。
- STA 单时钟沿简化了。
- 无须对自动插入测试链作特别考虑。
- 更易与基于周期的仿真器集成。

APB 只有一个 APB 桥,它将来自 AHB/ASB 的信号转换为合适的形式以满足挂在 APB 上的设备的要求,如串口、定时器等。桥要负责锁存地址、数据以及控制信号,同时要进行二次译码以选择相应的 APB 设备。

3.1.2　什么是 AHB-Lite

AMBA AHB-Lite 是面向高性能的可综合设计,提供了一个总线接口来支持 Master 并提供高操作带宽。

AHB-Lite 是为高性能,高频率系统设计的,特性包括:

- Burst 传输。
- 单边操作。
- 非三态。
- 宽数据位,包括 64、128、256、512 和 1024 位。

最普通的 AHB-Lite 从器件是内存器件,外部存储器接口和高带宽外围器件。虽然低带宽外围器件可以连接到 AHB-Lite,但从系统性能考虑,应当连接到 APB 总线上,可以通过 APB 桥接实现。图 3.1.3 是一个具有一个 Master 的 AHB-Lite 的系统,包括一个 Master 和三个 Slave。利用内部逻辑生成了一个地址解码器(Decoder)和一个 Slave-to-Master 多路转换器(MultiPlexor select)相关术语如表 3.1.1 所列。

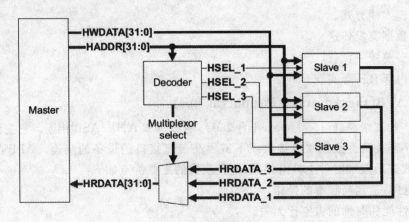

图 3.1.3 AHB-Lite

表 3.1.1 相关术语解释

名 称	描 述
HADDR[31:0]	32bit 系统地址总线
HWDATA[31:0]	在写操作时,写数据总线从 Master 传输数据到 Slave。推荐最小的数据总线宽度为 32,但是可以扩展为更高的操作带宽
HRDATA[31:0]	在读操作时,读数据总线将数据从选定的 Slave 传送到转换器,转换器再传送到 Master。数据总线最小的宽度建议为 32 位,但也可以通过扩展使用更高的位宽

Master 通过驱动地址和控制信号开始一个传输。这些信号提供了关于传输地址、传输方向、传输位宽的信息以及是否来自 Burst 传输。传输可以是以下 3 种方式:

● 单一传输。

● 递增爆发,地址边界不回卷。

● 回卷 Burst 传输,在特殊的地址边界回卷。

Slave 无法响应被扩展的地址相位,因为所有的 Slave 必须在指定周期内采样完地址。但是 Slave 可以响应由 Master 通过使用 HREADY 信号扩展的数据相位。HREADY 为低时,将会在传输中插入一个等待状态,从而可使 Slave 有额外的时间来提供或采样数据。Slave 通过使用 HRESP 来表示传输成功或失败。

3.1.3 什么是 CoreSight

ARM CoreSight 产品包括 ARM 微控制器的各种跟踪宏单元、系统和软件测量以及一整套 IP 块,以便调试和跟踪最复杂的多核 SoC。

ARM CoreSight 技术可快速地对不同地软件进行调试,通过对多核和 AMBA 总线的情况进行同时跟踪。此外,同时对多核进行暂停和调试,CoreSight 技术可对

AMBA 上的存储器和外设进行调试,无需暂停微控制器工作,达到不易做到的实时开发。ARM CoreSight 技术拥有更高的压缩率,为半导体制造商们提供了对新的更高频微控制器进行调试、跟踪的技术方案。使用 CoreSight 技术,制造商们可通过减少调试所需的引脚、减少片上跟踪缓存所需的芯片面积等手段来降低生产成本。

　　ARM 定义了一个开放 CoreSight 体系结构,以使 SoC 设计人员能够将其他 IP 内核的调试和跟踪功能添加到 CoreSight 基础结构中,然而不同的 Cortex-M 微控制器,对 CoreSight 的支持略有不同,如表 3.1.2 所列。

表 3.1.2　Cortex-M 系列微控制器支持的 CoreSight

功能	CoreSight 组件	Cortex-M0	Cortex-M1	Cortex-M3
调试	调试接口技术	具有 Cortex-M0 DAP 的 JTAG 或串行线调试。对于双模式,需要完整 CoreSight DAP	具有 CoreSight SWJ-D 的双 JTAG 和 SWD 支持	具有 CoreSight SWJ-D 的双 JTAG 和 SWD 支持
	在运行代码时访问内存	是	是	
	断点(完全)	4	4	6 个指令地址＋2 个文字地址
	观察点(完全)	2	2	4
	BKPT 指令	是	是	是
跟踪	ETM 指令跟踪			是(可选)
	数据观察点和跟踪（DWT）			是(可选)
	测量跟踪宏单元(ITM)			是(可选)
	AHB 跟踪宏单元接口			是(可选)
	串行线查看器			是(跟踪存在时)
	跟踪端口			M3 TPIU 为 1～4 位;对于较多跟踪端口,也可以使 CoreSight TPIU

深入重点

✓ Cortex-M0 属于 ARMv6-M 架构,包括 1 颗专为嵌入式应用而设计的 ARM 核、紧耦合的可嵌套中断微控制器 NVIC、可选的唤醒中断控制器 WIC,对外提供了基于 AMBA 结构(高级微控制器总线架构)的 AHB-lite 总线和基于 CoreSight 技术的 SWD 或 JTAG 调试接口。

✓　ARM 研发的 AMBA(Advanced Microcontroller Bus Architecture)提供一种特殊的机制,可将 RISC 微控制器集成在其他 IP 芯核和外设中,2.0 版 AMBA 标准定义了三组总线:AHB(AMBA 高性能总线)、ASB(AMBA 系统总线)、和 APB(AMBA 外设总线)。

3.2　Cortex-M0 的结构特点

Cortex-M0 是一款入门级的 32 位 ARM 微控制器。它以简易的编程模型、高效的中断处理、出色的功耗管理、极高的代码密度、完美的兼容能力、全面的调试支持使开发者受益匪浅。

3.2.1　编程模型

Cortex-M0 包含 Thread 和 Handler 两种微控制器模式,与其他 ARM 架构都区分特权模式和非特权模式不同,除了异常处理程序在 Handler 模式下运行,其他程序在 Thread 模式下运行外,Cortex-M0 对软件运行没有其他限制,这也意味着软件可以访问微控制器的所有资源。

Cortex-M0 有两个满递减堆栈——主栈和进程栈,它们都有各自的栈指针寄存器。Cortex-M0 堆栈的使用如表 3.2.1 所列。

表 3.2.1　微控制器模式和栈的对应关系

微控制器模式	所执行的代码	所使用的工作栈
Thread	应用程序	主栈或进程栈
Handler	异常处理程序	主栈

Cortex-M0 的工作寄存器由 13 个通用寄存器(R0～R12)、1 个栈指针寄存器(PSP 或 MSP)、1 个链接寄存器(LR)、1 个程序计数器(PC)和 3 个特殊寄存器(PSR、PRIMASK、CONTROL)组成,如图 3.2.1 所示。

3.2.2　存储模型

Cortex-M0 支持高达 4GB 的寻址空间,整个空间被划分为不同的区,每个区都有确定的存储类型(Normal、Device、Strongly-ordered)及存储属性(Shareabel、Execute Never)。这些存储类型和存储属性决定了如何访问相应区域。寻址空间的划分如图 3.2.2 所示。

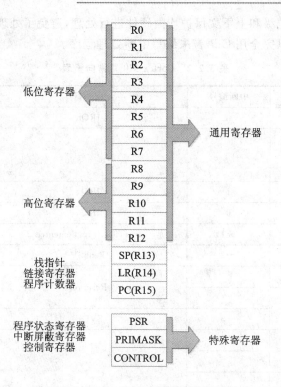

图 3.2.1　Cortex-M0 工作寄存器简图

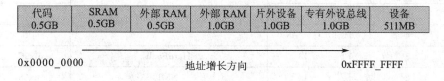

代码 0.5GB	SRAM 0.5GB	外部 RAM 0.5GB	外部 RAM 1.0GB	片外设备 1.0GB	专有外设总线 1.0GB	设备 511MB

0x0000_0000　　　　　　　　地址增长方向　　　　　　0xFFFF_FFFF

图 3.2.2　Cortex-M0 寻址空间的划分

3.2.3　异常处理

　　Cortex-M0 包含 7 种不同类型的异常,分别为 Reset、NMI、HardFault、SVCall、PendSV、SysTick、IRQ。表 3.2.2 列出了异常向量表的顺序。异常向量表包含了栈指针的复位值以及异常处理程序的入口地址。当异常发生时,微控制器从相应的异常向量取指。

　　可嵌套中断控制器 NVIC 与 Cortex-M0 微控制器内核紧密耦合,支持多大 32 个不同的中断源,且支持中断分级。为了减少中断延时和抖动,在较高优先级中断到达之前的中断尚未进入服务程序的情况下,Cortex-M0 的内建机制可以避免重新入栈。另外,M0 支持尾链技术,可以将异常处理退出时的出栈序列与后继异常处理进入时的入栈序列整合在一起,允许直接进入中断服务程序,从而减少中断延迟时间。因此,M0 最高优先级中断的固定延迟时间为 16 个时钟周期。更为重要的是,在中断发生时,中断优先级和上下文保护均由硬件进行处理,避免了处理中断时需要编写汇编代码,从而可以完全用 C 语言来编写中断处理程序。

表 3.2.2 Cortex-M0 异常向量表

异常编号	中断编号	向 量	偏 移
16+n	n	IRQn	0x40+4n
		•	
		•	
		•	
17	1	IRQ1	0x44
16	0	IRQ0	0x40
15	−1	SysTick, if implemented	0x3C
14	−2	PendSV	0x38
13		Reserved	
12			
11	−5	SVCall	0x2C
10			
9			
8		Reserved	
6			
5			
4			
3	−13	HardFault	0x0C
2	−14	NMI	0x08
1		Reset	0x04
		Initial SP value	0x00

3.2.4 功耗管理

Cortex-M0 在架构上支持低功耗,提供了睡眠和深度睡眠两种低功耗模式,并且提供有一个可选的 WIC。在睡眠模式下,微控制器时钟停止工作,NVIC 保持工作。在深度睡眠模式下,可以关闭整个系统时钟,只保持 WIC 处于工作状态,以在紧急时刻唤醒微控制器。除此之外,通过设置系统控制寄存器的 SLEEPONEXIT 位,可以使微控制器在完成中断服务程序后马上进入睡眠模式。在只有发生中断时才需要执行某些功能的应用中,这一机制尤为适用。

3.2.5　指令集

Cortex-M0 采用 ARMv6-M thumb 指令集,其指令共有 56 条。这一指令集不仅向上兼容 Cortex-M3,同时也以能与 ARM7 微控制器实现二进制兼容。不过,由于 Cortex-M0 上的编程完全可以用 C 代码实现,因此用户可以不用了解这些汇编指令。

深入重点

✓ Cortex-M0 包含 Thread 和 Handler 两种微控制器模式,与其他 ARM 架构都区分特权模式和非特权模式不同,除了异常处理程序在 Handler 模式下运行,其他程序在 Thread 模式下运行外,Cortex-M0 对软件运行没有其他限制,这也意味着软件可以访问微控制器的所有资源。

✓ Cortex-M0 支持高达 4GB 的寻址空间,整个空间被划分为不同的区,每个区都有确定的存储类型(Normal、Device、Strongly-ordered)及存储属性(Shareabel、Execute Never)。

✓ Cortex-M0 包含 7 种不同类型的异常,分别为 Reset、NMI、HardFault、SV-Call、PendSV、SysTick、IRQ。

✓ Cortex-M0 在架构上支持低功耗,提供了睡眠和深度睡眠两种低功耗模式,并且提供有一个可选的 WIC。

✓ Cortex-M0 采用 ARMv6-M thumb 指令集,其指令共有 56 条。

3.3　开发工具

Cortex-M0 架构基于 ARM CoreSight 调试架构,目前已有多种开发工具支持 NuMicro M051 系列微控制器。既有传统的开发工具(如 MDK、IAR EWARM),也有免费的开发工具 CooCox Tools。

1. MDK 及 IAR EWARM

MDK 及 IAR EWARM 分别由 Keil 公司和 IAR 公司开发,是目前最为流行的两种嵌入式集成开发环境。它们提供了包括项目管理器、编辑器、编译器、汇编器、调试器、仿真器在内的各类软硬件开发工具,支持几乎所有基于 ARM 的微控制器和微控制器。Keil RealView MDK 工程示例如图 3.3.1 所示。

2. CooCox Tools

由 UP 团队推出的 CooCox Tools 也支持 NuMicro M051 系列微控制器。如图 3.3.2 所示,CooCox Tools 是一个专门针对 Cortex-M 系列芯片的,基于互联网、以组件库为核心的免费嵌入式开发平台。所有的启动代码、外围库、驱动、OS 等被抽象为组件。用户创建一款芯片的应用程序,只需点击几下鼠标即可轻松实现,极大

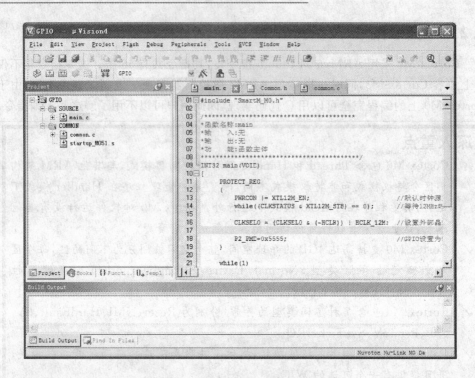

图 3.3.1 Keil RealView MDK 工程示例

地方便了软件开发人员。其中方针 CoLink 和实时操作系统 CoOS 是开源的。

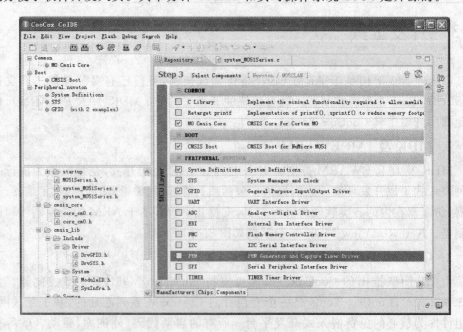

图 3.3.2 CooCox Tools 工程示例

　　此外，还有很多其他工具和 RTOS 厂商也对该微控制器提供支持。这些厂商包括 CodeSource、Code Red、Express Logic、Mentor Graphics、Micriμm 和 SEGGER。通过使用这些工具，开发者可以利用紧密结合的应用开发环境，迅速实现 Cortex-M0微控制器的高性能和超低功耗的应用。

深入重点

✓ Cortex-M0 架构基于 ARM CoreSight 调试架构，目前已有多种开发工具支持 NuMicro M051 系列微控制器。既有传统的开发工具（如 MDK、IAR EWARM），也有免费的开发工具 CooCox Tools。

第 4 章

ARM 微控制器的指令集

4.1　ARM 微控制器的指令的分类与格式

　　ARM 微控制器的指令集是加载/存储型的,也即指令集仅能处理寄存器中的数据,而且处理结果都要放回寄存器中,而对系统存储器的访问则需要通过专门的加载/存储指令来完成,每个指令都有相对应的机器码,如图 4.1.1 所示。

　　ARM 微控制器的指令集可以分为跳转指令、数据处理指令、程序状态寄存器(PSR)处理指令、加载/存储指令、协微控制器指令和异常产生指令六大类,具体的指令及功能如表 4.1.1 所列(表中指令为基本 ARM 指令,不包括派生的 ARM 指令)。

图 4.1.1　机器码

表 4.1.1　ARM 指令及功能描述表

ADC	带进位加法指令
ADD	加法指令
AND	逻辑与指令
B	跳转指令
BIC	位清零指令
BL	带返回的跳转指令
BLX	带返回和状态切换的跳转指令
BX	带状态切换的跳转指令
CDP	协微控制器数据操作指令
CMN	比较反值指令

续表 4.1.1

CMP	比较指令
EOR	异或指令
LDC	存储器到协微控制器的数据传输指令
LDM	加载多个寄存器指令
LDR	存储器到寄存器的数据传输指令
MCR	从 ARM 寄存器到协微控制器寄存器的数据传输指令
MLA	乘加运算指令
MOV	数据传送指令
MRC	从协微控制器寄存器到 ARM 寄存器的数据传输指令
MRS	传送 CPSR 或 SPSR 的内容到通用寄存器指令
MSR	传送通用寄存器到 CPSR 或 SPSR 的指令
MUL	32 位乘法指令
MLA	32 位乘加指令
MVN	数据取反传送指令
ORR	逻辑或指令
RSB	逆向减法指令
RSC	带借位的逆向减法指令
SBC	带借位减法指令
STC	协微控制器寄存器写入存储器指令
STM	批量内存字写入指令
STR	寄存器到存储器的数据传输指令
SUB	减法指令
SWI	软件中断指令
SWP	交换指令
TEQ	相等测试指令
TST	位测试指令

4.2　ARM 指令的条件域

当微控制器工作在 ARM 状态时,几乎所有的指令均根据 CPSR 中条件码的状态和指令的条件域有条件的执行。当指令的执行条件满足时,指令被执行,否则指令被忽略。

每一条 ARM 指令包含 4 位的条件码,位于指令的最高 4 位[31:28]。如表 4.2.1所列,条件码共有 16 种,每种条件码可用两个字符表示,这两个字符可以添加在指令助记符的后面和指令同时使用。例如,跳转指令 B 可以加上后缀 EQ 变为 BEQ 表示"相等则跳转",即当 CPSR 中的 Z 标志置位时发生跳转。

在 16 种条件标志码中,只有 15 种可以使用,如表 4.2.1 所列,第 16 种(1111)为系统保留,暂时不能使用。

表 4.2.1   指令的条件码

条件码	助记符后缀	标 志	含 义
0000	EQ	Z 置位	相等
0001	NE	Z 清零	不相等
0010	CS	C 置位	无符号数大于或等于
0011	CC	C 清零	无符号数小于
0100	MI	N 置位	负数
0101	PL	N 清零	正数或零
0110	VS	V 置位	溢出
0111	VC	V 清零	未溢出
1000	HI	C 置位 Z 清零	无符号数大于
1001	LS	C 清零 Z 置位	无符号数小于或等于
1010	GE	N 等于 V	带符号数大于或等于
1011	LT	N 不等于 V	带符号数小于
1100	GT	Z 清零且(N 等于 V)	带符号数大于
1101	LE	Z 置位或(N 不等于 V)	带符号数小于或等于
1110	AL	忽略	无条件执行

4.3   ARM 指令的寻址方式

所谓寻址方式就是微控制器根据指令中给出的地址信息来寻找物理地址的方式。目前 ARM 指令系统支持如下几种常见的寻址方式。

1. 立即寻址

立即寻址也称立即数寻址,这是一种特殊的寻址方式,操作数本身就在指令中给出,只要取出指令也就取到了操作数。这个操作数被称为立即数,对应的寻址方式也就叫做立即寻址。例如以下指令:

```
ADD R0,R0, #1        ;R0 <- R0+1
ADD R0,R0, #0x3f     ;R0 <- R0 + 0x3f
```

在以上两条指令中,第二个源操作数即为立即数,要求以"#"为前缀,对于以十六进制表示的立即数,还要求在"#"后加上"0x"或"&"。

2. 寄存器寻址

寄存器寻址就是利用寄存器中的数值作为操作数,这种寻址方式是各类微控制器经常采用的一种方式,也是一种执行效率较高的寻址方式。以下指令:

```
ADD R0,R1,R2        ;R0<- R1+R2
```

该指令的执行效果是将寄存器 R1 和 R2 的内容相加,其结果存放在寄存器 R0 中。

3. 寄存器间接寻址

寄存器间接寻址就是以寄存器中的值为操作数的地址,而操作数本身存放在存储器中。例如以下指令:

```
ADD R0,R1,[R2]       ;R0 <- R1+[R2]
LDR R0,[R1]          ;R0 <- [R1]
STR R0,[R1]          ;[R1] < - R0
```

在第 1 条指令中,以寄存器 R2 的值作为操作数的地址,在存储器中取得一个操作数后与 R1 相加,结果存入寄存器 R0 中。

第 2 条指令将以 R1 的值为地址的存储器中的数据传送到 R0 中。

第 3 条指令将 R0 的值传送到以 R1 的值为地址的存储器中。

4. 基址变址寻址

基址变址寻址就是将寄存器(该寄存器一般称做基址寄存器)的内容与指令中给出的地址偏移量相加,从而得到一个操作数的有效地址。变址寻址方式常用于访问某基地址附近的地址单元。采用变址寻址方式的指令常见有以下几种形式,代码如下:

```
LDR R0,  [R1,♯4]        ;R0<- [R1+4]
LDR R0,  [R1,♯4]!       ;R0<- [R1+4]、R1<- R1+4
LDR R0,  [R1],♯4        ;R0<- [R1]、R1<- R1+4
LDR R0,  [R1,R2]        ;R0<- [R1+R2]
```

在第 1 条指令中,将寄存器 R1 的内容加上 4 形成操作数的有效地址,从而取得操作数存入寄存器 R0 中。

在第 2 条指令中,将寄存器 R1 的内容加上 4 形成操作数的有效地址,从而取得操作数存入寄存器 R0 中,然后,R1 的内容自增 4 字节。

在第 3 条指令中,以寄存器 R1 的内容作为操作数的有效地址,从而取得操作数存入寄存器 R0 中,然后,R1 的内容自增 4 个字节。

在第 4 条指令中,将寄存器 R1 的内容加上寄存器 R2 的内容形成操作数的有效地址,从而取得操作数存入寄存器 R0 中。

5. 多寄存器寻址

采用多寄存器寻址方式,一条指令可以完成多个寄存器值的传送。这种寻址方式可以用一条指令完成传送最多 16 个通用寄存器的值。以下指令:

```
LDMIA R0,{R1,R2,R3, R4};R1<－[R0]
                           ;R2<－[R0＋4]
                           ;R3<－[R0＋8]
                           ;R4<－[R0＋12]
```

该指令的后缀 IA 表示在每次执行完加载/存储操作后,R0 按字长度增加,因此,指令可将连续存储单元的值传送到 R1～R4。

6. 相对寻址

与基址变址寻址方式相类似,相对寻址以程序计数器 PC 的当前值为基地址,指令中的地址标号作为偏移量,将两者相加之后得到操作数的有效地址。以下程序段完成子程序的调用和返回,跳转指令 BL 采用了相对寻址方式:

```
BL   NEXT                 ;跳转到子程序 NEXT 处执行
NEXT
……
MOV  PC, LR               ;从子程序返回
```

7. 堆栈寻址

堆栈是一种数据结构,按先进后出(First In Last Out,FILO)的方式工作,使用一个称作堆栈指针的专用寄存器指示当前的操作位置,堆栈指针总是指向栈顶。

当堆栈指针指向最后压入堆栈的数据时,称为满堆栈(full stack),而当堆栈指针指向下一个将要放入数据的空位置时,称为空堆栈(empty stack)。

同时,根据堆栈的生成方式,又可以分为递增堆栈(ascending stack)和递减堆栈(decending stack),当堆栈由低地址向高地址生成时,称为递增堆栈,当堆栈由高地址向低地址生成时,称为递减堆栈。这样就有 4 种类型的堆栈工作方式,ARM 微控制器支持这 4 种类型的堆栈工作方式,即:

- 满递增堆栈:堆栈指针指向最后压入的数据,且由低地址向高地址生成。
- 满递减堆栈:堆栈指针指向最后压入的数据,且由高地址向低地址生成。
- 空递增堆栈:堆栈指针指向下一个将要放入数据的空位置,且由低地址向高地址生成。
- 空递减堆栈:堆栈指针指向下一个将要放入数据的空位置,且由高地址向低地址生成。

4.4　ARM 指令集

本节对 ARM 指令集的 6 大类指令进行详细的描述。

4.4.1　跳转指令

跳转指令用于实现程序流程的跳转,在 ARM 程序中有两种方法可以实现程序流程的跳转:

- 使用专门的跳转指令。
- 直接向程序计数器 PC 写入跳转地址值。

通过向程序计数器 PC 写入跳转地址值,可以实现在 4GB 的地址空间中的任意跳转,在跳转之前结合使用。

```
MOV    LR,  PC
```

等类似指令,可以保存将来的返回地址值,从而实现在 4GB 连续的线性地址空间的子程序调用。

ARM 指令集中的跳转指令可以完成从当前指令向前或向后的 32MB 的地址空间的跳转,包括以下 4 条指令:

- B　　跳转指令。
- BL　带返回的跳转指令。
- BLX　带返回和状态切换的跳转指令。
- BX　带状态切换的跳转指令。

1. B 指令

B 指令的格式为:

B〈条件〉　目标地址

B 指令是最简单的跳转指令。一旦遇到一个 B 指令,ARM 微控制器将立即跳转到给定的目标地址,从那里继续执行。注意存储在跳转指令中的实际值是相对当前 PC 值的一个偏移量,而不是一个绝对地址,它的值由汇编器来计算(参考寻址方式中的相对寻址)。它是 24 位有符号数,左移两位后有符号扩展为 32 位,表示的有效偏移为 26 位(前后 32 MB 的地址空间)。以下指令:

```
B    Label         ;程序无条件跳转到标号 Label 处执行
CMP  R1,♯0         ;当 CPSR 寄存器中的 z 条件码置位时,程序跳转到标号 Label 处执行
BEQ    Label
```

2. BL 指令

BL 指令的格式为:

BL〈条件〉　目标地址

BL 是另一个跳转指令,但跳转之前,会在寄存器 Rl 4 中保存 PC 的当前内容,因此,可以通过将 R14 的内容重新加载到 PC 中,来返回到跳转指令之后的那个指令处执行。该指令是实现子程序调用的一个基本但常用的手段。以下指令:

BL　Label　;当程序无条件跳转到标号 Label 处执行时,同时将当前的 PC 值保存到 R14 中

3. BLX 指令

BLX 指令的格式为:

BLX 目标地址

BLX 指令从 ARM 指令集跳转到指令中所指定的目标地址,并将微控制器的工作状态由 ARM 状态切换到 Thumb 状态,该指令同时将 PC 的当前内容保存到寄存器 R14 中。因此,当子程序使用 Thumb 指令集,而调用者使用 ARM 指令集时,可以通过 BLX 指令实现子程序的调用和微控制器工作状态的切换。同时,子程序的返回可以通过将寄存器 R14 值复制到 PC 中来完成。

4. BX 指令

BX 指令的格式为:

BX〈条件〉　目标地址

BX 指令跳转到指令中所指定的目标地址,目标地址处的指令既可以是 ARM 指令,也可以是 Thumb 指令。

4.4.2　数据处理指令

数据处理指令可分为数据传送指令、算术逻辑运算指令和比较指令等。

数据传送指令用于在寄存器和存储器之间进行数据的双向传输。

算术逻辑运算指令完成常用的算术与逻辑的运算,该类指令不但将运算结果保存在目的寄存器中,同时更新 CPSR 中的相应条件标志位。

比较指令不保存运算结果,只更新 CPSR 中相应的条件标志位。

数据处理指令包括:

- MOV 数据传送指令。
- MVN 数据取反传送指令。
- CMP 比较指令。
- CMN 反值比较指令。
- TST 位测试指令。
- TEQ 相等测试指令。
- ADD 加法指令。
- ADC 带进位加法指令。
- SUB 减法指令。
- SBC 带借位减法指令。
- RSB 逆向减法指令。
- RSC 带借位的逆向减法指令。
- AND 逻辑与指令。

- ORR 逻辑或指令。
- EOR 逻辑异或指令。
- BIC 位清除指令。

1. MOV 指令

MOV 指令的格式为：

MOV{条件}{S}　目的寄存器,源操作数

MOV 指令可完成从另一个寄存器、被移位的寄存器或将一个立即数加载到目的寄存器。其中 S 选项决定指令的操作是否影响 CPSR 中条件标志位的值,当没有 S 时指令不更新 CPSR 中条件标志位的值。

指令示例：

```
MOV   R1,R0                 ;将寄存器 R0 的值传送到寄存器 R1
MOV   PC,R14                ;将寄存器 R14 的值传送到 PC,常用于子程序返回
MOV   R1,R0,LSL♯3          ;将寄存器 R0 的值左移 3 位后传送到 R1
```

2. MVN 指令

MVN 指令的格式为：

MVN{条件}{S}目的寄存器,源操作数

MVN 指令可完成从另一个寄存器、被移位的寄存器、或将一个立即数加载到目的寄存器。与 MOV 指令不同之处是在传送之前按位被取反了,即把一个被取反的值传送到目的寄存器中。其中 S 决定指令的操作是否影响 CPSR 中条件标志位的值,当没有 S 时指令不更新 CPSR 中条件标志位的值。

指令示例：

```
MVN   R0,♯0                ;将立即数 0 取反传送到寄存器 R0 中,完成后 R0 = -1
```

3. CMP 指令

CMP 指令的格式为：

CMP{条件}操作数 1,操作数 2

CMP 指令用于把一个寄存器的内容和另一个寄存器的内容或立即数进行比较,同时更新 CPSR 中条件标志位的值。该指令进行一次减法运算,但不存储结果,只更改条件标志位。标志位表示的是操作数 1 与操作数 2 的关系(大、小、相等),例如,当操作数 1 大于操作操作数 2,则此后的有 GT 后缀的指令将可以执行。

指令示例：

```
CMP R1,R0           ;将寄存器 R1 的值与寄存器 R0 值相减,并根据结果设置 CPSR 的标志位
CMP R1,♯100         ;将寄存器 R1 的值与立即数 100 相减,并根据结果设置 CPSR 的标志位
```

4. CMN 指令

CMN 指令的格式为：

CMN{条件}操作数 1,操作数 2

CMN 指令用于把一个寄存器的内容和另一个寄存器的内容或立即数取反后进行比较,同时更新 CPSR 中条件标志位的值。该指令实际完成操作数 1 和操作数 2 相加,并根据结果更改条件标志位。

指令示例:

```
CMN R1,R0          ;将寄存器 R1 的值与寄存器 R0 值相加,并根据结果设置 CPSR 的标志位
CMN R1,#100        ;将寄存器 R1 的值与立即数 100 相加,并根据结果设置 CPSR 的标志位
```

5. TST 指令

TST 指令的格式为:

TST{条件}操作数 1,操作数 2

TST 指令用于把一个寄存器的内容和另一个寄存器的内容或立即数进行按位的与运算,并根据运算结果更新 CPSR 中条件标志位的值。操作数 1 是要测试的数据,而操作数 2 是一个位掩码,该指令一般用来检测是否设置了特定的位。

指令示例:

```
TST  R1,#%1        ;用于测试在寄存器 R1 中是否设置了最低位(%表示二进制数)
TST  R1,#0xffe     ;将寄存器 R1 的值与立即数 0xffe 按位与,并根据结果设置 CPSR 的
                   ;标志位
```

6. TEQ 指令

TEQ 指令的格式为:

TEQ{条件}操作数 1,操作数 2

TEQ 指令用于把一个寄存器的内容和另一个寄存器的内容或立即数进行按位的异或运算,并根据运算结果更新 CPSR 中条件标志位的值。该指令通常用于比较操作数 1 和操作数 2 是否相等。

指令示例:

```
TEQ  R1,R2  ;将寄存器 R1 的值与寄存器 R2 值按位异或,并根据结果设置 CPSR 的标志位
```

7. ADD 指令

ADD 指令的格式为:

ADD{条件}{S}目的寄存器,操作数 1,操作数 2

ADD 指令用于把两个操作数相加,并将结果存放到目的寄存器中。操作数 1 应是一个寄存器,操作数 2 可以是一个寄存器,被移位的寄存器,或一个立即数。

指令示例:

```
ADD R0,R1,R2           ;R0 = R1 + R2
ADD R0,R1,#256         ;R0 = R1 + 256
ADD R0,R2,R3,LSL#1     ;R0 = R2 + (R3<<1)
```

8. ADC 指令

ADC 指令的格式为：

ADC{条件}{S}目的寄存器,操作数 1,操作数 2

ADC 指令用于把两个操作数相加,再加一卜|CPSR 中的 C 条件标志位的值,并将结果存放到目的寄存器中。它使用一个进位标志位,这样就可以做比 32 位大的数的加法,注意不要忘记设置 S 后缀来更改进位标志。操作数 1 应是一个寄存器,操作数 2 可以是一个寄存器,被移位的寄存器,或一个立即数。

以下指令序列完成两个 128 位数的加法,第 1 个数由高到低存放在寄存器 R7～R4,第 2 个数由高到低存放在寄存器 R11～R8,运算结果由高到低存放在寄存器 R3～R0。

```
ADDS   R0,R4,R8          ;加低端的字
ADCS   R1,R5,R9          ;加第 2 个字,带进位
ADCS   R2,R6,R10         ;加第 3 个字,带进位
ADC    R3,R7,R11         ;加第 4 个字,带进位
```

9. SUB 指令

SUB 指令的格式为：

SUB{条件}{S}　目的寄存器,操作数 1,操作数 2

SUB 指令用于把操作数 1 减去操作数 2,并将结果存放到目的寄存器中。操作数 1 应是一个寄存器,操作数 2 可以是一个寄存器,被移位的寄存器,或一个立即数。该指令可用于有符号数或无符号数的减法运算。

指令示例：

```
SUB    R0,R1,R2          ;R0 = R1 − R2
SUB    R0,R1,#256        ;R0 = R1 − 256
SUB    R0,R2,R3,LSL#1    ;R0 = R2 − (R3 << 1)
```

10. SBC 指令

SBC 指令的格式为：

SBC{条件}{S}　目的寄存器,操作数 1,操作数 2

SBC 指令用于把操作数 1 减去操作数 2,再减去 CPSR 中的 C 条件标志位的反码,并将结果存放到目的寄存器中。操作数 1 应是一个寄存器,操作数 2 可以是一个寄存器,被移位的寄存器,或一个立即数。该指令使用进位标志来表示借位,这样就可以做大于 32 位的减法,注意不要忘记设置 S 后缀来更改进位标志。该指令可用于有符号数或无符号数的减法运算。

指令示例：

```
SUBS    R0,R1,R2          ;R0 = R1 - R2 - ! c,并根据结果设置 CPSR 的进位标志位
```

11. RSB 指令

RSB 指令的格式为：

RSB{条件}{S}　目的寄存器,操作数 1,操作数 2

RSB 指令称为逆向减法指令,用于把操作数 2 减去操作数 1,并将结果存放到目的寄存器中。操作数 1 应是一个寄存器,操作数 2 可以是一个寄存器,被移位的寄存器,或一个立即数。该指令可用于有符号数或无符号数的减法运算。

指令示例：

```
RSB     R0,R1,R2              ;R0 = R2 - R1
RSB     R0,R1,#256            ;R0 = 256 - R1
RSB     R0,R2,R3,LSL#1        ;R0 = (R3<<1) - R2
```

12. RSC 指令

RSC 指令的格式为：

RSC(条件){S}　目的寄存器,操作数 1,操作数 2

RSC 指令用于把操作数 2 减去操作数 1,再减去 CPSR 中的 C 条件标志位的反码,并将结果存放到目的寄存器中。操作数 1 应是一个寄存器,操作数 2 可以是一个寄存器,被移位的寄存器,或一个立即数。该指令使用进位标志来表示借位,这样就可以做大于 32 位的减法,注意不要忘记设置 S 后缀来更改进位标志。该指令可用于有符号数或无符号数的减法运算。

指令示例：

```
RSC     R0,R1,R2      ;R0 = R2 - R1 - ! C
```

13. AND 指令

AND 指令的格式为：

AND{条件}{S}　目的寄存器,操作数 1,操作数 2

AND 指令用于在两个操作数上进行逻辑与运算,并把结果放置到目的寄存器中。操作数 1 应是一个寄存器,操作数 2 可以是一个寄存器,被移位的寄存器,或一个立即数。该指令常用于屏蔽操作数 1 的某些位。

指令示例：

```
AND   R0,R0,#3      ;该指令保持 R0 的 0、1 位,其余位清零
```

14. ORR 指令

ORR 指令的格式为：

ORR{条件}{S}　目的寄存器,操作数 1,操作数 2

ORR 指令用于在两个操作数上进行逻辑或运算,并把结果放置到目的寄存器

中。操作数 1 应是一个寄存器,操作数 2 可以是一个寄存器,被移位的寄存器,或一个立即数。该指令常用于设置操作数 1 的某些位。

指令示例:

```
ORR  R0,R0,#3        ;该指令设置 R0 的 0、1 位,其余位保持不变
```

15. EOR 指令

EOR 指令的格式为:

EOR{条件}{S}   目的寄存器,操作数 1,操作数 2

EOR 指令用于在两个操作数上进行逻辑异或运算,并把结果放置到目的寄存器中。操作数 1 应是一个寄存器,操作数 2 可以是一个寄存器,被移位的寄存器,或一个立即数。该指令常用于反转操作数 1 的某些位。

指令示例:

```
EOR  R0,R0,#3        ;该指令反转 R0 的 0、1 位,其余位保持不变
```

16. BIC 指令

BIC 指令的格式为:

BIC{条件}{S}   目的寄存器,操作数 1,操作数 2

BIC 指令用于清除操作数 1 的某些位,并把结果放置到目的寄存器中。操作数 1 应是一个寄存器,操作数 2 可以是一个寄存器,被移位的寄存器,或一个立即数。操作数 2 为 32 位的掩码,如果在掩码中设置了某一位,则清除这一位。未设置的掩码位保持不变。

指令示例:

```
BIC  R0,R0,#%1011        ;该指令清除 R0 中的位 0、1、和 3,其余的位保持不变
```

4.4.3 乘法指令与乘加指令

ARM 微控制器支持的乘法指令与乘加指令共有 6 条,可分为运算结果为 32 位和运算结果为 64 位两类,与前面的数据处理指令不同,指令中的所有操作数、目的寄存器必须为通用寄存器,不能对操作数使用立即数或被移位的寄存器,同时,目的寄存器和操作数 1 必须是不同的寄存器。

乘法指令与乘加指令共有以下 6 条:

- MUL   32 位乘法指令。
- MLA   32 位乘加指令。
- SMULL   64 位有符号数乘法指令。
- SMLAL   64 位有符号数乘加指令。
- UMULL   64 位无符号数乘法指令。

● UMLAL　64 位无符号数乘加指令。

1. MUL 指令

MUL 指令的格式为：

MUL{条件}{S}　目的寄存器,操作数 1,操作数 2。

MUL 指令完成将操作数 1 与操作数 2 的乘法运算,并把结果放置到目的寄存器中,同时可以根据运算结果设置 CPSR 中相应的条件标志位。其中,操作数 1 和操作数 2 均为 32 位的有符号数或无符号数。

指令示例：

```
MUL    R0,R1,R2      ;R0 = R1 × R2
MULS   R0,R1,R2      ;R0 = R1 × R2,同时设置 CPSR 中的相关条件标志位
```

2. MLA 指令

MLA 指令的格式为：

MLA{条件}{S}　目的寄存器,操作数 1,操作数 2,操作数 3

MLA 指令完成将操作数 1 与操作数 2 的乘法运算,再将乘积加上操作数 3,并把结果放置到目的寄存器中,同时可以根据运算结果设置 CPSR 中相应的条件标志位。其中,操作数 1 和操作数 2 均为 32 位的有符号数或无符号数。

指令示例：

```
MLA   R0, R1, R2, R3  ;R0 = R1 × R2 + R3
MLAS  R0,R1,R2,R3     ;R0 = R1 × R2 + R3,同时设置 CPSR 中的相关条件标志位
```

3. SMULL 指令

SMLAL 指令的格式为：

SMLAL{条件}{S}　目的寄存器 LOW,目的寄存器低 High,操作数 1,操作数 2

SMLAL 指令完成将操作数 1 与操作数 2 的乘法运算,并把结果的低 32 位放置到目的寄存器 Low 中,结果的高 32 位放置到目的寄存器 Hi 曲中,同时可以根据运算结果设置 CPSR 中相应的条件标志位。其中,操作数 1 和操作数 2 均为 32 位的有符号数。

指令示例：

```
SMULL R0,R1,R2,R3     ;R0 = (R2 × R3)的低 32 位
                      ;R1 = (R2 × R3)的高 32 位
```

4. SMLAL 指令

SMLAL 指令的格式为：

SMLAL{条件}{S}　目的寄存器 LOW,目的寄存器低 High,操作数 1,操作数 2

SMLAL 指令完成将操作数 1 与操作数 2 的乘法运算,并把结果的低 32 位同目

的寄存器 LOW 中的值相加后又放置到目的寄存器 LOW 中,结果的高 32 位同目的寄存器 High 中的值相加后又放置到目的寄存器 High 中,同时可以根据运算结果设置 CPSR 中相应的条件标志位。其中,操作数 1 和操作数 2 均为 32 位的有符号数。

对于目的寄存器 LOW,在指令执行前存放 64 位加数的低 32 位,指令执行后存放结果的低 32 位。

对于目的寄存器 High,在指令执行前存放 64 位加数的高 32 位,指令执行后存放结果的高 32 位。

指令示例:

```
SMLAL R0,R1,R2,R3      ;R0 = (R2 × R3)的低 32 位 + R0
                       ;R1 = (R2 × R3)的高 32 位 + R1
```

5. UMULL 指令

UMULL 指令的格式为:

UMULL{条件}{S}　　目的寄存器 LOW,目的寄存器低 High,操作数 1,操作数 2

UMULL 指令完成将操作数 1 与操作数 2 的乘法运算,并把结果的低 32 位放置到目的寄存器 Low 中,结果的高 32 位放置到目的寄存器 High 中,同时可以根据运算结果设置 CPSR 中相应的条件标志位。其中,操作数 1 和操作数 2 均为 32 位的无符号数。

指令示例:

```
UMULL R0,R1,R2,R3      ;R0 = (R2 × R3)的低 32 位
                       ;R1 = (R2 × R3)的高 32 位
```

6. UMLAL 指令

UMLAL 指令的格式为:

UMLAL{条件}{S}　　目的寄存器 LOW,目的寄存器低 High,操作数 1,操作数 2

UMLAL 指令完成将操作数 1 与操作数 2 的乘法运算,并把结果的低 32 位同目的寄存器 LOW 中的值相加后又放置到目的寄存器 LOW 中,结果的高 32 位同目的寄存器 High 中的值相加后又放置到目的寄存器 High 中,同时可以根据运算结果设置 CPSR 中相应的条件标志位。其中,操作数 1 和操作数 2 均为 32 位的无符号数。

对于目的寄存器 LOW,在指令执行前存放 64 位加数的低 32 位,指令执行后存放结果的低 32 位。

对于目的寄存器 High,在指令执行前存放 64 位加数的高 32 位,指令执行后存放结果的高 32 位。

指令示例:

```
UMLAL  R0,R1,R2,R3     ;R0 = (R2 × R3)的低 32 位 + R0
                       ;R1 = (R2 × R3)的高 32 位 + R1
```

4.4.4 程序状态寄存器访问指令

ARM 微控制器支持程序状态寄存器访问指令,用于在程序状态寄存器和通用寄存器之间传送数据,程序状态寄存器访问指令包括以下两条:

- MRS 程序状态寄存器到通用寄存器的数据传送指令。
- MSR 通用寄存器到程序状态寄存器的数据传送指令。

1. MRS 指令

MRS 指令的格式为:

MRS{条件} 通用寄存器,程序状态寄存器(CPSR 或 SPSR)

MRS 指令用于将程序状态寄存器的内容传送到通用寄存器中。该指令一般用在以下几种情况:

当需要改变程序状态寄存器的内容时,可用 MRS 将程序状态寄存器的内容读入通用寄存器,修改后再写回程序状态寄存器。

当在异常处理或进程切换时,需要保存程序状态寄存器的值,可先用该指令读出程序状态寄存器的值,然后保存。

指令示例:

```
MRS    R0,CPSR     ;传送 CPSR 的内容到 R0
MRS    R0,SPSR     ;传送 SPSR 的内容到 R0
```

2. MSR 指令

MSR 指令的格式为:

MSR{条件} 程序状态寄存器(CPSR 或 SPSR)_<域>,操作数

MSR 指令用于将操作数的内容传送到程序状态寄存器的特定域中。其中,操作数可以为通用寄存器或立即数。<域>用于设置程序状态寄存器中需要操作的位,32 位的程序状态寄存器可分为 4 个域:

- 位[31:24]为条件标志位域,用 f 表示。
- 位[23:16]为状态位域,用 S 表示。
- 位[15:8]为扩展位域,用 X 表示。
- 位[7:0]为控制位域,用 C 表示。

该指令通常用于恢复或改变程序状态寄存器的内容,在使用时,一般要在 MSR 指令中指明将要操作的域。

指令示例:

```
MSR  CPSR,R0 ;传送 R0 的内容到 CPSR
MSR  SPSR,R0 ;传送 R0 的内容到 SPSR
MSR  CPSR,R0 ;传送 R0 的内容到 SPSR,但仅仅修改 CPSR 中的控制位域
```

4.4.5　加载/存储指令

ARM 微控制器支持加载/存储指令用于在寄存器和存储器之间传送数据,加载指令用于将存储器中的数据传送到寄存器,存储指令则完成相反的操作。常用的加载存储指令如下:

- LDR　　字数据加载指令
- LDRB　字节数据加载指令
- LDRH　半字数据加载指令
- STR　　字数据存储指令
- STRB　字节数据存储指令
- STRH　半字数据存储指令

1. LDR 指令

LDR 指令的格式为:

LDR{条件}　目的寄存器,<存储器地址>

LDR 指令用于从存储器中将一个 32 位的字数据传送到目的寄存器中。该指令通常用于从存储器中读取 32 位的字数据到通用寄存器,然后对数据进行处理。当程序计数器 PC 作为目的寄存器时,指令从存储器中读取的字数据被当作目的地址,从而可以实现程序流程的跳转。

指令示例:

```
LDR  R0,[R1];将存储器地址为 R1 的字数据读入寄存器 R0
LDR  R0,[R1,R2];将存储器地址为 R1 + R2 的字数据读入寄存器 R0
LDR  R0,[R1,♯8];将存储器地址为 R1 + 8 的字数据读入寄存器 R0
LDR  R0,[R1,R2]!;将存储器地址为 R1 + R2 的字数据读入寄存器 R0,并将新地址 R1 + R2 写
入 R1
```

2. LDRB 指令

LDRB 指令的格式为:

LDR{条件}B 目的寄存器,<存储器地址>

LDRB 指令用于从存储器中将一个 8 位的字节数据传送到目的寄存器中,同时将寄存器的高 24 位清零。该指令通常用于从存储器中读取 8 位的字节数据到通用寄存器,然后对数据进行处理。当程序计数器 PC 作为目的寄存器时,指令从存储器中读取的字数据被当作目的地址,从而可以实现程序流程的跳转。

指令示例：

LDRB R0,[R1];将存储器地址为 R1 的字节数据读入寄存器 R0,并将 R0 的高 24 位清零

LDRB R0,[RI,♯8];将存储器地址为 RI + 8 的字节数据读入寄存器 R0,并将 R0 的高 24 位清零

3. LDRH 指令

LDRH 指令的格式为：

LDRH{条件}H　目的寄存器,<存储器地址>

LDRH 指令用于从存储器中将一个 16 位的半字数据传送到目的寄存器中,同时将寄存器的高 16 位清零。该指令通常用于从存储器中读取 16 位的半字数据到通用寄存器,然后对数据进行处理。当程序计数器 PC 作为目的寄存器时,指令从存储器中读取的字数据被当作目的地址,从而可以实现程序流程的跳转。

指令示例：

```
LDRH   R0,[R1]          ;将存储器地址为 R1 的半字数据读入寄存器 R0,并将 R0 的高
                        ;16 位清零
LDRH   R0,[R1,♯8]       ;将存储器地址为 R1 + 8 的半字数据读入寄存器 R0,并将 R0 的高
                        ;16 位清零
LDRH   R0,[R1,R2]       ;将存储器地址为 R1 + R2 的半字数据读入寄存器 R0,并将 R0 的高
                        ;16 位清零
```

4. STR 指令

STR 指令的格式为：

STR{条件}　源寄存器,<存储器地址>

STR 指令用于从源寄存器中将一个 32 位的字数据传送到存储器中。该指令在程序设计中比较常用,且寻址方式灵活多样,使用方式可参考指令 LDR。

指令示例：

```
STR   R0,[R1],♯8       ;将 R0 中的字数据写入以 R1 为地址的存储器中,并将新地址
                       ;R1 + 8 写入 R1
STR   R0,[R1,♯8]       ;将 R0 中的字数据写入以 R1 + 8 为地址的存储器中
```

5. STRB 指令

STRB 指令的格式为：

STR{条件}B　源寄存器,<存储器地址>

STRB 指令用于从源寄存器中将一个 8 位的字节数据传送到存储器中。该字节数据为源寄存器中的低 8 位。

指令示例：

STRB   R0,[R1];将寄存器 R0 中的字节数据写入以 R1 为地址的存储器中

STRB　R0,[R1,♯8];将寄存器 R0 中的字节数据写入以 R1＋8 为地址的存储器中

6. STRH 指令

STRH 指令的格式为：

STRH{条件} H 源寄存器，＜存储器地址＞

STRH 指令用于从源寄存器中将一个 16 位的半字数据传送到存储器中。该半字数据为源寄存器中的低 16 位。

指令示例：

STRH　R0,[R1];将寄存器 R0 中的半字数据写入以 R1 为地址的存储器中

STRH　R0,[R1,♯8];将寄存器 R0 中的半字数据写入以 R1＋8 为地址的存储器中

4.4.6　批量数据加载/存储指令

ARM 微控制器所支持批量数据加载/存储指令可以一次在一片连续的存储器单元和多个寄存器之间传送数据，批量加载指令用于将一片连续的存储器中的数据传送到多个寄存器，批量数据存储指令则完成相反的操作。常用的加载存储指令如下：

- LDM　　批量数据加载指令
- STM　　批量数据存储指令

1. LDM(或 STM)指令

LDM(或 STM)指令的格式为：

LDM(或 STM){条件}{类型}基址寄存器{!},寄存器列表{^}

LDM(或 STM)指令用于从由基址寄存器所指示的一片连续存储器到寄存器列表所指示的多个寄存器之间传送数据，该指令的常见用途是将多个寄存器的内容入栈或出栈。其中，{类型}为以下几种情况：

- IA　　每次传送后地址加 1
- IB　　每次传送前地址加 1
- DA　　每次传送后地址减 1
- DB　　每次传送前地址减 1
- FD　　满递减堆栈
- ED　　空递减堆栈
- FA　　满递增堆栈
- EA　　空递增堆栈

{!}为可选后缀，若选用该后缀，则当数据传送完毕之后，将最后的地址写入基址寄存器，否则基址寄存器的内容不改变。

基址寄存器不允许为 R15，寄存器列表可以为 R0～R15 的任意组合。

｛⌃｝为可选后缀,当指令为 LDM 且寄存器列表中包含 R15,选用该后缀时表示:除了正常的数据传送之外,还将 SPSR 复制到 CPSR。同时,该后缀还表示传入或传出的是用户模式下的寄存器,而不是当前模式下的寄存器。

指令示例:

```
STMFD  R13!,{R0,R4 - R12,LR}  ;将寄存器列表中的寄存器(R0,R4~R12,LR)存入堆栈
LDMFD  R13!,{R0,R4 - R12,PC)  ;将堆栈内容恢复到寄存器(R0,R4~R12,LR)
```

4.4.7　数据交换指令

ARM 微控制器所支持数据交换指令能在存储器和寄存器之间交换数据。数据交换指令有如下两条:

SWP　　字数据交换指令
SWPB　字节数据交换指令

1. SWP 指令

SWP 指令的格式为:

SWP｛条件｝　目的寄存器,源寄存器 1,［源寄存器 2］

SWP 指令用于将源寄存器 2 所指向的存储器中的字数据传送到目的寄存器中,同时将源寄存器 1 中的字数据传送到源寄存器 2 所指向的存储器中。显然,当源寄存器 1 和目的寄存器为同一个寄存器时,指令交换该寄存器和存储的内容。

指令示例:

```
SWP  R0,R1,[R2]    ;将 R2 所指向的存储器中的字数据传送到 R0,同时将 R1 中的字数据
                   ;传送到 R2 所指向的存储单元
SWP  R0,R0,[R1]    ;该指令完成将 R1 所指向的存储器中的字数据与 R0 中的字数据交换
```

2. SWPB 指令

SWPB 指令的格式为:

SWP｛条件｝B 目的寄存器,源寄存器 1,［源寄存器 2］

SWPB 指令用于将源寄存器 2 所指向的存储器中的字节数据传送到目的寄存器中,目的寄存器的高 24 清零,同时将源寄存器 1 中的字节数据传送到源寄存器 2 所指向的存储器中。显然,当源寄存器 1 和目的寄存器为同一个寄存器时,指令交换该寄存器和存储器的内容。

指令示例:

```
SWPB  R0,R1,[R2]   ;将 R2 所指向的存储器中的字节数据传送到 R0,R0 的高 24 位清零,
                   ;同时将 R1 中的低 8 位数据传送到 R2 所指向的存储单元
SWPB  R0,R0,[R1]   ;该指令完成将 R1 所指向的存储器中的字节数据与 R0 中的低 8 位
                   ;数据交换
```

4.4.8　移位指令(操作)

　　ARM 微控制器内嵌的桶型移位器(barrel shifter),支持数据的各种移位操作,移位操作在 ARM 指令集中不作为单独的指令使用,它只能作为指令格式中是一个字段,在汇编语言中表示为指令中的选项。例如,数据处理指令的第二个操作数为寄存器时,就可以加入移位操作选项对它进行各种移位操作。移位操作包括如下 6 种类型,ASL 和 LSL 是等价的,可以自由互换:

- LSL 逻辑左移。
- ASL 算术左移。
- LSR 逻辑右移。
- ASR 算术右移。
- ROR 循环右移。
- RRX 带扩展的循环右移。

1. LSL(或 ASL)操作

　　LSL(或 ASL)操作的格式为:

　　通用寄存器,LSL(或 ASL)　操作数

　　LSL(或 ASL)可完成对通用寄存器中的内容进行逻辑(或算术)的左移操作,按操作数所指定的数量向左移位,低位用零来填充。其中,操作数可以是通用寄存器,也可以是立即数(0~31)。

　　操作示例:

```
MOV    R0,R1,LSL#2    ;将 R1 中的内容左移两位后传送到 R0 中
```

2. LSR 操作

　　LSR 操作的格式为:

　　通用寄存器,LSR 操作数

　　LSR 可完成对通用寄存器中的内容进行右移的操作,按操作数所指定的数量向右移位,左端用零来填充。其中,操作数可以是通用寄存器,也可以是立即数(0~31)。

　　操作示例:

```
MOV    R0,R1,LSR#2    ;将 R1 中的内容右移两位后传送到 R0 中,左端用零来填充
```

3. ASR 操作

　　ASR 操作的格式为:

　　通用寄存器,ASR 操作数

　　ASR 可完成对通用寄存器中的内容进行右移的操作,按操作数所指定的数量向右移位,左端用第 31 位的值来填充。其中,操作数可以是通用寄存器,也可以是立即

数(0～31)。

操作示例:

MOV　R0,R1,ASR♯2 ;将 R1 中的内容右移两位后传送到 R0 中,左端用第 31 位的值来填充

4. ROR 操作

ROR 操作的格式为:

通用寄存器,ROR 操作数

ROR 可完成对通用寄存器中的内容进行循环右移的操作,按操作数所指定的数量向右循环移位,左端用右端移出的位来填充。其中,操作数可以是通用寄存器,也可以是立即数(0～31)。显然,当进行 32 位的循环右移操作时,通用寄存器中的值不改变。

操作示例:

MOV　　R0,R1,ROR♯2 ;将 R1 中的内容循环右移两位后传送到 R0 中

5. RRX 操作

RRX 操作的格式为:

通用寄存器,RRX 操作数

RRX 可完成对通用寄存器中的内容进行带扩展的循环右移的操作,按操作数所指定的数量向右循环移位,左端用进位标志位 C 来填充。其中,操作数可以是通用寄存器,也可以是立即数(0～31)。

操作示例:

MOV　　R0,R1,RRX♯2 ;将 R1 中的内容进行带扩展的循环右移两位后传送到 R0 中

4.4.9　协微控制器指令

ARM 微控制器可支持多达 16 个协微控制器,用于各种协处理操作,在程序执行的过程中,每个协微控制器只执行针对自身的协处理指令,忽略 ARM 微控制器和其他协微控制器的指令,包括以下 5 条:

- CDP　　协微控制器数操作指令
- LDC　　协微控制器数据加载指令
- STC　　协微控制器数据存储指令
- MCR　　ARM 微控制器寄存器到协微控制器寄存器的数据传送指令
- MRC　　协微控制器寄存器到 ARM 微控制器寄存器的数据传送指令

1. CDP 指令

CDP 指令的格式为:

CDP{条件}协微控制器编码,协微控制器操作码 1,目的寄存器,源寄存器 1,源

寄存器 2,协微控制器操作码 2。

CDP 指令用于 ARM 微控制器通知 A 刚协微控制器执行特定的操作,若协微控制器不能成功完成特定的操作,则产生未定义指令异常。其中协微控制器操作码 1 和协微控制器操作码 2 为协微控制器将要执行的操作,目的寄存器和源寄存器均为协微控制器的寄存器,指令不涉及 ARM 微控制器的寄存器和存储器。

指令示例:

CDP P3,2,C12,C10,C3,4 ;该指令完成协微控制器 P3 的初始化

2. LDC 指令

LDC 指令的格式为:

LDC{条件}{L}　协微控制器编码,目的寄存器,[源寄存器]

LDC 指令用于将源寄存器所指向的存储器中的字数据传送到目的寄存器中,若协微控制器不能成功完成传送操作,则产生未定义指令异常。其中,{L}选项表示指令为长读取操作,如用于双精度数据的传输。

指令示例:

LDC P3,C4,[R0]　　;将 ARM 微控制器的寄存器 R0 所指向的存储器中的字数据传送到协
　　　　　　　　　;微控制器 P3 的寄存器 C4 中

67

3. STC 指令

STC 指令的格式为:

STC{条件}{L}协微控制器编码,源寄存器,[目的寄存器]

STC 指令用于将源寄存器中的字数据传送到目的寄存器所指向的存储器中,若协微控制器不能成功完成传送操作,则产生未定义指令异常。其中,{L}选项表示指令为长读取操作,如用于双精度数据的传输。

指令示例:

STC P3,C,[R0]　　;将协微控制器 P3 的寄存器 C4 中的字数据传送到 ARM 微控制器的
　　　　　　　　;寄存器 R0 所指向的存储器中

4. MCR 指令

MCR 指令的格式为:

MCR{条件}　协微控制器编码,协微控制器操作码 1,源寄存器,目的寄存器 1,目的寄存器 2,协微控制器操作码 2。

MCR 指令用于将 ARM 微控制器寄存器中的数据传送到协微控制器寄存器中,若协微控制器不能成功完成操作,则产生未定义指令异常。其中协微控制器操作码 1 和协微控制器操作码 2 为协微控制器将要执行的操作,源寄存器为 ARM 微控制器的寄存器,目的寄存器 1 和目的寄存器 2 均为协微控制器的寄存器。

指令示例：

```
MCR  P3,3,R0,C4,C5,6      ;该指令将 ARM 微控制器寄存器 R0 中的数据传送到协微控制器
                         ;P3 的寄存器 C4 和 C5 中
```

5. MRC 指令

MRC 指令的格式为：

MRC{条件}协微控制器编码,协微控制器操作码 1,目的寄存器,源寄存器 1,源寄存器 2,协微控制器操作码 2。

MRC 指令用于将协微控制器寄存器中的数据传送到 ARM 微控制器寄存器中，若协微控制器不能成功完成操作，则产生未定义指令异常。其中协微控制器操作码 1 和协微控制器操作码 2 为协微控制器将要执行的操作，目的寄存器为 ARM 微控制器的寄存器，源寄存器 1 和源寄存器 2 均为协微控制器的寄存器。

指令示例：

```
MRC P3,3,R0,C4,C5,6   ;该指令将协微控制器 P3 的寄存器中的数据传送到 ARM 微控制器
                      ;寄存器中
```

4.4.10 异常产生指令

ARM 微控制器所支持的异常指令有如下两条：

- SWI   软件中断指令
- BKPT   断点中断指令

1. SWI 指令

SWI 指令的格式为：

SWI{条件} 24 位的立即数

SWI 指令用于产生软件中断，以便用户程序能调用操作系统的系统例程。操作系统在 SWI 的异常处理程序中提供相应的系统服务，指令中 24 位的立即数指定用户程序调用系统例程的类型，相关参数通过通用寄存器传递；当指令中 24 位的立即数被忽略时，用户程序调用系统例程的类型由通用寄存器。R0 的内容决定，同时，参数通过其他通用寄存器传递。

指令示例：

```
SWI 0x02    ;该指令调用操作系统编号位 02 的系统例程
```

2. BKPT 指令

BKPT、指令的格式为：

BKPT 16 位的立即数

BKPT 指令产生软件断点中断，可用于程序的调试。

4.4.11　Thumb 指令及应用

为兼容数据总线宽度为 16 位的应用系统,ARM 体系结构除了支持执行效率很高的 32 位 ARM 指令集以外,同时支持 16 位的 Thumb 指令集。Thumb 指令集是 ARM 指令集的一个子集,允许指令编码为 16 位的长度。与等价的 32 位代码相比较,Thumb 指令集在—32 代码优势的同时,大大的节省了系统的存储空间。

所有的 Thumb 指令都有对应的 ARM 指令,而且 Thumb 的编程模型也对应于 ARM 的编程模型,在应用程序的编写过程中,只要遵循一定调用的规则,Thumb 子程序和 ARM 子程序就可以互相调用。当微控制器在执行 ARM 程序段时,称 ARM 微控制器处于 ARM 工作状态,当微控制器在执行 Thumb 程序段时,称 ARM 微控制器处于 Thumb 工作状态。

与 ARM 指令集相比较,Thumb 指令集中的数据处理指令的操作数仍然是 32 位,指令地址也为 32 位,但 Thumb 指令集为实现 16 位的指令长度,舍弃了 ARM 指令集的一些特性,如大多数的 Thumb 指令是无条件执行的,而几乎所有的 ARM 指令都是有条件执行的;大多数的 Thumb 数据处理指令的目的寄存器与其中一个源寄存器相同。

由于 Thumb 指令的长度为 16 位,即只用 ARM 指令一半的位数来实现同样的功能,所以,要实现特定的程序功能,所需的 Thumb 指令的条数较 ARM 指令多。在一般的情况下,Thumb 指令与 ARM 指令的时间效率和空间效率关系为:

- Thumb 代码所需的存储空间为 ARM 代码的 60%～70%。
- Thumb 代码使用的指令数比 ARM 代码多为 30%～40%。
- 若使用 32 位的存储器,ARM 代码比 Thumb 代码快为 40%。
- 若使用 16 位的存储器,Thumb 代码比 ARM 代码快为 40%～50%。
- 与 ARM 代码相比较,使用 Thumb 代码,存储器的功耗会降低约 30%。

显然,ARM 指令集和 Thumb 指令集各有其优点,若对系统的性能有较高要求,应使用 32 位的存储系统和 ARM 指令集,若对系统的成本及功耗有较高要求,则应使用 16 位的存储系统和 Thumb 指令集。当然,若两者结合使用,充分发挥其各自的优点,会取得更好的效果。

第 5 章

ARM C 语言编程

5.1 C 语言简史

C 语言的开发是科技史上不可磨灭的伟大贡献,因为这个语言把握住了计算机科技中一个至关重要的并且是恰到好处的中间点,一方面它具备搭建高层产品的能力,另一方面又能够对丁底层数据进行有效控制。正是由于这种关联性和枢纽性作用,决定了 C 语言所导向的近三十年来计算机编程主流方式。

C 语言的祖先是 BCPL 语言。

1967 年,剑桥大学的 Martin Richards 对 CPL 语言进行了简化,于是产生了 BCPL(Basic Combined Programming Language)语言。

1970 年,美国贝尔实验室的 Ken Thompson。以 BCPL 语言为基础,设计出很简单且很接近硬件的 B 语言(取 BCPL 的首字母),并且他用 B 语言写了第一个 UNIX 操作系统。

在 1972 年,美国贝尔实验室的 D. M. Ritchie 在 B 语言的基础上最终设计出了一种新的语言,他取了 BCPL 的第二个字母作为这种语言的名字,这就是 C 语言,如图 5.1.1 所示。

为了使 UNIX 操作系统推广,1977 年 Dennis M. Ritchie 发表了不依赖于具体机器系统的 C 语言编译文本《可移植的 C 语言编译程序》。

图 5.1.1 C 语言

1978 年由美国电话电报公司(AT&T)贝尔实验室正式发表了 C 语言,同时由 B. W. Kernighan 和 D. M. Ritchie(见图 5.1.2)合著了著名的《The C Programming Language》一书。通常简称为《K&R》,也有人称之为《K&R》标准。但是,在《K&R》中并没有定义一个完整的标准 C 语言,后来由美国国家标准化协会(American National Standards Institute)在此基础上制定了一个 C 语言标准,于 1983 年发表,通常称为 ANSI C。

K&R 第一版在很多语言细节上也不够精确,对于 pcc 这个"参照编译器"来说,它日益显得不切实际;K&R 甚至没有很好表达它所要描述的语言,把后续扩展扔到了一边。最后, C 在早期项目中的使用受商业和政府合同支配, 它意味着一个认可的正式标准是重要的。因此(在 M. D. McIlroy 的催促下), ANSI 于 1983 年夏天, 在 CBEMA 的领导下建立了 X3J11 委员会, 目的是产生一个 C 标准。X3J11 在 1989 年末提出了一个他们的报告[ANSI 89], 后来这个标准被 ISO 接受为 ISO/IEC 9899 - 1990。

图 5.1.2　D. M. Ritchie 和 Ken Thompson

　　1990 年, 国际标准化组织 ISO(International Organization for Standards)接受了 89 ANSI C 为 ISO C 的标准(ISO9899 - 1990)。1994 年, ISO 修订了 C 语言的标准。

　　1995 年, ISO 对 C90 做了一些修订, 即“1995 基准增补 1(ISO/IEC/9899/AMD1: 1995)”。1999 年, ISO 有对 C 语言标准进行修订, 在基本保留原来 C 语言特征的基础上, 针对应该的需要, 增加了一些功能, 尤其是对 C++ 中的一些功能, 命名为 ISO/IEC9899:1999。

　　2001 年和 2004 年先后进行了两次技术修正。

　　目前流行的 C 语言编译系统大多是以 ANSI C 为基础进行开发的, 但不同版本的 C 编译系统所实现的语言功能和语法规则有略有差别。

5.2　C 语言特点

　　C 是高级语言, 它把高级语言的基本结构和语句与低级语言的实用性结合起来。C 语言可以像汇编语言一样对位、字节和地址进行操作, 而这三者是计算机最基本的工作单元。

　　C 是结构式语言, 结构式语言的显著特点是代码及数据的分隔化, 即程序的各个部分除了必要的信息交流外彼此独立, 这种结构化方式可使程序层次清晰, 便于使用、维护以及调试。C 语言是以函数形式提供给用户的, 这些函数可方便的调用, 并具有多种循环、条件语句控制程序流向, 从而使程序完全结构化。

　　C 语言功能齐全, 具有各种各样的数据类型, 并引入了指针概念, 可使程序效率更高, 而且计算功能、逻辑判断功能也比较强大, 可以实现决策目的的游戏。

　　C 语言适用范围大, 适合于多种操作系统, 如 Windows、DOS、UNIX 等等; 也适用于多种机型。

　　C 语言对编写需要硬件进行操作的场合, 明显优于其他高级语言, 有一些大型应用软件也是用 C 语言编写的。

5.2.1　优　点

1. 简洁紧凑、灵活方便

C 语言一共只有 32 个关键字,9 种控制语句,程序书写形式自由,区分大小写。把高级语言的基本结构和语句与低级语言的实用性结合起来。C 语言可以像汇编语言一样对位、字节和地址进行操作,而这三者是计算机最基本的工作单元。

2. 运算符丰富

C 语言的运算符包含的范围很广泛,共有 34 种运算符。C 语言把括号、赋值、强制类型转换等都作为运算符处理。从而使 C 语言的运算类型极其丰富,表达式类型多样化。灵活使用各种运算符可以实现在其他高级语言中难以实现的运算。

3. 数据类型丰富

C 语言的数据类型有整型、实型、字符型、数组类型、指针类型、结构体类型、共用体类型等。能用来实现各种复杂的数据结构的运算。并引入了指针概念,使程序效率更高。另外 C 语言具有强大的图形功能,支持多种显示器和驱动器。且计算功能、逻辑判断功能强大。

4. C 是结构式语言

结构式语言的显著特点是代码及数据的分隔化,即程序的各个部分除了必要的信息交流外彼此独立。这种结构化方式可使程序层次清晰,便于使用、维护以及调试。C 语言是以函数形式提供给用户的,这些函数可方便的调用,并具有多种循环、条件语句控制程序流向,从而使程序完全结构化。

5. 语法限制不太严格,程序设计自由度大

虽然 C 语言也是强类型语言,但它的语法比较灵活,允许程序编写者有较大的自由度。

6. 允许直接访问物理地址,对硬件进行操作

由于 C 语言允许直接访问物理地址,可以直接对硬件进行操作,因此它既具有高级语言的功能,又具有低级语言的许多功能,能够像汇编语言一样对位、字节和地址进行操作,而这三者是计算机最基本的工作单元,可用来写系统软件。

7. 生成目标代码质量高,程序执行效率高

一般只比汇编程序生成的目标代码效率低 $10\% \sim 20\%$。

8. 适用范围大,可移植性好

C 语言有一个突出的优点就是适合于多种操作系统,如 DOS、UNIX、Windows 98、Windows NT,也适用于多种机型。C 语言具有强大的绘图能力,可移植性好,并具备很强的数据处理能力,因此适于编写系统软件,三维,二维图形和动画,它也是数值

计算的高级语言。

5.2.2　缺　点

① C 语言的缺点主要表现在数据的封装性上,这一点使得 C 在数据的安全性上有很大缺陷,这也是 C 和 C++的一大区别。

② C 语言的语法限制不太严格,对变量的类型约束不严格,影响程序的安全性,对数组下标越界不作检查等。从应用的角度,C 语言比其他高级语言较难掌握。

5.3　数据类型

5.3.1　基本数据类型

ARM 编译器支持的基本数据类型包括整数类型和浮点数类型,如表 5.3.1 所列。

表 5.3.1　ARM 支持的数据类型

数据类型	C 类型	位长度	范　围
字符型	char(signed char)	8	$-2^7 \sim 2^7 - 1$
	unsigned char	8	$0 \sim 2^8 - 1$
整型	short(signed short)	16	$-2^{15} \sim 2^{15} - 1$
	unsigned short	16	$0 \sim 2^{16} - 1$
	enum	32	$-2^{31} \sim 2^{31} - 1$
	int(signed int)	32	$-2^{31} \sim 2^{31} - 1$
	unsigned int	32	$0 \sim 2^{32} - 1$
	long(signed long)	32	$-2^{31} \sim 2^{31} - 1$
	unsigned long	32	$0 \sim 2^{32} - 1$
	long long(signed long long)	64	$-2^{63} \sim 2^{63} - 1$
	unsigned long long	64	$0 \sim 2^{64} - 1$
指针	数据或函数指针	64	$0 \sim 2^{64} - 1$
浮点型	float	32	
	double	64	
	long double	64	

5.3.2　数据类型修饰符 signed 和 unsigned

在 C 语言中,如果一个运算符两侧的操作数的数据类型不同,则系统按"先转换后运算"的原则进行运算。

对于无符号和有符号数据类型的转换原则：在 C 语言中，遇到无符号和有符号数之间的操作时，编译器会自动转化为无符号数来进行处理。

```
unsigned    int a = 10;
signed      int b = -100;
```

结论：b＞a，因为 b 转化为无符号数为 b＝4394985869

5.4 常量和变量

5.4.1 常 量

1. 整 数

可以用十进制、十六进制表示，十进制由 0～9 的数字组成，不能以 0 开头，二者均可以用负号表示负数。

2. 字 符

由一对单引号及其所引起来的字符表示。

3. 字符串

由一对双引号引起来的字符序列。

5.4.2 变 量

1. const

把一个对象或变量定义为 const 类型，其值便不能被更新（read only），故定义时必须给它一个初始值；如果函数中的指针参数在函数中是只读的，建议将其用 const 修饰。

2. static

被 static 修饰的变量从时间域而言是全局变量，不过空间作用域不是全局的，可用于保存变量所在函数被累次调用期间的中间状态。

```
void TimeCount(void)
{
    Static unsigned int unCount = 0;
    ......
    unCount = 0;
    ......
}
```

unCount 在函数的第一次调用时分配和初始化,函数推出后其值仍然存在(时间域);但只能在函数内部才能访问 unCount（空间域）。

访问控制原则如下:

① 模块儿内(但在函数体外),被声明为静态的变量可以被模块儿内所有函数访问,但不能被模块儿外其他函数访问,是一个本地的全局变量;

② 模块儿内,被声明为静态的函数只可被这一模块儿内的其他函数调用。

局部变量定义使用注意事项如下:大多数 ARM 数据处理指令是 32 位的,而 char 和 short 定义的数据为 8/16 位的,要对其进行装载和存储时都要扩展(无符号数用 0 做扩展位,有符号数按符号位扩展),这种扩展是用多余的指令来实现的。故要避免把局部变量定义为 short 和 char 类型的(降低空间和时间效率)。

```
int a(int x)
{
    return x + 1;
}
short b(short x)
{
    return x + 1;
}
char c(char x)
{
    return x + 1;
}
```

上述 3 个子函数的汇编语言实现分别为:

```
//函数 a
ADD   r0,r0,#1
BX    r14
//函数 b
ADD   r0,r0,#1
MOV   r0,r0,LSL #16
MOV   r0,r0,ASR #16
BX    r14
//函数 c
ADD   r0,r0,#1
AND   r0,r0,#0xff
BX    r14
```

5.5　操作符

5.5.1　算术操作符

算术操作符包括＋、－、×、/和％,当运算结果超过了数据类型的表示范围时会发生溢出。

```
void main(void)
{
    unsigned char i = 255;
    unsigned char n = 0;
    int m = 0;
    n = i + 1;
    m = i + 1;
    printf("sum is % d\r\n",n);
    printf("sum is % d\r\n",m);
}
```

执行结果:n＝0(相应的 CPSR 中 Z＝1,C＝1),m＝256。

5.5.2　关系操作符

关系操作符和操作数构成了一个逻辑表达式,这个逻辑表达式可以作为逻辑操作符的操作数,如 if(x ＜ SCR_XSIZE ＆＆ y ＜ SCR_YSIZE)。

5.5.3　逻辑操作符

逻辑操作符包括与(＆＆)、或(||)和非(!)。

5.5.4　位操作符

位操作符用于操作整数值的位(可以操作的最小数据单位),理论上可以用位运算完成所有的运算和操作。位操作符在嵌入式开发中最为常用,来对变量或寄存器进行位操作,从而控制硬件,有效地提高程序运行的效率。

1. 位与(＆)

位与基本用途是清除某个位或某些位,示例代码如下:

```
UINT32 i = 0xFF000000;
i & = 0x0FFFFFFF;
```

2. 位或(|)

位或基本用途是设置某个位或某些位,示例代码如下:

```
UINT32 i = 0xFF000000;
i | = 0x000FFFFF;
```

3. 位异或(^)

把两个操作数中对应位的值相异的位置 1。

```
UINT32 i = 0xFF000000;
i ^ = 0x0FFFFFFF;
```

4. 左移操作符(<<)

将操作数向左移 n 位,右边空出的位补 0,左边移出的位被舍弃,可以用来设置寄存器的位。

```
UINT32 i = 0x10;
i << = 4;
```

5. 右移操作符(>>)

将操作数右移 n 位,移出的位被舍弃,对于无符号数左边补 0,有符号数补 1。

```
UINT32 i = 0x10000;
i >> = 4;
```

6. 求反(~)

可以直接做位取反,取反是反补码取返。

```
int x = - 20;
1000 0000 0001 0100:原码 - 20
1111 1111 1110 1100:补码 - 20
0000 0000 0001 00 11:补码取反 19
```

计算机里存负数是用补码表示的,取反是反补码取返,如上所示,补码取反,连符号位一起变反,成了 19。

5.6 控制结构

5.6.1 选 择

选择分为 if else 和 switch 两种形式

5.6.2 循 环

ARM 的 C 语言编程中支持 while、do while 和 for 三种循环。为了提高循环效率,要遵循两条基本原则:

① 减计数循环;

② 简单的中止条件。

5.7 结构体

结构体是由基本数据类型构成,并用一个标识符来命名的变量的集合,要先定义后使用。ARM 系统开发中使用结构体要考虑怎样最佳地控制存储器布局(即结构成员地址边界的对齐问题)。假设系统采用大端模式的存储器,图 5.7.1 所示的例子分析了如何优化结构体在映像文件中数据布局的问题。

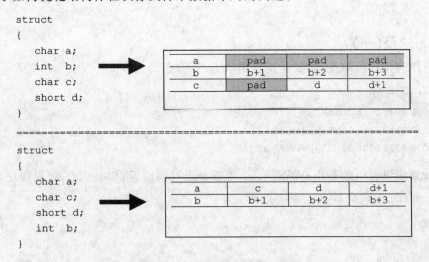

```
struct
{
    char a;
    int  b;
    char c;
    short d;
}
```

a	pad	pad	pad
b	b+1	b+2	b+3
c	pad	d	d+1

```
struct
{
    char a;
    char c;
    short d;
    int  b;
}
```

a	c	d	d+1
b	b+1	b+2	b+3

图 5.7.1 结构体布局比较

此外,关键词__packed 可以使数据 1 字节对齐,不会插入任何填充位来实现字节对齐,但会破坏数据的对齐,故节省空间的同时牺牲了效率,不提倡使用。

5.8　编译指令

编译器在对程序进行语法和词法分析之前,要先对程序正文进行预处理,预处理命令以♯开始,单独占一行。

5.8.1　♯define 和♯undef

在 ARM 开发中可以使用♯define 定义屏蔽位,用来设置或清除寄存器的值或定义寄存器的物理地址;

5.8.2　♯if 和♯endif

在程序调试中,可以用来临时注释掉一段代码,并在需要编译该段代码时,将 0 改为 1 即可。

5.8.3　♯error

"♯error 字符序列",表示一种错误信息,当编译器遇到它时显示字符序列,然后停止对程序的编译。

5.9　标准 C 库的应用

5.9.1　标准 C 库的组成

标准 C 库为运行 C 语言应用程序提供了各种支持,ARM 编译器支持 ANSI C 库和 C++库,该库主要包含 2 个部分:与目标硬件无关的库函数;与目标硬件有关的库函数。

① 与目标硬件无关的库函数。这类库函数是独立于其他函数的,且与目标硬件没有任何依赖关系,可以随心所欲地使用,也可以针对特定的应用程序的要求对其进行适当的剪裁。

② 与目标硬件相关的库函数。与目标硬件相关的库函数主要有两类:①与输入/输出相关的函数;②与存储器相关的函数。

5.9.2 标准 C 库的使用流程

1. 标准 C 库的调用流程(图 5.9.1)

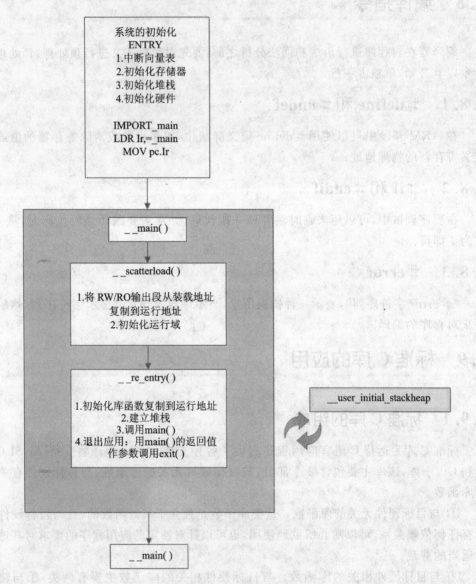

图 5.9.1 标准 C 库的调用流程

2. 半主机机制

① 定义:该机制指的是在调试的时候,代码在 ARM 目标板上运行,但使用调试主机上的输入/输出设备的机制(即让 ARM 目标板将输入/输出请求从应用程序传

递到调试器主机的机制),对于开发板没有键盘、显示器的情况很重要。

　　② 实现:半主机机制是由一组已定义的 SWI 操作来实现的,用于半主机的软件中断(SWI):ARM 状态下为 0x123456,Thumb 状态下为 0xAB。

　　③ 应用:在最终的产品上程序调用的所有函数都必须是 non-semihost 类型的,为了避免使用半主机机制的函数被链接到应用程序:汇编语言中使用指令"IM-PORT　__use_no_semihosting_swi",在 C 语言中使用指令"♯pragma　import(__use_no_semihosting_swi)",此时如果程序中含有半主机类函数 armcc 便会报错。

深入重点

✓　目前流行的 C 语言编译系统大多是以 ANSI C 为基础进行开发的,但不同版本的 C 编译系统所实现的语言功能和语法规则有略有差别。

✓　C 是高级语言,它把高级语言的基本结构和语句与低级语言的实用性结合起来。

✓　C 是结构式语言,结构式语言的显著特点是代码及数据的分隔化,即程序的各个部分除了必要的信息交流外彼此独立,这种结构化方式可使程序层次清晰,便于使用、维护以及调试。

✓　C 语言功能齐全,具有各种各样的数据类型,并引入了指针概念,可使程序效率更高。

✓　关键词__packed 可以使数据 1 字节对齐,不会插入任何填充位来实现字节对齐,但会破坏数据的对齐,故节省空间的同时牺牲了效率,不提倡使用。

第 2 篇

基础入门篇

基础入门篇着重讲解 NuMicro M051 微控制器的内部资源的基本使用,如 GPIO、定时器、外部中断、串口、PWM、ISP、I²C、SPI、ADC 等,代码的编写上简单易懂,在了解原理的基础上配合简练的实验代码,更加容易使初学者融会贯通,快速领悟。

第 **6** 章

NuMicro M051 系列微控制器

6.1 概　述

　　Cortex-M0 微控制器是 32 位多级可配置的 RISC 微控制器,如图 6.1.1 所示。它有 AHB—Lite 接口和嵌套向量中断控制器(NVIC),具有可选的硬件调试功能,可以执行 Thumb 指令,并与其他 Cortex-M 系列兼容。该系列微控制器支持两种操作模式:Thread 模式和 Handler 模式。当有异常发生时,微控制器进入 Handler 模式,异常返回只能在 Handler 模式下发生。当微控制器复位时,微控制器会进入 Thread 模式,微控制器也可在异常返回时进入到 Thread 模式。

图 6.1.1　NuMicro M051

6.1.1　低门数微控制器特征

- ARMv6-M Thumb 指令集。
- Thumb-2 技术。
- ARMv6-M 兼容 24 位 SysTick 定时器。
- 32 bit 硬件乘法器。
- 系统接口支持小端(little-endian)数据访问。
- 具有确定性,固定延迟的中断处理能力。
- 可以禁用和重启的多路加载/存储和多周期乘法可以实现快速中断处理。
- 兼容 C 应用程序二进制接口的异常兼容模式(C-ABI)。ARMv6-M(C-ABI)兼容异常模式允许用户使用纯 C 函数实现中断处理。
- 使用等待中断(WFI),等待事件(WFE)指令,或者从中断返回时的 sleep-on-exit 特性可以进入低功耗的休眠模式。

6.1.2　NVIC 特征

- 32 个外部中断输入,每个中断具有 4 级优先级。
- 不可屏蔽中断输入(NMI)。

- 支持电平敏感和脉冲敏感的中断线。
- 中断唤醒控制器(WIC),支持极低功耗休眠模式。

6.1.3　调　试

- 4 个硬件断点。
- 两个观察点。
- 用于非侵入式代码分析的程序计数采样寄存器(PCSR)。
- 单步和向量捕获能力。

6.1.4　总线接口

- 单一 32 位的 AMBA-3 AHB-Lite 系统接口,向所有的系统外设和存储器提供简单的集成。
- 支持 DAP(Debug Access Port)的单一 32 位的从机端口。

调试访问接口(Debug Access Port,DAP)是 Cortex-M0 的调试系统基于 ARM 最新的 CoreSight 架构(CoreSight 相关内容可跳至 3.1 章节),不同于以往的 ARM 处理器,内核本身不再含有 JTAG 接口。取而代之的,是 CPU 提供称为"调试访问接口(DAP)"的总线接口。通过这个总线接口,可以访问芯片的寄存器,也可以访问系统存储器,甚至是在内核运行的时候访问。对此总线接口的使用,是由一个调试端口(DP)设备完成的。

6.2　系统管理器

系统管理器包括如下功能:

- 系统复位。
- 系统存储器映射。
- 用于管理产品 ID,芯片复位及片上模块复位,多功能引脚控制的系统管理寄存器。
- 系统定时器 (SysTick)。
- 嵌套向量中断控制器(NVIC)。
- 系统控制寄存器。

6.2.1　系统复位

有如下事件之一发生时,系统复位,这些复位事件标志可以由寄存器 RSTRC 读出。

- 上电复位(POR)。
- 复位脚(/RESET)上有低电平。

- 看门狗定时溢出复位（WDT）。
- 低电压复位（LVR）。
- 欠压检测复位（BOD）。
- CPU 复位。
- 系统复位。

6.2.2　系统电源架构

该器件的电源架构分为 3 个部分：

- 由 AV_{DD} 和 AV_{SS} 提供的模拟电源，为模拟部分提供工作电压。
- 由 V_{DD} 与 V_{SS} 提供的数字电源，为内部稳压器提供电压，内部稳压器向数字操作与 I/O 引脚提供固定的 2.5 V 电压。

内部电压管理器（LDO）的输出，需要在相应引脚附近接一颗电容。图 6.2.1 示出了该设备的电源架构。

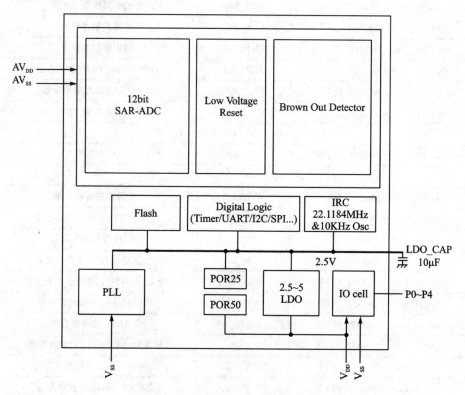

图 6.2.1　NuMicro M051 系列电源架构图

6.3　系统存储映射

NuMicro M051 系列提供 4 GB 的寻址空间。每个片上模块存储器地址分配情况在表 6.3.1 中列出。详细的寄存器地址分配和编程将在后续的讲述各个独立的片上外设的章节被描述。NuMicro M051 系列仅支持小端数据格式。

表 6.3.1　片上模块存储器地址分配

地址空间	标　志	模　块
Flash & SRAM 内存空间		
0x0000_0000～0x0000_FFFF	FLASH_BA	FLASH 内存空间(64 KB)
0x2000_0000～0x2000_0FFF	SRAM_BA	SRAM 内存空间(4 KB)
AHB 模块空间(0x5000_0000～0x501F_FFFF)		
0x5000_0000～0x5000_01FF	GCR_BA	系统全局控制寄存器
0x5000_0200～0x5000_02FF	CLK_BA	时钟控制寄存器
0x5000_0300～0x5000_03FF	INT_BA	多路中断控制寄存器
0x5000_4000～0x5000_7FFF	GPIO_BA	GPIO (P0～P4)控制寄存器
0x5000_C000～0x5000_FFFF	FMC_BA	Flash 存储器控制寄存器
0x5001_0000～0x5001_3FFF	EBI_CTL_BA	EBI 控制寄存器 (128KB)
EBI 空间 (0x6000_0000～0x6001_FFFF)		
0x6000_0000～0x6001_FFFF	EBI_BA	EBI 空间
APB 模块空间(0x4000_0000～0x400F_FFFF)		
0x4000_4000～0x4000_7FFF	WDT_BA	看门狗控制寄存器
0x4001_0000～0x4001_3FFF	TMR01_BA	Timer0/Timer1 控制寄存器
0x4002_0000～0x4002_3FFF	I2C_BA	I2C 接口控制寄存器
0x4003_0000～0x4003_3FFF	SPI0_BA	带主/从功能的 SPI0 控制寄存器
0x4003_4000～0x4003_7FFF	SPI1_BA	带主/从功能的 SPI1 控制寄存器
0x4004_0000～0x4004_3FFF	PWMA_BA	PWM0/1/2/3 控制寄存器
0x4005_0000～0x4005_3FFF	UART0_BA	UART0 控制寄存器
0x400E_0000～0x400E_FFFF	ADC_BA	模数转换器(ADC)控制寄存器
0x4011_0000～0x4011_3FFF	TMR23_BA	Timer2/Timer3 控制寄存器
0x4014_0000～0x4014_3FFF	PWMB_BA	PWM4/5/6/7 控制寄存器
0x4015_0000～0x4015_3FFF	UART1_BA	UART1 控制寄存器
System Control Space (0xE000_E000～0xE000_EFFF)		

续表 6.3.1

地址空间	标　志	模　块
0xE000_E010～0xE000_E0FF	SCS_BA	System 定时器控制寄存器
0xE000_E100～0xE000_ECFF	SCS_BA	外部中断控制器控制寄存器
0xE000_ED00～0xE000_ED8F	SCS_BA	System 控制寄存器

6.4　系统管理器控制寄存器映射

系统管理器控制寄存器映射，如表 6.4.1 所列。

表 6.4.1　系统管理器控制寄存器映射

寄存器	偏移量	R/W	描　　述	复位后的值
PDID	GCR_BA+0x00	R	设备 ID 寄存器	0x0000_5200
RSTSRC	GCR_BA+0x04	R/W	系统复位源寄存器	0x0000_00XX
IPRSTC1	GCR_BA+0x08	R/W	外设复位控制寄存器 1	0x0000_0000
IPRSTC2	GCR_BA+0x0C	R/W	外设复位控制寄存器 2	0x0000_0000
BODCR	GCR_BA+0x18	R/W	欠压检测控制寄存器	0x0000_008X
PORCR	GCR_BA+0x24	R/W	上电复位控制寄存器	0x0000_00XX
P0_MFP	GCR_BA+0x30	R/W	P0 复用功能和输入类型控制寄存器	0x0000_0000
P1_MFP	GCR_BA+0x34	R/W	P1 复用功能和输入类型控制寄存器	0x0000_0000
P2_MFP	GCR_BA+0x38	R/W	P2 复用功能和输入类型控制寄存器	0x0000_0000
P3_MFP	GCR_BA+0x3C	R/W	P3 复用功能和输入类型控制寄存器	0x0000_0000
P4_MFP	GCR_BA+0x40	R/W	P4 输入类型控制寄存器	0x0000_00C0
REGWRPROT	GCR_BA+0x100	R/W	寄存器写保护控制寄存器	0x0000_0000

1. 设备 ID 寄存器(PDID)

设备 ID 寄存器(PDID)描述如表 6.4.2 所列。

表 6.4.2　设备 ID 寄存器(PDID)

Bits	描　　述
[31:0]	产品器件识别码 该寄存器反映器件的识别码。S/W 可以读该寄存器识别所使用的器件 例如，M052LAN PDID 的识别码是 0x0000_5200

注：每个型号的设备复位后都有一个唯一的默认 ID，如表 6.4.3 所列。

表 6.4.3　产品器件识别码

NuMicro M051 系列	产品器件识别码
M052LAN	0x00005200
M054LAN	0x00005400
M058LAN	0x00005800
M0516LAN	0x00005A00
M052ZAN	0x00005203
M054ZAN	0x00005403
M058ZAN	0x00005803
M0516ZAN	0x00005A03

2. 系统复位源寄存器(RSTSRC)

该寄存器提供具体的信息给软件用于识别上次操作引起芯片复位的复位源，如表 6.4.4 所列。

表 6.4.4　系统复位源寄存器(RSTSRC)

Bits		描　述
[31:8]	—	—
[7]	RSTS_CPU	当软件向 CPU_RST (IPRSTCR1[1])写入"1"，复位 Cortex-M0 CPU 内核和 FLASH 控制器(FMC)时，RSTS_CPU 标志由硬件置位。 1＝软件置 CPU_RST 为 1 时，Cortex-M0 CPU 内核与 FMC 复位 0＝CPU 无复位 向该位写 1 清零
[6]	—	—
[5]	RSTS_MCU	RSTS_MCU 由来自 MCU Cortex_M0 的"复位信号"置位，以表示当前的复位源 1＝MCU Cortex-M0 在软件向 SYSRESTREQ(AIRCR[2]写 1 时，发出复位信号以复位系统 0＝MCU 无复位 向该位写 1 清零
[4]	RSTS_BOD	RSTS_BOD 标志位由欠压检测模块的"复位信号"置 1，用于表示当前复位源 1：欠压检验模块发出复位信号使系统复位 0：BOD 无复位 向该位写 1 清零

Bits		描　述
[3]	RSTS_LVR	RSTS_LVR 标志位由低压复位模块的"复位信号"置 1,用于表示当前复位源 1:低压 LVR 模块发出复位信号使系统复位 0：LVR 无复位 向该位写 1 清零
[2]	RSTS_WDT	RSTS_WDT 标志位由看门狗模块的"复位信号"置 1,用于说明当前复位源 1:看门狗模块发出复位信号使系统复位 0:没有看门狗复位信号 向该位写 1 清零
[1]	RSTS_RESET	RSTS_RESET 标志位由/RESET 引脚的"复位信号"置 1,用于说明当前复位源 1:/RESET 脚上发出复位信号使系统复位 0:没有/RESET 复位信号 向该位写 1 清零
[0]	RSTS_POR	RSTS_POR 标志位由 POR 模块的"复位信号"置 1,用于说明当前的复位源 1:上电复位 POR 发出复位信号使系统复位 0:没有 POR 复位信号 向该位写 1 清零

3. 外设复位控制寄存器 1(IPRSTC1)(见表 6.4.5)

表 6.4.5　外设复位控制寄存器 1(IPRSTC1)

Bits		描　述
[31:4]	—	—
[3]	EBI_RST	EBI 控制器复位 设置该位为"1",产生复位信号到 EBI。用户需要置 0 才能释放复位状态。该位是受保护的位,修改该位时,需要依次向 0x5000_0100 写入"59h","16h","88h"解除寄存器保护 参考寄存器 REGWRPROT,地址 GCR_BA + 0x100 0=正常工作 1=EBI IP 复位
[2]	—	—

Bits		描　述
[1]	CPU_RST	CPU 内核复位 该位置 1,CPU 内核和 Flash 存储控制器复位。两个时钟周期后,该位自动清零。该位是受保护的位,修改该位时,需要依次向 0x5000_0100 写入"59h","16h","88h"解除寄存器保护,参考寄存器 REGWRPROT,地址 GCR_BA + 0x100 0:正常 1:复位 CPU
[0]	CHIP_RST	芯片复位 该位置 1,芯片复位,包括 CPU 内核和所有外设均复位,两个时钟周期后,该位自动清零。CHIP_RST 与 POR 复位相似,所有片上模块都复位,芯片设置从 FLASH 重载 CHIP_RST 与上电复位一样,所有的芯片模块都复位,芯片设置从 flash 重新加载该位是受保护的位,修改该位时,需要依次向 0x5000_0100 写入"59h","16h","88h"解除寄存器保护。参考寄存器 REGWRPROT,地址 GCR_BA + 0x100 0:正常 1:复位芯片

4. 外设复位控制寄存器 2(IPRSTC2)(见表 6.4.6)

置"1"这些位将会产生异步复位信号给相应的 IP。用户需要清零相应位来使 IP 离开复位状态。

表 6.4.6　外设复位控制寄存器 2(IPRSTC2)

Bits		描　述
[31:29]	—	—
[28]	ADC_RST	ADC 控制器复位 "0":ADC 模块正常工作 "1":ADC 模块复位
[27:22]	—	—
[21]	PWM47_RST	PWM4～7 控制器复位 0= PWM4～7 模块正常工作 1= PWM4～7 模块复位
[20]	PWM03_RST	PWM0～3 控制器复位 0= PWM0～3 模块正常工作 1= PWM0～3 模块复位
[19:18]	—	—

Bits		描　述
[17]	UART1_RST	UART1 控制器复位 0= UART1 正常工作 1= UART1 模块复位
[16]	UART0_RST	UART0 控制器复位 0= UART0 正常工作 1= UART0 模块复位
[15:14]	—	—
[13]	SPI1_ RST	SPI1 控制器复位 0=SPI1 正常工作 1=SPI1 模块复位
[12]	SPI0_ RST	SPI0 控制器复位 0=SPI0 正常工作 1=SPI0 模块复位
[11:9]	—	—
[8]	I2C_RST	I^{2}C 控制器复位 0=I2C 模块正常工作 1=I2C 模块复位
[7:6]	—	—
[5]	TMR3_RST	Timer3 控制器复位 0=Timer3 正常工作 1=Timer3 模块复位
[4]	TMR2_RST	Timer2 控制器复位 0=Timer2 正常工作 1=Timer2 模块复位
[3]	TMR1_RST	Timer1 控制器复位 0= Timer1 正常工作 1= Timer1 模块复位
[2]	TMR0_RST	Timer0 控制器复位 0=Timer0 正常工作 1=Timer0 复位
[1]	GPIO_RST	GPIO（P0~P4）控制器复位 0=GPIO 正常工作 1=GPIO 复位
[0]	—	—

5. 欠压检测控制寄存器(BODCR)

BODCR 控制寄存器(见表 6.4.7)的部分值在 flash 配置时已经初始化和写保护,编程这些被保护的位需要依次向地址 0x5000_0100 写入"59h","16h","88h",禁用寄存器保护。参考寄存器 REGWRPROT,其地址为 GCR_BA+0x100。

表 6.4.7　欠压检测控制寄存器(BODCR)

Bits		描　述
[31:8]	—	—
[7]	LVR_EN	低压复位使能(写保护位) 输入电源电压低于 LVR 电路设置时,LVR 复位。LVR 默认配置下 LVR 复位是使能的,典型的 LVR 值为 2.0V 1=使能低电压复位功能,使能该位 100US 后,LVR 功能生效(默认) 0=禁用低电压复位功能
[6]	BOD_OUT	欠压检测输出的状态位 1=欠压检测输出状态为 1,表示检测到的电压低于 BOD_VL 设置。若 BOD_EN 是"0",该位保持为"0" 0=欠压检测输出状态为 0,表示检测到的电压高于 BOD_VL 设置
[5]	BOD_LPM	低压模式下的欠压检测(写保护位) 1=使能 BOD 低压模式 0=BOD 工作于正常模式(默认) BOD 在正常模式下消耗电流约为 100uA,低压模式下减少到当前的 1/10,但 BOD 响应速度变慢
[4]	BOD_INTF	欠压检测中断标志 1=欠压检测到 V_{DD} 下降到 BOD_VL 的设定电压或 VDD 升 BOD_VL 的设定电压,该位设置为 1,如果欠压中断被使能,则发生欠压中断 0=没有检测到任何电压由 VDD 下降或上升至 BOD_VL 设定值
[3]	BOD_RSTEN	欠压复位使能(上电初始化和写保护位) 1=使能欠压复位功能,当欠压检测功能使能后,检测的电压低于门槛电压,芯片发生复位　默认值由用户在配置 flash 控制寄存器时的 config0 bit[20]设置 0=使能欠压中断功能,当欠压检测功能使能后,检测的电压低于门槛电压,就发送中断信号给 MCU Cortex-M0,当 BOD_EN 使能,且中断被声明时,该中断会持续到将 BOD_EN 设置为"0"。通过禁用 CPU 中的 NVIC 以禁用 BOD 中断或者通过禁用 BOD_EN 禁用中断源可禁用 CPU 响应中断,如果需要 BOD 功能时,可重新使能 BOD_EN 功能

Bits		描　述
[2:1]	BOD_VL	欠压检测门槛电压　电压选择　（上电初始化和写保护位） 默认值由用户在配置 FLASH 控制寄存器 config0 bit[22:21] 时设定 <table><tr><td>BOV_VL[1]</td><td>BOV_VL[0]</td><td>欠压值</td></tr><tr><td>1</td><td>1</td><td>4.5</td></tr><tr><td>1</td><td>0</td><td>3.8</td></tr><tr><td>0</td><td>1</td><td>2.7</td></tr><tr><td>0</td><td>0</td><td>2.2</td></tr></table>
[0]	BOD_EN	欠压检测使能（上电初始化和写保护位） 默认值由用户在配置 FLASH 控制寄存器 config0 bit[23] 时设定 1=使能欠压检测功能 0=禁用欠压检测功能

6. 上电复位控制寄存器(PORCR)(见表 6.4.8)

表 6.4.8　上电复位控制寄存器(PORCR)

Bits		描　述
[31:16]	—	—
[15:0]	POR_DIS_CODE	该寄存器用于使能上电复位控制 　　上电时,POC 电路产生复位信号使整个芯片复位,但是电源部分的干扰可能引起 POR 重新有效。如果将 POR_DIS_CODE 设置为 0x5AA5,POR 复位功能被禁用,直到电源电压很低,设置 POR_DIS_CODE 为其他值,或者由芯片的其他复位功能引起复位时,POR 功能重新有效,这些复位功能包括:/RESET 引脚复位,看看门狗,LVR 复位,BOD 复位,ICE 复位命令和软件复位 　　该寄存器是受保护的寄存器,写该位需要先向地址 0x5000_0100 依次写入"59h","16h","88h"解除寄存器保护。参考寄存器 REGWRPROT 的设置,其地址为 GCR_BA +0x100

6.5　嵌套向量中断控制器(NVIC)

　　Cortex-M0 提供中断控制器,作为异常模式的组成部分,称为"嵌套向量中断控制器(NVIC)"。它与微控制器内核紧密联系,并具有以下特性:

● 支持嵌套和向量中断。

● 自动保存和恢复微控制器状态。

- 可动态改变优先级。
- 简化的精确的中断延迟。

NVIC 对所有支持的异常按优先级排序并处理,所有异常在"处理模式"处理。NVIC 结构支持具有四级优先级的 32 个(IRQ[31:0])离散中断。

所有的中断和大多数系统异常可以配置为不同优先级。当中断发生时,NVIC 将比较新中断与当前中断的优先级,如果新中断优先级高于当前中断,则新中断将代替当前中断被处理。

当任何中断被响应时,中断服务程序 ISR 的起始地址可从内存的向量表中取得。不需要确定哪个中断被响应,也不要软件分配相关中断服务程序(ISR)的起始地址。当起始地址取得时,NVIC 将自动保存处理状态,包括以下寄存器"PC,PSR,LR,R0～R3,R12"的值到栈中。在 ISR 结束时,NVIC 将从栈中恢复相关寄存器的值,恢复正常操作,因此微控制器将花费更少的确定的时间去处理中断请求。

NVIC 支持末尾连锁"Tail Chaining",有效处理背对背中断"back-to-back interrupts",即无需保存和恢复当前状态从而减少从当前 ISR 结束切换到挂起的 ISR 的延迟时间。NVIC 还支持晚到"Late Arrival",改善同时发生的 ISR 的效率。当较高优先级中断请求发生在当前 ISR 开始执行之前(保存微控制器状态和获取起始地址阶段),NVIC 将立即选择处理更高优先级的中断,从而提高了实时性。

开关全局中断用到的函数为__enable_irq()、__disable_irq()。

6.5.1　异常模式和系统中断映射

表 6.5.1 列出了 NuMicro M051 系列支持的异常模式。软件可以对其中一些异常以及所有中断设置 4 级优先级。最高用户可配置优先级记为"0",最低优先级记为"3",所有用户可配置的优先级的默认值为"0"系统中断映射如表 6.5.2 所列。

注意:优先级为"0"在整个系统中为第 4 优先级,排在"Reset","NMI"与"Hard Fault"之后。

表 6.5.1　异常模式

异常号	向量地址	中断号	中断名	源 IP	中断描述	掉电
1—15	0x00—0x3C	—	—	—	系统异常	
16	0x40	0	BOD_OUT	Brown-Out	欠压检测中断	Yes
17	0x44	1	WDT_INT	WDT	看门狗定时器中断	Yes
18	0x48	2	EINT0	GPIO	P3.2 脚上的外部信号中断	Yes
19	0x4C	3	EINT1	GPIO	P3.3 脚上的外部信号中断	Yes
20	0x50	4	GP01_INT	GPIO	P0[7:0] / P1[7:0] 外部信号中断	Yes

异常号	向量地址	中断号	中断名	源 IP	中断描述	掉电
21	0x54	5	GP234_INT	GPIO	P2[7:0]/P3[7:0]/P4[7:0] 外部信号中断,除 P32 和 P33	Yes
22	0x58	6	PWMA_INT	PWM0～3	PWM0,PWM1, PWM2 和 PWM3 中断	No
23	0x5C	7	PWMB_INT	PWM4～7	PWM4,PWM5, PWM6 和 PWM7 中断	No
24	0x60	8	TMR0_INT	TMR0	Timer 0 中断	No
25	0x64	9	TMR1_INT	TMR1	Timer 1 中断	No
26	0x68	10	TMR2_INT	TMR2	Timer 2 中断	No
27	0x6C	11	TMR3_INT	TMR3	Timer 3 中断	No
28	0x70	12	UART0_IN	UART0	UART0 中断	Yes
29	0x74	13	UART1_INT	UART1	UART1 中断	Yes
30	0x78	14	SPI0_INT	SPI0	SPI0 中断	No
31	0x7C	15	SPI1_INT	SPI1	SPI1 中断	No
32－33	0x70－0x84	16－17	—	—	—	
34	0x88	18	I2C_INT	I2C	I2C 中断	No
35－43	0x8C－0xAC	19－27	—	—	—	
44	0xB0	28	PWRWU_INT	CLKC	从掉电状态唤醒的时钟控制器中断	Yes
45	0xB4	29	ADC_INT	ADC	ADC 中断	No
46－47	0xB8－0xBC	30－31	—	—	—	

表 6.5.2　系统中断映射

异常名称	向量号	优先级
Reset	1	－3
NMI	2	－2
Hard Fault	3	－1
—	4～10	—
SVCall	11	可配置
—	12～13	—
PendSV	14	可配置
SysTick	15	可配置
Interrupt (IRQ0～IRQ31)	16～47	可配置

当任何中断被响应时,微控制器会自动从内存的向量表中获取中断服务程序(ISR)的起始地址。对 ARMv6-M,向量表的基地址固定在 0x00000000。如表 6.5.3 所列,向量表包括复位后栈指针的初始值,所有异常处理函数的入口地址。在定义的向量号定义向量表中与上一部分说明的异常处理函数入口相关的入口序。

表 6.5.3 向量表格式

向量表字偏移量	描 述
0	SP_main—主堆栈指针
Vector Number	异常入口指针,用向量号表示

上述所说到的向量表相关地址会在 startup_M051.s 启动文件(启动文件详细注解请跳到 19.1 章节)有所体现,示例如下:

程序清单 6.5.1 启动文件的向量表地址和异常号

```
            AREA      RESET,DATA,READONLY
            EXPORT    __Vectors

__Vectors   DCD       __initial_sp          ; 向量地址 0
            DCD       Reset_Handler         ; 向量地址 1
            DCD       NMI_Handler           ; 向量地址 2
            DCD       HardFault_Handler     ; 向量地址 3
            DCD       0                     ; 向量地址 4
            DCD       0                     ; 向量地址 5
            DCD       0                     ; 向量地址 6
            DCD       0                     ; 向量地址 7
            DCD       0                     ; 向量地址 8
            DCD       0                     ; 向量地址 9
            DCD       0                     ; 向量地址 10
            DCD       SVC_Handler           ; 向量地址 11
            DCD       0                     ; 向量地址 12
            DCD       0                     ; 向量地址 13
            DCD       PendSV_Handler        ; 向量地址 14
            DCD       SysTick_Handler       ; 向量地址 15
            DCD       BOD_IRQHandler        ; 向量地址 16
            DCD       WDT_IRQHandler        ; 向量地址 17
            DCD       EINT0_IRQHandler      ; 向量地址 18
            DCD       EINT1_IRQHandler      ; 向量地址 19
            DCD       GPIOP0P1_IRQHandler   ; 向量地址 20
            DCD       GPIOP2P3P4_IRQHandler ; 向量地址 21
            DCD       PWMA_IRQHandler       ; 向量地址 22
```

```
DCD     PWMB_IRQHandler            ; 向量地址 23
DCD     TMR0_IRQHandler            ; 向量地址 24
DCD     TMR1_IRQHandler            ; 向量地址 25
DCD     TMR2_IRQHandler            ; 向量地址 26
DCD     TMR3_IRQHandler            ; 向量地址 27
DCD     UART0_IRQHandler           ; 向量地址 28
DCD     UART1_IRQHandler           ; 向量地址 29
DCD     SPI0_IRQHandler            ; 向量地址 30
DCD     SPI1_IRQHandler            ; 向量地址 31
DCD     Default_Handler            ; 向量地址 32
DCD     Default_Handler            ; 向量地址 33
DCD     I2C_IRQHandler             ; 向量地址 34
DCD     Default_Handler            ; 向量地址 35
DCD     Default_Handler            ; 向量地址 36
DCD     Default_Handler            ; 向量地址 37
DCD     Default_Handler            ; 向量地址 38
DCD     Default_Handler            ; 向量地址 39
DCD     Default_Handler            ; 向量地址 40
DCD     Default_Handler            ; 向量地址 41
DCD     Default_Handler            ; 向量地址 42
DCD     Default_Handler            ; 向量地址 43
DCD     PWRWU_IRQHandler           ; 向量地址 44
DCD     ADC_IRQHandler             ; 向量地址 45
DCD     Default_Handler            ; 向量地址 46
DCD     Default_Handler            ; 向量地址 47
```

譬如，为什么 Timer 0 中断的向量地址是 0x60，异常号为 24。从程序清单 6.5.1 看出，向量表含有 47 个地址，每个地址占 4 字节，因为伪指令"DCD"用于分配一片连续的字存储单元并用伪指令中指定的表达式初始化；其中，表达式可以为程序标号或数字表达式。

因此，中断向量地址＝4×（异常号），Timer 0 中断的向量地址＝4×24 ＝ 96（十六进制：0x60）。

现在，我们可以清楚地知道关于 NVIC 的相关信息，但是当微控制器有中断请求时，该如何进入编写好的中断服务函数呢？由于 startup_M051.s 都是官方帮我们配置好的，那么编写代码时向量地址和异常号并不是重要关注的部分，需要关注的部分就是 DCD 对应的程序标号，例如"DCD TMR0_IRQHandler"可以知道定时器 0 的中断服务函数名称是"TMR0_IRQHandler"，"DCD UART0_IRQHandler"可以知道串口 0 的中断服务函数名称是"UART0_IRQHandler"，其他中断服务函数名称亦然。例如在第 9 章节编写的是定时控制器 0 中断的代码，中断服务函数如下：

程序清单 6.5.2　定时器控制器 0 中断服务函数

```
VOID TMR0_IRQHandler(VOID)
{
    /* 清除 TMR1 中断标志位 */
    TISR0 | = TMR_TIF;
    P2_DOUT = 1UL<<i;
    i + +;
}
```

要直观地认识怎样进入中断服务函数可跳到 7.1.7 节调试代码章节。

6.5.2　操作描述

通过写相应中断使能设置寄存器或清使能寄存器位域,可以使能 NVIC 中断或禁用 NVIC 中断,这些寄存器通过写 1 使能和写 1 清零,读取这两种寄存器均返回当前相应中断的使能状态。当某一个中断被禁用时,中断声明将使该中断挂起,然而,该中断不会被激活。如果某一个中断在被禁用时处于激活状态,

该中断就保持在激活状态,直到通过复位或异常返回来清除。清使能位可以阻止相关中断被再次激活。

NVIC 中断可以使用互补的寄存器对来挂起/解除挂起以使能/禁用这些中断,这些寄存器分别为 Set-Pending 寄存器与 Clear-Pending 寄存器,这些寄存器使用写 1 使能和写 1 清楚的方式,读取这两种寄存器返回当前相应中断的挂起状态。Clear-Pending 寄存器不会对处于激活状态的中断的执行状态产生任何影响。

NVIC 中断通过更新 32 位寄存器中的各个 8 位字段(每个寄存器支持 4 个中断)来分配中断的优先级,与 NVIC 相关的通用寄存器都可以从内存系统控制空间的一块区域访问。

1. NVIC 控制寄存器(见表 6.5.4)

表 6.5.4　NVIC 控制寄存器

寄存器	偏移量	R/W	描　述	复位后的值
SCS_BA = 0xE000_E000				
NVIC _ISER	SCS_BA + 100	R/W	IRQ0~IRQ31 设置使能控制寄存器	0x0000_0000
NVIC_ICER	SCS_BA + 180	R/W	IRQ0~IRQ31 清使能控制寄存器	0x0000_0000
NVIC_ISPR	SCS_BA + 200	R/W	IRQ0~IRQ31 设置挂起控制寄存器	0x0000_0000
NVIC_ICPR	SCS_BA + 280	R/W	IRQ0~IRQ31 清挂起控制寄存器	0x0000_0000
NVIC_IPR0	SCS_BA + 400	R/W	IRQ0~IRQ3 优先级控制寄存器	0x0000_0000
NVIC_IPR1	SCS_BA + 404	R/W	IRQ4~IRQ7 优先级控制寄存器	0x0000_0000

续表 6.5.4

寄存器	偏移量	R/W	描　述	复位后的值
NVIC_IPR2	SCS_BA + 408	R/W	IRQ8～IRQ11 优先级控制寄存器	0x0000_0000
NVIC_IPR3	SCS_BA + 40C	R/W	IRQ12～IRQ15 优先级控制寄存器	0x0000_0000
NVIC_IPR4	SCS_BA + 410	R/W	IRQ16～IRQ19 优先级控制寄存器	0x0000_0000
NVIC_IPR5	SCS_BA + 414	R/W	IRQ20～IRQ23 优先级控制寄存器	0x0000_0000
NVIC_IPR6	SCS_BA + 418	R/W	IRQ24～IRQ27 优先级控制寄存器	0x0000_0000
NVIC_IPR7	SCS_BA + 41C	R/W	IRQ28～IRQ31 优先级控制寄存器	0x0000_0000

2. IRQ0～IRQ31 设置挂起控制寄存器(NVIC_ISPR)(见表 6.5.5)

表 6.5.5　IRQ0～IRQ31 设置挂起控制寄存器(NVIC_ISPR)

Bits		描　述
[31:0]	SETENA	使能 1 个或多个中断,每位代表从 IRQ0～IRQ31 的中断号(向量号:16～47) 写 1 使能相关中断 写 0 无效 寄存器读取返回当前使能状态

3. IRQ0～IRQ31 清使能控制寄存器(NVIC_ICER)(见表 6.5.6)

表 6.5.6　IRQ0～IRQ31 清使能控制寄存器(NVIC_ICER)

Bits		描　述
[31:0]	CLRENA	禁用 1 个或多个中断,每位代表从 IRQ0～IRQ31 的中断号（向量号：16～47) 写 1 禁用相应中断 写 0 无效 寄存器读取返回当前使能状态

4. IRQ0～IRQ31 设置挂起控制寄存器(NVIC_ISPR)(见表 6.5.7)

表 6.5.7　IRQ0～IRQ31 设置挂起控制寄存器(NVIC_ISPR)

Bits		描　述
[31:0]	SETPEND	软件写 1,挂起相应中断。每位代表从 IRQ0～IRQ31 的中断号(向量号:16～47) 写 0 无效 寄存器读取返回当前挂起状态

5. IRQ0~IRQ31 清挂起控制寄存器(NVIC_ICPR)(见表 6.5.8)

表 6.5.8 IRQ0~IRQ31 清挂起控制寄存器(NVIC_ICPR)

Bits		描 述
[31:0]	CLRPEND	写 1 清除相应中断挂起,每位代表从 IRQ0~IRQ31 的中断号(向量号:16~47) 写 0 无效 寄存器读取返回当前挂起状态

6. IRQ[M]~IRQ[M+3]中断优先级寄存器(NVIC_IPR[N])(见表 6.5.9)

M:0、4、8、12、16、20、24、28

N:0、1、2、3、4、5、6、7

表 6.5.9 IRQ[M]~IRQ[M+3]中断优先级寄存器(NVIC_IPR[N])

Bits		描 述
[31:30]	PRI_[M+3]	IRQ[M+3]优先级 "0"表示最高优先级 &"3"表示最低优先级
[23:22]	PRI_[M+2]	IRQ[M+2]优先级 "0"表示最高优先级 &"3"表示最低优先级
[15:14]	PRI_[M+1]	IRQ[M+1]优先级 "0"表示最高优先级 &"3"表示最低优先级
[7:6]	PRI_[M]	IRQ[M]优先级 "0"表示最高优先级 &"3"表示最低优先级

7. NMI 中断源选择控制寄存器(NMI_SEL)(见表 6.5.10)

表 6.5.10 NMI 中断源选择控制寄存器(NMI_SEL)

Bits		描 述
[31:5]	—	—
[4:0]	NMI_SEL	Cortex-M0 的 NMI 中断源可以从 interrupt[31:0]中选择一个 NMI_SEL bit [4:0]用于选择 NMI 中断源

8. MCU 中断请求源寄存器(MCU_IRQ)(见表 6.5.11)

表 6.5.11　MCU 中断请求源寄存器(MCU_IRQ)

Bits		描　述
[31:0]	MCU_IRQ	MCU IRQ 源寄存器
		MCU_IRQ 从外围设备收集所有中断,同步对 Cortex-M0 产生中断。以下两种模式均可中断 Cortex-M0,正常模式与测试模式
		MCU_IRQ 从每一个外设收集中断,同步它们,然后触发 Cortex-M0 中断。
		MCU_IRQ[n]是"0":置 MCU_IRQ[n]为"1",向 Cortex_M0 NVIC[n]发生一个中断
		MCU_IRQ[n]是"1":(意味着有中断请求)置位 MCU_bit[n]将清中断
		MCU_IRQ[n]是"0":无效

深入重点

✓ Cortex-M0 提供中断控制器,作为异常模式的组成部分,称为"嵌套向量中断控制器(NVIC)"。它与微控制器内核紧密联系,并具有以下特性:支持嵌套和向量中断、自动保存和恢复微控制器状态、可动态改变优先级、简化的精确的中断延迟。

✓ 开关全局中断用到的函数为 __enable_irq()、__disable_irq()。

✓ NVIC 支持末尾连锁"Tail Chaining",有效处理背对背中断"back-to-back interrupts",即无需保存和恢复当前状态从而减少从当前 ISR 结束切换到挂起的 ISR 的延迟时间。NVIC 还支持晚到"Late Arrival",改善同时发生的 ISR 的效率。当较高优先级中断请求发生在当前 ISR 开始执行之前(保存微控制器状态和获取起始地址阶段),NVIC 将立即选择处理更高优先级的中断,从而提高了实时性。

✓ 关于 NVIC 的相关信息,当微控制器有中断请求时,如何进入编写好的中断服务函数呢? 由于 startup_M051.s 都是官方帮我们配置好的,因此,编写代码时向量地址和异常号并不是重要关注的部分,需要关注的部分就是 DCD 对应的程序标号,例如"DCD TMR0_IRQHandler"可以知道定时器 0 的中断服务函数名称是"TMR0_IRQHandler","DCD UART0_IRQHandler"可以知道串口 0 的中断服务函数名称是"UART0_IRQHandler",其他中断服务函数名称亦然。

✓ 当任何中断被响应时,微控制器会自动从内存的向量表中获取中断服务程序(ISR)的起始地址。对 ARMv6-M,向量表的基地址固定在 0x00000000。向量表包括复位后栈指针的初始值,所有异常处理数的入口地址。

✓ 通过写相应中断使能设置寄存器或清使能寄存器位域,可以使能 NVIC 中断或禁用 NVIC 中断,这些寄存器通过写 1 使能和写 1 清零,读取这两种寄存器均返回当前相应中断的使能状态。当某一个中断被禁用时,中断声明将使该中断挂起,然而,该中断不会被激活。如果某一个中断在被禁用时处于激活状态,该中断就保持在激活状态,直到通过复位或异常返回来清除。清使能位可以阻止相关中断被再次激活。

第 **7** 章

平台搭建与下载工具

7.1 平台搭建

7.1.1 启动程序

双击 Keil 图标 ，会弹出显示 Keil Logo 图片，如图 7.1.1 所示。

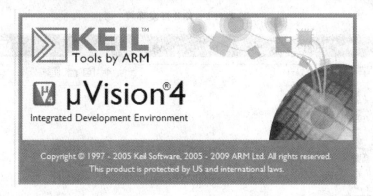

图 7.1.1 Keil Logo

当见到 Keil 的启动图片时，会自动进入 Keil 的开发环境，如图 7.1.2 所示。

7.1.2 创建工程

第一步：单击菜单的 Project 命令，然后单击 New μVision Project 命令，弹出 Create New Project 对话框，如图 7.1.3 所示。

第二步：输入工程名"TestIO"，单击"保存"退出，弹出 Select a CPU Data Base File 对话框，并在下拉列表框选择 NuMicro Cortex M0 DataBase 选项，如图 7.1.4 所示。

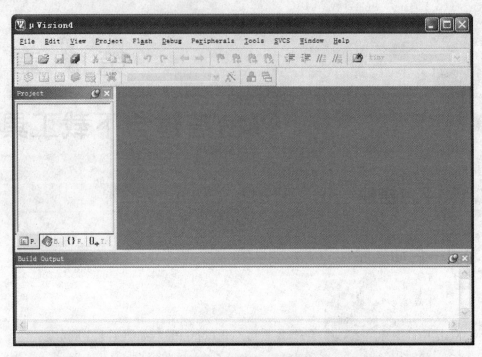

图 7.1.2　Keil 开发环境

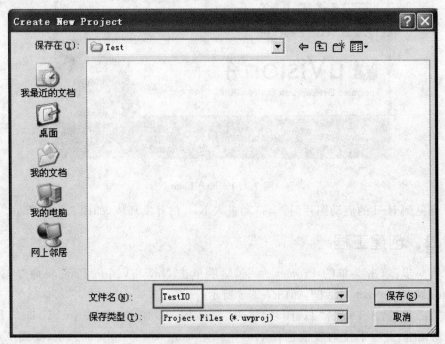

图 7.1.3　新建工程

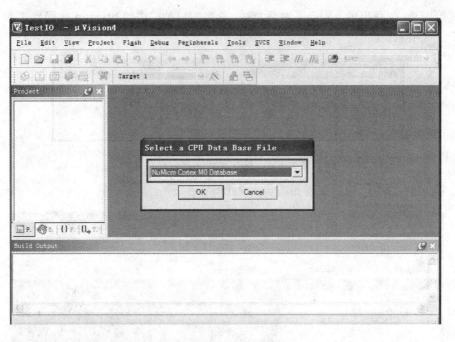

图 7.1.4　选择 CPU 数据库文件

第三步:在弹出的 Select Device for Target 'Targe 1'对话框中,选择 Nuvoton 选项,然后再选择 M052LAN 选项,单击 OK 按钮,如图 7.1.5 所示。

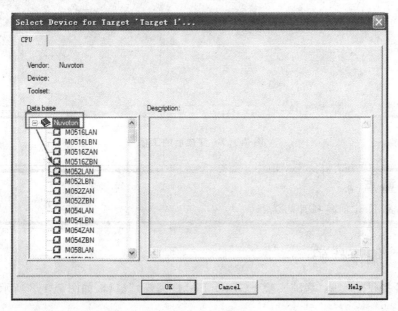

图 7.1.5　选择当前 CPU

ARM Cortex-M0 微控制器原理与实践

108

第四步：在弹出的 uVision 对话框中，单击"是（Y）"添加 Startup 代码到工程，如图 7.1.6 所示。

图 7.1.6　是否添加 Startup 代码

第五步：最后创建的工程如图 7.1.7 所示。

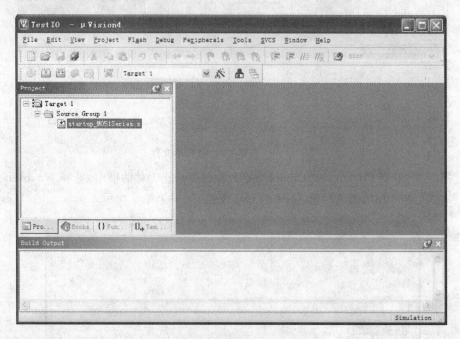

图 7.1.7　完成后的工程

深入重点

✓　熟悉 Keil 创建项目的流程。

7.1.3　编译代码

打开提供的实验"基础实验—GPIO（Led 灯闪烁）"窗口，如图 7.1.8 所示。

单击 Rebuild all target files 命令 ，最后在输出窗口显示编译信息，如图 7.1.9 所示。

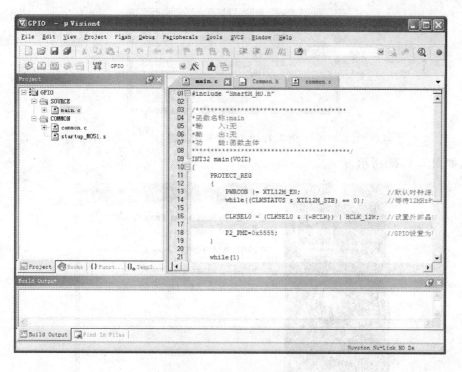

图 7.1.8　工程示例

图 7.1.9　编译输出信息

7.1.4　安装 Nu-Link for Keil 驱动

使用 Keil 下载代码的前提是必须安装 Nu-Link_Keil_Driver，否则代码下载功能得不到支持。

安装 Nu-Link_Keil_Driver ，安装步骤如下：

① 双击执行 Nu-Link_Keil_Driver.exe，弹出提示"选择安装语言"对话框，在下拉列表框选择"中文（简体）"选项，单击"确定"按钮，如图 7.1.10 所示。

②打开"安装向导-NuMicro Nu-Link Driver for Keil"对话框，单击"下一步"按

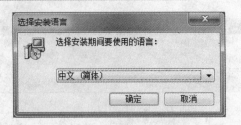

图 7.1.10　选择安装语言

钮,如图 7.1.11 所示。

图 7.1.11　安装向导步骤 1

③ 在"安装向导－NuMicro Nu-Link Driver for Keil"对话框中选择正确的安装
位置,单击"下一步"按钮,如图 7.1.12 所示。

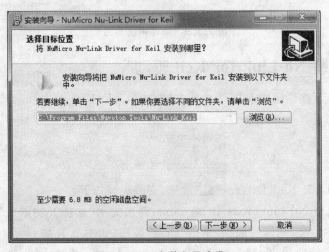

图 7.1.12　安装向导步骤 2

④ 在"安装向导－NuMicro Nu-Link Driver for Keil"对话框中选择创建程序快捷方式，单击"下一步"按钮，如图 7.1.13 所示。

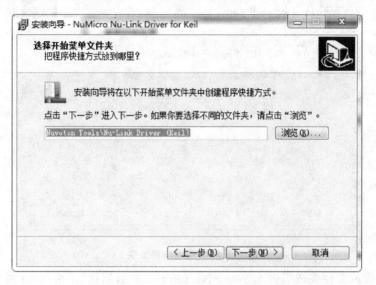

图 7.1.13　安装向导步骤 3

⑤ 打开"安装向导－NuMicro Nu-Link Driver for Keil"对话框，单击"安装"按钮，如图 7.1.14 所示。

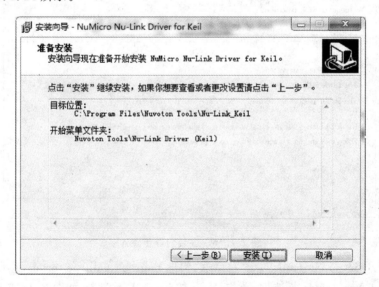

图 7.1.14　安装向导步骤 4

⑥ 打开"安装向导－NuMicro Nu-Link Driver for Keil"对话框，显示提取文件进度，如图 7.1.15 所示。

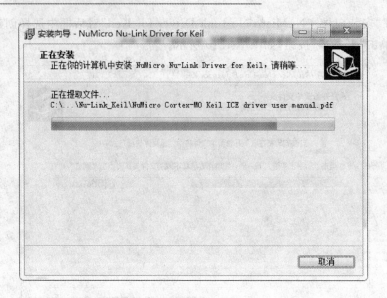

图 7.1.15　安装向导步骤 5

⑦ 当提取文件完成后弹出 Setup Nu-Link 1.05 对话框，单击 Next 按钮，进入下一步，如图 7.1.16 所示。

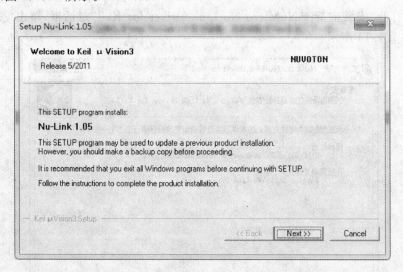

图 7.1.16　安装向导步骤 6

⑧ 打开 Setup Nu-Link 1.05 对话框，勾选 I agree to all the terms of the preceding License Agreement 复选框，单击 Next 按钮，进入下一步，如图 7.1.17 所示。

⑨ 打开 Setup Nu-Link 1.05 对话框，选择安装目录后，单击 Next 按钮，进入下一步，如图 7.1.18 所示。

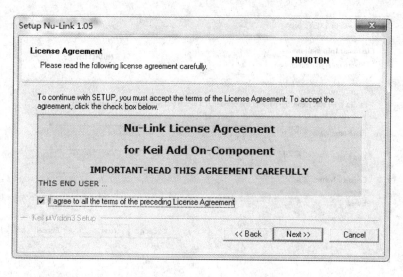

图 7.1.17 安装向导步骤 7

图 7.1.18 安装向导步骤 8

⑩ 打开 Setup Nu-Link 1.05 对话框,填写用户相关信息,单击 Next 按钮,进入下一步,如图 7.1.19 所示。

⑪ 打开 Setup Nu-Link 1.05 对话框,显示安装成功,单击 Finish 按钮,完成安装,如图 7.1.20 所示。

⑫ 安装完毕后可在"C:\Keil\ARM\NULink"查看相关文件,如图 7.1.21 所示。

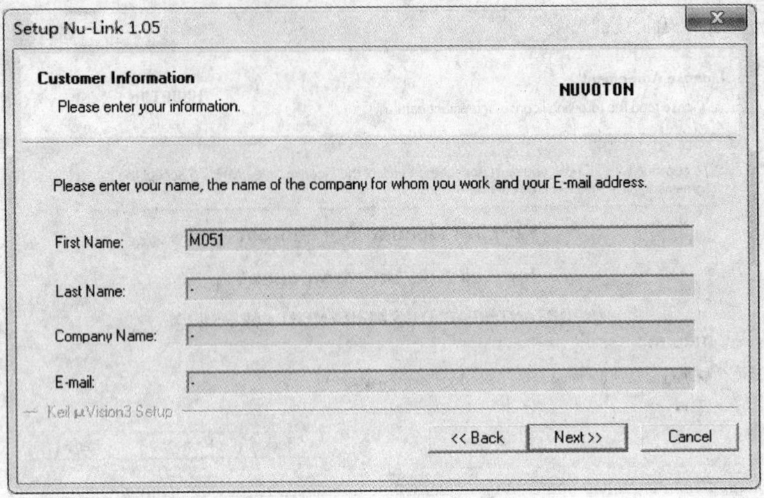

图 7.1.19　安装向导步骤 9

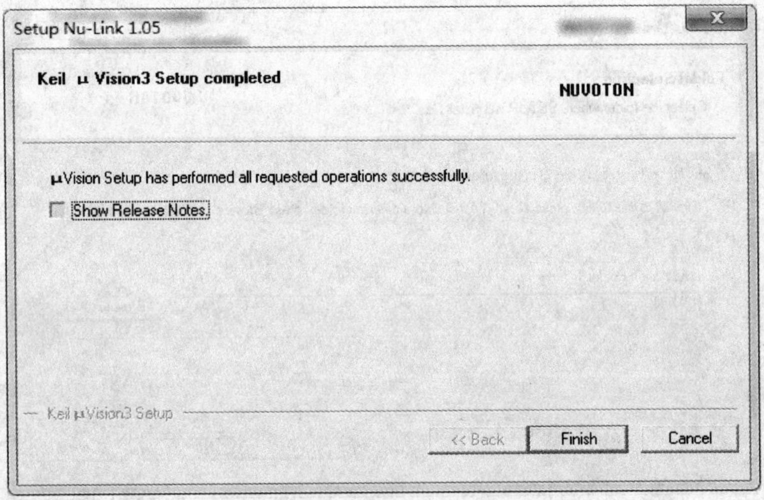

图 7.1.20　安装向导步骤 10

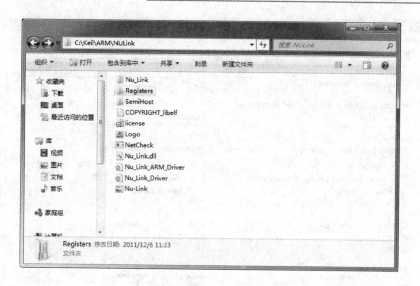

图 7.1.21　安装向导步骤 11

7.1.5　设置 Nu-Link

① 打开"基础实验-GPIO（Led 灯闪烁）"工程，并右键点击左侧 Project 列表框的"GPIO"工程，选择 Options for Target 'GPIO'选项，如图 7.1.22 所示。

图 7.1.22　进入工程设置选项

② 在 Options for Target 'GPIO'对话框中，选择 Debug 选项卡，并图 7.1.23 选中 Nu-Link Debugger 选项，并单击 Settings 按钮，并如图 7.1.24 所示设置。

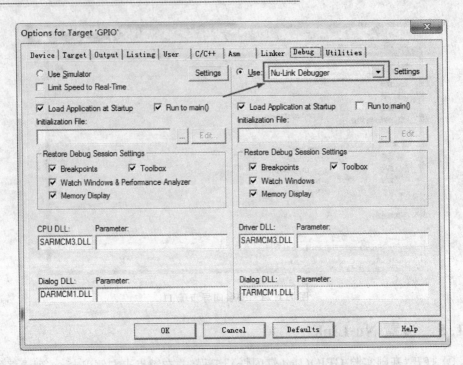

图 7.1.23 选择调试方式

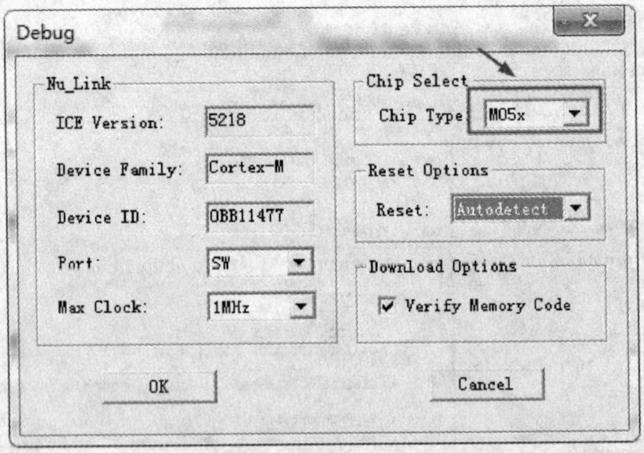

图 7.1.24 调试方式设置

③ 在 Options for Target 'GPIO' 对话框中，选择 Utilities 选项卡，并如图 7.1.25 选择 Nu-Link Debugger 选项，并单击"Settings"按钮，并如图 7.1.26 所示设置，单击 Configure 按钮，可对芯片的配置位进行设置，如图 7.1.27 所示。

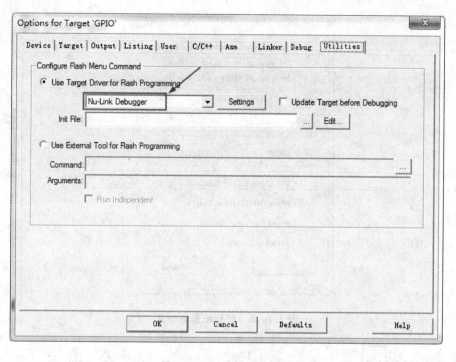

图 7.1.25　选择目标工具

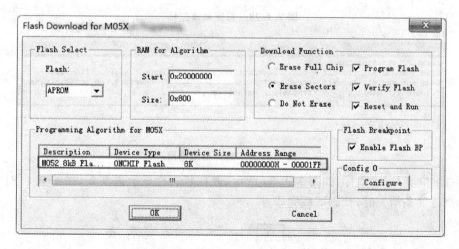

图 7.1.26　目标工具设置

7.1.6　下载代码

① 打开"基础实验 - TIMER"工程，单击 Rebuild 图标（若代码有变动），如图 7.1.28所示，并在输出窗口显示编译信息，图 7.1.29 所示。

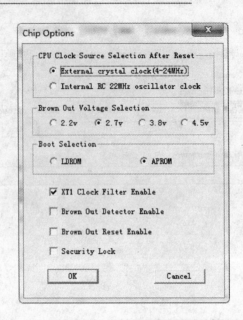

图7.1.27 芯片配置位设置

图7.1.28 重新编译工程

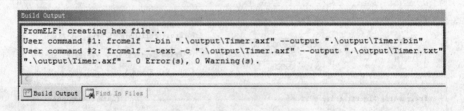

图7.1.29 编译信息输出

② 单击 Load 图标,如图7.1.30所示,并在状态栏显示进度条,如图7.1.31所示,当进度条消失时,代码下载完毕。

图7.1.30 下载代码操作

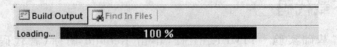

图7.1.31 下载代码进度

7.1.7　硬件仿真

打开"基础实验–TIMER"工程，单击 Debug 图标，如图 7.1.32 所示，同时窗体会出现较大的变化，如图 7.1.33 所示。

图 7.1.32　进入调试模式

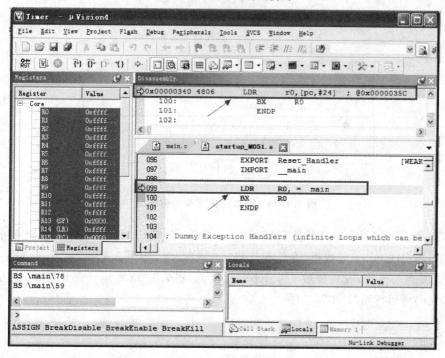

图 7.1.33　窗体变化

① "基础实验– TIMER"工程含有 main 函数和中断服务函数 TMR0_IRQHandler，分别在 main 函数里的"i＝0;"和中断服务函数 TMR0_IRQHandler 里的"i＋＋;"添加断点，并添加变量"i"到观察窗口，如图 7.1.34、图 7.1.35、图 7.1.36 所示。

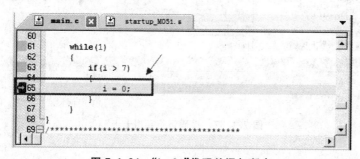

图 7.1.34　"i＝0;"代码处添加断点

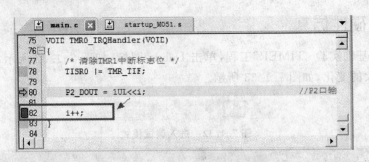

图 7.1.35　"i＋＋;"代码处添加断点

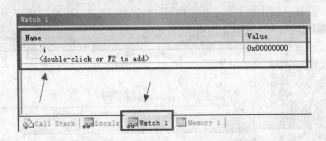

图 7.1.36　添加变量"i"到观察窗口

② 单击 Run 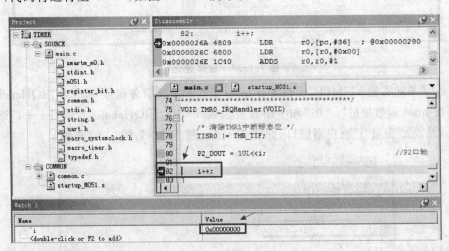 按钮，让代码一直执行，一会后，代码运行到中断服务函数 TMR0_IRQHandler 函数里，并停在代码"i＋＋"位置，如图 7.1.37 所示，此时 i＝0；再次重复当前操作，发现变量 i 的值不断递增，如图 7.1.38 所示。一旦变量 i 的值大于 7，代码将运行至"i＝0"，如图 7.1.39 所示。

图 7.1.37　代码运行至"i＋＋"

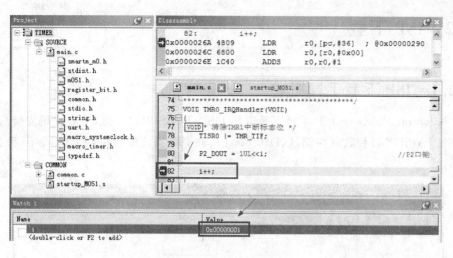

图 7.1.38 代码运行至"i++"

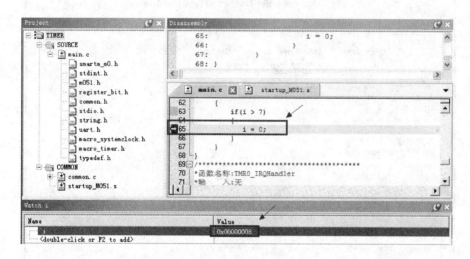

图 7.1.39 代码运行至"i=0"

③ 不断重复第二步操作,会发现,代码不断在 main 函数和中断服务函数 TMR0_IRQHandler 两者之间来回执行。

由于篇幅有限,关于硬件仿真的内容就到此为止,读者可以使用 SmartM-Nu-Link 对 SmartM-M051 开发板进行硬件仿真,Keil 每个调试功能逐个测试,加深对硬件仿真的印象。

7.2 ISP 下载

7.2.1 ISP 下载工具概述

Nuvoton NuMicro ISP 下载工具支持 USB 下载与串口下载,下载代码支持应用程序区(APROM)和数据存储区(DataFlash),并提供设置配置位的功能,如图 7.2.1 所示。

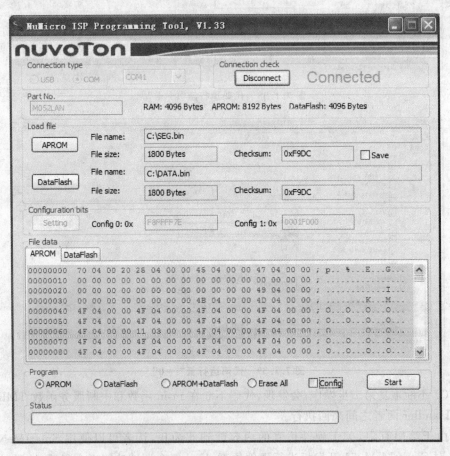

图 7.2.1 ISP 下载工具

7.2.2 ISP 下载步骤

① 当 ISP 下载工具还没有检测到 MCU 进入下载模式的应答时,"Connect check"默认状态显示为"Disconnected",如图 7.2.2 所示。

② 单击 Connect 按钮,ISP 下载工具就不断通过串口向 MCU 下发连接指令,此

图 7.2.2 连接状态

时复位 MCU(MCU 已经被正确配置为 LDROM 启动,并且烧写了正确的 LDROM 代码,否则不能做出正确的连接应答),"Connect check"状态显示为"Connected",如图 7.2.3 所示。

图 7.2.3 连接状态

③ 单击 APROM 按钮选择要下载的文件,如"SEG. bin",这时"File Data"会显示下载文件的相关信息,如图 7.2.4 所示。

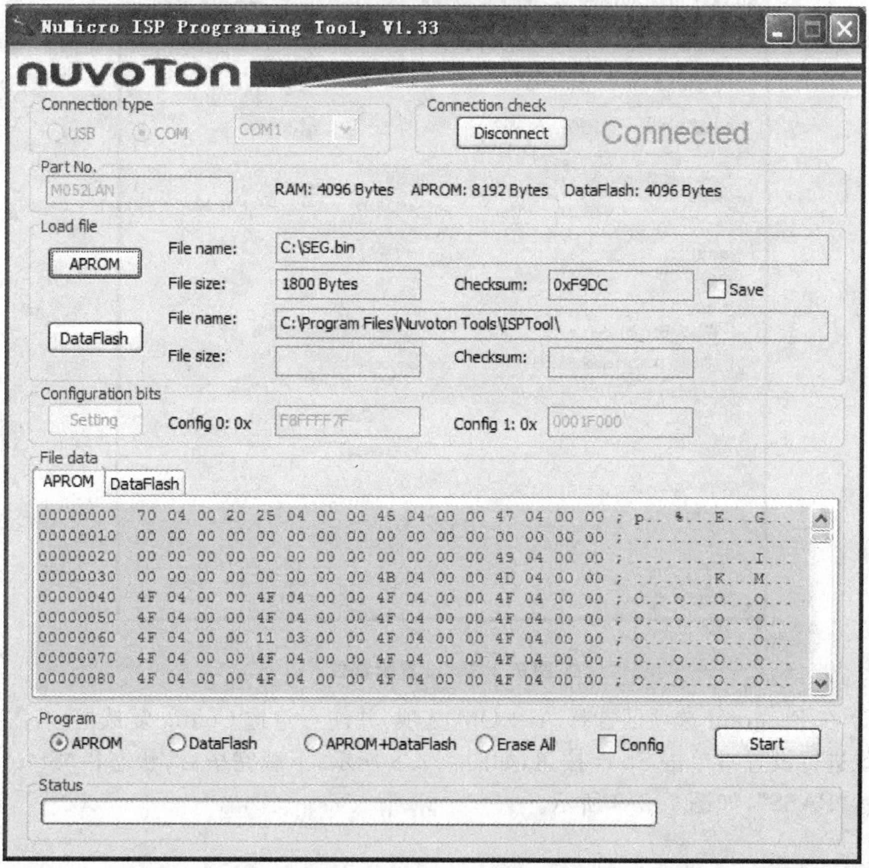

图 7.2.4 载入下载文件

④ 若需要对配置位进行设置（否则跳过该步骤），在 Program 选项区勾选 Config 复选框，如图 7.2.5 所示，在 Configuration bits 选项区单击 Setting 按钮，如图 7.2.6 所示，然后弹出"Configuration"对话框，如图 7.2.7 所示，配置成功后单击 OK 按钮退出。

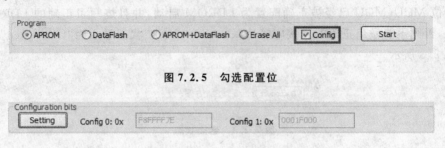

图 7.2.5　勾选配置位

图 7.2.6　进入设置配置位

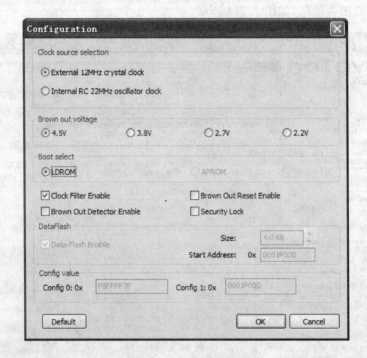

图 7.2.7　设置配置位

⑤ 在 Program 选项区选择 APROM 选项，并注意勾选 Config 复选框（若需要对配置位进行设置），单击 Start 按钮，如图 7.2.8 所示，下载完毕后，状态栏"Status"将会显示"PASS"，如图 7.2.9 所示。

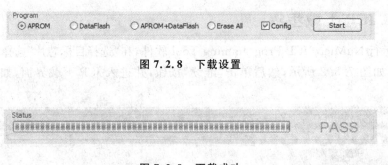

图 7.2.8　下载设置

图 7.2.9　下载成功

7.3　ICP 下载

7.3.1　ICP 下载工具概述

Nuvoton NuMicro ICP 下载工具不需要将目标 MCU 芯片从终端产品中取下，即可进行 flash 代码和数据的更新，同时支持"离线编程模式"。"离线编程模式"第一步，用户可以先将 Flash 数据保存在 Nu-Link 中；第二步，在没有 PC 和 Nuvoton NuMicro ICP 工具的情况下，仅使用 SmartM Nu-Link 编程/调试器，如图 7.3.1 所示，用户就能对目标设备烧写 flash 代码和数据。

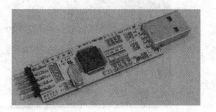

图 7.3.1　SmartM Nu-Link

功能如下：

- 对目标设备进行实时在线烧写 Flash。
- 备份目标设备的 Flash 中的代码数据（在不设定 flash 保护位的情况下有效）。
- 备份离线烧写的数据。
- 离线烧写 Flash。
- 写入软件序列号。
- 限制最大可烧写次数。
- 加密离线烧写的数据。
- 在线和离线烧写，均支持批量烧写方式。

7.3.2　ICP 下载步骤

① 运行 NuMicro ICP Programming Tool 软件,在"选择目标芯片"选择"M051 系列"选项,如图 7.3.2 所示,然后单击"继续"按钮,并进入 ICP 下载界面,如图 7.3.3 所示。

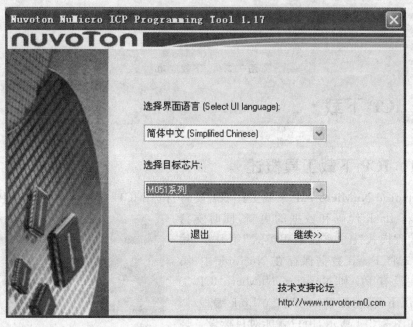

图 7.3.2　ICP 启动界面

② 单击"连接"按钮,"连线状态检测"会显示"芯片已连接",并在"芯片型号"处显示芯片相关信息,如图 7.3.4 所示。

③ 选择载入并将用作烧写的文件,同时相应文件的文件大小、校验值等信息会在下方显示出来,如图 7.3.5 所示。

④ 如若需要设置配置位(否则跳过该步骤),要在"编程"选项中选中"配置区",如图 7.3.6 所示,然后对芯片进行设定,如图 7.3.7 所示。

⑤ 选择相应的编程选项,单击"开始"按钮进行下载,并显示烧写进度,如图 7.3.8 所示,最后烧写完毕。

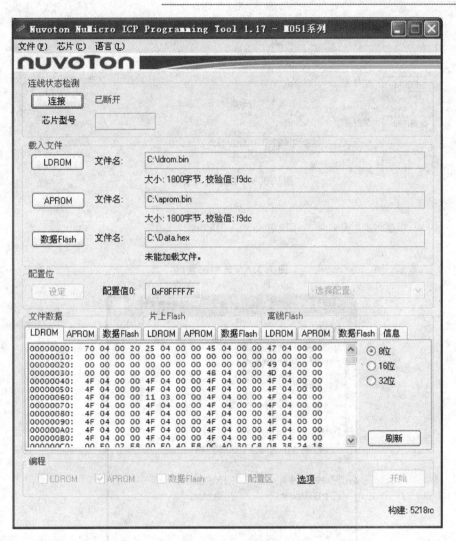

图 7.3.3   ICP 下载界面

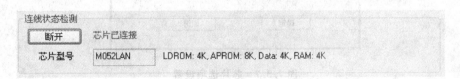

图 7.3.4   连线状态检测

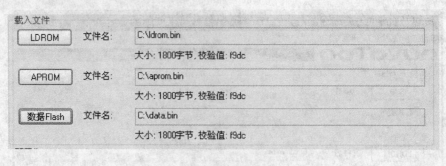

图 7.3.5 载入烧写文件

图 7.3.6 选中配置区

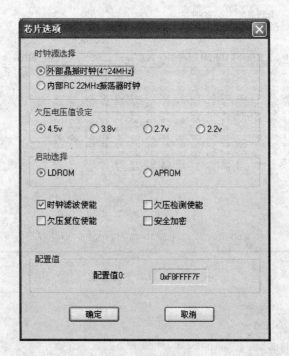

图 7.3.7 芯片选项设置

图 7.3.8 显示烧写进度

7.4　JTAG 与串行调试(SWD)

7.4.1　JTAG 简介

联合测试行动小组(Joint Test Action Group,JTAG)是一种国际标准测试协议(IEEE 1149.1 兼容),主要用于芯片内部测试。现在多数的高级器件都支持 JTAG 协议,如 DSP、FPGA 器件等。标准的 JTAG 接口是 4 线:TMS、TCK、TDI、TDO,分别为模式选择、时钟、数据输入和数据输出线。

如图 7.4.1 所示,JTAG 最初是用来对芯片进行测试的,JTAG 的基本原理是在器件内部定义一个 TAP(Test Access Port;测试访问口)通过专用的 JTAG 测试工具对进行内部节点进行测试。JTAG 测试允许多个器件通过 JTAG 接口串联在一起,形成一个 JTAG 链,能实现对各个器件分别测试。现在,JTAG 接口还常用于实现 ISP(In-System Programmable 在线编程),对 Flash 等器件进行编程。

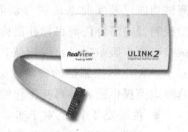

图 7.4.1　ULINK USB-JTAG

JTAG 编程方式是在线编程,传统生产流程中先对芯片进行预编程现再装到板上因此而改变,简化的流程为先固定器件到电路板上,再用 JTAG 编程,从而大大加快工程进度。

具有 JTAG 口的芯片都有如下 JTAG 引脚定义:

TCK—测试时钟输入;

TDI—测试数据输入,数据通过 TDI 输入 JTAG 口;

TDO—测试数据输出,数据通过 TDO 从 JTAG 口输出;

TMS—测试模式选择,TMS 用来设置 JTAG 口处于某种特定的测试模式。

可选引脚 TRST—测试复位,输入引脚,低电平有效。

含有 JTAG 口的芯片种类较多,如 CPU、DSP、CPLD 等。

JTAG 内部有一个状态机,称为 TAP 控制器。TAP 控制器的状态机通过 TCK 和 TMS 进行状态的改变,实现数据和指令的输入。

JTAG 标准定义了一个串行的移位寄存器。寄存器的每一个单元分配给 IC 芯片的相应引脚,每一个独立的单元称为 BSC(Boundary-Scan Cell)边界扫描单元。这个串联的 BSC 在 IC 内部构成 JTAG 回路,所有的 BSR(Boundary-Scan Register)边界扫描寄存器通过 JTAG 测试激活,平时这些引脚保持正常的 IC 功能。

7.4.2　SWD 简介

ARM Cortex-M0 集成了调试的功能,支持串行线调试功能。ARM Cortex-M0

被配置为支持多达 4 个断点和 2 个观察点。

串行线调试技术可作为 CoreSight 调试访问端口的一部分，它提供了 2 针调试端口，这是 JTAG 的低针数和高性能替代产品，如图 7.4.2 所示。

串行线调试（SWD）为严格限制针数的包装提供一个调试端口，通常用于小包装微控制器，但也用于复杂 ASIC 微控制器，此时，限制针数至关重要，这可能是设备成本的控制因素。

SWD 将 5 针 JTAG 端口替换为时钟＋单个双向数据针，以提供所有常规 JTAG 调试和测试功能以及实时系统内存访问，而无需停止

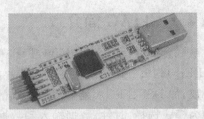

图 7.4.2　SmartM Nu-Link

微控制器或需要任何目标驻留代码。SWD 使用 ARM 标准双向线协议（在 ARM 调试接口第 5 版中定义），以标准方式与调试器和目标系统之间高效地传输数据。作为基于 ARM 微控制器的设备的标准接口，软件开发人员可以使用 ARM 和第三方工具供应商提供的各种可互操作的工具。

- 仅需要 2 个针：对于非常低的连接设备或包装至关重要。
- 提供与 JTAG TAP 控制器的调试和测试通信。
- 使调试器成为另一个 AMBA 总线主接口，以访问系统内存和外设或调试寄存器。
- 高性能数据速率：4 MB/s @ 50 MHz。
- 低功耗：不需要额外电源或接地插针。
- 较小的硅面积：2.5k 附加门数。
- 低工具成本。
- 可靠：内置错误检测。
- 安全：防止未连接工具时出现插针故障。

SWD 提供了从 JTAG 的轻松且无风险的迁移，因为两个信号 SWDIO 和 SWCLK 重叠在 TMS 和 TCK 插针上，从而使双模式设备能够提供其他 JTAG 信号。在 SWD 模式下，可以将这些额外的 JTAG 针切换到其他用途。SWD 与所有 ARM 微控制器以及使用 JTAG 进行调试的任何微控制器兼容，它可以访问 Cortex 微控制器和 CoreSight 调试基础结构中的调试寄存器。目前，批量生产设备中实现了串行线技术，例如，NuMicro M051 系列微控制器。

ARM 多点 SWD 技术允许通过单个连接同时访问任意数量的设备，以将 SWD 优点应用于基于多微控制器的复杂 SoC，从而为复杂设备开发人员提供了低功耗 2 针调试和跟踪解决方案。这对连接受限的产品特别重要，例如，手机，其中多晶片和多芯片是很常见的。

多点 SWD 完全向后兼容，从而保留现有的单一点到点主机设备连接，并允许在未选择设备时将其完全关闭以降低功耗。

SWD 串行调试具有以下特性：
- 支持 ARM 串行线调试模式。
- 可直接对所有存储器、寄存器和外设进行调试。
- 调试阶段不需目标资源。
- 4 个断点。4 个指令断点，可以用来重映射修补代码的指令地址。2 个数据比较器，可用来重映射修补文字的地址。
- 2 个数据观察点，可用作跟踪触发器。

表 7.4.1 列出了与调试和跟踪相关的 JTAG 与 SWD 不同引脚功能。有些功能与其他功能共用引脚，因此这些功能不能同时使用。

表 7.4.1　JTAG 与 SWD 功能引脚

引脚名称	类　型	说　明
TCK	输入	JTAG 测试时钟。该引脚在 JTAG 模式下是调试逻辑的时钟
TMS	输入	JTAG 测试模式选择。TMS 引脚负责选择 TAP 状态机的下一个状态
TDI	输入	JTAG 测试数据输入。这是移位寄存器的串行数据输入
TDO	输出	JTAG 测试数据输出。这是移位寄存器的串行数据输出。在 TCK 信号的下降沿，数据将通过移位寄存器从器件向外输出
TRST	输入	JTAG 测试复位。可用 TRST 引脚来复位调试逻辑中的测试逻辑
SWCLK	输入	串行线时钟。这个引脚在串行线调试模式下是调试逻辑的时钟（SWDCLK）。在 JTAG 模式下该引脚为 TCK 引脚
SWDIO	输入/输出	串行线调试数据输入/输出。外部调试工具可通过 SWDIO 引脚来与 NuMicro M051 通信，并对其进行控制。在 JTAG 模式下该引脚为 TMS 引脚

从表 7.4.1 可以得知，SWDCLK、SWDIO 与 JTAG 引脚 TCK、TMS 引脚共用，当使用 ULINK 进行调试或下载时，只需其引出 $\overline{TRST}$、TCK、TMS、GND 引脚，如图 7.4.3所示。

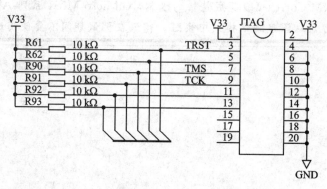

图 7.4.3　SWD 串行调试涉及到的引脚

SmartM Nu-Link 同样可以理解为 JTAG 接口的精简版,提供了 $\overline{\text{TRST}}$、TCK、TMS、GND 引脚,为了实现 SWD 串行调试,NuMicro M051 系列微控制器可供调试的引脚为 P3.0/$\overline{\text{TRST}}$、P4.6/SWDCLK、P4.7/SWDIO。

还有要强调的是,用户必须知道调试期间的某些限制。最关键的一点就是:由于 ARM Cortex-M0 集成特性的限制,NuMicro M051 系列 ARM 不能通过常规方法从深度睡眠模式中唤醒。建议在调试期间不要使用这些模式。

另一个问题是,调试模式改变了 ARM Cortex-M0 CPU 内部的低功耗工作模式,这波及到了整个系统。这些差别意味着在调试期间不应对功耗进行测量,在测试期间测量的功耗值会比在普通操作期间测量的值高。

在调试阶段中,只要 CPU 停止,系统节拍定时器就会自动停止。其他外设不受影响。

深入重点

✓ JTAG(Joint Test Action Group;联合测试行动小组)是一种国际标准测试协议(IEEE 1149.1 兼容),主要用于芯片内部测试。

✓ SWD 提供了从 JTAG 的轻松且无风险的迁移,因为两个信号 SWDIO 和 SWCLK 重叠在 TMS 和 TCK 插针上,从而使双模式设备能够提供其他 JTAG 信号。在 SWD 模式下,可以将这些额外的 JTAG 针切换到其他用途。SWD 与所有 ARM 微控制器以及使用 JTAG 进行调试的任何微控制器兼容,它可以访问 Cortex 微控制器和 CoreSight 调试基础结构中的调试寄存器。

✓ ARM Cortex-M0 集成了调试的功能。支持串行线调试功能。ARMCortex-M0 被配置为支持多达 4 个断点和 2 个观察点。

✓ 串行线调试技术可作为 CoreSight 调试访问端口的一部分,它提供了 2 针调试端口,这是 JTAG 的低针数和高性能替代产品。

✓ 由于 ARM Cortex-M0 集成特性的限制,NuMicro M051 系列 ARM 不能通过常规方法从深度睡眠模式中唤醒。建议在调试期间不要使用这些模式。

第 **8** 章

通用输入/输出口

NuMicro M051 微控制器共有 40 个通用 I/O 口,并可复用为特殊功能引脚,如串行口输入输出接口、外部中断触发、PWM 输出等功能。这 40 个引脚分别分配在 P0、P1、P2、P3、P4 这 5 个端口上,每个端口最多有 8 个引脚,且各引脚之间都是相互独立的,可通过相应的寄存器来控制引脚的工作模式和读取当前引脚的数据。

每个 I/O 引脚上的 I/O 类型都能够通过软件独立地配置为输入、输出、开漏或准双向模式。当 MCU 复位时,端口数据寄存器 Px_DOUT[7:0]的值为 0x000_00FF。每个 I/O 引脚配有 110 kΩ~300 kΩ 的非常弱的上拉电阻到输入电源(V_{DD})上,输入电源可为 2.5~5 V。

8.1 通用 I/O 模式的设置

通用 I/O 工作模式可分为输入模式、输出模式、开漏模式、准双向模式这 4 种模式,模式的选择需要对 I/O 模式控制寄存器 Px_PMD[1:0]进行编程,当 P0/1/2/3/4 被设置为推挽模式或准双向模式时,源电流和灌电流的参数如表 8.1.1、表 8.1.2 所列。

表 8.1.1　源电流参数

参　数	最小值	典型值	最大值	单　位	测试条件
P0/1/2/3/4 源电流(推挽模式)	−20	−24	−28	mA	$V_{DD}=4.5\ V,V_{SS}=2.4\ V$
	−4	−6	−8	mA	$V_{DD}=2.7\ V,V_{SS}=2.2\ V$
	−3	−5	−7	mA	$V_{DD}=2.5\ V,V_{SS}=2.0\ V$

表 8.1.2　灌电流参数

参　数	最小值	典型值	最大值	单　位	测试条件
P0/1/2/3/4 灌电流(准双向模式和推挽模式)	10	16	20	mA	$V_{DD}=4.5\ V,V_{SS}=0.45\ V$
	7	10	13	mA	$V_{DD}=2.7\ V,V_{SS}=0.45\ V$
	6	9	12	mA	$V_{DD}=2.5\ V,V_{SS}=0.45\ V$

注:P0/1/2/3/4 引脚被外部由 1 驱动到 0 时,可作来输出电流的源端,在 $V_{DD}=$ 5.5V 时,当输入电压范围接近 2V 时,输出电流达到最大值。

8.1.1 输入模式

设置 Px_PMD(PMDn[1:0])为 00b,Px[n]为输入模式,I/O 引脚为三态(高阻态),没有输出驱动能力。Px_PIN 的值反映相应端口引脚的状态。

8.1.2 输出模式

如图 8.1.1 所示,设置 Px_PMD(PMDn[1:0])为 0x01,Px[n]为输出模式,I/O 引脚支持数字输出功能,有拉电流/灌电流能力。Px_DOUT[0:7]相应位的值被送到相应引脚上。

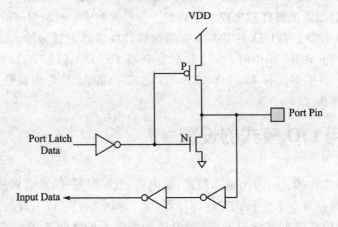

图 8.1.1 推挽输出

8.1.3 开漏模式

如图 8.1.2 所示,设置 Px_RMD(PMDn[1:0])为 2'b10,Px[n]为开漏模式,I/O 支持数字输出功能,但仅有灌电流能力,为了把 I/O 引脚拉到高电平状态,需要外接一颗上拉电阻。如果 Px_DOUT 相应位 bit[n]的值为"0",引脚上输出低电平。

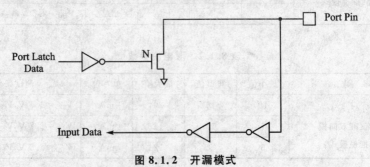

图 8.1.2 开漏模式

如果 Px_DOUT 相应位 bit [n]的值为"1",该引脚输出为高电平,由内部上拉电阻或外部上拉电阻控制。

8.1.4　准双向模式

如图 8.1.3 所示,设置 Px_PMD(PMDn[1:0])为 2'b11,Px[n]引脚为准双向模式,I/O 同时支持数字输出和输入功能,但拉电流仅达数百 μA。要实现数字输入,需要先将 Px_DOUT 相应位置 1。准双向输出是 80C51 及其派生产品所共有的模式。若 Px_DOUT 相应位 bit[n]为"0",引脚上输出为"低电平"。若 Px_DOUT 相应位 bit[n]为"1",该引脚将核对引脚值。若引脚值为高,没有任何动作,若引脚值为低,该引脚置为强高需要 2 个时钟周期,然后禁用强输出驱动,引脚状态由内部上拉电阻控制。

注:准双向模式的拉电流能力仅有 $30\sim200$ μA(相应 V_{DD} 的电压从 $2.5\sim5.0$ V)。

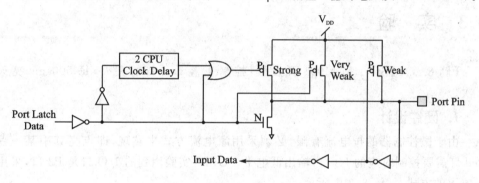

图 8.1.3　准双向 I/O 模式

8.2　相关寄存器

1. Port 0~4 I/O 模式控制(Px_PMD)(见表 8.2.1)

表 8.2.1　Port 0~4 I/O 模式控制(Px_PMD)

Bits		描　述
[31:16]	—	—
[2n+1:2n]	TCMP	Px I/O Pin[n]模式控制 Px 的 I/O 类型 00=Px [n]输入模式 01=Px [n]输出模式 10=Px [n]开漏模式 11=Px [n]准双端模式 x=0~4,n=0~7

2. Port 0～4 数据输出值(Px_DOUT)(见表 8.2.2)

表 8.2.2 Port 0～4 数据输出值(Px_DOUT)

Bits		描　述
[31:8]	—	—
[n]	DOUT[n]	Px Pin[n]输出值 Px 配置成输出,输入,和准双端模式时,这些位控制 Px 引脚状态 1＝相应的输出模式使能位设置时,Px Pin[n]为高 0＝相应的输出模式使能位设置时,Px Pin[n]为低 x＝0～4,n ＝ 0～7

8.3 实　验

【例 8.3.1】SmartM-M051 开发板:控制 1 盏 Led 灯的亮灭,每 500 ms 亮灭一次。

1. 硬件设计

由于微控制器的拉电流有限,必须采用灌电流方式来实现,即点亮其中某一盏 Led 灯需要控制对应的 I/O 口输出低电平。GPIO 实验用到的 I/O 口是 P2 口,采用灌电流的方式,如图 8.3.1 所示。

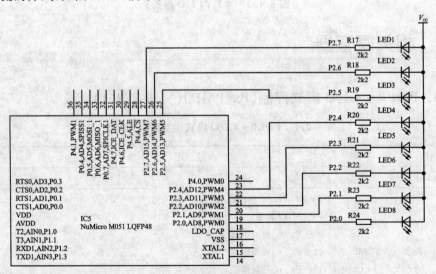

图 8.3.1　LED 连接原理图

2. 软件设计

(1) 点亮设计

由于硬件设计点亮 Led 灯的操作为灌电流方式,因此点亮某一盏 Led 灯只需要对 P2 口的某一位输出低电平。例如第一盏 Led 亮,其余 Led 灯灭,相对应 P2 的输出逻辑值 0xFE,0xFE＝1111 1110b,除了最后一位是逻辑值"0"之外,其余 7 位都是逻辑值"1"。

(2) 延时设计

延时 500 ms 可以采用软件延时,即 MCU 空操作一段时间凑够 500 ms 的延时,或使用系统定时器。

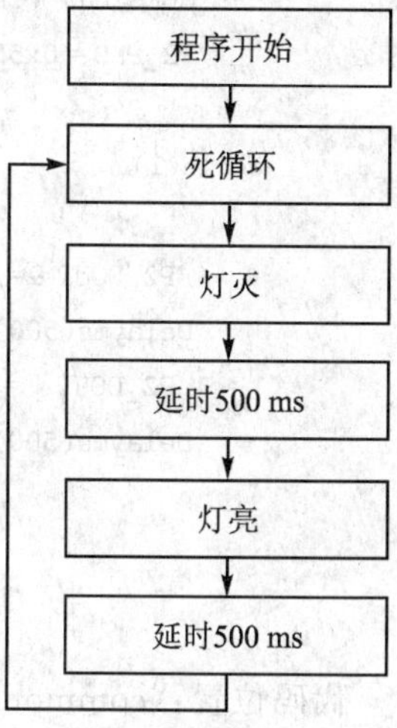

3. 流程图(见图 8.3.2)

4. 实验代码

Led 灯闪烁实验函数列表,如表 8.3.1 所列。

图 8.3.2 单个 Led 灯闪烁实验流程图

137

表 8.3.1 Led 灯闪烁实验函数列表

函数列表		
序 号	函数名称	说 明
1	Delayms	延时函数
2	main	函数主体

程序清单 8.3.1 Led 灯闪烁实验代码

代码位置:\基础实验－GPIO(Led 灯闪烁)\main.c

```
#include "SmartM_M0.h"
/***********************************************
* 函数名称:main
* 输    入:无
* 输    出:无
* 功    能:函数主体
***********************************************/
INT32 main(VOID)
{
    PROTECT_REG
    (
        PWRCON | = XTL12M_EN;                  //默认时钟源为外部晶振
        while((CLKSTATUS & XTL12M_STB) == 0);  //等待 12MHz 时钟稳定
```

```
        CLKSEL0 = (CLKSEL0 & (~HCLK)) | HCLK_12M;        //设置外部晶振为系统时钟
        P2_PMD = 0x5555;
    )
    while(1)
    {                                                     //点亮 Led 灯
        P2_DOUT & =  ~0x01;                               //延时 500ms
        Delayms(500);
        P2_DOUT | = 0x01;                                 //熄灭 Led 灯
        Delayms(500);                                     //延时 500ms
    }
}
```

程序清单 8.3.2　延时函数代码

代码位置:\common.c

```
void Delayms(uint32_t unCnt)
{
    SYST_RVR = unCnt * 12000;
    SYST_CVR = 0;
    SYST_CSR | = 1UL<<0;
    while((SYST_CSR & 1UL<<16) == 0);
}
```

5. 代码分析

　　Delayms 函数是使用系统定时器产生一段时间的延时,关于系统定时器的使用将在其章节中介绍,在这不作赘述! 代码流程也十分简单,进入 while(1) 死循环后,Led 亮 500ms 然后 Led 灭 500ms,如此循环。

深入重点

✓ 关于 I/O 口电平的控制,"0"代表输出低电平,"1"代表输出高电平

　P2_DOUT=0xFF 即 P2 的 I/O 口全部输出高电平。

　0xFF —> 1111 1111(二进制)。

　若要 P2.0 的引脚输出高电平,其余引脚低电平。

　P2_DOUT = 0x01; 0x01 —> 0000 0001

　若要 P2.0 和 P2.3 的引脚输出高电平,其余引脚低电平。

　P2_DOUT = 0x09; 0x09 —> 0000 1001

　当然要 P2.0 和 P2.3 的引脚输出低电平,其他引脚高电平。

　P2_DOUT= 0xF6; 0xF6 —> 1111 0110

【例 8.3.2】流水灯实验,每个 Led 灯只灭 100 ms。

1. 硬件设计

参考图 8.3.1 所示。

2. 软件设计

延时 100 ms 可以采用系统定时器。

硬件设计点亮 Led 灯的操作为灌电流方式,因此点亮某一盏 Led 灯只需要对 P2 口的某一位输出低电平。例如第一盏 Led 亮,其余 Led 灯灭,相对应 P2 的输出逻辑值 0xFE,0xFE=1111 1110b,除了最后一位是逻辑值"0"之外,其余 7 位都是逻辑值"1"。最后通过移位操作对 P2 口赋值就可以实现流水灯效果。

3. 流程图(见图 8.3.3)

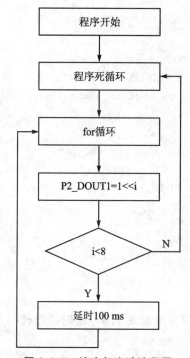

图 8.3.3 流水灯实验流程图

4. 实验代码

流水灯实验函数列表,如表 8.3.2 所列。

表 8.3.2 流水灯实验函数列表

序 号	函数名称	说 明
1	Delayms	延时函数
2	main	函数主体

程序清单 8.2.2　流水灯实验代码

代码位置:\基础实验-GPIO(流水灯)\main. c

```c
#include "SmartM_M0.h"
/************************************
* 函数名称:main
* 输      入:无
* 输      出:无
* 功      能:函数主体
************************************/
INT32 main(VOID)
{
    UINT32 i;
    PROTECT_REG
    (
        PWRCON | = XTL12M_EN;                       //默认时钟源为外部晶振
        while((CLKSTATUS & XTL12M_STB) == 0);       //等待 12MHz 时钟稳定
        CLKSEL0 = (CLKSEL0 & (~HCLK)) | HCLK_12M;   //设置外部晶振为系统时钟
        P2_PMD = 0x5555;                            //GPIO 设置为输出模式
    )
    while(1)
    {
        for(i = 0; i<8; i++)
        {
            P2_DOUT = 1UL<<i;                       //进入位移操作,熄灭相对应位的 Led
            Delayms(100);                           //延时 100ms
        }
    }
}
```

程序清单 8.2.4　延时函数代码

代码位置:\Common\common. c

```c
void Delayms(uint32_t unCnt)
{
    SYST_RVR = unCnt * 12000;
    SYST_CVR = 0;
    SYST_CSR | = 1UL<<0;
    while((SYST_CSR & 1UL<<16) == 0);
}
```

5. 代码分析

延时 100 ms 可以使用系统定时器进行。

在 main 函数中的 while(1)死循环当中,P2 口的值通过(1<<i)来获得,若当前 i 值为 2,那么 1<<i=1<<2=0000 0100,即只有第 3 个 Led 是灭的,其余 Led 灯是亮的。

深入重点

✓ P0/1/2/3/4 引脚被外部由 1 驱动到 0 时,可作来输出电流的源端,在 $V_{DD}=$ 5.5V 时,当输入电压范围接近 2V 时,输出电流达到最大值。

✓ 位移操作($P2\_DOUT=1<<i$),位移图如图 8.3.4 所示,请读者认真分析。

1<<i	P2.7	P2.6	P2.5	P2.4	P2.3	P2.2	P2.1	P2.0
1<<0=0x01	0	0	0	0	0	0	0	1
1<<1=0x02	0	0	0	0	0	0	1	0
1<<2=0x04	0	0	0	0	0	1	0	0
1<<3=0x08	0	0	0	0	1	0	0	0
1<<4=0x10	0	0	0	1	0	0	0	0
1<<5=0x20	0	0	1	0	0	0	0	0
1<<6=0x40	0	1	0	0	0	0	0	0
1<<7=0x80	1	0	0	0	0	0	0	0

图 8.3.4　位移操作图

第 **9** 章

定时器控制器与系统定时器

9.1 定时器控制器

9.1.1 概 述

　　定时器是微控制器中最基本的接口之一,它的用途非常广泛,常用于计数、延时、提供定时脉冲信号等。现实中的定时器如图 9.1.1 所示。在实际应用中,对于转速、位移、速度、流量等物理量的测量,通常也是由传感器转换成脉冲电信号,通过使用定时器来测量其周期或频率,再经过计算处理获得。

图 9.1.1　现实中的定时器

　　定时器控制器包括 4 组 32 位的定时器,TIMER0～TIMER3,方便用户的定时器控制应用。定时器模块可支持例如频率测量,计数,间隔时间测量,时钟产生,延迟时间等功能。定时器可在计时溢出时产生中断信号,也可在操作过程中提供计数的当前值。

9.1.2 特 征

　　● 4 组 32 位定时器,带 24 位向上定时器和一个 8 位的预分频计数器。

- 每个定时器都有独立的时钟源。
- 24 位向上计数器,通过 TDR(定时器数据寄存器)可读取。
- 4 种工作模式:单脉冲模式(one-shot),周期模式(periodic),开关模式(toggle)和连续计数(continuous counting)模式操作模式。

9.1.3　定时器操作模式

1. 定时器操作模式

定时器控制器提供 4 种工作模式,单脉冲(one-shot)模式、周期(periodic)模式、开关(toggle)和连续计数(continuous counting)模式。每种操作功能模式如下所示:

2. 单脉冲模式

如果定时器工作在单脉冲模式且 CEN(定时器使能位)置 1,定时器的计数器开始计数。一旦定时器计数器的值达到定时器比较器寄存器(TCMPR)的值,IE(中断使能位)置 1,则定时器中断标志置位,产生中断信号并送到 NVIC 通知 CPU。表明定时器计数发生溢出。如果 IE (interrupt enable bit)置 0,无中断信号产生。

在此工作模式下,一旦定时器计数器的值达到定时器比较寄存器(TCMPR)的值,定时器计数器的值返回初始值且 CEN (定时器使能位)由定时器控制器清零。一旦定时器计数器的值达到定时器比较寄存器(TCMPR)的值,定时器计数操作停止。也就是说,在编程比较寄存器(TCMPR)的值与 CEN(定时器使能位)置 1 后,定时器操作定时器计数和与 TCMPR 值的比较仅执行一次。因此,该操作称为单脉冲模式。

3. 周期模式

如果定时器工作在周期模式且 CEN(定时器使能位)置 1,定时器计数器开始计数。一旦定时器计数器的值达到定时器比较寄存器(TCMPR)的值,且 IE (中断使能位)设置为 1,则定时器中断标志置位且产生中断信号,并发送到 NVIC 通知 CPU。表示定时器计数溢出发生。

如果 IE (中断使能位)设置为 0,无中断信号发生。在该工作模式下,一旦定时器计数器的值达到定时器比较器寄存器(TCMPR)的值,定时器计数器的值返回计数初始值且 CEN 保持为 1(持续使能计数)。定时器计数器重新开始计数。

如果软件清除中断标志,一旦定时器计数器的值与定时器比较寄存器(TCMPR)的值匹配且 IE (中断使能位)设置为 1 中断标志置位,产生中断信号并送到 NVIC 再次通知 CPU。也就是说,定时器操作定时器计数和与 TCMPR 比较功能是周期性进行的。直到 CEN 设置为 0,定时器计数操作才会停止。中断信号的产生也是周期性的。因此,这种操作模式称为周期模式。

4. 开关模式

如果定时器工作在开关模式且 CEN(定时器使能位)置 1,定时器计数器开始计数。一旦定时器计数器的值与定时器比较寄存器 TCMPR 的值匹配时,且 IE(中断使能位)设置为 1,则定时器中断标志置位,产生中断信号并送到 NVIC 通知 CPU。表示定时器发生计数溢出。相应开关输出(tout)信号置 1。

在这种操作模式,一旦定时器计数器的值与定时器比较寄存器 TCMPR 的值匹配,定时器计数器的值返回到计数初始值且 CEN 保持为 1(持续使能计数)。定时器计数器重新开始计数。如果中断标志由软件清除,一旦定时器计数器的值与定时器比较寄存器中 TCMPR 的值匹配且 IE(中断使能位)置 1,则定时器中断标志置位,发生中断信号,并送到 NVIC 再次通知 CPU。相应开关输出(tout)信号置 0。定时器计数操作在 CEN 设置为 0 之后才停止。因此,开关输出(tout)信号以 50% 的占空比反复改变,所以这种操作模式称为开关模式。

5. 连续计数模式

如果定时器工作在连续计数模式且 CEN(定时器使能位)置 1,如果 IE(中断使能位)设置为 1,当 TDR = TCMPR 时,相关的中断信号产生。用户可以立即改变 TCMPR 的值,而不需要禁用或重启定时器计数。例如,TCMPR 的值先被设置为 80(TCMPR 的值应当小于 $2^{24}-1$ 并且大于 1),当 TDR 的值等于 80 时,如果 IE(中断使能位)设置为 1,定时器产生中断,TIF(定时器中断标志)将被置位,产生中断信号并送到 NVIC 通知 CPU,且 CEN 保持为 1(持续使能计数),但是 TDR 的值不会返回到零,而是继续计数 $81,82,83,\cdots2^{24}-1,0,1,2,3,\cdots2^{24}-1$。接下来,如果用户设置 TCMPR 为 200,且 TIF 被清零。当 TDR 的值达到 200,定时器中断发生,TIF 被置位,产生中断信号并送到 NVIC 再次通知 CPU。最后,用户设置 TCMPR 为 500,并再一次清零 TIF,当 TDR 的值达到 500,定时器中断发生,TIF 被置位,产生中断信号并送到 NVIC 通知 CPU。从应用的角度看,中断的产生取决于 TCMPR。在该模式下,定时器计数是连续的,所以这种操作模式被称为连续计数模式。

9.1.4 相关寄存器

1. 定时器控制寄存器(TCSR)(见表 9.1.1)

表 9.1.1 定时器控制寄存器(TCSR)

Bits		描 述
[31]	—	—
[30]	CEN	计数器使能位 0=停止/暂停计数 1=开始计数 注 1:在停止状态,设置 CEN 为 1

Bits		描　述
[29]	IE	中断使能 0＝禁用定时器中断 1＝使能定时器中断
[28:27]	MODE	定时器工作模式 | 模　式	定时器工作模式 | | 00 | 当定时器配置为单脉冲模式（one-shot）时，定时器溢出仅触发中断一次（IE 使能），进入中断后 CEN 自动清除为 0 | | 01 | 当定时器配置为周期模式（period）时，定时器每次溢出都触发中断（IE 使能） | | 02 | 定时器工作于开关 mode. IE 使能，产生周期性的中断信号。开关信号（tout）前后改变 50％ 的占空比 | | 03 | — |
[26]	CRST	计数器重置 设置该位将重置定时器计数器，预分频并使 CEN 为 0 0＝无动作 1＝重置定时器的预分频计数器、内部 24 位向上计数器、CEN 位
[25]	CACT	定时器工作状态（只读） 该位表示当前定时器计数器的状态 0＝定时器未工作 1＝定时器工作中
[24:17]	—	—
[16]	TDR_EN	数据锁存使能 当置位 TDR_EN，TDR（Timer 数据寄存器）将不断更新为 24 位向上计数器的值 1＝使能 Timer 数据寄存器更新 0＝禁用 Timer 数据寄存器更新
[15:8]	—	—
[7:0]	PRESCALE	预分频计数器 时钟输入根据 Prescale 数值＋1 进行预分频。如果 PRESCALE ＝0，不进行预分频

2. 定时器比较寄存器(TCMPR)(见表 9.1.2)

表 9.1.2　定时器比较寄存器(TCMPR)

Bits		描　述
[31:24]	—	—
[23:0]	TCMP	定时器比较值 TCMP 是 24 位比较寄存器。当内部 24 位向上计数器的值与 TCMP 的值匹配时,如果 TCSR.IE[29]＝1,就产生定时器中断请求. TCMP 的值为定时器计数周期。 定时溢出周期＝(Period of timer clock input) ＊ (8－bit Prescale ＋ 1) ＊ (24－bit TCMP) 注 1:不能在 TCMP 里写 0x0 或 0x1,否则内核将运行到未知状态 注 2:无论 CEN 为 0 或 1,软件向该寄存器写入新的值,TIMER 将退出当前计数并使用新的值,开始重新计数

3. 定时器中断状态寄存器(TISR)(见表 9.1.3)

表 9.1.3　定时器中断状态寄存器(TISR)

Bits		描　述
[31:1]	—	—
[0]	TIF	定时器中断标志 定时器中断状态位。 当内部 24 位计数器与 TCMP 的值匹配时,TIF 由硬件置位,写 1 清该位。

4. 定时器数据寄存器(TDR)(见表 9.1.4)

表 9.1.4　定时器数据寄存器(TDR)

Bits		描　述
[31:24]	—	—
[23:0]	TDR	定时器数据寄存器 TCSR.TDR_EN 置 1 时,内部 24 位定时器的值加载到 TDR 中,用户可以读取该寄存器的值获取 24 位计时器的值

9.1.5　实　验

【实验 9.1.1】SmartM-M051 开发板:运用定时器实现流水灯,每隔 50 ms 操作一次,如此循环。

1. 硬件设计

点亮 Led 实验当中采用灌电流的方式来实现,毕竟微控制器的拉电流有限,一般就是采用该方式来实现,点亮其中某一盏 Led 即某一个 I/O 口输出低电平来点亮。

GPIO 实验用到的 I/O 口是 P2 口,采用灌电流的方式,如图 9.1.2 所示。

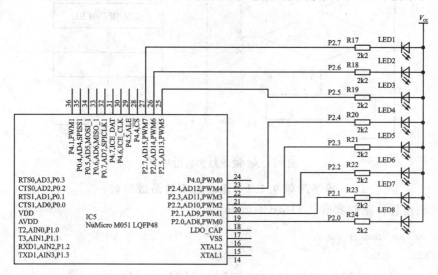

图 9.1.2　Led 连接原理图

2. 软件设计

流水灯实验过程中是只有一盏 Led 灯是灭的,即流水灯第首先熄灭第 1 盏 Led 灯,其余是亮的;第 2 次熄灭第 2 盏 Led 灯,其余是亮的。总共有 8 盏 Led 灯,那么所有 Led 灯重复循环该过程。

灯闪烁的编程可以通过变量位移的方式来赋值,如 P2_DOUT=1<<i,例如 i=4,1<<i 的结果为 0001 0000b,可以知道第 5 盏的 Led 灯是灭的,其余是亮的。

3. 流程图(见图 9.1.3)

4. 实验代码

流水灯实验函数列表,如表 9.1.5 所列。

表 9.1.5　流水灯实验函数列表

序　号	函数名称	说　明
1	TMR0Init	定时器 0 初始化
2	main	函数主体

ARM Cortex-M0 微控制器原理与实践

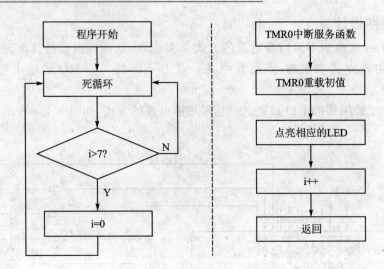

图 9.1.3　流水灯实验流程图

程序清单 9.1.1　流水灯实验函数列表

代码位置：\基础实验－TIMER\main.c

```
# include "SmartM_M0.h"
UINT32 i = 0;
/*********************************************
* 函数名称:TMR0Init
* 输    入:无
* 输    出:无
* 功    能:定时器 0 初始化
**********************************************/
VOID TMR0Init(VOID)
{
    PROTECT_REG
    (
        /* 使能 TMR1 时钟源 */
        APBCLK | = TMR0_CLKEN;
        /* 选择 TMR1 时钟源为外部晶振 12MHz */
        CLKSEL1 = (CLKSEL1 & (~TM0_CLK)) | TM0_12M;
        /* 复位 TMR1 */
        IPRSTC2 | = TMR0_RST;
        IPRSTC2 & = ~TMR0_RST;
        /* 选择 TMR1 的工作模式为周期模式 */
        TCSR0 & = ~TMR_MODE;
        TCSR0 | = MODE_PERIOD;
/* 溢出周期 = (Period of timer clock input) * (8 - bit Prescale + 1) * (24 - bit TCMP) */
```

```
        TCSR0 = TCSR0 & 0xFFFFFF00;              // 设置预分频值 [0~255]
        TCMPR0 = 12000 * 50;                     // 设置比较值 [0~16777215]
        /*  使能 TMR1 中断  */
        TCSR0 | = TMR_IE;
        NVIC_ISER | = TMR0_INT;
        /*  复位 TMR0 计数器  */
        TCSR0 | = CRST;
        /*  使能 TMR0  */
        TCSR0 | = CEN;
    )
}
```

```
/* * * * * * * * * * * * * * * * * * * * * * * * * * * * * * * *
* 函数名称:main
* 输      入:无
* 输      出:无
* 功      能:函数主体
* * * * * * * * * * * * * * * * * * * * * * * * * * * * * * * */
INT32 main(VOID)
{
        PROTECT_REG                              //ISP 下载时保护 Flash 存储器
    (
        PWRCON | = XTL12M_EN;                    //默认时钟源为外部晶振
        while((CLKSTATUS & XTL12M_STB) = = 0);   //等待 12MHz 时钟稳定
        CLKSEL0 = (CLKSEL0 & (~HCLK)) | HCLK_12M;//设置外部晶振为系统时钟
        P2_PMD = 0x5555;
         P2_DOUT = 0x00;
    )
    TMR0Init();
    while(1)
    {
        if(i > 7)
        {
            i = 0;
        }
    }
}
/* * * * * * * * * * * * * * * * * * * * * * * * * * * * * * * *
* 函数名称:TMR0_IRQHandler
* 输      入:无
* 输      出:无
* 功      能:定时器 0 中断服务函数
* * * * * * * * * * * * * * * * * * * * * * * * * * * * * * * */
```

```
VOID TMR0_IRQHandler(VOID)
{
    /* 清除 TMR1 中断标志位 */
    TISR0 |= TMR_TIF;
    P2_DOUT = 1UL<<i;
    i++;
}
```

5. 代码分析

定时器 0 的初始化在 main 函数中进行,在 while(1)死循环当中,只有对 i 变量检测,对 Led 灯进行操作主要放置在定时器 0 的中断服务函数 TMR0_IRQHandler,即 P2_DOUT=1<<i 就是对 Led 灯进行操作。

很奇怪,main 函数里面基本对微控制器的操作什么都没有,只有对变量 i 的检测操作,几乎是空载运作,但是为什么流水灯还是能够运行呢? 那么答案只能有一个,TMR0_IRQHandler 中断服务函数能够脱离主函数独立运行。

我们很自然地想到为什么 TMR0_IRQHandler 函数独立于 main 函数还能够运行,联系到在 PC 的 C 语言的编程是根本不可能的事,因为所有的运行都必选在 main 函数体中运行。

> **深入重点**
> ✓ 不要拘泥于 PC 机的 C 编程,要为自己灌输微控制器编程思想,"主程序＋中断服务函数"组合的架构或称为前后台系统。
> ✓ 主函数与中断服务函数不但是互相独立,而且是相互共享的。

9.2　系统定时器

9.2.1　概　述

Cortex-M0 包含一个集成的系统定时器 SysTick。SysTick 提供一种简单,24 位写清零,递减计数,计数至 0 后自动重装载的计数器,有一个灵活的控制机制。计数器可作为实时操作系统的滴答定时器或者一个简单的计数器。

使能后,系统定时器从 SysTick 当前值寄存器(SYST_CVR)的值向下计数到 0,并在下一个时钟边沿,重新加载 SysTick 重装载值寄存器(SYST_RVR)的值到 SysTick 当前值寄存器(SYST_CVR),然后随接下来的时钟递减。当计数器减到 0 时,标志位 COUNTFLAG 置位,读系统定时器的控制与状态寄存器(SYST_CSR)将清零标志位 COUNTFLAG。

复位后,SYST_CVR 的值未知。使能前,软件应该向寄存器写入 0。这样确保定时器在使能后以 SYST_RVR 中的值计数，而非任意值。

　　若 SYST_RVR 是 0，在重新加载后，定时器将保持当前值 0，这种机制可以用来在不使用系统定时器的使能位的情形下禁用系统定时器。

9.2.2　相关寄存器

1. SysTick 控制与状态(SYST_CSR)(见表 9.2.1)

表 9.2.1　SysTick 控制与状态(SYST_CSR)

Bits		描　述
[31:17]	—	—
[16]	COUNTFLAG	从上次该寄存器读取，如果定时器计数到 0，则返回 1。计数由 1 到 0 时，COUNTFLAG 置位。在读该位或向系统定时器当前值寄存器(SYST_CVR)写时，COUNTFLAG 被清零
[15:3]	—	—
[2]	CLKSRC	1＝内核时钟用于 SysTick 0＝时钟源可选，参考 STCLK_S
[1]	TICKINT	1：向下计数到 0 将引起 SysTick 异常而挂起。清 SysTick 当前值寄存器的值将不会导致 SysTick 挂起 0：向下计数到 0 不会引起 SysTick 异常而挂起。软件通过设置 COUNTFLAG 来确定是否已经发生计数到 0
[0]	ENABLE	1：计数器运行于多脉冲方式 0：禁用计数器

2. SysTick 重装载值寄存器(SYST_RVR)(见表 9.2.2)

表 9.2.2　SysTick 重装载值寄存器(SYST_RVR)

Bits		描　述
[31:24]	—	—
[23:0]	RELOAD	当计数器达到 0 时，值加载到当前值寄存器

3. SysTick 重装载值寄存器(SYST_CVR)(见表 9.2.3)

表 9.2.3　SysTick 重装载值寄存器(SYST_CVR)

Bits		描　述
[31:24]	—	—
[23:0]	CURRENT	当前计数值，为采样时刻的计数器的值，计数器不提供读修改写保护功能，该寄存器为写清零软件写入任何值将清寄存器为 0。这些位不支持读为零(read as zero)，参见系统重装载值寄存器(SYST_RVR)

9.2.3 示例代码

流水灯实验函数列表如表 9.2.4 所列。

表 9.2.4 流水灯实验函数列表

序　号	函数名称	说　明
1	Delayus	微秒级延时
2	Delayms	毫秒级延时

程序清单 9.2.1 微秒级延时和毫秒级延时代码

代码位置:\Common\common. c

```c
void Delayus(uint32_t unCnt)
{
        SYST_RVR = unCnt * 12;                      //系统时钟频率 12 MHz
        SYST_CVR = 0;
        SYST_CSR |= 1UL<<0;
        while((SYST_CSR & 1UL<<16) == 0);
}
void Delayms(uint32_t unCnt)
{
        SYST_RVR = unCnt * 12000;                   //系统时钟频率 12 MHz
        SYST_CVR = 0;
        SYST_CSR |= 1UL<<0;
        while((SYST_CSR & 1UL<<16) == 0);
}
```

深入重点

　✓　系统定时器能够精准的延时,并能够灵活设置,比软件延时方便多了。

## 第 10 章

PWM 发生器和捕捉定时器

10.1 概　述

PWM 是脉冲宽度调制的简称。实际上,PWM 波也是连续的方波,但在一个周期中,其高电平和低电平的占空比是不同的,一个典型的 PWM 波如图 10.1.1 所示。T 是 PWM 波的周期;t_1 是高电平的宽度;t_2 是低电平的宽度;因此占空比为 $t_1/(t_1+t_2)=t_1/T$。假设当前高电平值为 5V,$t_1/T=50\%$,那么当该 PWM 波通过一个积分器(低通滤波器)后,可以得到其输出的平均电压为 $5\ \text{V}\times0.5=2.5\ \text{V}$。在实际应用中,常利用 PWM 波的输出实现 D/A 转换,调节电压或电流控制改变电机的转速,实现变频控制等功能。

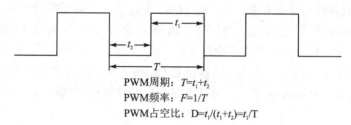

PWM周期: $T=t_1+t_2$

PWM频率: $F=1/T$

PWM占空比: $D=t_1/(t_1+t_2)=t_1/T$

图 10.1.1　PWM 示意图

NuMicro M051 系列有 2 个 PWM 组,支持 4 组 PWM 发生器,可配置成 8 个独立的 PWM 输出,PWM0～PWM7,或者 4 个互补的 PWM 对:(PWM0,PWM1)、(PWM2,PWM3)、(PWM4,PWM5)和(PWM6,PWM7),带 4 个可编程的死区发生器。

每组 PWM 发生器带有 8 位预分频器,一个时钟分频器提供 5 种分频(1,1/2,1/4,1/8,1/16),两个 PWM 定时器包括 2 个时钟选择器,两个 16 位 PWM 向下计数计数器用于 PWM 周期控制,两个 16 位比较器用于 PWM 占空比控制以及一个死区发生器。4 组 PWM 发生器提供 8 个独立的 PWM 中断标志,这些中断标志当相应的 PWM 周期向下计数器达到零时由硬件置位。每个 PWM 中断源和它相应的中断使能位可以引起 CPU 请求 PWM 中断。PWM 发生器可以配置为单触发模式产生仅仅一个 PWM 周期或自动重载模式连续输出 PWM 波形。

当 PCR.DZEN01 置位，PWM0 与 PWM1 执行互补的 PWM 对功能，这一对 PWM 的时序、周期、占空比和死区时间由 PWM0 定时器和死区发生器 0 决定。同样，PWM 互补对（PWM2，PWM3）、（PWM4，PWM5）与（PWM6，PWM7）分别由 PWM2，PWM4 与 PWM6 定时器和死区发生器 2，4，6 控制。为防止 PWM 输出不稳定波形，16 位向下计数计数器和 16 位比较器采用双缓存器。当用户向计数器/比较器缓冲寄存器内写入值，只有当向下计数计数器的值达到 0 时，被更新的值才会被装载到 16 位计数器/比较器。该双缓冲特性避免 PWM 输出波形上产生毛刺。

当 16 位向下计数计数器达到 0 时，中断请求产生。如果 PWM 定时器被配置为自动重装载模式，当向下计数器达到 0 时，会自动重新装载 PWM 计数器寄存器（CNRx）的值，并开始递减计数，如此连续重复。如果定时器设为单触发模式，当向下计数器达到 0 时，向下计数器停止计数，并产生一个中断请求。

PWM 计数器比较器的值用于高电平脉冲宽度调制，当向下计数器的值与比较寄存器的值相同时，计数器控制逻辑改变输出为高电平。

PWM 定时器可复用为数字输入捕捉功能。如果捕捉功能使能，PWM 的输出引脚将被切换至捕捉输入模式。捕捉器 0 和 PWM0 使用同一个定时器，捕捉器 1 和 PWM1 使用另一组定时器，以此类推。因此在使用捕捉功能之前，用户必须预先配置 PMW 定时器。捕捉功能使能后，捕捉器在输入通道的上升沿将 PWM 计数器值锁存至捕捉上升沿锁存寄存器（CRLR），在输入通道的下降沿将 PWM 计数器值锁存至捕捉下降沿锁存寄存器（CFLR）。捕捉通道 0 中断是可编程的，通过设定 CCR0.CRL_IE0[1]（上升沿锁存中断使能）和 CCR0.CFL_IE0[2]]（下降沿锁存中断使能）来决定中断发生的条件。通过设置 CCR0.CRL_IE1[17] 和 CCR0.CRL_IE1[18]，捕捉通道 1 有同样的特性。通过设置相应的控制位，每组的通道 0 到通道 3 有同样的特性。

对于每一组，不管捕捉何时产生中断 0/1/2/3，PWM 计数器 0/1/2/3 都将在该时刻重载。最大的捕捉频率受捕捉中断延时限制。捕捉中断发生时，软件至少要执行 3 个步骤：读 PIIRx 以得到中断源，读 PWM_CRLx/PWM_CFLx（x=0 到 3）以得到捕捉值，写 1 清 PIIRx。如果中断延时要花时间 T0 完成，在这段时间内（T0），捕捉信号一定不能翻转。在这种情况下，最大的捕捉频率将是 1/T0。

例如：HCLK=50 MHz，PWM_CLK=25 MHz，中断延迟时间 900 ns，因此最大的捕捉频率将是 1/900ns≈1000 kHz。

10.2　特　征

10.2.1　PWM 功能特性

PWM 组有两个 PWM 发生器。每个 PWM 发生器支持 1 个 8 位的预分频器,1 个时钟分频器,2 个 PWM 定时器(向下计数),一个死区发生器和两路 PWM 输出。

- 最高 16 位分辨率。
- PWM 中断请求与 PWM 周期同步。
- 单触发模式或自动重载模式。
- 2 个 PWM 组(PWMA/PWMB)支持 8 个 PWM 通道。

10.2.2　PWM 捕捉功能模块特性

- 与 PWM 发生器共享时序控制逻辑。
- 8 路捕捉输入通道与 8 个 PWM 输出通道复用。
- 每个通道支持一个上升沿锁存寄存器(CRLR),一个下降沿锁存寄存器(CFLR)和捕捉中断标志(CAPIFx)。

10.3　功能描述

10.3.1　PWM 定时器操作

PWM 周期和占空比控制由 PWM 向下计数器寄存器(CNR)以及 PWM 比较寄存器(CMR)配置。PWM 定时器工作时序如图 10.3.1 所示。脉宽调制的公式如下,PWM 定时器比较器的说明如图 10.3.2 所示。注意:

相应的 GPIO 引脚必须配置成 PWM 功能(使能 POE 和禁用 CAPENR)。

PWM 频率 $=$ PWMxy_CLK/(prescale$+1$)/(clock divider)/(CNR$+1$);xy 代表 01,23,45 或 67,取决于所选择的 PWM 通道。

- 占空比 $=$(CMR$+1$)/(CNR$+1$)。
- CMR$>=$CNR:PWM 输出为高。
- CMR$<$CNR:PWM 低脉宽 $=$(CNR$-$CMR)unit;PWM 高脉宽 $=$(CMR$+1$) unit。
- CMR$=0$:PWM 低脉宽 $=$(CNR) unit;PWM 高脉宽 $=1$ unit。

注:1. unit$=$一个 PWM 时钟周期。

ARM Cortex-M0 微控制器原理与实践

156

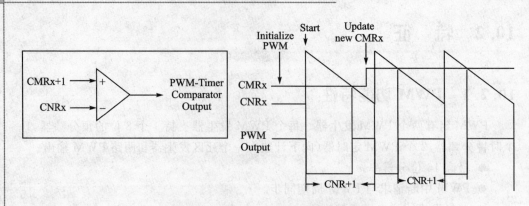

图 10.3.1　PWM 定时器内部比较器输出

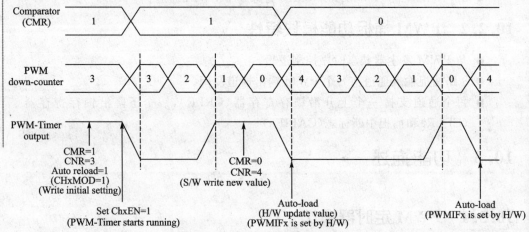

图 10.3.2　PWM 定时器操作时序

10.3.2　PWM 双缓存、自动重载以及单触发模式

NuMicro M051 系列 PWM 定时器具有双缓存功能,如图 10.3.3 所示。重载值将在下一个周期开始时更新,不会影响当前定时器工作。PWM 计数器值可写入 CNRx,当前 PWM 计数器的值可以从 PDRx 读取。

PWM 控制寄存器(PCR)的 CH0MOD 位定义 PWM0 是自动重载模式还是单触发模式。如果 CH0MOD 被设置为 1,当 PWM 计数器达到 0,自动重载操作装载 CNR0 的值到 PWM 计数器。如果 CNR0 被设定为 0,当 PWM 计数器计数到 0,计数器将停止计数。如果 CH0MOD 被设定为 0,当 PWM 计数器计数到 0,计数器立即停止计数。PWM1～PWM7 运行状态与 PWM0 相同。

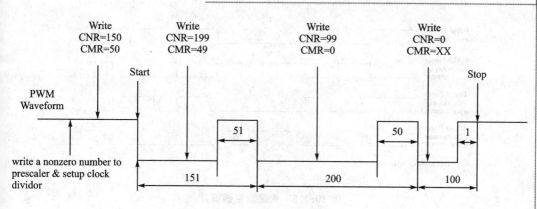

图 10.3.3　PWM 双缓存图解

10.3.3　调至占空比

　　双缓存功能允许 CMRx 在当前周期的任意时刻被写入。写入值将在下个周期内生效，如图 10.3.4 所示。

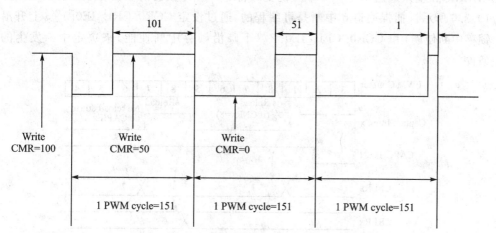

图 10.3.4　PWM 控制器输出占空比

10.3.4　死区发生器

　　NuMicro M051 系列提供 PWM 死区发生器，用于保护功率器件。该功能产生可编程的时隙来延迟 PWM 上升沿输出，用户可通过编程 PPRx.DZI 确定死区间隔，如图 10.3.5 所示。

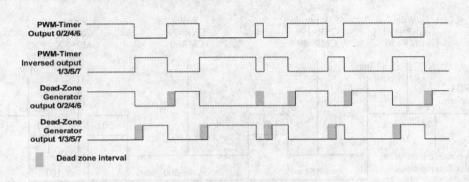

图 10.3.5　死区发生器操作

10.3.5　捕捉操作

捕捉器 0 和 PWM0 共用同一个定时器,捕捉器 1 和 PWM1 共用另一个定时器,以此类推。捕捉器总是在输入通道产生一个上升跳变时将 PWM 计数器的值锁存至 CRLRx,在输入通道产生一个下降跳变时将 PWM 计数器的值锁存至 CFLRx,如图 10.3.6 所示。捕捉通道 0 中断是可编程的,通过设定 CCR0.CRL_IE0[1](上升沿锁存中断使能)和 CCR0.CFL_IE0[2](下降沿锁存中断使能)来决定中断发生的条件。

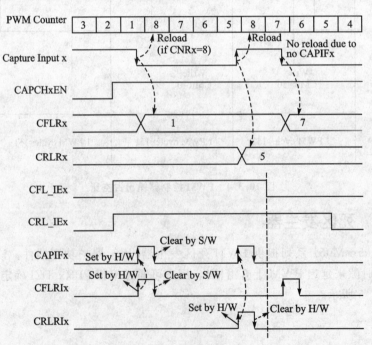

图 10.3.6　捕捉操作时序

通过设置 CCR0. CRL_IE1[17]和 CCR0. CRL_IE1[18]，捕捉通道 1 有同样的特性。无论捕捉模块何时触发一个捕捉中断，相应的 PWM 计数器都将在此刻重载 CNRx 的值。

注：相应的 GPIO 引脚必须配置成捕捉功能（禁用 POE 和使能 CAPENR）。

在上述范例中，CNR 为 8：

① 捕捉中断标志（CAPIFx）置位时，PWM 计数器将重装载 CNRx 的值。

② 通道低脉冲宽度为（CNR+1−CRLR）。

③ 通道高脉冲宽度为（CNR+1−CFLR）。

10.3.6　PWM 定时器中断结构

PWM 0 与捕捉器 0 共用同一个中断。PWM1 与捕捉器 1 共用同一个中断，以此类推。因此，同一通道的 PWM 功能和捕捉功能不能同时使用。图 10.3.7、图 10.3.8 说明了 PWM 定时器中断结构。提供 8 个 PWM 中断，PWM0_INT～PWM7_INT，对于增强型中断控制寄存器（AIC）可分为 PWMA_INT 与 PWMB_INT。

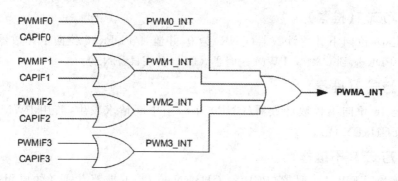

图 10.3.7　PWM A 组 PWM-定时器中断结构图

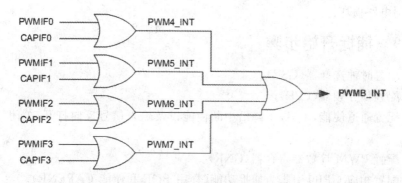

图 10.3.8　PWM B 组 PWM-定时器中断结构图

10.3.7　PWM -定时器开启步骤

推荐使用如下步骤启动 PWM 驱动器：

① 配置时钟选择器（CSR）。

② 配置预分频器（PPR）。

③ 配置反向打开/关闭，死区发生器打开/关闭，自动重载/单触发模式，并停止 PWM 定时器（PCR）。

④ 配置比较器寄存器（CMR）设定 PWM 占空比。

⑤ 配置 PWM 计数器寄存器（CNR）设定 PWM 周期。

⑥ 配置中断使能寄存器（PIER）。

⑦ 配置相应的 GPIO 引脚为 PWM 功能（使能 POE 和禁用 CAPENR）。

⑧ 使能 PWM 定时器开始运行置 PCR 中的 CHxEN 为 1。

10.3.8　PWM -定时器关闭步骤

1. 方式 1（推荐）

设定 16 位向下计数计数器（CNR）为 0，并监视 PDR（16 位向下计数器的当前值）。当 PDR 达到 0，禁用 PWM 定时器（PCR 的 CHxEN 位）。

2. 方式 2（推荐）

设定 16 位向下计数计数器（CNR）为 0，当中断请求发生，禁用 PWM 定时器（PCR 的 CHxEN 位）。

3. 方式 3（不推荐）

直接禁用 PWM 定时器（PCR 的 CHxEN 位）。不推荐方式 3 的原因是：禁用 CHxEN 将立即停止 PWM 输出信号，引起 PWM 输出占空比的改变，这可能导致电动机控制电路损坏。

10.3.9　捕捉开始步骤

① 配置时钟选择器（CSR）。

② 配置预分频器（PPR）。

③ 配置通道使能，上升/下降沿中断使能以及输入信号反向打开/关闭（CCR0，CCR1）。

④ 配置 PWM 计数器寄存器（CNR）。

⑤ 配置相应 GPIO 引脚为捕捉功能（禁用 POE 和使能 CAPENR）。

⑥ 使能 PWM 定时器开始运行（置 PCR 中的 CHxEN 为 1）。

10.4 相关寄存器

1. PWM 预分频寄存器(PPR)(见表 10.4.1)

表 10.4.1 PWM 预分频寄存器(PPR)

Bits		描 述
[31:24]	DZI23	PWM2 与 PWM3 的死区间隔寄存器(PWM2 与 PWM3 对应于 PWMA 组,PWM6 与 PWM7 对应于 PWMB 组) 该 8 位寄存器决定死区长度 每单位死区时间长度由相应的 CSR 位决定
[23:16]	DZI01	PWM0 与 PWM1 的死区间隔寄存器(PWM0 与 PWM1 对应于 PWMA 组,PWM4 与 PWM5 对应于 PWMB 组) 该 8 位寄存器决定死区长度 每单位死区时间长度由相应的 CSR 位决定
[15:8]	CP23	PWM 定时器 2&3 的时钟预分频 2(PWM counter 2&3 对应于 A 组与 PWM counter 6&7 对应于 B 组) 时钟输入相应 PWM 计数器之前,根据(CP23 + 1)分频 如果 CP23=0,预分频器 2 输出时钟停止。PWM 计数器 2 和 3 也停止
[7:0]	CP01	PWM 定时器 0&1 的时钟预分频 0(PWM counter 0&1 对应于 A 组与 PWM counter 4 & 5 对应于 B 组) 如果 CP01=0,预分频器 0 输出时钟停止。PWM 计数器 0 和 1 也停止

2. PWM 时钟选择寄存器(CSR)(见表 10.4.2)

表 10.4.2 PWM 时钟选择寄存器(CSR)

Bits		描 述
[31:15]	—	—
[14:12]	CSR3	定时器 3 时钟源选择(PWM 定时器 3 对应于 A 组 and PWM 定时器 7 对应于 B 组)为 PWM 定时器选择时钟输入 {CSR3 [14:12] 表} 100 → 1 011 → 16 010 → 8 001 → 4 000 → 2

Bits		描　述
[11]	—	—
[10:8]	CSR2	定时器 2 时钟源选择(PWM 定时器 2 对应于 A 组 and PWM 定时器 6 对应于 B 组)为 PWM 定时器选择时钟输入 (表格同 CSR3)
[7]	—	—
[6:4]	CSR1	定时器 1 时钟源选择(PWM 定时器 1 对应于 A 组 and PWM 定时器 5 对应于 B 组)为 PWM 定时器选择时钟输入 (表格同 CSR3)
[3]	—	—
[2:0]	CSR0	定时器 0 时钟源选择(PWM 定时器 0 对应于 A 组 and PWM 定时器 4 对应于 B 组)为 PWM 定时器选择时钟输入 (表格同 CSR3)

3. PWM 控制寄存器(PCR)(见表 10.4.3)

表 10.4.3　PWM 控制寄存器(PCR)

Bits		描　述
[31:28]	—	—
[27]	CH3MOD	PWM—定时器 3 自动重载/单触发模式选择(PWM 定时器 3 对应于 A 组 and PWM 定时器 7 对应于 B 组) 1=自动重载模式 0=单触发模式 注:如果该位由 0 置 1,会使 CNR3 和 CMR3 清位
[26]	CH3INV	PWM 定时器 3 反向打开/关闭(PWM 定时器 3 对应于 A 组 and PWM 定时器 7 对应于 B 组) 1=反向打开 0=反向关闭
[25]	—	—
[24]	CH3EN	PWM 定时器 3 使能/禁用(PWM 定时器 3 对应于 A 组 and PWM 定时器 7 对应于 B 组) 1=使能相应 PWM 定时器开始运行 0=停止相应 PWM 定时器运行
[23:20]	—	—

Bits		描　述
[19]	CH2MOD	PWM－定时器 2 自动重载/单触发模式选择(PWM 定时器 2 对应于 A 组 and PWM 定时器 6 对应于 B 组) 1＝自动重载模式 0＝单触发模式 注:如果该位由 0 置 1,会使 CNR2 和 CMR2 清位
[18]	CH2INV	PWM－定时器 2 反向打开/关闭(PWM 定时器 2 对应于 A 组 and PWM 定时器 6 对应于 B 组) 1＝反向打开 0＝反向关闭
[17]	—	—
[16]	CH2EN	PWM 定时器 2 使能/禁用(PWM 定时器 2 对应于 A 组 and PWM 定时器 6 对应于 B 组) 1＝使能相应 PWM 定时器开始运行 0＝停止相应 PWM 定时器运行
[15:12]	—	—
[11]	CH1MOD	PWM 定时器 1 自动重载/单触发模式选择(PWM 定时器 1 对应于 A 组 and PWM 定时器 5 对应于 B 组) 1＝自动重载模式 0＝单触发模式 注:如果该位由 0 置 1,会使 CNR1 和 CMR1 清位
[10]	CH1INV	PWM－定时器 1 反向打开/关闭(PWM 定时器 1 对应于 A 组 and PWM 定时器 5 对应于 B 组) 1＝反向打开 0＝反向关闭
[9]	—	—
[8]	CH1EN	PWM 定时器 1 使能/禁用(PWM 定时器 1 对应于 A 组 and PWM 定时器 5 对应于 B 组) 1＝使能相应 PWM 定时器开始运行 0＝停止相应 PWM 定时器运行
[7:6]	—	—
[5]	DZEN23	死区发生器 2 使能/禁用(PWM2 and PWM3 pair 对应于 PWMA 组,PWM6 and PWM7 pair 对应于 PWMB 组) 1＝使能 0＝禁用 注:当死区发生器使能,PWM A 组的 PWM2 与 PWM3 将成为互补对,PWM B 组的 PWM6 与 PWM7 将成为互补对

Bits		描　述
[4]	DZEN01	死区发生器 0 使能/禁用(PWM0 and PWM1 pair 对应于 PWMA 组,PWM4 and PWM5 pair 对应于 PWMB 组) 1=使能 0=禁用 注:当死区发生器使能,PWM A 组的 PWM0 与 PWM1 将成为互补对,PWM B 组的 PWM4 与 PWM5 将成为互补对
[3]	CH0MOD	PWM一定时器 0 自动加载/单触发模式选择(PWM 定时器 0 对应于 A 组 and PWM 定时器 4 对应于 B 组) 1=自动重载模式 0=单触发模式 注:如果该位由 0 置 1,会使 CNR0 和 CMR0 清位
[2]	CH0INV	PWM一定时器 0 反向打开/关闭(PWM 定时器 0 对应于 A 组 and PWM 定时器 4 对应于 B 组) 1=反向打开 0=反向关闭
[1]	—	—
[0]	CH0EN	PWM一定时器 0 使能/禁用(PWM 定时器 0 对应于 A 组 and PWM 定时器 4 对应于 B 组) 1=使能相应 PWM 定时器开始运行 0=停止相应 PWM 定时器运行

4. PWM 计数器寄存器 3~0(CNR3~0)(见表 10.4.4)

表 10.4.4　PWM 计数器寄存器 3~0(CNR3~0)

Bits		描　述
[31:16]	—	—
[15:0]	CNRx	PWM 计数器/定时器载入值 CNR 决定 PWM 的周期: ➤PWM 频率 = PWMxy_CLK/(prescale+1) * (clock divider)/(CNR+1); 　xy 代表 01,23,45 或 67,取决于所选择的 PWM 通道。 　占空比 =(CMR+1)/(CNR+1) ➤ CMR >= CNR;PWM 输出为高 ➤CMR < CNR;PWM 低脉宽 = (CNR−CMR) unit[1];PWM 高脉宽 = (CMR+1) unit ➤ CMR = 0;PWM 低脉宽=(CNR) unit;PWM 高脉宽= 1 unit 注:Unit=一个 PWM 时钟周期,CNR 写入数据后将在下一个 PWM 周期生效

5. PWM 比较器寄存器 3~0(CMR3~0)(见表 10.4.5)

表 10.4.5　PWM 比较器寄存器 3~0(CMR3~0)

Bits		描　述
[31:16]	—	—
[15:0]	CMRx	PWM 计数器/定时器载入值 CMR 决定 PWM 的占空比： ➤ PWM 频率=PWMxy_CLK/(prescale+1) * (clockdivider)/(CNR+1)； 　xy 代表 01,23,45 或 67,取决于所选择的 PWM 通道 　占空比 =(CMR+1)/(CNR+1) ➤ CMR >= CNR:PWM 输出为高 ➤ CMR < CNR:PWM 低脉宽 = (CNR-CMR) unit[1]；PWM 高脉宽 = (CMR+1) unit ➤ CMR = 0:PWM 低脉宽 = (CNR) unit；PWM 高脉宽 = 1 unit 注：Unit=一个 PWM 时钟周期,CNR 写入数据后将在下一个 PWM 周期生效

165

6. PWM 数据寄存器 3~0(PDR3~0)(见表 10.4.6)

表 10.4.6　PWM 数据寄存器 3~0(PDR3~0)

Bits		描　述
[31:16]	—	—
[15:0]	PDRx	PWM 数据寄存器 用户查询 PDR 可知 16 位计数器当前值

7. PWM 中断使能寄存器(PIER)(见表 10.4.7)

表 10.4.7　PWM 中断使能寄存器(PIER)

Bits		描　述
[31:4]	—	—
[3]	PWMIE3	PWM 通道 3 中断使能 1=使能 0=禁用
[2]	PWMIE2	PWM 通道 2 中断使能 1=使能 0=禁用

续表 10.4.7

Bits		描　述
[1]	PWMIE1	PWM 通道 1 中断使能 1＝使能 0＝禁用
[0]	PWMIE0	PWM 通道 0 中断使能 1＝使能 0＝禁用

8. PWM 中断标志寄存器(PIIR)(见表 10.4.8)

表 10.4.8　PWM 中断标志寄存器(PIIR)

Bits		描　述
[31:4]	—	—
[3]	PWMIF3	PWM 通道 3 中断状态 当 PWM3 向下计数至 0 时,硬件将该位置 1。软件写 1 清该位
[2]	PWMIF2	PWM 通道 2 中断状态 当 PWM2 向下计数至 0 时,硬件将该位置 1。软件写 1 清该位
[1]	PWMIF1	PWM 通道 1 中断状态 当 PWM1 向下计数至 0 时,硬件将该位置 1。软件写 1 清该位
[0]	PWMIF0	PWM 通道 0 中断状态 当 PWM0 向下计数至 0 时,硬件将该位置 1。软件写 1 清该位

9. 捕捉控制寄存器(CCR0)(见表 10.4.9)

表 10.4.9　捕捉控制寄存器(CCR0)

Bits		描　述
[31:24]	—	—
[23]	CFLRI1	CFLR1 锁定方向标志位 在 PWM 输入通道 1 的下降沿,CFLR1 锁存 PWM 向下计数器,并且该位由硬件置位。写 1 清该位
[22]	CRLRI1	CRLR1 锁定方向标志位 在 PWM 输入通道 1 的上升沿,CFLR1 锁存 PWM 向下计数器,并且该位由硬件置位。写 1 清该位
[21]	—	—

Bits		描　述
[20]	CAPIF1	捕捉器 1 中断标志 如果 PWM 组通道 1 上升沿锁定中断使能(CRL_IE1＝1),PWM 组通道 1 的 向上传输将使 CAPIF1 为高;同样,如果下降沿锁定中断使能(CFL_IE1＝1), 向下传输将使 CAPIF1 为高 该标志由软件写 1 清零
[19]	CAPCH1EN	捕捉器通道 1 传输使能/禁用 1＝使能 PWM 组通道 1 的捕捉功能 0＝禁用 PWM 组通道 1 的捕捉功能 使能时,捕捉锁定 PWM 计数器并保存 CRLR(上升沿锁定)和 CFLR(上升沿 锁定)禁用时,捕捉器不更新 CRLR 和 CFLR,并禁用 PWM 组通道 1 中断
[18]	CFL_IE1	PWM 组通道 1 下降沿锁定中断使能 1＝使能向下锁定中断 0＝禁用向下锁定中断 使能时,如果捕捉器检测到 PWM 组通道 1 有下降沿,捕捉器产生中断
[17]	CRL_IE1	PWM 组通道 1 上升沿锁定中断使能 1＝使能向上锁定中断 0＝禁用向上锁定中断 使能时,如果捕捉器检测到 PWM 组通道 1 有上升沿,捕捉器产生中断
[16]	INV1	通道 1 反向打开/关闭 1＝反向打开。输入到寄存器的信号与通道上的实际信号电平反向 0＝反向关闭
[15:8]	—	—
[7]	CFLRI0	CFLR0 锁定方向标志位 在 PWM 输入通道 0 的下降沿,CFLR0 锁存 PWM 向下计数器,并且该位由硬 件置位 写 1 清该位
[6]	CRLRI0	CRLR0 锁定方向标志位 在 PWM 输入通道 0 的上升沿,CRLR0 锁存 PWM 向下计数器,并且该位由硬 件置位 写 1 清该位
[5]	—	—
[4]	CAPIF0	捕捉器 0 中断标志 如果 PWM 组通道 1 上升沿锁定中断使能(CRL_IE0＝1),PWM 组通道 1 的 上升沿将使 CAPIF0 为高;同样,如果使能下降沿锁定中断(CRL_IE0＝1),下 降沿将使 CAPIF0 为高 该标志由软件写 1 清零

Bits		描　述
[3]	CAPCH0EN	捕捉器通道 0 传输使能/禁用 1=使能 PWM 组通道 0 的捕捉功能 0=禁用 PWM 组通道 0 的捕捉功能 使能时,捕捉锁定 PWM 计数器并保存 CRLR(向上锁定)和 CFLR(向下锁定) 禁用时,捕捉器不更新 CRLR 和 CFLR,并禁用 PWM 组通道 0 中断
[2]	CFL_IE0	通道 0 下降沿锁定中断使能 1=使能下降沿锁定中断 0=禁用下降沿锁定中断 使能时,捕捉器检测到 PWM 组通道 0 有向下传输,捕捉器产生中断
[1]	CRL_IE0	PWM 组通道 0 上升沿锁定中断使能 1=使能上升沿锁定中断 0=禁用上升沿锁定中断 使能时,如果捕捉器检测到 PWM 组通道 0 有向上传输,捕捉器产生中断
[0]	INV0	通道 0 反向打开/关闭 1=反向打开。输入到寄存器的信号与通道上的实际信号点平反向 0=反向关闭

10. 捕捉控制寄存器(CCR2)(见表 10.4.10)

表 10.4.10　捕捉控制寄存器(CCR2)

Bits		描　述
[31:24]	—	—
[23]	CFLRI3	CFLR3 锁定方向标志位 在 PWM 输入通道 3 的下降沿,CFLR1 锁存 PWM 向下计数器,并且该位由硬件置位。写 1 清该位
[22]	CRLRI3	CRLR3 锁定方向标志位 在 PWM 输入通道 3 的上升沿,CFLR3 锁存 PWM 向下计数器,并且该位由硬件置位。写 1 清该位
[21]	—	—
[20]	CAPIF3	捕捉器 3 中断标志 如果 PWM 组通道 3 上升沿锁定中断使能(CRL_IE3=1),PWM 组通道 3 的向上传输将使 CAPIF3 为高;同样,如果下降沿锁定中断使能(CFL_IE3=1),向下传输将使 CAPIF3 为高 该标志由软件写 1 清零

Bits		描　述
[19]	CAPCH3EN	捕捉器通道 3 传输使能/禁用 1＝使能 PWM 组通道 3 的捕捉功能 0＝禁用 PWM 组通道 3 的捕捉功能 使能时,捕捉锁定 PWM 计数器并保存 CRLR(上升沿锁定)和 CFLR(上升沿锁定)禁用时,捕捉器不更新 CRLR 和 CFLR,并禁用 PWM 组通道 3 中断
[18]	CFL_IE3	PWM 组通道 3 下降沿锁定中断使能 1＝使能向下锁定中断 0＝禁用向下锁定中断 使能时,如果捕捉器检测到 PWM 组通道 1 有下降沿,捕捉器产生中断
[17]	CRL_IE3	PWM 组通道 3 上升沿锁定中断使能 1＝使能向上锁定中断 0＝禁用向上锁定中断 使能时,如果捕捉器检测到 PWM 组通道 3 有上升沿,捕捉器产生中断
[16]	INV3	通道 3 反向打开/关闭 1＝反向打开。输入到寄存器的信号与通道上的实际信号电平反向 0＝反向关闭
[15:8]	—	—
[7]	CFLRI2	CFLR2 锁定方向标志位 在 PWM 输入通道 2 的下降沿,CFLR2 锁存 PWM 向下计数器,并且该位由硬件置位 写 1 清该位
[6]	CRLRI2	CRLR2 锁定方向标志位 在 PWM 输入通道 2 的上升沿,CRLR2 锁存 PWM 向下计数器,并且该位由硬件置位 写 1 清该位
[5]	—	—
[4]	CAPIF2	捕捉器 2 中断标志 如果 PWM 组通道 2 上升沿锁定中断使能(CRL_IE2＝1),PWM 组通道 2 的上升沿将使 CAPIF0 为高;同样,如果使能下降沿锁定中断(CRL_IE2＝1),下降沿将使 CAPIF2 为高 该标志由软件写 1 清零
[3]	CAPCH2EN	捕捉器通道 2 传输使能/禁用 1＝使能 PWM 组通道 2 的捕捉功能 0＝禁用 PWM 组通道 2 的捕捉功能 使能时,捕捉锁定 PWM 计数器并保存 CRLR(向上锁定)和 CFLR(向下锁定) 禁用时,捕捉器不更新 CRLR 和 CFLR,并禁用 PWM 组通道 2 中断

Bits		描　述
[2]	CFL_IE2	通道 2 下降沿锁定中断使能 1＝使能下降沿锁定中断 0＝禁用下降沿锁定中断 使能时,捕捉器检测到 PWM 组通道 2 有向下传输,捕捉器产生中断
[1]	CRL_IE2	PWM 组通道 2 上升沿锁定中断使能 1＝使能上升沿锁定中断 0＝禁用上升沿锁定中断 使能时,如果捕捉器检测到 PWM 组通道 0 有向上传输,捕捉器产生中断
[0]	INV2	通道 2 反向打开/关闭 1＝反向打开。输入到寄存器的信号与通道上的实际信号点平反向 0＝反向关闭

11. 捕捉上升沿锁存寄存器 3～0(CRLR3～0)(见表 10.4.11)

表 10.4.11　捕捉上升沿锁存寄存器 3～0(CRLR3～0)

Bits		描　述
[31:16]	—	—
[15:0]	CRLRx	捕捉上升沿锁存寄存器 通道 0/1/2/3 上升沿时,锁存 PWM 计数器

12. 捕捉下降沿锁存寄存器 3～0(CFLR3～0)(见表 10.4.12)

表 10.4.12　捕捉下降沿锁存寄存器 3～0(CFLR3～0)

Bits		描　述
[31:16]	—	—
[15:0]	CFLRx	捕捉下降沿锁存寄存器 通道 0/1/2/3 下降沿时,锁存 PWM 计数器

13. 捕捉输入使能寄存器(CAPENR)(见表 10.4.13)

表 10.4.13　捕捉输入使能寄存器(CAPENR)

Bits		描　述
[31:4]	—	—
[3:0]	CAPENR	捕捉输入使能寄存器 4 组捕捉输入。Bit0～Bit3 用于控制每个输入的打开/关闭 0＝关闭(PWMx 复用脚输入对捕捉器不产生影响) 1＝打开(PWMx 复用脚将影响捕捉器功能)

14. PWM 输出使能寄存器(POE)(见表 10.4.14)

表 10.4.14　PWM 输出使能寄存器(POE)

Bits		描　述
[31:4]	—	—
[3]	PWM3	PWM 通道 3 输出使能寄存器 1＝使能 PWM 通道 3 输出 0＝禁用 PWM 通道 3 输出 注:GPIO 相应引脚必须切换到 PWM 功能
[2]	PWM2	PWM 通道 2 输出使能寄存器 1＝使能 PWM 通道 2 输出 0＝禁用 PWM 通道 2 输出 注:GPIO 相应引脚必须切换到 PWM 功能
[1]	PWM1	PWM 通道 1 输出使能寄存器 1＝使能 PWM 通道 1 输出 0＝禁用 PWM 通道 1 输出 注:GPIO 相应引脚必须切换到 PWM 功能
[0]	PWM0	PWM 通道 0 输出使能寄存器 1＝使能 PWM 通道 0 输出 0＝禁用 PWM 通道 0 输出 注:GPIO 相应引脚必须切换到 PWM 功能

10.5　实　验

【实验 10.5.1】SmartM-M051 开发板:通过 PWM 输出控制 Led 灯的亮度,实现"呼吸灯"功能。

1. 硬件设计

参考 GPIO 实验设计。

2. 软件设计

什么是呼吸灯呢? 顾名思义,灯光在微电脑控制之下完成由亮到暗的逐渐变化,感觉像是在呼吸。广泛被用于数码产品、计算机、音响、汽车等各个领域,起到很好的视觉装饰效果。

所谓 PWM,通俗简单的说就是控制交流矩形波的占空比,同时 Led 灯采用灌电流的设计,因此当占空比越大,亮度越低。

只要适当地对占空比进行控制,Led 灯的亮度就可以得到适当的控制,既可以渐亮,又可以渐暗,如此反复,就可形成简单的"呼吸灯"。

3. 流程图

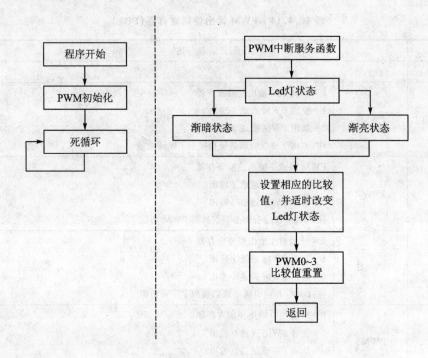

图 10.5.1　PWM 实验流程图

4. 实验代码

PWM 实验函数列表如表 10.5.1 所列。

表 10.5.1　PWM 实验函数列表

序　号	函数名称	说　明
1	PWMInit	PWM 初始化
2	main	函数主体
中断服务函数		
3	PWMA_IRQHandler	中断服务函数－PWMA

程序清单 10.5.1　PWM 实验代码

代码位置:\基础实验－PWM\main.c

```
# include "SmartM_M0.h"
# define EN_EXT_OSC              0
# define COMPLEMENT_MODE         0x00000020
# define DEAD_ZONE_INTERVAL      0xC8FF0000
# define PWM_ENABLE              0x01010101
```

```
# if      EN_EXT_OSC
# define PWM_CLOCK_SOURCE        0x00000000      //使用外部振荡 12MHz
# else
# define PWM_CLOCK_SOURCE        0xF0000000      //使用内部 RC 振荡 22.1184MHz
# endif
# define PWM_PRESCALAE           0x0000C731      //PWM01 预分频 0x31(49),PWM23 预分频
                                                 //0xC7(199)
# define PWM_CLOCK_DIVIDER       0x00004444      //输入时钟分频 1
# define PWM_OUTPUT_INVERT       0x00040000
# define PWM_OUTPUT_ENABLE       0x0000000F      //PWM0、1、2、3 输出使能
# define PWM_CMR_VALUE           0x0
# define PWM_CNR_VALUE           0x1000          //4096
# define LED_DARKING             0
# define LED_BRIGHTING           1
STATIC UINT32 g_unPWMCMRValue = PWM_CNR_VALUE;
STATIC UINT32 g_unLedStat = LED_DARKING;
/ *********************************************
* 函数名称:PWMInit
* 输     入:无
* 输     出:无
* 功     能:PWM 初始化
********************************************** /
VOID PWMInit(VOID)
{
    P2_MFP | = ~(P20_AD8_PWM0 |
                 P21_AD9_PWM1 |
                 P22_AD10_PWM2|
                 P23_AD11_PWM3);
    P2_MFP | = (PWM0 | PWM1 | PWM2 | PWM3);          //使能 P2.0~P2.3 为 PWM 输出
    P2_PMD & = ~Px0_PMD;                             //配置 P2.0~P2.3 为推挽输出
    P2_PMD | = Px0_OUT;
    P2_PMD & = ~Px1_PMD;
    P2_PMD | = Px1_OUT;
    P2_PMD & = ~Px2_PMD;
    P2_PMD | = Px2_OUT;
    P2_PMD & = ~Px3_PMD;
    P2_PMD | = Px3_OUT;
    APBCLK | = PWM01_CLKEN|
               PWM23_CLKEN;                          //使能 PWM0~3 时钟
    CLKSEL1 = PWM_CLOCK_SOURCE;                       //选择 PWM0~3 时钟源
    PPRA = PWM_PRESCALAE | DEAD_ZONE_INTERVAL;        //选择 PWM0~3 时钟预分频和死区间隔
    CSRA = PWM_CLOCK_DIVIDER;                         //选择 PWM0~3 时钟分频
```

```
    PCRA = 0x08080808 | PWM_OUTPUT_INVERT | COMPLEMENT_MODE;   //PWM0～3自动重装载
    CNR0A = CNR1A = CNR2A = CNR3A = PWM_CNR_VALUE;            //PWM0～3计数值
    CMR0A = CMR1A = CMR2A = CMR3A = PWM_CMR_VALUE;            //PWM0～3比较值
    PIERA   | = PWMIE3 |                                      //使能 PWM0～3中断
              PWMIE2 |
              PWMIE1 |
              PWMIE0 ;
    NVIC_ISER | = PWMA_INT;                                   //使能 PWM0～3中断
    POEA = PWM_OUTPUT_ENABLE;                                 //PWM 输出使能
    PCRA | = PWM_ENABLE;                                      //PWM 使能,启动
}
/ *********************************************
* 函数名称:main
* 输    入:无
* 输    出:无
* 功      能:函数主体
*********************************************/
INT32 main(VOID)
{
    PROTECT_REG                                              //ISP 下载时保护 FLASH 存储器
    (
        PWRCON | = XTL12M_EN;                                //默认时钟源为外部晶振
        while((CLKSTATUS & XTL12M_STB) == 0);                //等待 12 MHz 时钟稳定
        CLKSEL0 = (CLKSEL0 & (～HCLK)) | HCLK_12M;            //设置外部晶振为系统时钟
        PWMInit();                                           //PWM 初始化
    )
    while(1);
}
/ *********************************************
* 函数名称:PWMA_IRQHandler
* 输    入:无
* 输    出:无
* 功      能:中断服务函数 - PWMA
*********************************************/
VOID PWMA_IRQHandler(VOID)
{
    switch(g_unLedStat)                                      //检查 LED 状态
    {
        case  LED_DARKING:                                   //LED 状态渐暗
        {
            if(g_unPWMCMRValue < PWM_CNR_VALUE)
            {
```

```
            g_unPWMCMRValue + = 50;
        }
        else
        {
            g_unLedStat = LED_BRIGHTING;
            g_unPWMCMRValue = PWM_CNR_VALUE;
        }
    }break;

    case  LED_BRIGHTING:                        //LED 状态渐亮
    {
        if(g_unPWMCMRValue> = 50)
        {
            g_unPWMCMRValue - = 50;
        }
        else
        {
            g_unLedStat = LED_DARKING;

            g_unPWMCMRValue = PWM_CMR_VALUE;
        }
    }break;

    default:break;

    }
    CMR0A = CMR1A = CMR2A = CMR3A = g_unPWMCMRValue;   //设置 PWM0~3 比较值
    PIIRA = PIIRA;
}
```

5. 代码分析

实现 Led 灯的渐亮和渐暗的代码集中在 PWMA_IRQHandler 中断服务函数中。为了使产生渐暗、渐亮的效果更加明显,PWM 比较值的自加和自减必须设置适当的阀值,否则 Led 灯的渐暗与渐亮过程会不明显,当前自加减阈值设置为 50。

深入重点

✓　PWM 是脉冲宽度调制的简称。实际上,PWM 波也是连续的方波,但在一个周期中,其高电平和低电平的占空比是不同的。

✓　什么是呼吸灯呢? 顾名思义,灯光在微电脑控制之下完成由亮到暗的逐渐变化,感觉像是在呼吸。广泛被用于数码产品、计算机、音响、汽车等各个领域,起到很好的视觉装饰效果。

第11章

串口控制器

RS-232 是目前最常用的一种串行通信接口。它是在 1970 年由美国电子工业协会(EIA)联合贝尔系统、调制解调器厂家及计算机终端生产厂家共同制定的用于串行通信的标准。它的全名是"数据终端设备(DTE)"和"数据通信设备(DCE)之间串行二进制数据交换接口技术标准"。传统的 RS-232 接口标准有 22 根线,采用标准25 芯 D 型插头座。后来的 PC 上使用简化了的 9 芯 D 型插座,25 芯插头座已很少采用。现在的台式计算机一般有一个串行口:COM1,从设备管理器的端口列表中就可以看到。硬件表现为计算机后面的 9 针 D 型接口,由于其形状和引脚数量的原因,其接头又称为 DB9 接头。现在有很多手机数据线或者物流接收器都采用 COM 口与计算机相连,很多投影机、液晶电视等设备都具有了此接口,厂家也常常会提供控制协议,便于在控制方面实现编程受控,现在越来越多的智能会议室和家居建设都采用了中央控制设备对多种受控设备的串口控制方式。

目前较为常用的串口有 9 针串口(DB9)和 25 针串口(DB25),通信距离较近时(<12m),可以用电缆线直接连接标准 RS-232 端口(RS-422,RS-485 较远),若距离较远,需附加调制解调器(MODEM)。最为简单且常用的是三线制接法,即地、接收数据和发送数据(2、3、5)引脚相连,如图11.1.1 所示。

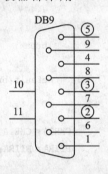

图 11.1.1 串口原理图

1. 常用信号脚说明(见表 11.1.1)

表 11.1.1 常用信号引脚

针口	功能性说明	缩 写
1	数据载波检测	DCD
2	接收数据	RXD
3	发送数据	TXD
4	数据终端准备	DTR
5	信号地	GND

续表 11.1.1

针口	功能性说明	缩　写
6	数据设备准备好	DSR
7	请求发送	RTS
8	清除发送	CTS
9	振铃指示	DELL

2. 串口调试要点

● 线路焊接要牢固,不然程序没问题,却因为接线问题误事,特别是串口线有交叉串口线、直连串口线这两种类型。

● 串口调试时,准备一个好用的调试工具,如串口调试助手,有事半功倍的效果。

● 强烈建议不要带电插拔串口,插拔时至少有一端是断电的,否则串口易损坏。

11.1　概　述

　　通用异步收/发器(UART)对从外设收到的数据执行串到并的转换,对从 CPU 发送的数据执行并到串的转换。该串口同时支持 IrDA SIR 功能和 RS-485 模式。每个 UART 通道有 5 种类型的中断,它们是发送 FIFO 空中断(Int_THRE),接收阀值到达中断(Int_RDA),线状态中断(奇偶校验错误或者帧错误或者打断中断)(Int_RLS),接收缓冲器溢出中断(Int_Tout),调制解调器/唤醒状态中断(Int_Modem)。中断号 12(中断向量为 28)支持 UART0 的中断,中断号 13(中断向量 29)支持 UART1 的中断,参考嵌套向量中断控制器。

　　UART0~1 内嵌一个 15 字节发送 FIFO (TX_FIFO)和一个 15 字节接收 FIFO (RX_FIFO)。CPU 可以随时读 UART 的状态。返回的状态信息包括正在被 UART 执行的传输操作的类型和条件,在接收数据时还可能发生 3 个错误(奇偶校验错误、帧错误、打断中断)状况。UART 包括一个可编程的波特率发生器,它可以将输入时钟分频来得到收发器需要的时钟。波特率公式是 Baud Rate = UART_CLK/M * [BRD + 2]。其中 M 和 BRD 在波特率分频寄存器 UA_BAUD 中配置。表 11.1.2 和表 11.1.3 分别列出了不同条件下波特率方程和 UART 波特率设置表。

表 11.1.2 串口波特率方程

Mode	DIV_X_EN	DIV_X_ONE	Divider X	BRD	波特率公式
0	0	0	B	A	UART_CLK / [16 * (A+2)]
1	1	0	B	A	UART_CLK / [(B+1) * (A+2)] 注 1：B 不小于 8
2	1	1	—	A	UART_CLK / (A+2) 注 1：A 不小于 3

表 11.1.3 串口波特率波特率设置表(系统时钟＝22.1184MHz)

波特率	模式 0	模式 1	模式 2
921600	x	A=0,B=11	A=22
460800	A=1	A=1,B=15 A=2,B=11	A=46
230400	A=4	A=4,B=15 A=6,B=11	A=94
115200	A=10	A=10,B=15 A=14,B=11	A=190
57600	A=22	A=22,B=15 A=30,B=11	A=382
38400	A=34	A=62,B=8 A=46,B=11 A=34,B=15	A=574
19200	A=70	A=126,B=8 A=94,B=11 A=70,B=15	A=1150
9600	A=142	A=254,B=8 A=190,B=11 A=142,B=15	A=2302
4800	A=286	A=510,B=8 A=382,B=11 A=286,B=15	A=4606

UART0 与 UART1 控制器支持自动流控制功能，它使用 2 种低电平信号，/CTS (clear-to-send,允许发送)和 /RTS (request-to-send,请求发送),来控制 UART 和外部驱动器(ex：Modem)之间的数据流传递当自动流控功能使能时,UART 被禁

止接收数据直到 UART 向外发出/RTS 信号。当 Rx FIFO 中字节数量和 RTS_TRI_LEV (UA_FCR [19:16])的值相等时,/RTS 信号不再发出。当 UART 控制器从外部驱动器侦测到/CTS,UART 向外发送数据。如果/CTS 未被侦测,UART 将不向外发送数据。

UART 控制器提供串行 IrDA (SIR,串行红外)功能(用户需置位 IrDA_EN (UA_FUN_SEL[1:0])使能 IrDA 功能)。SIR 规范定义短程红外异步串行传输模式为 1 开始位,8 数据位,和 1 停止位。最大数据速率为 115.2 Kbps (半双工)。Ir-DA SIR 模块包括一个 IrDA SIR 协议编码/解码器。IrDA SIR 只是半双工协议,因此不能同时发送和接收数据。IrDA SIR 物理层规定在发送和接收之间至少要有 10ms 传输延时。该特性必须由软件执行。

UART 控制的另一功能是支持 RS-485 的 9 位模式,由 RTS 控制方向或通过软件编程 GPIO (P0.3 对应于 RTS0 and P0.1 对应于 RTS1)执行该功能。RS-485 模式通过设置 UA_FUN_SEL 寄存器选定。使用来自异步串口的 RTS 控制信号来使能 RS-485 驱动器,执行 RS-485 驱动器控制。在 RS-485 模式下,RX 与 TX 的许多特性与 UART 相同。

11.2　特　性

- 全双工,异步通信。
- 独立的接收/发送 15 字节 (UART0/UART1) FIFO 数据装载区。
- 支持硬件自动流控制/流控制功能(CTS,RTS)和可编程的 RTS 流控制触发电平(UART0 与 UART1 支持)。
- 可编程的接收缓冲触发电平。
- 每个通道都支持独立的可编程的波特率发生器。
- 支持 CTS 唤醒功能(UART0 与 UART1 支持)。
- 支持 7 位接收缓冲计时溢出检测功能。
- 通过设置 UA_TOR [DLY]可以编程在上一个停止与下一个开始位之间数据发送的延迟时间。
- 支持打断错误,帧错误,奇偶校验错误检测功能。
- 完全可编程的串行接口特性。
- 可编程的数据位,5,6,7,8 位。
- 可编程的奇偶校验位,偶校验、奇校验、无校验位或 stick 校验位发生和检测。
- 可编程停止位,1,1.5,或 2 停止位产生。
- 支持 IrDA SIR 功能。
- 普通模式下支持 3/16 位持续时间。
- 支持 RS-485 模式。

- 支持 RS-485 9 位模式。
- 支持由 RTS 提供的硬件或软件直接使能控制。

11.3　相关寄存器

1. 接收缓冲寄存器(UA_RBR)(见表 11.3.1)

表 11.3.1　接收缓冲寄存器(UA_RBR)

Bits		描　述
[31:8]	—	—
[7:0]	RBR	接收缓冲寄存器(只读)通过读此寄存器,UART 将返回一组从 Rx 引脚接收到的 8 位数据(LSB 优先)

2. 发送保持寄存器(UA_THR)(见表 11.3.2)

表 11.3.2　发送保持寄存器(UA_THR)

Bits		描　述
[31:8]	—	—
[7:0]	THR	发送保持寄存器通过写该寄存器,UART 将通过 Tx 引脚(LSB 优先)发送 8 位数据

3. 中断使能寄存器(UA_IER)(见表 11.3.3)

表 11.3.3　中断使能寄存器(UA_IER)

Bits		描　述
[31:14]	—	—
[13]	AUTO_CTS_EN	CTS 自动流控制使能 1＝使能 CTS 自动流控制 0＝禁用 CTS 自动流控制 当 CTS 自动流控制使能,当 CTS 输入有效时 UART 将向外部驱动器发送数据(UART 将不发送数据只到 CTS 被证实)
[12]	AUTO_RTS_EN	RTS 自动流控制使能 　　1＝使能 RTS 自动流控制 　　0＝禁用 RTS 自动流控制 　　当 RTS 自动流使,Rx FIFO 中接收的字节数和 UA_FCR[RTS_Tri_Lev] 相等,UART 将将使 RTS 信号失效

Bits		描　述
[11]	TIME_OUT_EN	计时溢出计数器使能 1＝使能计时溢出计数器 0＝禁用计时溢出计数器
[10:7]	—	—
[6]	WAKE_EN	唤醒 CPU 功能使能 0＝禁用 UART 唤醒 CPU 功能 1＝使能唤醒功能,当系统在深度睡眠模式下,外部/CTS 的改变将 CPU 从深度睡眠模式下唤醒
[5]	—	—
[4]	RTO_IEN	Rx 计时溢出中断使能 0＝禁用 INT_tout 中断 1＝使能 INT_tout 中断
[3]	MODEM_IEN	调制解调器中断状态使能 0＝禁用 off INT_MOS 中断 1＝使能 INT_MOS 中断
[2]	RLS_IEN	接收线上中断状态使能 0＝禁用 off INT_RLS 中断 1＝使能 INT_RLS 中断
[1]	THRE_IEN	发送保持寄存器空中断使能 0＝禁用 INT_THRE 中断 1＝使能 INT_THRE 中断
[0]	RDA_IEN	可接收数据中断使能 0＝禁用 INT_RDA 中断 1＝使能 INT_RDA 中断

4. FIFO 控制寄存器(UA_FCR)(见表 11.3.4)

表 11.3.4　FIFO 控制寄存器(UA_FCR)

Bits		描　述
[31:20]	—	—

Bits		描　述
[19:16]	RTS_TRI_LEV	RTS 触发自动流程控制使用 **表：** RTS_TRI_LEV / Trigger Level (Bytes) 注:该寄存器用于自动 RTS 流控制
[15:9]	—	—
[8]	RX_DIS	接收器禁用寄存器 接收器禁用或使能(置 1 禁用接收器) 1:禁用接收器 0:使能接收器 注:该位用于 RS-485 普通模式. 必须在设置 UA_ALT_CSR [RS-485_NMM]之前被设置好
[7:4]	RFITL	RX FIFO 中断 (INT_RDA)触发级别 FIFO 接收字节数与 RFITL 匹配时,RDA_IF 将被置位(如果 UA_IER[RDA_IEN]使能,将产生中断) **表：**
[3]	—	—
[2]	TFR	TX 软件复位 当 Tx_RST 置位,发送 FIFO 中的所有字节和 Tx 内部状态将被清零 0=该位写 0 将无效 1=该位置位将复位 Tx 内部机器和指令状态 注:该位自动清零需要至少 3 个 UART 时钟周期

RTS_TRI_LEV 表：

RTS_TRI_LEV	Trigger Level (Bytes)
0000	01
0001	04
0010	08
0011	14

RFITL 表：

RFITL	INTR_RDA Trigger Level (Bytes)
0000	01
0001	04
0010	08
其他	14

Bits		描　述
[1]	RFR	Rx 软件复位 当 Rx_RST 置位,接收 FIFO 中所有字节和 Rx 内部状态机都将被清零 0＝该位写 0 将无效 1＝该位置位将复位 Rx 内部状态机和指令状态 注:该位自动清零需要至少 3 个 UART 时钟周期
[0]	—	—

5．线控制寄存器(UA_LCR)(见表 11.3.5)

表 11.3.5　线控制寄存器(UA_LCR)

Bits		描　述
[31:7]	—	—
[6]	BCB	钳制控制位 该位置位,串行数据输出（Tx）将被迫间隔发送数据（逻辑 0）。该位仅作用于 Tx 对传输逻辑不起作用
[5]	SPE	Stick 校验使能 0＝禁用 stick 奇偶使能 1＝当 PBE,EPE 和 SPE 置位,校验位传输,检测被清除。当 PBE 和 SPE 置位并且 EPE 清除,校验位传输,检测有效
[4]	EPE	偶校验使能 0:数据位和校验位中共有奇数个逻辑 1 被传输和检测 1:数据位和校验位中共有偶数个逻辑 1 被传输和检测 该位仅当第 3 位(校验位使能)置位有效
[3]	PBE	校验使能位 0＝当传输时校验位没有产生(只发送了数据)产生或检测（只接收了数据) 1＝串行数据的最后一位和停止位之间的,就是生成的校验位,校验时检测此位
[2]	NSB	"STOP bit"数目 0＝传递数据时 1 个停止位产生 1＝传递数据时 1.5 个停止位产生(5 位数据传输长度被选择); 2 个停止位产生 6、7、8 位数据传输长度被选择

Bits		描　述
[1:0]	WLS	字长度选择

WLS[1:0]	字长度
00	5 bit
01	6 bit
10	7 bit
11	8 bit

6. MODEM 控制寄存器(UA_MCR)(见表 11.3.6)

见表 11.3.6　MODEM 控制寄存器(UA_MCR)

Bits		描　述
[31:14]	—	—
[13]	RTS_ST	RTS Pin 状态(只读) 该位表示 RTS 引脚状态
[12:10]	—	—
[9]	LEV_RTS	RTS 触发电平 该位改变 RTS 触发电平 0＝低电平触发 1＝高电平触发

Input1	Input0	Output
LEV_RTS (MCR. BIT9)	RTS (MCR. BIT1)	RTS_ST (MCR. BIT13，RTS Pin)
0	0	1
0	1	0
1	0	0
1	1	1

Bits		描　述
[8:2]	—	—
[1]	RTS	RTS (Request-To-Send)信号 0:使 RTS 引脚为 1(如果 Lev_RTS 设定低电平触发) 1:使 RTS 引脚为 0(如果 Lev_RTS 设定低电平触发) 0:使 RTS 引脚为 0(如果 Lev_RTS 设定高电平触发) 1:使 RTS 引脚为 1(如果 Lev_RTS 设定高电平触发)
[0]	—	—

7. Modem 状态寄存器（UA_MSR）（见表 11.3.7）

表 11.3.7　Modem 状态寄存器（UA_MSR）

Bits		描　述
[31:9]	—	—
[8]	LEV_CTS	CTS 触发电平 该位可改变 CTS 触发电平控制 TX_FIFO 发送数据 0＝低电平触发 1＝高电平触发
[7:5]	—	—
[4]	CTS_ST	CTS 引脚状况（只读） 该位表示 CTS 引脚状态
[3:1]	—	—
[0]	DCTSF	检测侦测 CTS 状态改变标志位（只读） 只要 CTS 输入状态改变该位置位并且在 UA_IER[MODEM_IEN]置位时还 会向 CPU 产生调制解调器中断 注:该位只读,可写'1'清除

8. FIFO 状态寄存器（UA_FSR）（见表 11.3.8）

表 11.3.8　FIFO 状态寄存器（UA_FSR）

Bits		描　述
[31:29]	—	—
[28]	TE_FLAG	发送器空闲标志位（只读） 当 Tx FIFO(UA_THR)为空或最后一个字节的停止位被传送到之后,该位 由硬件自动置位 当 Tx FIFO(UA_THR)不为空或最后一个字节未传输完时,该位由硬件保 持为 0 注:该位只读
[27:24]	—	—
[23]	TX_OVER	发送 FIFO 溢出（只读） 该位表示 TX FIFO 是否溢出,如果发送数据的字节数大于 TX_FIFO（UA_ RBR）的大小,UART0/UART1 为 15 字节,该位将置位,否则由硬件清零
[22]	TX_EMPTY	发送 FIFO 为空（只读） 该位表示 Tx FIFO 是否为空,当 Tx FIFO 的最后一个字节传输到发送移位 寄存器时,硬件置位该位.当写数据到 THR（Tx FIFO 非空）清除

Bits		描　述
[21:16]	TX_POINTER	TX FIFO 指针(只读) 该位表示 Tx FIFO 缓冲指示器,当 CPU 写 1 字节到 UA_THR,Tx_Pointer 增 1。当 Tx FIFO 传输 1 字节到发送移位寄存器,Tx_Pointer 减 1
[15]	RX_OVER	接收器 FIFO 溢出(只读) 该位表示 RX FIFO 是否溢出如果接收数据的字节数大于 RX_FIFO(UA_RBR)的大小,UART0/UART1 为 15 个字节,该位置位,否则由硬件清零
[14]	RX_EMPTY	接收 FIFO 为空(只读) 该位表示 Rx FIFO 是否为空,当 Rx FIFO 最后字节从 CPU 中读取,硬件置位该位。当 UART 接收到新数据该位清除
[13:8]	RX_POINTER	Rx FIFO 指针(只读) 该位表示 Rx FIFO 缓冲指示器 当 UART 从外部设备接收到 1 字节数据,Rx_Pointer 增 1 当 Rx FIFO 通过 CPU 读 1 字节数据,Rx_Pointer 减 1
[7]	—	—
[6]	BIF	钳制中断标志位(只读) 当接收数据的输入时,保持在空状态(逻辑 0)状态的时间大于输入全字传输(即即起始位 +数据位 +校验位 +停止位的所有时间)的时间,该位置 1。无论 CPU 何时向该位写 1 都会使此位重置 注:该位只读,但可以写 1 清零
[5]	FEF	帧错误标志位(只读) 当接收的字符串没有正确的停止位(即检测到跟在最后一个数据位或校验位后面的停止位为逻辑 0)时,该位置位。该位在 CPU 向其写 1 时清零 注:该位只读,但可以写 1 清零
[4]	PEF	奇偶校验错误标志位(只读) 当接收到的字符串的校验位无效时,该位将置位,CPU 写 1 到该位复位 注:该位只读,但可以写 1 清零
[3]	RS-485_ADD_DETF	RS-485 地址字节检测标志(只读) RS-485 模式,只要接收器检测到地址字节接收到了地址字节字符(第 9 位为 1),该位与 UA_ALT_CSR 均将置位。只要 CPU 写 1 到该位就复位 注:该位用于 RS-485 模式,该位只读,但可写 1 清零
[2:0]	—	—

9. 中断状态控制寄存器(UA_ISR)(见表 11.3.9)

表 11.3.9　中断状态控制寄存器(UA_ISR)

Bits		描　述
[31:13]	—	—
[12]	TOUT_INT	计时溢出状态指示中断控制器(只读) 将 RTO_IEN 和 Tout_IF 进行"与"(AND),然后在该位输出
[11]	MODEM_INT	调制解调器状态指示中断控制器(只读) 将 Modem_IEN 和 Modem_IF 进行"与"(AND),然后在该位输出
[10]	RLS_INT	接收 Line 中断状态指示中断控制器(只读) 将 RLS_IEN 和 RLS_IF 进行"与"(AND),然后在该位输出
[9]	THRE_INT	发送保持寄存器为空中断指示中断控制器（只读） THRE_IEN 和 THRE_IF 进行"与"(AND),然后在该位输出
[8]	RDA_INT	接收数据中断指示中断控制器（只读） RDA_IEN 和 RDA_IF 输入进行"与"(AND),然后在该位输出
[7:5]	—	—
[4]	TOUT_IF	计时溢出中断标志（只读） 当 Rx FIFO 非空且无动作,同时时间溢出计数器和 TOIC 相等该位置位。若 UA_IER [TOUT_IEN]使能,计时溢出中断产生 注:该位只读,用户可读 UA_RBR (Rx is in active)清空
[3]	MODEM_IF	调制解调器中断标志（只读） 当 CTS 引脚状态(DCTSF=1)改变该位置位。若 UA_IER [MODEM_IEN] 使能,调制解调器中断产生
[2]	RLS_IF	接收线状态标志位（只读） 当 Rx 接收数据有奇偶校验错误、桢错误、打断错误时 ,该位置位,framing error 或 break error（至少 3 位,BIF,FEF 和 PEF,置位）。若 UA_IER [RLS_IEN]使能,RLS 中断产生 注:在 RS-485 模式,该位包括"接收器检测任何地址字节接收到的地址字节符号（第 9 位为 1）。写 1 清该位 0
[1]	THRE_IF	发送保持寄存器空中断标志（只读） 当 TX FIFO 的最后一个数据发送到发送器移位寄存器,该位置位。如果 UA_IER[THRE_IEN]使能,THRE 中断产生 注:该位只读,写数据到 THR 清零该位（TX FIFO not empty）
[0]	RDA_IF	接收数据中断标志(只读) 当 RX FIFO 中的字节数等于 RFITL,RDA_IF 置位。如果使能 UA_IER [RDA_IEN],RDA 中断产生 注:该位只读,当 RX FIFO 的的未读取字节数少于阈值(RFITL)时该位清零

ARM Cortex-M0 微控制器原理与实践

188

10. Time out 寄存器 (UA_TOR)(见表 11.3.10)

表 11.3.10　Time out 寄存器 (UA_TOR)

Bits		描　述
[31:16]	—	—
[15:8]	DLY	TX 延迟时间值 该位用于编程上一停止位与下一开始位之间的延迟时间
[7]	—	—
[6:0]	TOIC	定时溢出中断比较器 当 RX FIFO 接收到新数据后定时计数器复位和开始计数(定时器时钟频率＝波特率)。一旦定时溢出计数器 (TOUT_CNT) 和定时溢出中断比较器 (TOIC)相等,且 UA_IER [RTO_IEN]使能,接收器定时溢出中断产生 (INTR_TOUT)。一个新的输入数据字或 RX FIFO 为空将清 INT_TOUT

11. 波特率分频寄存器(UA_BAUD)(见表 11.3.11)

表 11.3.11　波特率分频寄存器 (UA_BAUD)

Bits		描　述
[31:30]	—	—
[29]	DIV_X_EN	分频 X 使能器 BRD＝波特率分频值,波特率方程如下: 波特率＝Clock / [M ∗ (BRD + 2)];默认 M 为 16 0＝禁用分频器 X (M = 16) 1＝使能分频器 X (M = X+1,但 DIVIDER_X [27:24]>= 8) 注:在 IrDA 模式下该位禁用
[28]	DIV_X_ONE	分频系数 X 等于 1 0＝分频系数 M = X (M = X+1,但 DIVIDER_X[27:24]必须大于或等于8) 1＝分频系数 M = 1 (M = 1,但 BRD [15:0]必须大于或等于 3)
[27:24]	DIVIDER_X	分频 X 波特率分频: M = X+1
[23:16]	—	—
[15:0]	BRD	波特率分频器 这些位表示波特率分频器

模式	DIV_X_EN	DIV_X_ONE	DIVIDER X	BRD	波特率公式
0	Disable	0	B	A	UART_CLK / [16 * (A+2)]
1	Enable	0	B	A	UART_CLK / [(B+1) * (A+2)] ,B>= 8
2	Enable	1	Don't care	A	UART_CLK / (A+2), A>=3

12. IrDA 控制器寄存器 (IRCR)(见表 11.3.12)

表 11.3.12 IrDA 控制器寄存器 (IRCR)

Bits		描 述
[31:7]	—	—
[6]	INV_RX	1= Rx 输入信号反转 0=无反转
[5]	INV_TX	1= Tx 输出信号反转 0=无反转
[4:2]	—	分频 X 波特率分频：M = X+1
[1]	TX_SELECT	1:使能 IrDA 发送器 0:使能 IrDA 接收器
[0]	—	—

13. UART 控制/状态寄存器 (UA_ALT_CSR)(见表 11.3.13)

表 11.3.13 UART 控制/状态寄存器 (UA_ALT_CSR)

Bits		描 述
[31:24]	ADDR_MATCH	地址匹配值寄存器 该位包含 RS-485 地址匹配值 注:该位用于 RS-485 自动地址识别模式
[23:16]	—	—
[15]	RS-485_ADD_EN	RS-485 地址识别使能 该位用于使能 RS-485 地址识别模式 1:使能地址识别模式 0:禁用地址识别模式 注:该位用于 RS-485 的所有模式

续表 11.3.13

Bits		描　述
[14:11]	—	—
[10]	RS-485_AUD	RS-485 自动方向模式（AUD） 1：使能 RS-485 自动方向操作模式（AUD） 0：禁用 RS-485 自动方向操作模式（AUD） 注：RS-485_AAD 或 RS-485_NMM 操作模式下有效
[9]	RS-485_AAD	RS-485 自动地址识别操作模式（AAD） 1：使能 RS-485 自动地址识别操作（AAD） 0：禁用 RS-485 自动地址识别操作模式（AAD） 注：RS-485_NMM 操作模式下无效
[8]	RS-485_NMM	RS-485 普通操作模式（NMM） 1：使能 RS-485 普通操作模式（NMM） 0：禁用 RS-485 普通操作模式（NMM） 注：RS-485_AAD 操作模式下无效
[7:0]		

14. UART 功能选择寄存器（UA_FUN_SEL）（见表 11.3.14）

表 11.3.14　UART 功能选择寄存器（UA_FUN_SEL）

Bits		描　述
[31:2]	—	—
[1:0]	FUN_SEL	功能选择使能 00 = UART 01 = — 10 = IrDA 11 = RS-485

11.4　串口发送实验

在介绍串口实验中，将会从串口应用的两大方面着手，即从数据发送和数据接收。前提要准备好串口调试助手工具，读者可以使用单片机多功能调试助手的 COM 调试功能。

【实验 11.4.1】Smart-M051 开发板：微控制器通过串口发送数据，每隔 500 ms 发送 1 字节，并要求循环发送 0x00～0xFF 范围内的数值，如图 11.4.1 所示。

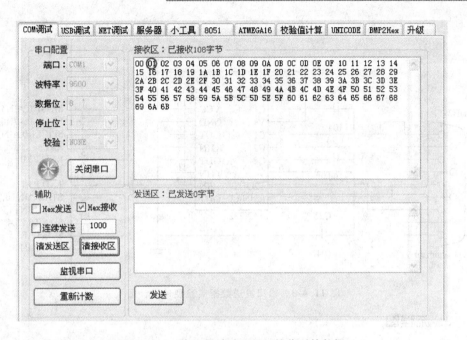

图 11.4.1　串口调试助手显示接收到的数据

实验示意图，如图 11.4.2 所示。

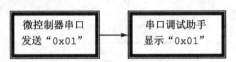

图 11.4.2　实验示意图

1. 硬件设计

　　一般微控制器的串口通信都需要通过 MAX232 进行电平转换然后进行数据通信的，当然 M051 微控制器也不例外。图中的连接方式是常用的的一种零 Modem 方式的最简单连接即 3 线连接方式：只使用 RXD、TXD 和 GND 这三根连线，如图11.4.3 所示。

　　由于 RS232 的逻辑"0"电平规定为＋5～＋15V，逻辑"1"电平规定为－15～－5V，因此不能直接连接与 TTL/CMOS 电路连接，必须进行电平转换。

　　电平转换可以使用三极管等分离器件实现，也可以采用专用的电平转换芯片，MAX232 就是其中典型的一种。MAX232 不仅能够实现电平的转换，同时也实现了逻辑的相互转换即正逻辑转为负逻辑。

2. 软件设计

　　该实验实现过程比较简单，只要初始化好串口相关寄存器，就可以向串口发送数据了，发送数据从"0x00～0xFF"，我们只需要使用 for 循环＋串口发送数据函数组合。

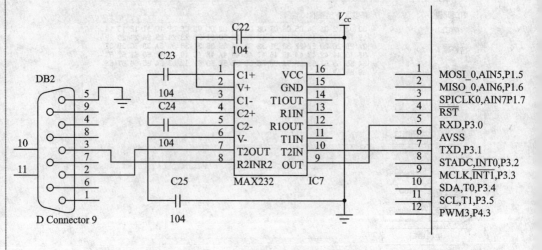

图 11.4.3 串口发送数据实验硬件设计图

3. 流程图

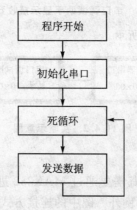

图 11.4.4 串口发送数据实验流程图

4. 实验代码

串口发送数据实验函数列表如表 11.4.1 所列。

表 11.4.1 串口发送数据实验函数列表

序　号	函数名称	说　明
1	UartInit	串口初始化
2	UartSend	串口发送数据
3	main	函数主体

程序清单 11.4.1　串口收发数据实验代码

代码位置:\基础实验—串口发送\main.c

```c
# include "SmartM_M0.h"
/************************************************
* 函数名称:UartInit
* 输入:unFosc
       unBaud   发送字节总数
* 输出:无
* 功能:串口初始化
************************************************/
VOID UartInit(UINT32 unFosc,UINT32 unBaud)
{
    P3_MFP & = ~(P31_TXD0 | P30_RXD0);
    P3_MFP | = (TXD0 | RXD0);              //P3.0 使能为串口 0 接收引脚
                                           //P3.1 使能为串口 0 发送引脚
    UART0_Clock_EN;                        //串口 0 时钟使能
    UARTClkSource_ex12MHZ;                 //串口时钟选择为外部晶振
    CLKDIV & = ~(15<<8);                   //串口时钟分频为 0
    IPRSTC2 | = UART0_RST;                 //复位串口 0
    IPRSTC2 & = ~UART0_RST;                //复位结束
    UA0_FCR | = TX_RST;                    //发送 FIFO 复位
    UA0_FCR | = RX_RST;                    //接收 FIFO 复位
    UA0_LCR & = ~PBE;                      //校验位功能取消
    UA0_LCR & = ~WLS;
    UA0_LCR | = WL_8BIT;                   //8 位数据位
    UA0_LCR & = NSB_ONE;                   //1 位停止位
    UA0_BAUD | = DIV_X_EN|DIV_X_ONE;       //设置波特率分频

    UA0_BAUD| = ((unFosc/unBaud) - 2);     //波特率设置 UART_CLK/(A + 2) = 115200bps
}
/************************************************
* 函数名称:UartSend
* 输    入:pBuf                发送数据缓冲区
          unNumOfBytes          发送字节总数
* 输    出:无
* 功    能:串口发送数据
************************************************/
VOID UartSend(UINT8 * pBuf,UINT32 unNumOfBytes)
{
    UINT32 i;
    for(i = 0; i<unNumOfBytes; i ++)
```

```
        {
            UA0_THR = * (pBuf + i);
            while ((UA0_FSR&TX_EMPTY) ! = 0x00); //检查发送 FIFO 是否为空
        }
}
/* * * * * * * * * * * * * * * * * * * * * * * * * * * * * * * * *
* 函数名称:main
* 输      入:无
* 输      出:无
* 功      能:函数主体
* * * * * * * * * * * * * * * * * * * * * * * * * * * * * * * * */
INT32 main(VOID)
{
    UINT32 i;
    UINT8  j;
    PROTECT_REG                                  //ISP 下载时保护 FLASH 存储器
    (
        PWRCON | = XTL12M_EN;                     //默认时钟源为外部晶振
        while((CLKSTATUS & XTL12M_STB) == 0);     //等待 12MHz 时钟稳定
        CLKSEL0 = (CLKSEL0 & (~HCLK)) | HCLK_12M; //设置外部晶振为系统时钟
    )
    UartInit(12000000,9600);                       //波特率设置为 9600bit/s
    while(1)
    {
        j = 0;

                                                   //发送数据 0~255
        for(i = 0; i<256; i++)
        {
            UartSend(&j,1);
            j++;
            Delayms(500);
        }
    }
}
```

11.5 串口收发实验

【实验 11.5.1】SmartM-M051 开发板:使用串口调试助手发送数据(见图 11.5.1 和图 11.5.2),然后微控制器采用"中断法"将接收到的数据返发到 PC。

1. 硬件设计

参考实验 11.4.1 所示。

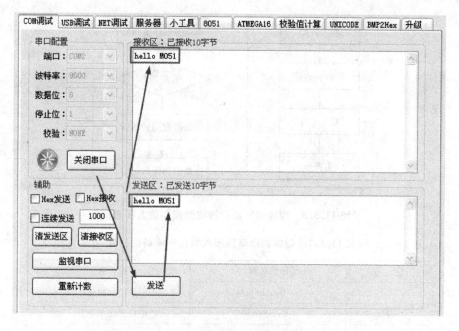

图 11.5.1　微控制器串口接收数据实验操作图

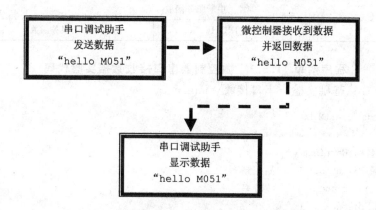

图 11.5.2　微控制器串口接收数据实验示意图

2. 软件设计

中断法，顾名思义就是串口事件触发中断，请求微控制器务必第一时间去处理该事件。通过在串口 0 中断服务函数中将接收到的数据立刻返发到 PC。

3. 流程图

流程图如图 11.5.3 所示。

4. 实验代码

微控制器串口接收数据实验函数列表如表 11.5.1 所列。

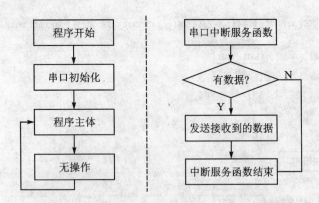

图 11.5.3　微控制器串口接收数据实验流程图

表 11.5.1　微控制器串口接收数据实验函数列表

序　号	函数名称	说　明
1	UartInit	串口初始化
2	UartSend	串口发送单字节
3	main	函数主体
中断服务函数		
4	UART0_IRQHandler	串口 0 中断服务函数

程序清单 11.5.1　微控制器串口接收数据实验代码

代码位置:\基础实验—串口接收\main.c

```
#include "SmartM_M0.h"
/************************************************
* 函数名称:UartInit
* 输    入:unFosc         晶振频率
           unBaud         波特率
* 输    出:无
* 功    能:串口初始化
************************************************/
VOID UartInit(UINT32 unFosc,UINT32 unBaud)
{
    P3_MFP &= ~(P31_TXD0 | P30_RXD0);
    P3_MFP |= (TXD0 | RXD0);                //P6.0 使能为串口 0 接收
                                            //P6.1 使能为串口 0 发送
    UART0_Clock_EN;                         //串口 0 时钟使能
    UARTClkSource_ex12MHZ;                  //串口时钟选择为外部晶振
    CLKDIV &= ~(15<<8);                     //串口时钟分频为 0
    IPRSTC2 |= UART0_RST;                    //复位串口 0
```

```
    IPRSTC2 & = ~UART0_RST;              //复位结束
    UA0_FCR | = TX_RST;                  //发送 FIFO 复位
    UA0_FCR | = RX_RST;                  //接收 FIFO 复位
    UA0_LCR & = ~PBE;                    //校验位功能取消
    UA0_LCR & = ~WLS;
    UA0_LCR | = WL_8BIT;                 //8 位数据位
    UA0_LCR & = NSB_ONE;                 //1 位停止位
    UA0_BAUD | = DIV_X_EN|DIV_X_ONE;     //设置波特率分频
    UA0_BAUD | = ((unFosc / unBaud) - 2); //波特率设置  UART_CLK/(A + 2) = 115200,
                                         //UART_CLK = 12MHz
    UA0_IER    | = RDA_IEN;              //接收数据中断使能
    NVIC_ISER | = UART0_INT;             //使能串口 0 中断
}
/ * * * * * * * * * * * * * * * * * * * * * * * * * * * * * * * * * *
* 函数名称:UartSend
* 输    入:pBuf              发送数据缓冲区
         unNumOfBytes        发送字节总数
* 输    出:无
* 功    能:串口发送数据
* * * * * * * * * * * * * * * * * * * * * * * * * * * * * * * * * * */
VOID UartSend(UINT8 * pBuf,UINT32 unNumOfBytes)
{
    UINT32 i;
    for(i = 0; i<unNumOfBytes; i + + )
    {
        UA0_THR = * (pBuf + i);

        while ((UA0_FSR&TX_EMPTY) ! = 0x00);     //检查发送 FIFO 是否为空
    }
}
/ * * * * * * * * * * * * * * * * * * * * * * * * * * * * * * * * * *
* 函数名称:main
* 输    入:无
* 输    出:无
* 功    能:函数主体
* * * * * * * * * * * * * * * * * * * * * * * * * * * * * * * * * * */
INT32 main(VOID)
{
    PROTECT_REG
    (                                            //ISP 下载时保护 Flash 存储器
        PWRCON | = XTL12M_EN;                    //默认时钟源为外部晶振
        while((CLKSTATUS & XTL12M_STB) == 0);    //等待 12MHz 时钟稳定
```

ARM Cortex-M0 微控制器原理与实践

```
        CLKSEL0 = (CLKSEL0 & (∼HCLK)) | HCLK_12M;  //设置外部晶振为系统时钟
    )
    UartInit(12000000,9600);                      //波特率设置为9600bit/s
    while(1);
}
/********************************************
* 函数名称:UART0_IRQHandler
* 输   入:无
* 输   出:无
* 功   能:串口0中断服务函数
********************************************/
VOID UART0_IRQHandler(VOID)
{
    UINT8 ucData;
    if(UA0_ISR & RDA_INT)                         //检查是否接收数据中断
    {
        while(UA0_ISR & RDA_IF)                   //获取所有接收到的数据
        {
            while (UA0_FSR & RX_EMPTY);           //检查接收 FIFO 是否为空
            ucData = UA0_RBR;                     //读取数据
            UartSend(&ucData,1);                  //发送数据
        }
    }
}
```

5. 代码分析

　　main 函数只实现了串口 0 的初始化,主程序的执行一直阻塞在 while(1)处,实现空操作。唯一的操作放在 UART0_IRQHandler 串口 0 中断服务函数,还有要注意的是,在该函数中没有发现对标志位写 1 清零的,与其他中断服务函数有所不同。

11.6　模拟串口实验

　　很多时候,大部分微控制器提供 1∼2 个串口可供使用,这样就出问题了,假如当前微控制器系统要求 3 个串口以上进行同时通信,微控制器只有 1∼2 个串口可供通信就显得十分尴尬,但是在实际的应用中,有两种方法可以选择。

　　方法 1:使用能够支持多串口通信的微控制器,不过通过更换其他微控制器来代替的话就会直接导致成本的增加,优点就是编程简单,而且通信稳定可靠。

　　方法 2:在 IO 资源比较充足的情况下,可以通过 I/O 来模拟串口的通信,虽然这样会增加编程的难度,模拟串口的波特率会比真正的串口通信低一个层次,但是唯一

优点就是成本上得到控制,而且通过不同的 I/O 组合可以实现更加之多的模拟串口,在实际应用中往往会采用模拟串口的方法来实现多串口通信。

普遍使用串口通信的数据流都是 1 位起始位、8 位数据位、1 位停止位的格式的。

起始位	8 位数据位								停止位
0	Bit0	Bit1	Bit2	Bit3	Bit4	Bit5	Bit6	Bit7	1

要注意的是,起始位作为识别是否有数据到来,停止位标志数据已经发送完毕。起始位固定值为 0,停止位固定值为 1,那么为什么起始位要是 0,停止位要是 1 呢?这个很好理解,假设停止位固定值为 1,为了更加易识别数据的到来,电平的跳变最为简单也最容易识别,那么当有数据来的时候,只要在规定的时间内检测到发送过来的第一位的电平是否 0 值,就可以确定是否有数据到来;另外停止位为 1 的作用就是当没有收发数据之后引脚置为高电平起到抗干扰的作用。

在平时使用红外无线收发数据时,一般都采用模拟串口来实现的,但是有个问题要注意,波特率越高,传输距离越近;波特率越低,传输距离越远。对于这些通过模拟串口进行数据传输,波特率适宜为 1200bit/s 来进行数据传输。

【实验 11.6.1】SmartM-M051 开发板:在使用微控制器的串口接收数据实验当中,使用串口调试助手发送 16 字节数据,微控制器采用模拟串口的方法将接收到的数据返发到 PC,如图 11.6.1 所示。

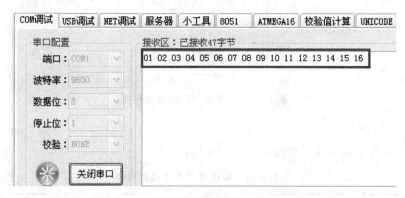

图 11.6.1 串口调试助手显示接收到的数据

1. 硬件设计

参考图 11.4.3。

2. 软件设计

由于串口通信固定通信速度的,为了在彼此之间能够通信,两者都必须置为相同的波特率才能够正常通信的,波特率一般可以允许误差为 3%,这就为模拟串口成功实现提供了可能性。为了减少误差,最好使用系统定时器获取精确的时间定时。

模拟串口的引脚只是具有输入/输出功能的引脚就可以胜任了,就 NuMiCor

M051 系列微控制器来说,选择范围可以是 P0～P4 任意两个引脚,一个引脚作为移位发送,另外一个引脚作为移位接收使用。为了方便模拟串口的实现,自定义移位发送的引脚为 P3.1,移位接收的引脚为 P3.0,刚刚好与硬件上的串口相连接。

无论是发送或者接收数据,都必须遵循 1 位起始位、8 位数据位、1 位停止位的格式来进行,否则收发数据很容易出现问题。

3. 流程图

流程图如图 11.6.2 所示。

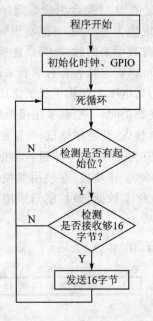

图 11.6.2　模拟串口实验流程图

4. 实验代码

模拟串口实验函数列表如表 11.6.1 所列。

表 11.6.1　模拟串口实验函数列表

序　号	函数名称	说　明
1	SoftUartSend	串口发送单个字节
2	SoftUartRecv	串口接收单个字节
3	StartBitCome	是否有起始位到达
4	main	函数主体

程序清单 11.6.1　模拟串口实验代码

代码位置:\基础实验—模拟串口\main.c

```
#include "SmartM_M0.h"
#define TXD(x)  if((x)){P3_DOUT | = 1<<1 ;}\
                else       {P3_DOUT& = ~(1<<1);}  //宏定义发送引脚
#define RXD()   (P3_PIN & 0x01)                   //宏定义接收引脚
#define UARTDLY() Delayus(91)                     //时间需要微调
/ * * * * * * * * * * * * * * * * * * * * * * * * * * * * * * * * * * * *
 * 函数名称:SoftUartSend
 * 输    入:d 发送的字节
 * 输    出:无
 * 功    能:模拟串口发送
 * * * * * * * * * * * * * * * * * * * * * * * * * * * * * * * * * * * */
VOID SoftUartSend(UINT8 d)
{
    UINT8 i = 8;
    TXD(0);
    UARTDLY();
    while(i--)
    {
        TXD(d & 0x01);
        UARTDLY();
        d>> = 1;
    }
    TXD(1);
    UARTDLY();
}
/ * * * * * * * * * * * * * * * * * * * * * * * * * * * * * * * * * * * *
 * 函数名称:SoftUartRecv
 * 输    入:无
 * 输    出:接收的字节
 * 功    能:模拟串口接收
 * * * * * * * * * * * * * * * * * * * * * * * * * * * * * * * * * * * */
UINT8 SoftUartRecv(VOID)
{
    UINT8 i,d = 0;
    UARTDLY();
    for(i = 0; i<8; i++)
    {
        if(RXD())
        {
            d| = 1<<i;
        }
        UARTDLY();
    }
```

```
            UARTDLY();//等待结束位
        return d;
}
/ * * * * * * * * * * * * * * * * * * * * * * * * * * * * * * * * * *
* 函数名称:StartBitCome
* 输    入:无
* 输    出:0/1
* 功    能:是否有起始位到达
* * * * * * * * * * * * * * * * * * * * * * * * * * * * * * * * * * */
UINT8 StartBitCome(void)
{
        return (RXD() == 0);
}
/ * * * * * * * * * * * * * * * * * * * * * * * * * * * * * * * * * *
* 函数名称:main
* 输    入:无
* 输    出:无
* 功    能:函数主体
* * * * * * * * * * * * * * * * * * * * * * * * * * * * * * * * * * */
INT32 main(VOID)
{
    UINT32 i,cnt = 0;
    UINT8   buf[16];
    PROTECT_REG                                    //ISP下载时保护 Flash 存储器
    (
        PWRCON | = XTL12M_EN;                       //默认时钟源为外部晶振
        while((CLKSTATUS & XTL12M_STB) == 0);      //等待 12MHz 时钟稳定
        CLKSEL0 = (CLKSEL0 & (~HCLK)) | HCLK_12M;  //设置外部晶振为系统时钟
        P3_PMD = 0xFFFF;
    )
    while(1)
    {
        if(StartBitCome())                         //等待起始位
        {
            buf[cnt ++ ] = SoftUartRecv();         //接收数据
            if(cnt > = sizeof buf)
            {
                cnt = 0;
                for(i = 0; i<sizeof buf; i ++ )
                {
                    SoftUartSend(buf[i]);          //打印数据
                }
            }
```

```
        }
      }
    }
```

　　模拟串口接收引脚为 P3.0,发送引脚为 P3.1。为了达到精确的定时,减少模拟串口时收发数据的累积误差,有必要使用系统定时器进行延时。

　　模拟串口的工作波特率为 9600bit/s,在串口收发的数据流当中,每一位的时间为 1/9600≈104 μs,这时很多人就会认为,每次接收和发送的位间隔使用 Delayus(104)就可以了吗,但是在实际的模拟串口中,往往出现收发数据不正确的现象。按道理来说,进行 104μs 延时是没有错的。对,理论上是没有错,但是在 SoftUartSend 和 SoftUartRecv 的函数当中,执行每一行代码都要消耗一定的时间,这就是所谓的"累积误差"导致收发数据出现问题,因此我们必须通过实际测试得到准确的延时,实际需要延时的值小于在理论值,可以通过实际测试得到。

　　模拟串口实现数据发送与数据接收的函数分别是 SoftUartSend 和 SoftUartRecv 函数,这两个函数必须要遵循"1 位起始位、8 位数据位、1 位停止位"的数据流格式。

　　SoftUartSend 函数用于模拟串口发送数据,以起始位"0"作为移位传输的起始标志,然后将要发送的字节从低位到高位移位传输,最后以停止位"1"作为移位传输的结束标志。

　　SoftUartRecv 函数用于模拟串口接收数据,一旦检测到起始位"0",就立刻将接收到的每一位移位存储,最后以判断停止位"1"结束当前数据的接收。

　　main 函数完成 T/C 的初始化,在 while(1)死循环以检测起始位"0"为目的,当接收到的数据达到宏额定个数时,将接收到的数据返发到外设。

深入重点

✓　模拟串口实验可以令读者更加深刻了解串口通信的实现过程。

✓　模拟串口优点就是在实现串口功能的前提下节省了成本,缺点就是直接地增大了编程的复杂度,若然代码设计不良,模拟串口通信的稳定性或效率就有可能大打折扣。

✓　该模拟串口实验只是演示了常用的串口通信格式,更加多的通信格式需要读者们去探究了。

✓　通过模拟串口进行无线数据传输时,有必要将波特率有所降低,波特率适宜为 1200bit/s。

✓　提醒:该模拟串口实验代码没有做抗干扰的处理,学有余力的读者可作深入的研究。

第 **12** 章

外部中断

12.1　外部中断简介

中断是处理器处理外部突发事件的一个重要技术。它能使处理器在运行过程中对外部事件发出的中断请求及时地进行处理,处理完成后又立即返回断点,继续进行处理器原来的工作。引起中断的原因或者说发出中断请求的来源称作中断源。根据中断源的不同,可以把中断分为硬件中断和软件中断两大类,而硬件中断又可以分为外部中断和内部中断两类。

外部中断一般是指由计算机外设发出的中断请求,如键盘中断、打印机中断、定时器中断等。外部中断是可以屏蔽的中断,也就是说,利用中断控制器可以屏蔽这些外部设备的中断请求。

8051 系列微控制器的外部中断从功能上来说比较简单,只能由低电平触发和下降沿触发,而更加高级的微控制器触发类型有很多,如 M051 系列控制器,不仅包含低电平触发和下降沿触发,而且包含高电平触发和上升沿触发,只要设置相关的寄存器就可以实现想要的触发类型。

当微控制器设置为电平触发时,微控制器在每个机器周期检查中断源引脚,检测到低电平,即置位中断请求标志,向 CPU 请求中断;当微控制器设置为边沿触发时,微控制器在上一个机器周期检测到中断源引脚为高电平,下一个机器周期检测到低电平,即置位中断标志,向 CPU 请求中断。

外部中断可以实现的功能同样很多,例如平时经常用到的有按键中断,按键中断的作用主要来唤醒在空闲模式或者是掉电模式状态下的 MCU,还有我们使用的手机,必须通过按下某一个特定的按键来启动手机,即可以这样说平时我们的"关闭手机"并不是断掉手机电源,而是将手机的正常运作状态转变为掉电模式状态,可以通过外部中断来唤醒,重新恢复为开机状态,为我们服务。外部中断同样可以对脉冲进行计数,通过规定时间内对脉冲计数就可以成为一个简易的频率计。

12.2　相关寄存器

1. Port 0-4 防反弹使能(Px _DBEN)(见表 12.2.1)

表 12.2.1　Port 0-4 防反弹使能(Px _DBEN)

Bits		描　述
[31:8]	—	—
[n]	DBEN[n]	Px 输入信号防反弹使能 DBEN[n]用于使能相应位的防反弹功能。如果输入信号脉冲宽度不能被两个连续的防反弹采样周期所采样,则输入信号被被视为信号反弹,从而不触发中断 DBEN[n]仅用于边沿触发中断,不用于电平触发中断 0＝禁用 bit[n]防反弹功能 1＝使能 bit[n]防反弹功能 防反弹功能对于边沿触发中断有效,对于电平触发中断模式,防反弹功能使能位不起作用 x＝0~4,n ＝ 0~7

2. Port 0-4 中断模式控制(Px _IMD)(见表 12.2.2)

表 12.2.2　Port 0-4 中断模式控制(Px _IMD)

Bits		描　述
[31:8]	—	—
[n]	IMD[n]	Port 0-4 中断模式控制 IMD[n]用于控制电平触发或边沿触发的中断。若中断由边沿触发,触发源是控制防反弹,如果是中断由电平触发,触发源由一个时钟采样并产生中断 0＝边沿触发中断 1＝电平触发中断 设置引脚为电平触发中断,仅需要在寄存器 Px_IEN 设置一个电平,若设置为既有电平触发,又有边沿触发,设置将被忽略,不会产生中断 防反弹功能对于边沿触发中断有效,对于电平触发中断无效 x＝0~4,n＝0~7

3. Port 0—4 中断使能控制(Px_IEN)(见表 12.2.3)

表 12.2.3　Port 0—4 中断使能控制(Px_IEN)

Bits		描　述
[31:24]	—	—
[n+16]	IR_EN[n]	Port 0—4　输入上升沿或输入高电平的中断使能 IR_EN[n]用于使能相应 Px[n]输入的中断。置"1"也可以使能引脚唤醒功能设置 IR_EN[n]　位为"1" 如果中断是电平触发模式,输入 Px[n]的状态为高电平时,产生中断 如果中断是边沿触发模式,输入 Px[n]的状态由低电平到高电平变化时,产生中断 1=使能 Px[n]l高电平或由低电平到高电平变化的中断 0=禁用 Px[n]l高电平或由低电平到高电平变化的中断 x=0~4,n = 0~7
[15:8]	—	—
[n]	IF_EN[n]	Port 0—4 输入下降沿或输入低电平的中断使能 IF_EN[n]用于使能相应 Px[n]输入的中断。置"1"也可以使能引脚唤醒功能,设置 IF_EB[n]位为"1" 如果中断是电平触发模式,输入 Px[n]的状态为低电平时,产生中断 如果中断是边沿触发模式,输入 Px[n]的状态由高电平到低电平变化时,产生中断 1 =使能 Px[n]低电平或由高电平到低电平变化的中断 0 =禁用 Px[n]低电平或由高电平到低电平变化的中断 x=0~4,n = 0~7

12.3　实　验

【例 12.3.1】SmartM-M051 开发板:在开发板按下中断按键,只要中断按键一旦被按下,就要往串口发送"KEY INT"信息,并通过串口调试助手进行观察打印信息,如图 12.3.1 所示。

1. 硬件设计

一般来说,检测按键是否有按下主要检测连接按键引脚的电平有没有被拉低。从图 12.3.2 可以看出,当按键(S6)没有被按下时,P3.3 引脚总保持高电平状态,一直被拉高。只要按键(S6)一旦被按下,P3.3 引脚的电平将会从高电平转变为低电平。

2. 软件设计

外部中断的触发方式既可以是低电平触发,又可以是下降沿触发。按键被按下

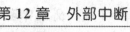

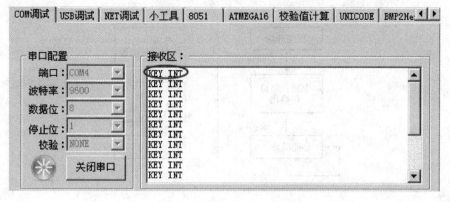

图 12.3.1　显示打印信息

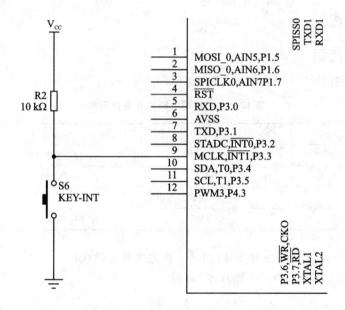

图 12.3.2　外部中断实验硬件设计图

的过程中,中断引脚的电平的变化过程是从高电平转变为低电平,因此无论是低电平触发或者是下降沿触发都是可以实现的,在这里代码的编写以下降沿触发为外部中断的触发方式,最后通过串口来显示是否按键按下了,实现流程如图 12.3.3 所示。

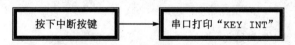

图 12.3.3　外部中断实验示意图

　　M051 系列微控制器能够支持边沿触发和电平触发,同时边沿触发支持上升沿触发和下降沿触发,电平触发支持高电平触发和低电平触发,因此可以轻易应对各种特殊场合。

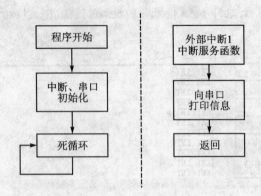

图 12.3.4 外部中断实验流程图

3. 流程图

4. 实验代码

外部中断实验函数列表如表 12.3.1 所列。

表 12.3.1 外部中断实验函数列表

序 号	函数名称	说 明
1	KeyIntInit	按键中断初始化
2	main	函数主体
中断服务函数		
3	__KEYISR	按键中断服务函数

程序清单 12.3.1 外部中断实验代码

代码位置:\基础实验—中断按键\main.c

```
#include "SmartM_M0.h"
#define __KEYISR          EINT1_IRQHandler
#define DEBUGMSG          printf
/************************************************
* 函数名称:KeyIntInit
* 输   入:无
* 输   出:无
* 功   能:按键中断初始化
***********************************************/
VOID KeyIntInit(VOID)
{
    P3_PMD = 0xFFFF;
    P3_DOUT = 0xFF;
```

```
    P3_MFP = (P3_MFP & (~P33_EINT1_MCLK)) | EINT1;    //P3.3 引脚设置为外部中断
    DBNCECON & = ~ICLK_ON;
    DBNCECON & = DBCLK_HCLK;
    DBNCECON | = SMP_256CK;                            //设置防反弹采样周期选择
    P3_DBEN | = DBEN3;                                 //使能 P3.3 防反弹功能
    P3_IMD & = IMD3_EDG;
    P3_IEN | = IF_EN3;                                 //设置外部中断 1 为下降沿触发
    NVIC_ISER | = EXT_INT1;
}
/*********************************************
* 函数名称:main
* 输    入:无
* 输    出:无
* 功    能:函数主体
*********************************************/
INT32 main(VOID)
{
    PROTECT_REG                                        //ISP 下载时保护 Flash 存储器
    (
        PWRCON | = XTL12M_EN;                          //默认时钟源为外部晶振
        while((CLKSTATUS & XTL12M_STB) == 0);          //等待 12MHz 时钟稳定
        CLKSEL0 = (CLKSEL0 & (~HCLK)) | HCLK_12M;      //设置外部晶振为系统时钟
    )
    UartInit(12000000,9600);                           //波特率设置为 9600bit/s
    KeyIntInit();                                      //按键中断初始化
    DEBUGMSG("Init ok\r\n");
    while(1);
}
/*********************************************
* 函数名称:__KEYISR
* 输    入:无
* 输    出:无
* 功    能:按键中断服务函数
*********************************************/
VOID __KEYISR(VOID)
{
    DEBUGMSG("KEY INT\r\n");                           //打印按键中断信息
    P3_ISRC = P3_ISRC;                                //写 1 清空
}
```

5. 代码分析

在 main 函数中,主要表现为初始化串口配置、初始化并使能外部中断 1,最后通过 while(1)进行空操作。

当按键被按下时,外部中断 1 的触发事件响应会自动进入外部中断 1 中断服务函数__KEYISR 进行处理,并通过串口打印"KEY INT"信息。

深入重点

✓ M051 系列微控制器外部中断触发类型可分为两大类:电平触发中断和边沿触发中断。

✓ 电平触发中断可细分为高电平触发和低电平触发。

✓ 边沿触发中断可细分为下降呀触发和上升沿触发。

✓ 外部中断触发类型的详细设置在 P3_IMD,P3_IEN。

第 **13** 章

看门狗

13.1 概　述

在由微控制器构成的微型计算机系统中,由于微控制器的工作常常会受到来自外界电磁场的干扰,造成程序的跑飞,而陷入死循环,程序的正常运行被打断,由微控制器控制的系统无法继续工作,会造成整个系统的陷入停滞状态,发生不可预料的后果,所以出于对微控制器运行状态进行实时监测的考虑,便产生了一种专门用于监测微控制器程序运行状态的芯片,俗称"看门狗"(watchdog)。

如图 13.1.1 所示,看门狗电路的应用,使微控制器可以在无人状态下实现连续工作,其工作原理是:看门狗芯片和微控制器的一个 I/O 引脚相连,该 I/O 引脚通过程序控制它定时地往看门狗的这个引脚上送入高电平(或低电平),这一程序语句是分散地放在微控制器其他控制语句中间的,一旦微控制器由于干扰造成程序跑飞后而陷入某一程序段进入死循环状态时,写看门狗引脚的程序便不能被执行,这个时候,看门狗电路就会由于得不到微控制器送来的信号,便在它和微控制器复位引脚相连的引脚上送出一个复位信号,使微控制器发生复位,即程序

图 13.1.1　看门狗

从程序存储器的起始位置开始执行,这样便实现了微控制器的自动复位。

在以前传统的 8051 往往没有内置看门狗,都是需要外置看门狗的,例如常用的看门狗芯片有 Max813、5045、IMP706、DS1232。例如芯片 DS1232 在系统工作时如图 13.1.2 所示,必须不间断的给引脚 $\overline{ST}$ 输入一个脉冲系列,这个脉冲的时间间隔由引脚 TD 设定,如果脉冲间隔大于引脚 TD 的设定值,芯片将输出一个复位脉冲使微控制器复位。一般将这个功能称为看门狗,将输入给看门狗的一系列脉冲称为"喂狗"。这个功能可以防止微控制器系统死机。

虽然看门狗的好处是很多,但是其成本制约着是否使用外置看门狗抉择。不过幸运的是,现在很多微控制器都内置看门狗,例如 AVR、PIC、ARM,当然现在的

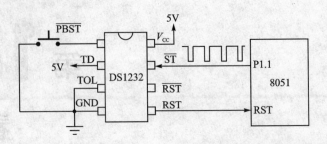

图 13.1.2　DS1232 看门狗电路

M051 系列微控制器也不例外，其已经内置了看门狗，而且基本上满足了项目的需要。

看门狗定时器用于在软件运行至未知状态时执行系统复位功能，可以防止系统无限制地挂机，除此之外，看门狗定时器还可将 CPU 由掉电模式唤醒。看门狗定时器包含一个 18 位的自由运行的计数器，可编程其定时溢出间隔。

设置 WTE(WDTCR[7])使能看门狗定时器，WDT 计数器开始向上计数。当计数器达到选择的定时溢出间隔，如果看门狗定时器中断使能位 WTIE 置位，看门狗定时器中断标志 WTIF 被立即置位，并请求 WDT 中断，同时，跟随在时间溢出事件之后有一个指定延时($1024 \times T_{WDT}$)，用户必须在该延时时间结束前设置 WTR(WDTCR[0])(看门狗定时器复位)为高，重置 18 位 WDT 计数器，防止 CPU 复位。WTR 在 WDT 计数重置后自动由硬件清零。通过设置 WTIS(WDTCR[10:8])可选择 8 个带有指定延时的定时溢出间隔。如果在特定延迟时间终止后，WDT 计数没有被清零，看门狗定时将置位看门狗定时器复位标志(WTRF)并使 CPU 复位。这个复位将持续 63 个 WDT 时钟，然后 CPU 重启，并从复位向量(0x0000_0000)开始执行程序。看门狗复位后 WTRF 位不会被清除。用户可用软件查询 WTFR 来识别复位源。WDT 还提供唤醒功能。当芯片掉电，且看门狗唤醒使能位 (WDTR[4])置位时，如果 WDT 计数器达到由 WTIS (WDTCR [10:8])定义的时间间隔时，芯片就会由掉电状态唤醒。第一个例子，如果 WTIS 被设置为 000，CPU 从掉电状态被唤醒的时间间隔是 $2^4 \times T_{WDT}$。当掉电命令被软件设置，CPU 进入掉电状态，在 $2^4 \times T_{WDT}$ 时间过后，CPU 由掉电状态唤醒。第二个例子，如果 WTIS 被设置为 111，CPU 从掉电状态被唤醒的时间间隔是 $2^{18} \times T_{WDT}$。当掉电命令被软件设置，CPU 进入掉电状态，在 $2^{18} \times T_{WDT}$ 时间过后，CPU 由掉电状态唤醒。注意，如果 WTRE (WDTCR [1])被置位，再 CPU 被唤醒之后，软件应当尽可能的通过置位 WTR(WDTCR [0])来清零看门狗定时器计数器，否则，如果在从 CPU 唤醒到软件清零看门狗定时器计数器的时间超过 $1024 \times T_{WDT}$ 之前看门狗定时器计数器没有通过置位 WTR (WDTCR [0])被清零，CPU 将通过看门狗定时器复位。

13.2　特　征

- 18 位自由运行的计数器以防止 CPU 在延迟时间结束之前发生看门狗定时器复位。
- 溢出时间间隔可选($2^4 \sim 2^{18}$),溢出时间范围在 104 ms～26.3168 s(如果 WDT_CLK=10 kHz)。
- 复位周期=(1/10 kHz) * 63,如果 WDT_CLK=10 kHz。

13.3　相关寄存器

看门狗定时器控制寄存器 WTCR 如表 13.3.1 所列。

表 13.3.1　看门狗定时器控制寄存器 WTCR

Bits		描　述
[31:11]	—	—
[10:8]	WTIS	看门狗定时器间隔选择 选择看门狗定时器的定时溢出间隔 | WTIS	溢出间隔选择	中断周期	WTR 溢出间隔 (WDT_CLK=12MHz)
---	---	---	---
000	$2^4 \times T_{WDT}$	$1024 \times T_{WDT}$	1.33～86.67 μs
001	$2^6 \times T_{WDT}$	$1024 \times T_{WDT}$	5.33～90.67 μs
010	$2^8 \times T_{WDT}$	$1024 \times T_{WDT}$	21.33～106.67 μs
011	$2^{10} \times T_{WDT}$	$1024 \times T_{WDT}$	85.33～170.67 μs
100	$2^{12} \times T_{WDT}$	$1024 \times T_{WDT}$	341.33～426.67 μs
101	$2^{14} \times T_{WDT}$	$1024 \times T_{WDT}$	1.36～1.45 ms
110	$2^{16} \times T_{WDT}$	$1024 \times T_{WDT}$	5.46～5.55 ms
111	$2^{18} \times T_{WDT}$	$1024 \times T_{WDT}$	21.84～21.93 ms	
[7]	WTE	看门狗定时器使能 0=禁用看门狗定时器功能(该动作重置内部计数器) 1=使能看门狗定时器
[6]	WTIE	看门狗定时器中断使能 0=禁用看门狗定时器中断 1=使能看门狗定时器中断

Bits		描　述
[5]	WTWKF	看门狗定时器唤醒标志 如果看门狗定时器引起 CPU 从掉电模式下唤醒,该位将被置高 0＝看门狗定时器不能引起 CPU 唤醒 1＝CPU 由休眠或掉电模式被看门狗定时溢出唤醒 注:写 1 清零
[4]	WTWKE	看门狗定时器唤醒功能使能位 0＝禁用看门狗唤醒 CPU 功能 1＝使能看门狗唤醒 CPU 功能
[3]	WTIF	看门狗定时器中断标志 如果看门狗定时器中断使能,该位由硬件置位表示看门狗定时器中断已发生 0＝不发生看门狗定时器中断 1＝发生看门狗定时器中断 注:写 1 清零
[2]	WTRF	看门狗定时器复位标志 当看门狗定时器引发复位,该位被置位,通过读取该位可以确认复位是否由看门狗引起。该位软件写 1 清零。如果 WTRE 禁用,看门狗定时器溢出对该位无影响 0＝复位不是由看门狗定时器产生 1＝看门狗定时器引发复位 注:写 1 清零
[1]	WTRE	看门狗定时器复位使能 设定该位使能看门狗定时器复位功能 0＝禁用看门狗定时器复位功能 1＝使能看门狗定时器复位功能
[0]	WTR	清看门狗定时器 设置该位清看门狗定时器 0＝写 0 无效 1＝重置看门狗定时器的内容 注:写 1 清零

注:该寄存器所有位都写保护。要编程时,需要开锁时序,依次向寄存器 REGWRPROT 写"59h","16h",与"88h",RegLockAddr 的地址为 GCR_BA ＋ 0x100。

13.4　实　验

【实验 13.4.1】SmartM-M051 开发板:使能 M051 微控制器内部的看门狗,在不喂狗的情况下让看门狗定时器计数溢出,使其复位,并通过串口打印信息以表示当前微控制器准备复位如图 13.4.1 所示。

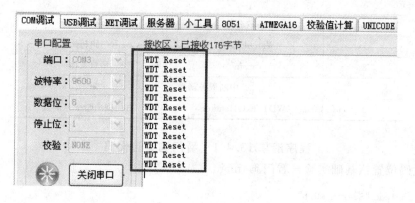

图 13.4.1　看门狗实验打印信息

1．硬件设计

参考串口实验硬件设计。

2．软件设计

我们使用看门狗的目的就是当微控制器程序跑飞时,通过看门狗复位微控制器使其重新正常工作。根据实验要求,只需要初始化看门狗相关寄存器,然后让看门狗定时器计数溢出就得以实现复位的过程。

3．流程图

流程图如图 13.4.2 所示。

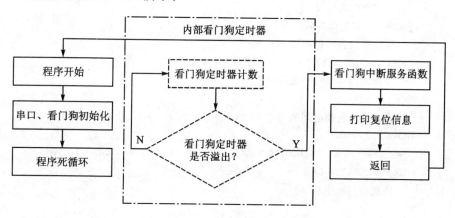

图 13.4.2　看门狗实验流程图

4．实验代码

看门狗实验函数列表如表 13.4.1 所列。

ARM Cortex-M0 微控制器原理与实践

216

表 13.4.1　看门狗实验函数列表

序　号	函数名称	说　明
1	WatchDogInit	看门狗初始化
2	main	函数主体
中断服务函数		
3	WDT_IRQHandler	看门狗中断服务函数

程序清单 13.4.1　看门狗实验代码

代码位置:\基础实验－看门狗\main.c

```
# include "SmartM_M0.h"
# define DEBUGMSG        printf
/*********************************
* 函数名称:WatchDogInit
* 输    入:无
* 输    出:无
* 功    能:看门狗初始化
*********************************/
VOID WatchDogInit(VOID)
{
    PROTECT_REG
    (
        /* 使能看门狗时钟 */
        APBCLK | = WDT_CLKEN;
        /* 设置看门狗时钟源为 10K */
        CLKSEL1 = (CLKSEL1 & (~WDT_CLK)) | WDT_10K;
        /* 使能看门狗定时器复位功能 */
        WTCR | = WTRE;
        /* 设置看门狗超时间隔为 1740.8ms */
        WTCR & = ~WTIS;
        /* (2^14 + 1024) * (1000000/10000) = 17408 * 100 = 1740800μs = 1.7408s */
        WTCR | = TO_2T14_CK;
        /* 使能看门狗中断 */
        WTCR | = WTIE;
        NVIC_ISER | = WDT_INT;
        /* 使能看门狗 */
        WTCR | = WTE;
        /* 复位看门狗计数值 */
        WTCR | = CLRWTR;
    )
```

```
}
/* *************************************
 * 函数名称:main
 * 输    入:无
 * 输    出:无
 * 功    能:函数主体
 * *************************************/
INT32 main(VOID)
{
    PROTECT_REG
    (
        PWRCON |= XTL12M_EN;                         //默认时钟源为外部晶振
        while((CLKSTATUS & XTL12M_STB) == 0);        //等待 12MHz 时钟稳定
        CLKSEL0 = (CLKSEL0 & (~HCLK)) | HCLK_12M;    //设置外部晶振为系统时钟
        /* 使能内部 10K 时钟 */
        PWRCON |= OSC10K_EN;
        /* 等待 10K 时钟稳定 */
        while((CLKSTATUS & OSC10K_STB) == 0);
        /* HCLK 时钟选择为外部晶振 */
        CLKSEL0 = (CLKSEL0 & (~HCLK)) | HCLK_12M;
    )
    UartInit(12000000,9600);                         //波特率设置为 9600bit/s
    WatchDogInit();                                  //看门狗初始化
    while(1);
}
/* *************************************
 * 函数名称:WDT_IRQHandler
 * 输    入:无
 * 输    出:无
 * 功    能:看门狗中断服务函数
 * *************************************/
VOID WDT_IRQHandler(VOID)
{
    DEBUGMSG("WDT Reset \r\n");                       //打印复位信息
    PROTECT_REG
    (
        WTCR |= WTWKF;
        WTCR |= WTIF;
    )
}
```

ARM Cortex-M0 微控制器原理与实践

218

5. 代码分析

看门狗是向上计数的，PWM 是向下计数的。

看门狗特征：

(1) 18 位自由运行的计数器以防止 CPU 在延迟时间结束之前发生看门狗定时器复位。

(2) 溢出时间间隔可选（$2^4 \sim 2^{18}$），溢出时间范围在 104ms～26.3168s（如果 WDT_CLK 为 10 kHz）。

(3) 复位周期＝(1/10 kHz)×63，如果 WDT_CLK＝10 kHz。

深入重点

✓ 看门狗的使用，只是提供一种辅助，以防止微控制器系统死机。编写程序时在没有加进看门狗的前提下，确保程序稳定地执行。

✓ 看门狗的喂狗操作要及时，否则会造成微控制器复位，由于看门狗相关寄存器都是受保护的，因而对其寄存器操作必须进行解锁，否则当前操作会无效。譬如喂狗操作时必须使用 PROTECT_REG() 宏函数进行读写保护，示例代码如下：

```
PROTECT_REG
(
    /* 复位看门狗计数值 */
    WTCR | = CLRWTR;
)
```

✓ 造成微控制器工作不稳定的原因有很多：如工作环境温度过冷、过热、电磁辐射干扰严重，程序不稳定等等，因此遇上恶劣的环境还得用上工业级的芯片，当然看门狗的也得用上。

第 **14** 章

Flash 内存控制器(FMC)

14.1 概 述

    NuMicro M051 系列具有 64K/32K/16K/8KB 的片上 Flash EEPROM,用于存储应用程序(APROM),用户可以通过 ISP/IAP 更新 FLASH 中的程序。在系统编程 (ISP)允许用户更新焊接在 PCB 板上的芯片中的程序。上电后,通过设置 Config0 的启动选择(CBS)确定 Cortex-M0 CPU 从 APROM 或 LDROM 读取代码。此外,NuMicro M051 系列为用户提供额外的 4KB 的数据 Flash,以供用户在芯片于 64/32/16/8KB APROM 模式下系统掉电之前存储一些基于应用的数据。

14.2 特 性

- 高达 50MHz 的零等待连续地址访问。
- 64/32/16/8KB 应用程序存储器(APROM)。
- 4kB 在线系统编程 (ISP)加载程序存储器(LDROM)。
- 固定的 4kB 数据 FLASH,带有 512 字节页擦除单元。
- 在系统编程(ISP)/在应用编程(IAP)更新片上 Flash EPROM。
- 在电路编程(ICP)采用串行调试接口(SWD)。

14.3 FMC 组织结构

    NuMicro M051 的 Flash 存储器由程序存储器(64/32/16/8KB)、数据 Flash、ISP 加载程序存储器、用户配置块组成,如表 14.3.1 所列。用户配置块提供几个字节来控制系统逻辑,如 Flash 安全加密,启动选择,欠压电平等。用户配置块的作用类似上电时的熔丝。在上电期间,从 Flash 存储器被加载到相应的控制寄存器中,用户可根据应用要求在芯片贴到 PCB 板上之前通过烧写器设置这些位,数据 Flash 的开始地址和大小可由用户根据应用配置,但是对于 64/32/16/8KB 的 Flash 存储器设备,其大小为 4KB,开始地址为 0x0001_F000,如图 14.3.1 所示。

表 14.3.1　Flash 存储器地址映射

区块名称	大　小	开始地址	结束地址
AP－ROM	8/16/32/64KB	0x0000_0000	0x0000_1FFF (8KB) 0x0000_3FFF (16KB) 0x0000_7FFF (32KB) 0x0000_FFFF (64KB)
Data Flash	4KB	0x0001_F000	0x0001_FFFF
LD－ROM	4KB	0x0010_0000	0x0010_0FFF
User Configuration	1 Words	0x0030_0000	0x0030_0000

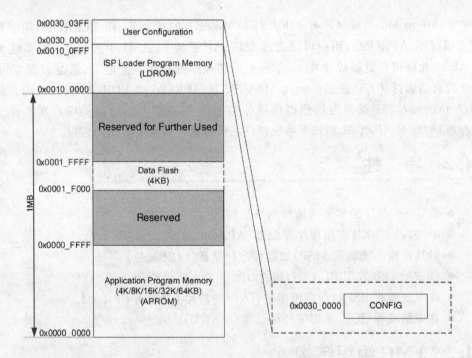

图 14.3.1　Flash 存储器组织结构

1. 启动选择

NuMicro M051 提供在系统编程 (ISP)特征,允许用户直接更新 PCB 板上芯片中的程序。提供 4KB 程序存储器专门用于存储 ISP 固件。用户设置 Config0 的(CBS)以选择从 APROM 或 LDROM 启动,如图 14.3.2 所示。

2. Data Flash

NuMicro M051 为用户提供数据 Flash,支持 ISP 程序读/写,擦除单位为 512 字节。若要改变一个字,需要先把所有 128 字拷贝到另外页或 SRAM 中。对于 8/16/

图 14.3.2　上电时启动选择(BS)

32/64KB 的 Flash 设备,数据 Flash 的大小为 4KB,开始地址固定在 0x0001_F000,如图 14.3.3 所示。

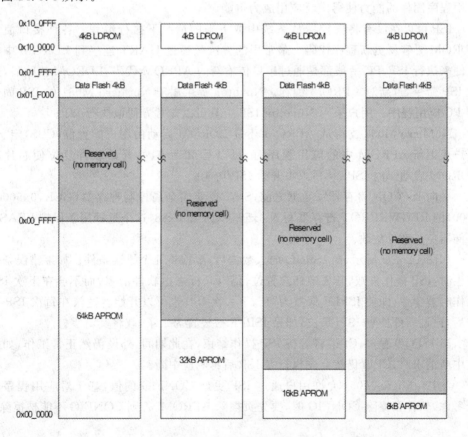

图 14.3.3　Flash 存储器结构

14.4　在系统编程(ISP)

注:使用 ISP 功能之前,先设置 ISP_EN(AHBCLK[2])打开 ISP 时钟。图 14.4.1 ISP 时钟源控制示出 ISP 时钟源框图。

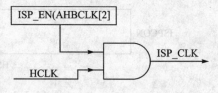

图 14.4.1　ISP 时钟源控制

程序存储器和数据 Flash 支持硬件编程和在系统编程(ISP)。硬件编程模式在该产品进入批量生产状态时采用批量写,以减小编程开销和上市时间。若产品还在开发阶段或终端用户需要升级固件时,硬件编程模式不是很方便,ISP 模式能更好地适用于这种情况。NuMicro M051 支持 ISP 模式,即通过软件控制来对设备重新编程。而且,这种更新应用程序固件的能力使得广泛应用成为可能。

ISP 可以在没有将微控器从系统中取下来的情况下执行编程。各种接口使得 LDROM 更容易更新程序代码。最常用的方法是通过 UART 连接到 LDROM 中的固件来执行 ISP,PC 一般都是通过串口传输新的 APROM 代码,LDROM 接收后,通过 ISP 命令,重新对 APROM 编程。Nuvoton 提供用于 NuMicro M051 的 ISP 固件和 PC 应用程序。用户采用 Nuvoton ISP 工具可以非常方便地执行 ISP。

NuMicro M051 支持从 APROM 还是 LDROM 启动由用户配置位(CBS)定义。用户想更新 APROM 中的应用程序时,可以写 BS=1,并开始软件复位使芯片由 LDROM 启动。向 ISPEN 写入 1 开始 ISP 功能。

在向 ISPCON 寄存器写数据之前,S/W 需要向全局控制寄存器(GCR,0x5000_0100)的 REGWRPROT 寄存器写入 0x59,0x16 和 0x88,这个过程用于保护 FLASH 存储器免受意外更改。

如图 14.4.2 所示,向 ISPGO 向入数据后,要检查几个错误条件。如果错误条件产生时,ISP 操作失败,其失败标志置位,ISPFF 标志由软件清零,而不会在下次 ISP 操作时被覆盖,即使 ISPFF 保持为"1",下一次 ISP 也可以开始。建议在每次 ISP 操作后,通过软件检查 ISPFF 位,如果 ISPFF 被设置为 1 了,就将其清零。

当 ISPGO 置位,CPU 将等待 ISP 操作结束,在此期间,外设仍然正常工作,如果有中断请求时,CPU 仍然会先执行完 ISP 后再响应中断。

注:NuMicro M051 允许用户通过 ISP 更新 CONFIG 的值,基于对应用程序安全考虑,软件在擦除 CONFIG 时,要先页擦除 APROM,否则 CONFIG 不能被擦除。

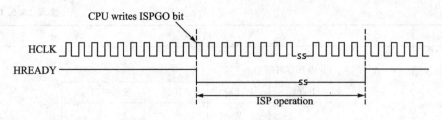

图 14. 4. 2　ISPGO 时序

14. 5　相关寄存器

1. ISP 控制寄存器(ISPCON)(见表 14. 5. 1)

表 14. 5. 1　ISP 控制寄存器(ISPCON)

Bits		描　述			
[31:15]	—	—			
[14:12]	ET	Flash 擦除时间			
		ET[2]	ET[1]	ET[0]	擦除时间/ms
		0	0	0	20(默认)
		0	0	1	25
		0	1	0	30
		0	1	1	35
		1	0	0	3
		1	0	1	5
		1	1	0	10
		1	1	1	15
[11]	—	—			

Bits		描　述			
[10:8]	PT[2:0]	Flash 编程时间			

PT[2]	PT[1]	PT[0]	擦除时间/μs
0	0	0	40
0	0	1	45
0	1	0	50
0	1	1	55
1	0	0	20
1	0	1	25
1	1	0	30
1	1	1	35

Bits		描　述
[7]	SWRST	软件复位 写 1 执行软件复位 复位完成后由硬件清零
[6]	ISPFF	ISP 失败标志 当 ISP 满足下列条件时,该位由硬件置位: ① APROM 对自身写入 ② LDROM 对自身写入 ③ 目标地址无效,如超过正常范围 注:写 1 清零
[5]	LDUEN	LDROM 更新使能 LDROM 更新使能位 1＝MCU 在 APROM 中运行时,LDROM 可以被更新 0＝禁用 LDROM 更新
[4]	CFGUEN	配置更新使能 写 1 使能 S/W 通过 ISP 更新配置位,不管此时程序是运行在 APROM 还是 LDROM 1＝使能配置更新 0＝禁用配置更新
[3:2]	—	—

Bits		描　述
[1]	BS	启动选择 该位为保护位,置位/清零该位选择下次是由 LDROM 启动还是由 APROM 启动,该位可作为 MCU 启动状态标志,用于检查 MCU 是由 LDROM 还是 APROM 启动的。上电复位后,该位初始值为 config0 的 CBS 的取反值;其他复位时保持不变 1=由 LDROM 启动 0=由 APROM 启动
[0]	ISPEN	ISP 使能 该位是保护位,ISP 使能位,设置该位可以使能 ISP 功能 1=使能 ISP 功能 0=禁用 ISP 功能

2. ISP 地址(ISPADR)(见表 14.5.2)

表 14.5.2　ISP 地址(ISPADR)

225

Bits		描　述
[31:0]	ISPADR	ISP 地址 NuMicro M051 系列内置 32kx32 的 flash,仅支持字编程。执行 ISP 功能时,ISPADR[1:0]必须为 00b

3. ISP 数据寄存器(ISPDAT)(见表 14.5.3)

表 14.5.3　ISP 数据寄存器(ISPDAT)

Bits		描　述
[31:0]	ISPADR	ISP 数据 ISP 操作之前,写数据到该寄存器 ISP 读操作后,可从该寄存器读数据

4. ISP 命令(ISPCMD)(见表 14.5.4)

表 14.5.4　ISP 命令(ISPCMD)

Bits		描　述					
[31:6]	—	—					
[5:0]	FOEN,FCEN,FCTRL	ISP 命令					

ISP 命令

操作模式	FOEN	FCEN	FCTRL[3:0]			
待机	1	1	0	0	0	0
读	0	0	0	0	0	0
编程	1	0	0	0	0	1
页擦除	1	0	0	0	1	0

5. ISP 触发控制寄存器(ISPTRG)(见表 14.5.5)

表 14.5.5　ISP 触发控制寄存器(ISPTRG)

Bits		描　述
[31:1]	—	—
[0]	ISPGO	ISP 开始触发 写 1 开始 ISP 操作,当 ISP 操作结束后,该位由硬件自动清零 1=ISP 即将执行 0=ISP 操作结束

6. DataFlash 基地址寄存器(DFBADR)(见表 14.5.6)

表 14.5.6　DataFlash 基地址寄存器(DFBADR)

Bits		描　述
[31:0]	DFBADR	数据 Flash 基地址 该寄存器为数据 Flash 开始地址寄存器,只读对于 8/16/32/64KB flash 器件, 数据 Flash 的大小为 4KB,由硬件决定启始地址为 0x0001_F000

7. Flash 访问时间控制寄存器(FATCON)(见表 14.5.7)

表 14.5.7　Flash 访问时间控制寄存器(FATCON)

Bits		描　述
[31:5]	—	—
[4]	LFOM	低频优化模式(写保护位) 当芯片操作频率低于 25MHz 时,通过设置该位,系统可以更高效的工作 1＝使能 Flash 低频优化模式 0＝禁用 Flash 低频优化模式
[3:1]	FATS	Flash 访问时间窗口选择 <table><tr><td>FATS</td><td>访问时间窗口/ns</td></tr><tr><td>000</td><td>40(默认)</td></tr><tr><td>001</td><td>50</td></tr><tr><td>010</td><td>60</td></tr><tr><td>011</td><td>70</td></tr><tr><td>100</td><td>80</td></tr><tr><td>101</td><td>90</td></tr><tr><td>110</td><td>100</td></tr><tr><td>111</td><td></td></tr></table>
[0]	FPSEN	Flash 省电使能 片上 Flash 内存访问时间约为 40 ns,如果 CPU 时钟低于 50 MHz,s/w 使能 Flash 省电功能 1＝使能 Flash 省电功能 0＝禁用 Flash 省电功能

14.6　ISP 实验

【实验 14.6.1】SmartM-M051 开发板:对数据区第 0 页进行数据读写,并通过串口打印读写信息,如图 14.6.1 所示。

1. 硬件设计

参考串口实验硬件设计。

2. 软件设计

实验要求十分简单,只需要包含数据区的写入操作和读取操作,不过要注意的是数据区读写操作之前要首先初始化好数据区的相关寄存器才允许读写操作,而在写操作之前必须扇区擦除。

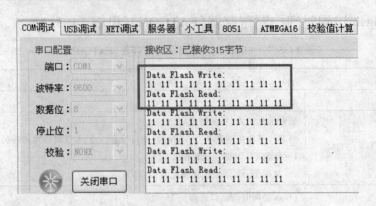

图 14.6.1　ISP 实验示意图

写入数据软件设计:扇区擦除→写入数据。

读取数据软件设计:直接读取。

显示数据软件设计:显示写入的数据和读取的数据。

3. 流程图

流程图如图 14.6.2 所示。

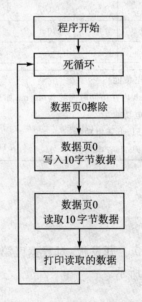

图 14.6.2　ISP 实验流程图

4. 实验代码

ISP 实验函数列表如表 14.6.1 所列。

表 14.6.1　ISP 实验函数列表

序　号	函数名称	说　明
1	ISPTriger	ISP 执行
2	ISPEnable	ISP 使能
3	ISPDisable	ISP 禁用
4	DataFlashRWEnable	数据区读写使能
5	DataFlashErase	数据区擦除
6	DataFlashWrite	数据区写
7	DataFlashRead	数据区读
8	main	函数主体

程序清单 14.6.1　ISP 实验代码

代码位置:\基础实验-ISP\main.c

```
# include "SmartM_M0.h"
# define DEBUGMSG printf
# define PAGE_SIZE                    512
# define DATAFLASH_START_ADDRESS      0x0001F000
# define DATAFLASH_SIZE               0x00001000
# define RW_SIZE                      0x20
STATIC UINT8 g_unDataFlashWRBuf[10];       //全局读写缓冲区
/*********************************
 * 函数名称:ISPTriger
 * 输    入:无
 * 输    出:无
 * 功    能:ISP 执行
 ***************************************/
VOID ISPTriger(VOID)
{
    ISPTRG | = ISPGO;
    while((ISPTRG&ISPGO) = = ISPGO);
}
/*********************************
 * 函数名称:ISPEnable
 * 输    入:无
 * 输    出:无
 * 功    能:ISP 使能
 ***************************************/
VOID ISPEnable(VOID)
{
```

```
        Un_Lock_Reg();
        ISPCON | = ISPEN;
}
/ * * * * * * * * * * * * * * * * * * * * * * * * * * * * * * * * * * * *
 * 函数名称:ISPDisable
 * 输      入:无
 * 输      出:无
 * 功      能:ISP 禁用
 * * * * * * * * * * * * * * * * * * * * * * * * * * * * * * * * * * * */
VOID ISPDisable(VOID)
{
        Un_Lock_Reg();
        ISPCON & = ~ ISPEN;
}
/ * * * * * * * * * * * * * * * * * * * * * * * * * * * * * * * * * * * *
 * 函数名称:DataFlashRWEnable
 * 输      入:无
 * 输      出:无
 * 功      能:数据区读写使能
 * * * * * * * * * * * * * * * * * * * * * * * * * * * * * * * * * * * */
VOID DataFlashRWEnable(VOID)
{
        Un_Lock_Reg();
        ISPCON | = LDUEN;
}
/ * * * * * * * * * * * * * * * * * * * * * * * * * * * * * * * * * * * *
 * 函数名称:DataFlashErase
 * 输      入:unPage 页地址
 * 输      出:无
 * 功      能:数据区擦除
 * * * * * * * * * * * * * * * * * * * * * * * * * * * * * * * * * * * */
VOID DataFlashErase(UINT32 unPage)
{
        ISPEnable();
        DataFlashRWEnable();
        ISPCMD = PAGE_ERASE;
        ISPADR = (unPage * PAGE_SIZE + DATAFLASH_START_ADDRESS);
        ISPTriger();
        ISPDisable();
}
/ * * * * * * * * * * * * * * * * * * * * * * * * * * * * * * * * * * * *
 * 函数名称:DataFlashWrite
```

* 输　　入:pucBuf 写数据缓冲区
unSize　写数据大小
* 输　　出:无
* 功　　能:数据区写
**/

```
VOID DataFlashWrite(UINT8 * pucBuf,UINT32 unSize)//unSize 要为 4 的倍数
{
    UINT32 i;
    ISPEnable();
    DataFlashRWEnable();
    ISPCMD = PROGRAM;
    for(i = 0; i<unSize; i + = 4)
    {
            ISPADR = (i * 4 + DATAFLASH_START_ADDRESS);
            ISPDAT = * (UINT32 * )(pucBuf + i);
            ISPTriger();
    }
    ISPDisable();
}
```

/ *
* 函数名称:DataFlashRead
* 输　　入:pucBuf 读数据缓冲区
unSize　读数据大小
* 输　　出:无
* 功　　能:数据区读
**/

```
VOID DataFlashRead(UINT8 * pucBuf,UINT32 unSize)
{
    UINT32 i;
    ISPEnable();
    DataFlashRWEnable();
    ISPCMD = READ;
    for(i = 0; i<unSize; i + = 4)
    {
        ISPADR = (i * 4 + DATAFLASH_START_ADDRESS);
        ISPTriger();
        * (UINT32 * )(pucBuf + i) = ISPDAT;
    }
    ISPDisable();
}
```

/ *
* 函数名称:main

```
*  输      入:无
*  输      出:无
*  功      能:函数主体
***********************************************/
INT32 main(VOID)
{
      UINT32 i;
      PROTECT_REG                                      //ISP下载时保护FLASH存储器
      (
        PWRCON | = XTL12M_EN;                           //默认时钟源为外部晶振
        while((CLKSTATUS & XTL12M_STB) == 0);          //等待 12MHz 时钟稳定
        CLKSEL0 = (CLKSEL0 & (～HCLK)) | HCLK_12M;     //设置外部晶振为系统时钟
      )
      UartInit(12000000,9600);                          //串口 0 波特率为 9600bit/s
      while(1)
      {
                                //擦除第 0 页
            DataFlashErase(0);
            DEBUGMSG("\r\nData Flash Write:\r\n");
            //初始化缓冲区,所有数值全为 0x11
            memset(g_unDataFlashWRBuf,0x11,sizeof(g_unDataFlashWRBuf));
            for(i = 0; i<sizeof(g_unDataFlashWRBuf); i++)
            {
                  DEBUGMSG(" %02X ",g_unDataFlashWRBuf[i]);
            }
            //数据区写
            DataFlashWrite(g_unDataFlashWRBuf,sizeof(g_unDataFlashWRBuf));
            DEBUGMSG("\r\nData Flash Read:\r\n");
            //清零缓冲区
            memset(g_unDataFlashWRBuf,0,sizeof(g_unDataFlashWRBuf));
            //数据区读
            DataFlashRead(g_unDataFlashWRBuf,sizeof(g_unDataFlashWRBuf));
            for(i = 0; i<sizeof(g_unDataFlashWRBuf); i++)
            {
                  DEBUGMSG(" %02X ",g_unDataFlashWRBuf[i]);
            }
            Delayms(500);
      }
}
```

5. 代码分析

从 main()函数可以清晰地了解到程序的流程:

（1）扇区擦除；

（2）写入数据；

（3）读取数据；

（4）显示数据。

数据区要写入数据，首先要对当前地址的扇区进行擦除，然后才能对当前地址写入数据。

数据区扇区擦除的原因：M051 微控制器内的数据区，具有 Flash 的特性，只能在擦除了扇区后进行字节写，写过的字节不能重复写，只有待扇区擦除后才能重新写，而且没有字节擦除功能，只能扇区擦除。

但有一点要注意的是，在临界电压附近，芯片工作已经不稳定了，硬件的特性也是非常不稳定，所以在这个时候，一定要禁止写 Flash，同时一旦程序跑飞，就可能破坏 Flash 中的数据，进而使系统受到破坏。

深入重点

✓ 扇区擦除的作用要了解清楚，因为写过的字节不能重复写，只有待扇区擦除后才能重新写。

✓ 同一次修改的数据放在同一扇区中，单独修改的数据放在另外的扇区，就不需读出保护。

✓ 如果同一个扇区中存放一个以上的字节，某次只需要修改其中的一个字节或一部分字节时则另外不需要修改的数据须先读出放在 M051 微控制器的 RAM 当中，然后擦除整个扇区，再将需要一的数据一并写回该扇区中。这时每个扇区使用的字节数据越少越方便。

✓ 有一点要注意的是，在临界电压附近，芯片工作已经不稳定了，硬件的特性也是非常不稳定，所以在这个时候，一定要禁止写 Flash，同时一旦程序跑飞，就可能破坏 Flash 中的数据，进而使系统受到破坏。

第 **15** 章

I²C 总线控制器

15.1 概 述

  I²C 为双线，双向串行总线，为设备之间的数据通信提供了简单有效的方法。标准 I²C 是多主机总线，包括冲突检测和仲裁机制以防止在两个或多个主机试图同时控制总线时发生的数据冲突。

  数据在主机与从机间同步于 SCL 时钟线在 SDA 数据线上一字节一字节的传输，每个字节为 8 位长度，一个 SCL 时钟脉冲传输一个数据位，数据由最高位 MSB 首先传输，每个传输字节后跟随一个应答位，每个位在 SCL 为高时采样；因此，SDA 线只在 SCL 为低时才可以改变，在 SCL 为高时 SDA 必须保持稳定。当 SCL 为高时，SDA 线上的跳变视为一个命令（START 或 STOP），更多详细的 I²C 总线时序请参考图 15.1.1 所示。

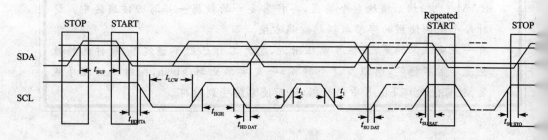

图 15.1.1　I²C 总线时序

  该设备的片上 I²C 提供符合 I²C 总线标准模式规范的串行接口，I²C 端口自动处理字节传输，将 I2CON 的 ENS1 位设置为 1，可以使能该端口。I²C H/W 接口通过两个引脚连接到 I²C 总线：SDA（Px. y，串行数据线）与 SCL（Px. y，串行时钟线）。引脚 Px. y 与 Px. y 用于 I²C 操作需要上拉电阻，因为这两个引脚为开漏脚。在作为 I²C 端口使用时，用户必须先将这两个引脚设置为 I²C 功能。

15.2　特　征

I²C 总线通过 SDA 及 SCL 在连接在总线上的设备间传输数据,总线的主要特征:

- 支持主机和从机模式。
- 主从机之间双向数据传输。
- 多主机总线支持（无中心主机）。
- 多主机间同时发送数据仲裁,总线上串行数据不会被损坏。
- 串行时钟同步使得不同比特率的器件可以通过一条串行总线传输数据。
- 串行时钟同步可用作握手方式来暂停和恢复串行传输。
- 内建一个 14 位超时计数器,当 I²C 总线挂起并且计数器溢出时,该计数器将请求 I²C 中断。
- 需要外部上拉用于高电平输出。
- 可编程的时钟适用于不同速率控制。
- 支持 7 位寻址模式。
- I²C 总线控制器支持多地址识别(4 组从机地址带屏蔽选项)。

15.3　功能描述

1. I²C 协议

如图 15.3.1 所示,通常标准 I²C 传输协议包含 4 个部分:

① 起始信号或重复起始信号的产生。

② 从机地址和 R/W 位传输。

③ 数据传输。

④ 停止信号的产生。

2. I²C 总线上的数据传输

I²C 总线上的通信过程都是由主机发起的,以主机控制总线,发出起始信号作为开始。在发送起始信号后,主机将发送一个用于选择从机设备的地址字节,以寻址总线中的某一个从机设备,通知其参与同主机之间的数据通信,地址格式如图 15.3.2。

地址字节的高 7 位数据是主机呼叫的从机地址,第 8 位用于标示紧接下来的数据传输方向:"0"表示主机将要向从机发送数据(主机发送/从机接收),如图 15.3.3 所示;而"1"则表示主机将要向从机读取数据(主机接收/从机发送),如图 15.3.4 所示。

主机发送器用 7 位地址寻址从机接收器,传输方向未改变。

ARM Cortex-M0 微控制器原理与实践

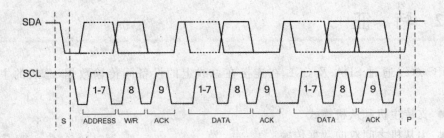

注：
S　　起始信号
W/R　读/写控制位
ACK　应答
DATA　数据
P　　停止信号

图 15.3.1　I²C 协议

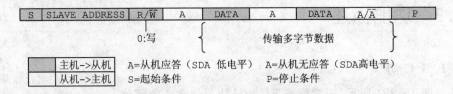

图 15.3.2　地址格式

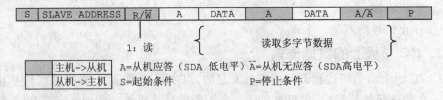

图 15.3.3　主机向从机传输数据

第一个字节（地址）传输后立即读取从机数据，传输方向改变。

图 15.3.4　主机读取从机的数据

3. 起始或重复起始信号

当总线处于空闲状态下，即没有任何主机设备占有总线（SCL 和 SDA 线同时为高），主机可以通过发送起始信号发起一次数据传输，如图 15.3.5 所示。起始信号，通常表示为 Sbit，定义为当 SCL 线为高电平时，SDA 线上产生一个高电平到低电平的跳变。起始信号表示新的数据传输的开始。

　　重复起始信号是指在两个 START 信号间不存在 STOP 信号。主机用这种方式来和另外一个或同一个从机在不同的传输方向并且不释放总线的情形下通信(如从写向一个设备到从该设备读取)。

　　停止信号主机可以通过产生一个停止信号来结束通信。停止信号,通常用 Pbit 表示,定义为当 SCL 线为高电平时,SDA 线上产生一个低电平到高电平的跳变。

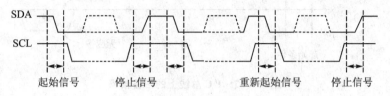

图 15.3.5　启动和停止条件

4. 从机地址传输

　　起始信号后传输的第一个字节是从机地址,从机地址的头 7 位是呼叫地址,紧跟 7 位地址后的是 RW 位。RW 位通知从机数据传输方向。系统当中不会有两台从机有相同的地址。只有地址匹配的从机才会在 SCL 的第 9 个时钟周期拉低 SDA 作为应答信号来响应主机,如图 15.3.6 所示。

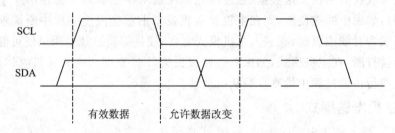

图 15.3.6　I²C 总线上的位传输

5. 数据传输

　　当从机寻址成功完成,就可以根据主机发送的 R/$\overline{\text{W}}$ 位所决定的方向,开始一字节一字节的数据传输,每一个传输的字节会在第九个 SCL 时钟周期跟随一个应答位,如果从机上产生无应答信号(NACK),主机可以产生一个停止信号来中止本次数据传输,或者产生重复起始信号开始新一轮的数据传输,如图 15.3.7 所示。

　　如果主机作为接收设备,没有应答(NACK)从机,则从机释放 SDA 线,以便于主机产生一个停止或重复起始信号。

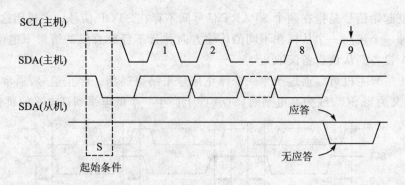

图 15.3.7　I²C 总线上的应答信号

15.4　操作模式

　　片上 I²C 端口支持 5 种操作模式：主机发送，主机接收，从机发送，从机接收和广播呼叫模式。在实际应用中，I²C 端口可以作为主机或从机。在从机模式，I²C 端口寻找自身从机地址和广播呼叫地址，如果这两个地址的任一个被检测到，并且从机打算从主机接收或向主机发送数据（通过设置 AA 位），应答脉冲将会在第 9 个时钟被发出，此时，如果中断被使能，则在主机和从机设备上都会发生一次中断请求。在主控芯片要成为总线主机时，在进入主机模式之前，硬件等待总线空闲以使可能的从机动作不会被打断，在主机模式，如果总线仲裁丢失，I²C 立即切换到从机模式，并可以在同一次串行传输过程中检测自身从机地址。

1．主机发送模式

　　当 SCL 线上输出串行时钟时，数据通过 SDA 线输出。第一个发送的字节包含从设备的地址（7 位）和数据传输方向位（1 位）。在该模式下发送的第一个字节为 SLA＋W。串行数据一次发送 8 位，在每个字节发送完成后，将接收到一个应答位。起始和停止条件将被输出以表明串行传输的开始和结束。

2．主机接收模式

　　在该模式下发送的第一个字节为 SLA＋R。当 SCL 线上输出串行时钟时，数据通过 SDA 线接收。串行数据一次接收 8 位。在每个字节接收完成后，一个应答位将被发送。起始和停止条件将被输出以表明串行传输的开始和结束。

3．从机接收模式

　　在该模式下，串行数据和串行时钟通过 SDA 和 SCL 接收。在接收到一个字节后，一个应答位将被发送。起始和停止条件将被认为是串行传输的开始和结束。地址识别将在从地址和数据传输方向位接收到时由硬件执行。

4. 从机发送模式

对第一个字节的接收和处理跟在从机接收模式一样。然而,在该模式下,数据传输方是颠倒的。当串行时钟通过 SCL 输入时,串行数据通过 SDA 被发出。起始和停止条件将被认为是串行传输的开始和结束。

I²C 总线协议定义如下:

① 只有在总线空闲时才允许启动数据传送。

② 在数据传送过程中当时钟线为高电平时,数据线必须保持稳定状态,不允许有跳变时钟线为高电平时,数据线的任何电平变化将被看作总线的起始或停止信号。

时钟线保持高电平期间,数据线电平从高到低的跳变作为 I²C 总线的起始信号。时钟线保持高电平期间,数据线电平从低到高的跳变作为 I²C 总线的停止信号。

15.5　相关寄存器

1. I²C 控制寄存器(I2CON)(见表 15.5.1)

表 15.5.1　I²C 控制寄存器(I2CON)

Bits		描述
[31:8]	—	—
[7]	EI	使能中断 1=使能 CPU 中断功能 0=禁用 CPU 中断功能
[6]	ENSI	I²C 控制使能位 1=使能 0=禁用 当 ENS=1 I²C 串行功能使能,SDA 和 SCL 引脚必须设置为 I²C 功能
[5]	STA	I²C 起始控制位 STA 置 1,进入主机模式,如果总线处于空闲状态,I²C 硬件会送出起始信号或重复起始信号
[4]	STO	I²C 停止控制位 　在主机模式下,置位 STO 将向总线传输停止条件,进而 I²C 硬件会检查总线状态 　一旦检测到停止条件,该位将被硬件自动清零。在从机模式下,置位 STO 会将 I²C 硬件复位至不可寻址从机模式。这意味着该设备不再处于从机接收模式,不能从主发送设备接收数据

Bits		描　述
[3]	SI	I²C 中断标志位 　　I2CSTATUS 寄存器有新的 SIO 状态时,硬件置位 SI 标志。如果 EI (I2CON [7]) 已经置位,就产生 I²C 中断请求。SI 必须由软件清零。向该位写 1 清零
[2]	AA	接收应答控制位 若在地址或数据接收之前,AA＝1,则在下列情况下: 1) 从机应答主机发送主机的地址信息 2) 接收设备应答发送设备发送的数据时将在 SCL 时钟的应答时钟脉冲间返回应答信号(SDA 为低);若在地址或数据接收之前,AA＝0,则在 SCL 的应答时钟脉冲间不会返回应答信号(SDA 为高)
[1:0]	—	—

2. I²C 数据寄存器(I2CDAT)(见表 15.5.2)

表 15.5.2　I²C 数据寄存器(I2CDAT)

Bits		描　述
[31:8]	—	—
[7:0]	I2CDAT	Bit[7:0]为 8 位 I2C 串行端口的传输数据

3. I²C 状态寄存器(I2CSTATUS)(见表 15.5.3)

表 15.5.3　I²C 状态寄存器(I2CSTATUS)

Bits		描　述
[31:8]	—	—
[7:0]	I2CSTATUS	低三位始终是 0,高 5 位包含状态码,状态码有 26 可能 　　当 I2CSTATUS 的值是 F8H,表示没有串行中断请求;其他的所有的 I2CSTATUS 值可以反映 I²C 的状态 　　当进入这些状态时会产生一个状态中断请求(SI＝1)。一个有效的状态码在 SI 被硬件设为"1"后一个周期内反映到 I2CSTATUS 中,并保持稳定至 SI 被软件清零的下一个周期 　　另外,状态码是 00H 时表示总线错误;当"起始"或"结束"时出现帧结构的非法位置时会产生总线错误。比如在串行传输地址字节中出现的数据字节或应答位就是非法的

4. I²C 波特率控制寄存器(I²CLK)

表 15.5.4　I²C 波特率控制寄存器(I²CLK)

Bits		描　述
[31:8]		
[7:0]	I2CLK	I²C 波特率＝PCLK/(4x(I2CLK＋1))

5. I²C 超时计数寄存器(I2CTOC)(见表 15.5.5)

表 15.5.5　I²C 超时计数寄存器(I2CTOC)

Bits		描　述
[31:3]	—	—
[2]	ENTI	超时计数使能/禁用 1＝使能 0＝禁用 当计数器被使能,SI 被清 0 后,14 位超时计数寄存器开始计数。对 SI 置 1 会使计数器复位,在 SI 清零后计数器重新开始计数
[1]	DIV4	超时计数输入时钟除 4 1＝使能 0＝禁用 使能后,溢出时间延长 4 倍
[0]	TIF	超时标志 1＝超时由硬件置位,可引发 CPU 的中断 0＝软件清零

6. I²C 从机地址寄存器(I2CADDR0～I2CADDR3)(见表 15.5.6)

表 15.5.6　I²C 从机地址寄存器(I2CADDR0～I2CADDR3)

Bits		描　述
[31:8]	—	—
[7:1]	I2ADDR	I2C 地址寄存器: 主机模式下,该寄存器的值无效,从机模式下,高 7 位为 MCU 自身地址,I²C 硬件会匹配是否与该值相符
[0]	GC	广播呼叫功能: 0:禁用广播呼叫功能 1:允许广播呼叫功能

7. I²C 从机隐藏地址寄存器(I2CADM0～I2CADM3)(见表 15.5.7)

表 15.5.7　I²C 从机隐藏地址寄存器(I2CADM0～I2CADM3)

Bits		描　述
[31:8]	—	—
[7:1]	I2CADMx	I²C 隐藏地址寄存器: 1＝允许隐藏(接收到任何地址不予辨识) 0＝禁用隐藏(接收到的地址必须完全符合正确的地址内容) I²C 总线支持多隐藏地址辨识。当设置允许隐藏时,接收到的从机地址是否正确不予处理,当选择为禁用隐藏是,从机地址必须完全符合其真实的地址才给与响应
[0]	—	—

15.6　AT24C02

1. 概　述

AT24C02 是一个 2K 位串行 CMOS E²PROM,如图 15.6.1 所示,内部含有 256 个 8 字节,CATALYST 公司的先进 CMOS 技术实质上减少了器件的功耗。AT24C02 有一个 16 字节页写缓冲器,该器件通过 I²C 总线接口进行操作,有一个专门的写保护功能。I²C 总线协议规定任何将数据传送到总线的器件作为发送器,任何从总线接收数据的器件为接收器。数据传送是由产生串行时钟和所有起始停止信号的主器件控制的。主器件和从器件都可以作为发送器或接收器,但由主器件控制传送数据(发送或接收)的模式,通过器件地址输入端 A0、A1 和 A2 可以实现将最多 8 个 AT24C02 器件连接到总线上。

图 15.6.1　AT24C02

2. 引脚配置(见表 15.6.1)

表 15.6.1　引脚配置

引脚名称	功　能	引脚名称	功　能
A0、A1、A2	器件地址选择	WP	写保护
SDA	串行数据、地址	V_CC	＋1.8～6.0 V 工作电压
SCL	串行时钟	V_SS	地

（1）SCL 串行时钟

AT24C02 串行时钟输入引脚用于产生器件所有数据发送或接收的时钟，这是一个输入引脚。

（2）SDA 串行数据 /地址

AT24C02 双向串行数据/地址引脚用于器件所有数据的发送或接收，SDA 是一个开漏输出引脚，可与其他开漏输出或集电极开路输出进行线或（wire-OR）。

（3）A0、A1、A2 器件地址输入端

这些输入脚用于多个器件级联时设置器件地址，当这些脚悬空时默认值为 0。当使用 AT24C02 时最大可级联 8 个器件。如果只有一个 AT24C02 被总线寻址，这 3 个地址输入脚（A0、A1、A2）可悬空或连接到 V_{ss}，如果只有一个 AT24C02 被总线寻址这 3 个地址输入脚（A0、A1、A2）必须连接到 V_{ss}。

（4）WP 写保护

如果 WP 引脚连接到 V_{cc}，所有的内容都被写保护只能读。当 WP 引脚连接到 V_{ss} 或悬空允许器件进行正常的读/写操作。

3．极限参数

- 工作温度工业级－55～＋125℃。
- 商业级－0～＋75℃。
- 贮存温度－65～＋150℃。
- 各引脚承受电压－2.0 V_{cc}＋2.0V。
- V_{cc} 引脚承受电压－2.0 ＋7.0V。
- 封装功率损耗（Ta＝25℃）1.0W。
- 焊接温度（10s）300℃。
- 输出短路电流 100mA。

4．特　性

- 数据线上的看门狗定时器。
- 可编程复位门槛电平。
- 高数据传送速率为 400 kHz 和 I²C 总线兼容。
- 2.7～7V 的工作电压。
- 低功耗 CMOS 工艺。
- 16 字节页写缓冲区。
- 片内防误擦除写保护。
- 高低电平复位信号输出。
- 100 万次擦写周期。
- 数据保存可达 100 年。
- 商业级、工业级和汽车温度范围。

15.7　实　验

【实验 15.7.1】SmartM-M051 开发板：基于 SmartM-M051 开发板实现 AT24C02 的读写操作，并将读到的数据通过串口打印出来如图 15.7.1 所示。

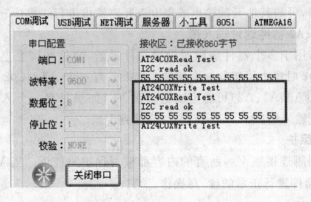

图 15.7.1　I²C 实验示意图

1. 硬件设计

硬件设计如图 15.7.2 所示。

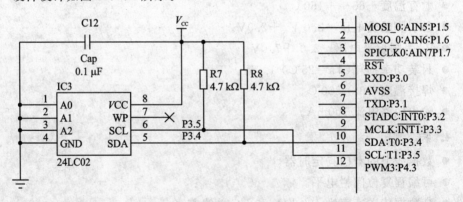

图 15.7.2　I²C 实验硬件设计图

2. 流程图

流程图如图 15.7.3 所示。

3. 实验代码

AT24C02 读写数据实验函数列表如表 15.7.1 所列。

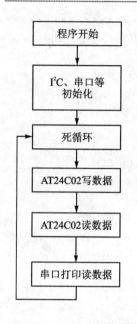

图 15.7.3　I²C 实验流程图

表 15.7.1　AT24C02 读写数据实验函数列表

序　号	函数名称	说　明
1	I2CInit	I²C 初始化
2	AT24C0XWrite	AT24C02 写数据
3	AT24C0XRead	AT24C02 读数据
4	Timed_Write_Cycle	同步写周期
5	main	函数主体

程序清单 15.7.1　AT24C02 读写数据实验代码

代码位置:\基础实验-I²C\main.c

```
# include "SmartM_M0.h"
# define DEBUGMSG printf
# define EEPROM_SLA        0xA0
# define EEPROM_WR         0x00
# define EEPROM_RD         0x01
# define I2C_CLOCK         13
/ ************************************************
* 函数名称:Timed_Write_Cycle
* 输    入:无
* 输    出:无
* 功    能:同步周期
```

```
********************************************/
void Timed_Write_Cycle(void)
{
    while (I2STATUS ! = 0x18)
    {
        //启动
        I2CON | = STA;
        I2CON | = SI;
        while ((I2CON & SI) ! = SI);
        I2CON & = ((~STA) & (~SI));
        //设备地址
        I2DAT = EEPROM_SLA | EEPROM_WR;
        I2CON | = SI;
        while ((I2CON & SI) ! = SI);
    }
    if (I2STATUS ! = 0x18)                       //检查应答
    {
        DEBUGMSG("Not ACK returned!");
    }
    //停止
    I2CON | = STO;
    I2CON | = SI;
    while (I2CON & STO);
}
/*******************************************
* 函数名称:I2CInit
* 输    入:无
* 输    出:无
* 功    能:I2C 初始化
********************************************/
VOID I2CInit(VOID)
{
    P3_PMD & = ~(Px4_PMD | Px5_PMD);
    P3_PMD | = (Px4_OD | Px5_OD);                //使能 I2C0 引脚
    P3_MFP & = ~(P34_T0_I2CSDA | P35_T1_I2CSCL);
    P3_MFP | = (I2CSDA | I2CSCL);                //选择 P3.4,P3.5 作为 I2C0 功能引脚
    APBCLK | = I2C0_CLKEN;                       //使能 I2C0 时钟
    I2CLK = I2C_CLOCK;

    I2CON | = ENSI;                              //使能 I²C
}
/*******************************************
```

```
* 函数名称:AT24C0XWrite
* 输      入:unAddr      写地址
             pucData    写数据
             unLength 写长度
* 输      出:TRUE/FALSE
* 功      能:AT24C0X 写
* * * * * * * * * * * * * * * * * * * * * * * * * * * * * * * * * * */
BOOL AT24C0XWrite(UINT32 unAddr,UINT8 * pucData,UINT32 unLength)
{
    UINT32 i;
    I2CON | = STA;                          //启动
    I2CON | = SI;
    while ((I2CON & SI) != SI);

    I2CON & = ((~STA)&(~SI));
    if (I2STATUS != 0x08)
    {
            DEBUGMSG("I2CStart fail,I2STATUS % 02X\r\n",I2STATUS);
        return FALSE;
    }
    //进入读写控制操作
    I2DAT = EEPROM_SLA | EEPROM_WR;
    I2CON | = SI;
    while ((I2CON & SI) != SI);
    if (I2STATUS != 0x18)
    {
        DEBUGMSG("I2C write control fail\r\n");
        return FALSE;
    }
    //写地址
    I2DAT = unAddr;
    I2CON | = SI;
    while ((I2CON & SI) != SI);
    if (I2STATUS != 0x28)
    {
        DEBUGMSG("I2C write addr fail\r\n");
        return FALSE;
    }
    //写数据
    for(i = 0; i<unLength; i ++ )
    {
        I2DAT =  * (pucData + i);
```

```
        I2CON | = SI;
        while ((I2CON & SI) ! = SI);
        if (I2STATUS ! = 0x28)
        {
            DEBUGMSG("I2C write data fail\r\n");
            return FALSE;
        }
    }
    //停止
    I2CON | = STO;
    I2CON | = SI;
    while (I2CON & STO);
    DEBUGMSG("I2C stop ok\r\n");
    Timed_Write_Cycle();
    return TRUE;
}
/**********************************************
* 函数名称:AT24C0XRead
* 输    入:unAddr    读地址
           pucData   读数据
           unLength 读长度
* 输    出:TRUE/FALSE
* 功    能:AT24C0X 读
**********************************************/
BOOL AT24C0XRead(UINT32 unAddr,UINT8 * pucData,UINT32 unLength)
{
    UINT32 i;
    I2CON | = STA;                          //启动
    I2CON | = SI;
    while ((I2CON & SI) ! = SI);
    I2CON &= ((~STA)&(~SI));
    if (I2STATUS ! = 0x08)
    {
        DEBUGMSG("I2CStart fail,I2STATUS % 02X\r\n",I2STATUS);
        return FALSE;
    }
    //进入读写控制操作
    I2DAT = EEPROM_SLA | EEPROM_WR;
    I2CON | = SI;
    while ((I2CON & SI) ! = SI);
    if (I2STATUS ! = 0x18)
    {
```

```
        DEBUGMSG("I2C write control fail\r\n");
        return FALSE;
    }
    //写入读地址
    I2DAT = unAddr;
    I2CON | = SI;
    while ((I2CON & SI) ! = SI);
    if (I2STATUS ! =  0x28)
    {
        DEBUGMSG("I2C write addr fail\r\n");
        return FALSE;
    }
    // 重新启动
    I2CON | = STA;
    I2CON | = SI;
    while ((I2CON & SI) ! = SI);
    I2CON & = ((~STA)&(~SI));
    if (I2STATUS ! = 0x10)
    {
        DEBUGMSG("I2C repeated start fail\r\n");
        return FALSE;
    }
    //进入读操作
    I2DAT = EEPROM_SLA | EEPROM_RD;
    I2CON | = SI;
    while ((I2CON & SI) ! = SI);
    if (I2STATUS ! =  0x40)
    {
        DEBUGMSG("I2C write control fail\r\n");
        while (1);
    }
    //读取数据
    I2CON | = AA;
    for(i = 0; i<unLength; i ++ )
    {
        I2CON | = SI;
        while ((I2CON & SI) ! = SI);
        if (I2STATUS ! = 0x50)
        {
            DEBUGMSG("I2C read fail\r\n");
            return FALSE;
        }
```

```
        *(pucData + i) = I2DAT;
    }
    //发送 NACK 到 AT24C02,执行断开连接操作
    I2CON & = (～AA);
    I2CON | = SI;
    while ((I2CON & SI) ! = SI);
    //停止
    I2CON | = STO;
    I2CON | = SI;
    while (I2CON & STO);
    DEBUGMSG("I2C read ok\r\n");
    return TRUE;
}
/***************************************
* 函数名称:main
* 输    入:无
* 输    出:无
* 功    能:函数主体
***************************************/
INT32 main(VOID)
{
    UINT8 i,buf[32];

    PROTECT_REG                                     //ISP 下载时保护 Flash 存储器
    (
        PWRCON | = XTL12M_EN;                        //默认时钟源为外部晶振
        while((CLKSTATUS & XTL12M_STB) == 0);       //等待 12MHz 时钟稳定
        CLKSEL0 = (CLKSEL0 & (～HCLK)) | HCLK_12M;   //设置外部晶振为系统时钟
    )
    UartInit(12000000,9600);                        //波特率设置为 9600bit/s
    I2CInit();
    DEBUGMSG("I2C Test\r\n");
    while(1)
    {
        for(i = 0; i<sizeof(buf); i++)              //初始化写缓冲区
        {
            buf[i] = 0x55;
        }
        DEBUGMSG("\r\nAT24C0XWrite Test\r\n");
        AT24C0XWrite(0,buf,sizeof(buf));            //执行写操作
        Delayms(500);
        // =======================================================
```

```
DEBUGMSG("AT24C0XRead Test\r\n");
 for(i = 0; i<sizeof(buf); i++ )              //初始化读缓冲区
{
     buf[i] = 0x00;
}
AT24C0XRead(0,buf,sizeof(buf));               //执行读操作
for(i = 0; i<10; i++ )
{
     DEBUGMSG(" % 02X ",buf[i]);               //打印读取的数值
}
Delayms(500);
    }
}
```

4. 代码分析

AT24C02 读写函数的传入参数保持一致,分别是地址、读写数据缓冲区、读写数据长度。然而它们的内部的不同之处在于读函数操作需要再次重新复位 I²C 总线,写函数需要同步写周期。

深入重点

✓ I²C 为双向串行总线,为设备之间的数据通信提供了简单有效的方法。标准 I²C 是多主机总线,包括冲突检测和仲裁机制以防止在两个或多个主机试图同时控制总线时发生的数据冲突。

✓ 通常标准 I²C 传输协议包含 4 个部分:

1) 起始信号或重复起始信号的产生。

2) 从机地址和 R/W 位传输。

3) 数据传输。

4) 停止信号的产生。

第 **16** 章

串行外围设备接口(SPI)控制器

16.1 概 述

SPI 是英文"Serial Peripheral Interface"的缩写,中文意思是串行外围设备接口,SPI 是 Motorola 公司推出的一种同步串行通信方式,是一种三线同步总线,因其硬件功能很强,与 SPI 有关的软件就相当简单,使 CPU 有更多的时间处理其他事务。

SPI 接口是 Motorola 首先提出的全双工三线同步串行外围接口,采用主从模式(Master Slave)架构;支持多 slave 模式应用,一般仅支持单 Master。时钟由 Master 控制,在时钟移位脉冲下,数据按位传输,高位在前,低位在后(MSB first);SPI 接口有 2 根单向数据线,为全双工通信,目前应用中的数据速率可达几 Mbps 的水平。

SPI 接口主要应用在 EEPROM、FLASH、实时时钟、A/D 转换器,还有数字信号微控制器和数字信号解码器之间。SPI 是一种高速的、全双工、同步的通信总线,并且在芯片的引脚上只占用四根线,节约了芯片的引脚,同时为 PCB 的布局上节省空间,提供方便,正是出于这种简单易用的特性,现在越来越多的芯片集成了这种通信协议,比如 ATMEGA16、LPC2142、S3C2440。

SPI 的通信原理很简单,它以主从方式工作,这种模式通常有一个主设备和一个或多个从设备,需要至少 4 根线,事实上 3 根也可以(单向传输时)也是所有基于 SPI 的设备共有的,它们是 MISO(数据输入)、MOSI(数据输出)、SCK(时钟)、CS(片选)。

串行外围设备接口(SPI)是一个工作于全双工模式下的同步串行数据通信协议。设备通过 4 线双端接口工作于主机/从机模式进行通信。NuMicro M051 系列包括最多 2 组 SPI 控制器,将从外设接收到的数据进行串并转换,或将要发送到外设的数据进行并串转换。每组 SPI 控制器都可被设置成主机;也可设置为被片外主机设备控制的从机。

16.2 特 性

- 最多两组 SPI 控制器。

- 支持主/从机模式。
- 可配置比特长度，一个传输字最多可达 32 位；可配置的传输字数，一次最多可传输 2 个字，所以一次数据传输的最大比特长度是 64 位。
- 支持 burst 操作模式，在一次传输过程中，发送/接收可执行两次字传输。
- 支持 MSB 或 LSB 优先传输。
- 字节或字休眠模式。
- 主机模式下可输出多种串行时钟频率。
- 主机模式下支持两个可编程的串行时钟频率。

SPI 通信有以下特点：

① 主机控制具有完全的主导地址。它决定着通信的速度，也决定着何时可以开始和结束一次通信，从机只能被动响应主机发起的传输。

② SPI 通信是一种全双工高速的通信方式。从通信的任意一方来看，读操作和写操作都是同步完成的。

③ SPI 的传输始终是在主机控制下，进行双向同步的数据交换。

16.3　功　能

主机/从机模式 SPI 控制器可通过设置 SLAVE 位(SPI_CNTRL[18])被配置为主机或从机模式，来与片外 SPI 从机或主机设备通信。在主机模式与从机模式下的应用框图如图 16.3.1 和图 16.3.2 所示。

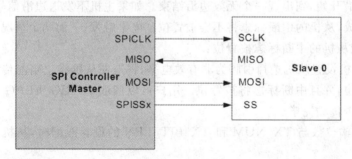

图 16.3.1　SPI 主机模式应用框图

1. 从机选择

在主机模式下，SPI 控制器能通过从机选择输出脚 SPISS 驱动一个片外从机设备。从机模式下，片外的主机设备驱动从机选择信号通过 SPISS 输入到 SPI 控制器。在主机/从机模式下，从机选择信号的有效电平可以在 SS_LVL 位 (SPI_SSR[2])被编程为低有效或高有效，SS_LTRIG 位(SPI_SSR[4])配置从机选择信号 SPISS 为电平触发或边沿触发。触发条件的选择取决于所连接的外围从机/主机的

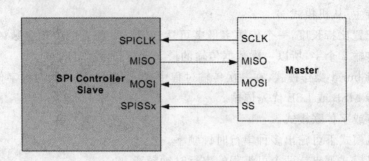

图 16.3.2 SPI 主机模式应用框图

设备类型。

2. 从机选择

在主机模式下,SPI 控制器能通过从机选择输出脚 SPISS 驱动一个片外从机设备。从机模式下,片外的主机设备驱动从机选择信号通过 SPISS 输入到 SPI 控制器。在主机/从机模式下,从机选择信号的有效电平可以在 SS_LVL 位(SPI_SSR[2])被编程为低有效或高有效,SS_LTRIG 位(SPI_SSR[4])配置从机选择信号 SPISS 为电平触发或边沿触发。触发条件的选择取决于所连接的外围从机/主机的设备类型。

3. 电平触发/边沿触发

在从机模式下,从机选择信号可以配置成电平触发或边沿触发。边沿触发,数据传输从有效边沿开始,到出现一个无效边沿结束。如果主机不发送边沿信号给从机,传输将不能完成,从机的中断标志将不会被置位。电平触发,下面两个情况可以终止传输过程,并使从机的中断标志被置位:

① 如果主机设置从机选择引脚为非有效电平,将迫使从机终止当前传输而不管已经传输多少位,并且中断标志将被置位。用户可以读取 LTRIG_FLAG 位的状态来判断数据是否传输完毕。

② 如果传输位数与 TX_NUM 和 TX_BIT_LEN 的设置匹配时,从机的中断标志将被置位。

4. 自动从机选择

在主机模式下,如果 AUTOSS(SPI_SSR[3])置位,从机选择信号自动产生,并根据 SSR[0](SPI_SSR[0])是否使能,输出到 SPISS 引脚上,这意味着,从机选择信号(由 SSR[0]寄存器使能)由 SPI 控制器在发送/接收开始(通过置位 GO_BUSY 位(SPI_CNTRL[0])实现)时置为有效,在传输结束时置为无效。当 AUTOSS 位清零时,可以手动置位与清零寄存器 SPI_SSR[0]的相关位,来声明或取消从机选择输出信号。从机选择输出信号的有效电平在 SS_LVL 位(SPI_SSR[2])指定。

5. 串行时钟

在主机模式下,配置 DIVIDER 器寄存器(SPI_DIVIDER [15:0])来编程由 SPI-CLK 引脚输出的串行时钟频率。如果 VARCLK_EN bit (SPI_CNTRL[23])使能,串行时钟也支持可变频率功能,在这种情况下,串行时钟每一位的输出频率可被编程为一种频率或两种不同的频率,这取决于 DIVIDER 和 DIVIDER2(SPI_DIVIDER [31:16])的设置。每一位的可变频率是由 VARCLK(SPI_VARCLK[3:0])寄存器定义的。在从机模式下,片外主机设备通过此 SPI 控制器的 SPICLK 输入口驱动串行时钟。

6. 时钟极性

在主机模式下,CLKP 位 (SPI_CNTRL[11])定义串行时钟的空闲状态。如果 CLKP = 1,输出 SPICLK 在高电平下为空闲状态。CLKP = 0 时,输出 SPICLK 在低电平下为空闲状态。对于可变串行时钟,仅 CLKP=0 时有效。

7. 发送/接收位长度

传输字的长度在 Tx_BIT_LEN 位(SPI_CNTRL[7:3])中配置。对于发送和接收,一个传输字的位长度可被配置为最多 32 位。

8. Burst 模式/脉冲模式

SPI 可通过设置 TX_NUM (SPI_CNTRL [9:8])为 0X01,切换到 burst 模式。burst 模式下,SPI 可以在一次传输中进行两次发送/接收处理。SPI burst 模式波形图如图 16.3.3 所示。

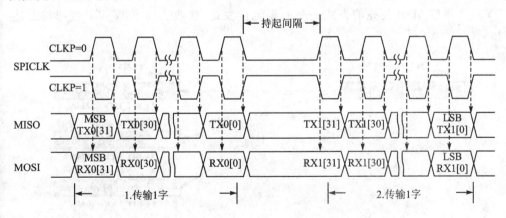

图 16.3.3　一次传输两个 Transactions（Burst Mode）

9. LSB First

LSB 位(SPI_CNTRL[10])定义是从 LSB 还是从 MSB 开始发送/接收数据。

10. 发送边沿

Tx_NEG 位(SPI_CNTRL[2])定义数据发送是在串行时钟 SPICLK 的下降沿还是上升沿。

11. 接收边沿

Rx_NEG 位(SPI_CNTRL[1])定义数据接收是在串行时钟 SPICLK 的下降沿还是上升沿。

12. 字休眠

在主机模式下,SP_CYCLE (SPI_CNTRL[15:12])的 4 位提供在两个连续传输字之间的可配置为 2~17 个串行时钟周期的休眠间隔。休眠间隔指从前一次传输字的最后一个时钟下降沿到下一次传输字的第一个时钟上升沿(CLKP=0);如果 CLKP=1,间隔为前一次传输字的上升沿到下一次传输字的下降沿。SP_CYCLE 的默认值为 0x0(2 个串行时钟周期),如果 Tx_NUM=0x00,设置这些位对数据传输过程没有任何影响。

13. 字节重排序(图 16.3.4)

当传输被设置为 MSB 优先(LSB=0),并且 REORDER 被使能时,TX_BIT_LEN=32 位模式下,存储在 TX 缓存与 RX 缓存中的数据将按[BYTE0,BYTE1,BYTE2,BYTE3]的次序重新排列,发送/接收数据将变成 BYTE0,BYTE1,BYTE2,BYTE3 的顺序。如果 Tx_BIT_LEN 被设置为 24 位模式,TX 缓存与 RX 缓存的数据将被重新排列为[unknown byte,BYTE0,BYTE1,BYTE2], BYTE0,BYTE1 和 BYTE2 将按 MSB 优先的方式一步一步地被发送/接收。16 位模式下规则与上述相同。

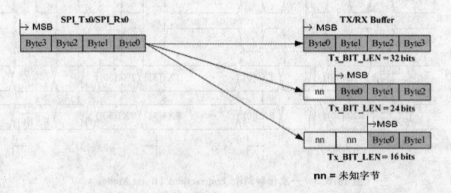

图 16.3.4　一次传输两个 Transactions (Burst Mode)

14. 字节休眠(图 16.3.5)

如图 16.3.5 所示,主机模式下,如果 SPI_CNTRL[19]被设置为 1,硬件将在一个传输字的两个连续传输字节之间插入 2~17 个串行时钟周期的休眠间隔。如表 16.3.1 所列,字节休眠的设定与字休眠设定一样,二者使用共同的位域 SP_CYCLE,注意当使能字节休眠功能时,TX_BIT_LEN 必须被设置为 0x00(一个传输字 32 位)。

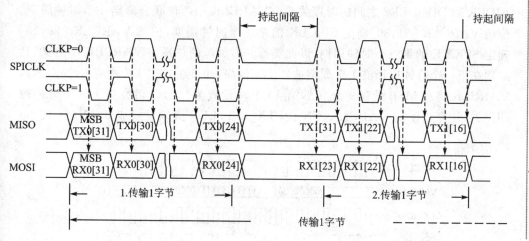

图 16.3.5 字节休眠时序波形

表 16.3.1 字节顺序和字节休眠条件

重排序模式选择	描 述
00	禁用字节重排序功能和字节休眠
01	使能字节重排序功能,并在每个字节之间插入一个字节休眠间隔(2~17串行时钟周期) TX_BIT_LEN 的设置必须配置成 0x00 (32 bits/ word)
10	使能字节重排序功能但禁用字节休眠功能
11	禁用字节重排序功能,但在每个字节之间插入一个休眠间隔(2~17串行时钟周期) TX_BIT_LEN 的设置必须配置成 0x00 (32 bits/ word)

15. 中 断

数据传输完毕时,每一个 SPI 控制器会产生一个独立的中断,并且各自的中断事件标志 IF(SPI_CNTRL[16])将会被置位。如果中断使能位 IE(SPI_CNTRL[17])置位,则中断事件标志将向 CPU 产生一个中断。中断事件标志只能通过向其写 1 清零。

16. 可变串行时钟频率

在主机模式下,如果可变时钟使能位 VARCLK_EN (SPI_CNTRL [23])使能,串行时钟的输出可被编程为可变频率模式。频率格式在寄存器 VARCLK (SPI_VARCLK [31:0])里定义。如果 VARCLK 的某位为'0',输出频率取决于 DIVIDER (SPI_DIVIDER[15:0]),如果 VARCLK 某位为'1',输出频率取决于 DIVIDER2 (SPI_DIVIDER[31:16])。图 16.3.6 为串行时钟(SPICLK),VARCLK,DIVIDER 和 DIVIDER2 之间的时序关系。VARCLK 中两位联合确定一个时钟周期。位域 VARCLK [31:30]确定 SPICLK 的第一个时钟周期,位域 VARCLK [29:28]确定 SPICLK 的第二个时钟周期,以此类推。时钟源的选择在 VARCLK 中定义,且必须在下一个时钟选择前 1 个周期被置位。例如,如果在 SPICLK 中有 5 个 CLK1,VARCLK 将在 MSB 设置 9 个'0',第 10 个将设置为'1',以切换到下一个时钟源 CLK2。注意当使能 VARCLK_EN 位,TX_BIT_LEN 必须设置成 0x10 (仅 16 bit 模式)。

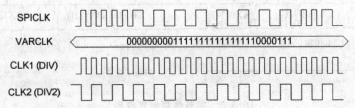

图 16.3.6　可调串行时钟频率

16.4　时序波形图

在主机/从机模式下,设备/从机选择信号(SPISS)的有效电平可以在 SS_LVL 位 (SPI_SSR[2])被编程为低电平有效或高电平有效,但是 SPISSx0/1 是电平触发还是边沿触发在 SS_LTRIG 位(SPI_SSR[4])中定义。串行时钟(SPICLK)的空闲状态可以通过 CLKP 位(SPI_CNTRL[11])配置为高状态或低状态。在 Tx_BIT_LEN (SPI_CNTRL[7:3])中配置传输字的长度,在 Tx_NUM(SPI_CNTRL[8])中配置传输的数目,在 LSB bit (SPI_CNTRL[10])中配置发送/接收数据是 MSB 还是 LSB 优先。用户还可以在寄存器 Tx_NEG/Rx_NEG (SPI_CNTRL[2:1])中选择在时钟的上升沿还是下降沿发送/接收数据。主机/从机的 4 种 SPI 操作时序图和相关的设定如图 16.4.1～图 16.4.4 所示。

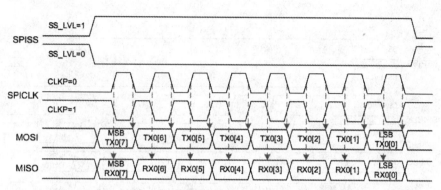

Master Mode: CNTRL[SLVAE]=0, CNTRL[LSB]=0, CNTRL[TX_NUM]=0x0, CNTRL[TX_BIT_LEN]=0x08

1. CNTRL[CLKP]=0, CNTRL[TX_NEG]=1, CNTRL[RX_NEG]=0 or
2. CNTRL[CLKP]=1, CNTRL[TX_NEG]=0, CNTRL[RX_NEG]=1

图 16.4.1　主机模式下 SPI 时序

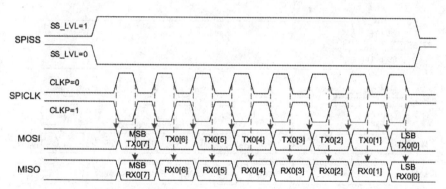

Master Mode: CNTRL[SLVAE]=0, CNTRL[LSB]=1, CNTRL[TX_NUM]=0x0, CNTRL[TX_BIT_LEN]=0x08

1. CNTRL[CLKP]=0, CNTRL[TX_NEG]=0, CNTRL[RX_NEG]=1 or
2. CNTRL[CLKP]=1, CNTRL[TX_NEG]=1, CNTRL[RX_NEG]=0

图 16.4.2　主机模式下 SPI 时序 (Alternate Phase of SPICLK)

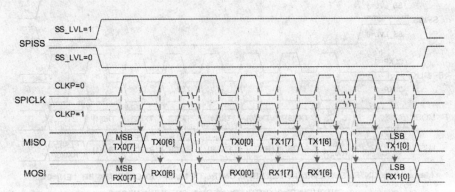

Slave Mode: CNTRL[SLVAE]=1, CNTRL[LSB]=0, CNTRL[TX_NUM]=0x01, CNTRL[TX_BIT_LEN]=0x08

1. CNTRL[CLKP]=0, CNTRL[TX_NEG]=1, CNTRL[RX_NEG]=0 or
2. CNTRL[CLKP]=1, CNTRL[TX_NEG]=0, CNTRL[RX_NEG]=1

图 16.4.3 从机模式下 SPI 时序

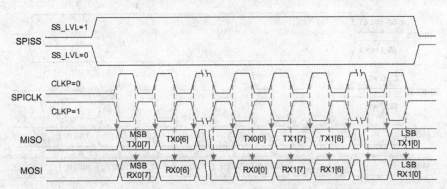

Slave Mode: CNTRL[SLVAE]=1, CNTRL[LSB]=1, CNTRL[TX_NUM]=0x01, CNTRL[TX_BIT_LEN]=0x08

1. CNTRL[CLKP]=0, CNTRL[TX_NEG]=0, CNTRL[RX_NEG]=1 or
2. CNTRL[CLKP]=1, CNTRL[TX_NEG]=1, CNTRL[RX_NEG]=0

图 16.4.4 从机模式下 SPI 时序 (Alternate Phase of SPICLK)

16.5 相关寄存器

1. SPI 控制与状态寄存器(SPI_CNTRL)(见表 16.5.1)

表 16.5.1 SPI 控制与状态寄存器(SPI_CNTRL)

Bits		描 述
[31:24]	—	—
[23]	VARCLK_EN	可调多时钟使能(仅主机) 0=串行时钟输出仅由 DIVIDER 的值决定 1=串行时钟输出可变,输出频率由 VARCLK,DIVIDER,和 DIVIDER2 的值决定 注:当使能 VARCLK_EN,TX_BIT_LEN 必须设置成 0x10 (16 bits 模式)
[22:21]	—	—
[20:19]	REORDER	重排序模式选择 00=禁用字节重排序和字节休眠功能 01=使能字节重排序,并在每个字节之间插入一字节休眠间隔(2~17 串行时钟周期)。TX_BIT_LEN 必须设置成 0x00 (32 bits/word) 10=使能字节重排序功能,但禁用字节休眠功能 11=禁用字节重排序功能,但在每个字节之间插入一个休眠间隔(2~17 串行时钟周期). TX_BIT_LEN 必须设置成 0x00 (32 bits/word)
[18]	SLAVE	从机模式选择 0=主机模式 1=从机模式
[17]	IE	中断使能 0=禁用 MICROWIRE/SPI 中断 1=使能 MICROWIRE/SPI 中断
[16]	IF	中断标志 0=表示传输未结束 1=表示传输完成。当 SPI 使能,该位置 1 注:该位写 1 清零
[15:12]	SP_CYCLE	休眠间隙（仅主机模式） 　　该四位用于编辑增加在两次连续传输内的间隔时间。如果 CLKP=0,间隔时间从当前传输的最后一个时钟下降沿到下次传输的第一个时钟上升沿。如果 CLKP=1,间隔时间从时钟上升沿到时钟下降沿。默认值为 0x0。当 Tx_NUM=00,该位无效。下列公式可获得所需的间隔时间 (SP_CYCLE[3:0] + 2) * SPI 时钟周期 SP_CYCLE=0x0···2 个 SPI 时钟周期 SP_CYCLE=0x1···3 个 SPI 时钟周期 ······ SP_CYCLE=0xe···16 个 SPI 时钟周期 SP_CYCLE=0xf···17 个 SPI 时钟周期

Bits		描　述
[11]	CLKP	时钟极性 0 = SCLK 低电平空闲 1 = SCLK 高电平空闲
[10]	LSB	优先传送 LSB 0=优先发送/接收 MSB(具体是 SPI_TX0/1 和 SPI_RX0/1 寄存器的哪一位取决于 TX_BIT_LEN 的值) 1=优先发送 LSB(SPI_TX0/1 的 bit 0),接收到的首位数居被送入 Rx 寄存器的 LSB 位置(SPI_RX0/1 的 bit 0)
[9:8]	TX_NUM	发送/接收数量 该寄存器用于标示一次成功传输中,传输的数量 00=每次传输仅完成一次发送/接收 01=每次传输完成两次发送/接收 10 = — 11 = —
[7:3]	TX_BIT_LEN	传输位长度 该寄存器用于标示一次传输中,完成的传输长度,最高纪录 32 位 Tx_BIT_LEN=0x01…1 位 Tx_BIT_LEN=0x02…2 位 …… Tx_BIT_LEN=0x1f…31 位 Tx_BIT_LEN=0x00…32 位
[2]	TX_NEG	发送数据边沿反向位 0=SDO 信号在 SPICLK 的上升沿改变 1=SDO 信号在 SPICLK 的下降沿改变
[1]	RX_NEG	接收数据边沿反向位 0=SDI 信号在 SPICLK 上升沿锁存 1=SDI 信号在 SPICLK 下降沿锁存
[0]	GO_BUSY	通信或忙状态标志 0=在 SPI 正在通信时对该位写 0 会使数据传输停止 1 =主机模式下,对该位写 1=开启 SPI 数据传输;从机模式下,对该位写 1 表明从机已准备好与主机的通信 注:在对 CNTRL 寄存器的 GO_GOBY 置 1 之前,必须先配置相应的寄存器。在传输过程中再对其他寄存器进行配置,无法影响传输过程

2. SPI 分频寄存器(SPI_DIVIDER)(见表 16.5.2)

表 16.5.2　SPI 分频寄存器(SPI_DIVIDER)

Bits		描　述
[31:16]	DIVIDER2	时钟 2 分频寄存器(仅主机模式) 　　系统时钟,PCLK 的第 2 个频率分频器,产生串行时钟输出 SPICLK。可以根据下列方程获得期望的频率: $$f_{sclk} = \frac{f_{psclk}}{(DIVIDER2 + 1) * 2}$$
[15:0]	DIVIDER	时钟分频寄存器(仅主机模式) 　　系统时钟,PCLK 的分频器产生串行时钟输出 SPICLK。根据下列方程获得期望的频率 $$f_{sclk} = \frac{f_{psclk}}{(DIVIDER + 1) * 2}$$ 从机模式,由主机提供的 SPI 时钟周期,可以大于或等于 PCLK 周期的 5 倍。换言之,SPI 时钟的最大频率为从机 PCLK 的 1/5

3. SPI 从机选择寄存器(SPI_SSR)(见表 16.5.3)

表 16.5.3　SPI 从机选择寄存器(SPI_SSR)

Bits		描　述
[31:6]	—	—
[5]	LTRIG_FLAG	电平触发标志 在从机模式下 SS_LTRIG 置位,该标志能够表示接收到的位数量是否达到要求 1:接收数量和接收位长度达到 TX_NUM 及 TX_BIT_LEN 内的值 0:接收数量或接收位长度没有达到 TX_NUM 及 TX_BIT_LEN 内的值 注:该位只读
[4]	SS_LTRIG	从机电平触发选择(从机模式) 0:从机输入边沿触发。该为默认值 1:从机选择由电平触发。根据 SS_LVL 选择是高电平/低电平触发
[3]	AUTOSS	自动从机选择(主机模式) 0=该位清位,从机选择信号是否生效,由设置或清除 SSR[0] 寄存器决定 1=该位置位,SPISS0/1 信号自动产生。这说明在 SSR[0] 寄存器内的从机选择信号,在置位 GO_BUSY 开始发送/接收时有 SPI 控制器声明,并且在传输结束后解除声明

续表 16.5.3

Bits		描　述
[2]	SS_LVL	从机选择激活电平 该位决定 SPISS0/1 寄存器内从机选择信号根据哪个电平激活 0＝SPISS0/1 从机选择低电平/下降沿时激活 1＝The SPISS0/1 从机选择高电平/上升沿时激活
[1]	—	—
[0]	SSR	从机选择寄存器(主机模式) 当 AUTOSS 位被清除,对 SSR 位写 1,将会激活 SPISSx 线,写 0 线上返回至非活动状态 当 AUTOSS 位被设置,对 SSR 位写 1,将会使 SPISSx 线上在传输/接受数据时自动驱动至激活状态。在其他时间驱动至非活动状态(由 SS_LVL 决定激活电平) 注:SPISSx 通常在从机模式下被定义为设备/从机选择输入

4. SPI 数据接收寄存器(SPI_RX0 /SPI_RX1)(见表 16.5.4)

表 16.5.4　SPI 数据接收寄存器(SPI_RX0/SPI_RX1)

Bits		描　述
[31:0]	RX	数据接收寄存器 　　数据接收寄存器内保存最后一次传输所接收的数据。数据的长度根据 SPI_CNTRL 寄存器内配置的长度决定。例如,Tx_BIT_LEN 设定为 0x08 且 Tx_NUM 设定为 0x0,Rx0[7:0]内保存传输数据 注:数据接收寄存器为只读寄存器

5. SPI 数据发送寄存器(SPI_TX0 /SPI_TX1)(见表 16.5.5)

表 16.5.5　SPI 数据发送寄存器(SPI_TX0/SPI_TX1)

Bits		描　述
[31:0]	TX	数据发送寄存器 　　数据发送寄存器数据发送寄存器内存储下一次被发送的数据。数据的长度根据 CNTRL 寄存器内配置的长度决定。例如,Tx_BIT_LEN 设定为 0x08 且 Tx_NUM 设定为 0x0,Tx0[7:0]内的数据将被发送。如果[Tx_BIT_LEN 设定为 0x00 且 Tx_NUM 设定为 0x1,模块将用同种设置确保 2 个 32 位数据发送/接收(顺序是 TX0[31:0],TX1[31:0])

6. SPI 可调时钟类型寄存器(SPI_VARCLK)(见表 16.5.6)

表 16.5.6　SPI 可调时钟类型寄存器(SPI_VARCLK)

Bits		描　述
[31:0]	VARCLK	可调时钟类型 该值为 SPI 时钟频率类型. VARCLK 为'0', SPICLK 的输出频率取决于 DIVIDER 的值. VARCLK 为'1', SPICLK 的输出频率取决于 DIVIDER2。参考寄存器 SPI_DIVIDER 注:仅适用于 CLKP = 0

16.6　实　验

【实验 16.6.1】SmartM-M051 开发板:采用 M051 微控制器内置的两个进行 SPI 通信自测,并通过串口打印相关信息。

1. 硬件设计

P0.4 连接到 P1.4,P0.5 连接到 P1.5,P0.6 连接到 P1.6,P0.7 连接到 P1.7。

2. 软件设计

M051 微控制器内置两个 SPI 接口,可将 SPI0 工作在主机模式,SPI1 工作在从机模式。当 SPI1 接收到 SPI0 发送的数据时,并通过串口打印。

3. 流程图

流程图如图 16.6.1 所示。

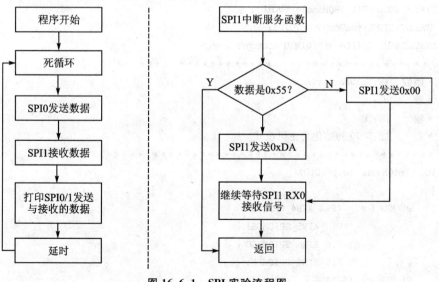

图 16.6.1　SPI 实验流程图

4. 实验代码

SPI 实验函数列表如表 16.6.1 所列。

表 16.6.1 SPI 实验函数列表

序 号	函数名称	说 明
1	Spi0Send1W	SPI0 发送数据
2	Spi0MasterInit	SPI0 初始化为主机模式
3	Spi0Length	设置 SPI0 数据长度
4	Spi1SlaveInit	SPI1 初始化为从机
5	GetSlaveID	获取从机 ID
6	PrintGetData	打印 SPI0/1 接收到的数据
中断服务函数		
7	SPI1_IRQHandler	SPI1 中断服务函数

程序清单 16.6.1 SPI 实验代码

代码位置:\基础实验—SPI\main. c

```
# include "SmartM_M0. h"
# define DEBUGMSG printf
STATIC UINT32    g_unSpi0Rx0Data = 0,g_unSpi1Rx0Data = 0;
STATIC VOID Spi0Send1W(UINT32 ulData,UINT8 ucLength);
STATIC VOID GetSlaveID(VOID);
STATIC VOID Spi0Length(UINT8 ucLength);
STATIC VOID Spi1SlaveInit(VOID);
STATIC VOID SPI1_IRQHandler(VOID);
STATIC VOID PrintGetData(VOID);
STATIC VOID Spi1Length(UINT8 ucLength);
/************************************************
* 函数名称:Spi0MasterInit
* 输     入:无
* 输     出:无
* 功     能:SPI0 初始化为主机模式
***********************************************/
VOID Spi0MasterInit(VOID)
{
    P1_MFP & = ～(P14_AIN4_SPI0SS |
                 P15_AIN5_SPI0MOSI |
                 P16_AIN6_SPI0MISO |
                 P17_AIN7_SPI0CLK) ;
    P1_MFP | = (SPI0SS |
```

```
                SPI0MOSI |
                SPI0MISO |
                SPI0CLK);                       //使能 SPI 相关引脚
    ENABLE_SPI0_CLK;                            //SPI0 时钟使能
    SPI0_SSR & = ~LVL_H;                        //从机选择选择信号通过低电平激活
    SPI0_CNTRL & = ~LSB_FIRST;                  //优先发送/接收最高有效位
    SPI0_CNTRL & = ~CLKP_IDLE_H;                //SCLK 空闲时为低电平
    SPI0_CNTRL | = TX_NEG_F;                    //SDO 信号在 SPICLK 的下降沿改变
    SPI0_CNTRL & = ~RX_NEG_F;                   //SDI 信号在 SPICLK 上升沿锁存
    CLKDIV & = 0xFFFFFFF0;                      //HCLK_N = 0,Pclk = SYSclk/(HCLK_N + 1)
    SPI0_DIVIDER & = 0xFFFF0000;                //SPIclk = Pclk/((HCLK_N + 1) * 2)
    SPI0_DIVIDER | = 0x00000002;
    SET_SPI0_MASTER_MODE;                       //SPI0 工作在主机模式
    ENABLE_SPI0_AUTO_SLAVE_SLECT;               //使能自动从机选择
    SPI0_SSR | = SSR_ACT;
}
/********************************************
* 函数名称:Spi0Send1W
* 输     入:ulData       发送的数据
           ucLength    数据长度
* 输     出:无
* 功     能:SPI0 发送数据
********************************************/
VOID Spi0Send1W(UINT32 ulData,UINT8 ucLength)
{
    SPI0_CNTRL & = TX_NUM_ONE;
    Spi0Length(ucLength);
    SPI0_TX0 = ulData;
    SPI0_CNTRL | = GO_BUSY;
}
/********************************************
* 函数名称:GetSlaveID
* 输     入:无
* 输     出:无
* 功     能:获取从机 ID
********************************************/
VOID GetSlaveID(VOID)
{
    Spi0Send1W(0x00000055,0x08);
    while((SPI0_CNTRL & GO_BUSY)! = 0);
    Spi0Send1W(0x00000000,0x08);
    while((SPI0_CNTRL & GO_BUSY)! = 0);
```

```
        g_unSpi0Rx0Data = SPI0_RX0;
}
/ *************************************************
* 函数名称:Spi0Length
* 输    入:ucLength 数据长度
* 输    出:无
* 功    能:设置 SPI0 数据长度
************************************************/
VOID Spi0Length(UINT8 ucLength)
{
    if(ucLength< = 0x20)
    {
        if((ucLength & 0x01) == 0)
            SPI0_CNTRL & = ~(1<<3);
        else
            SPI0_CNTRL | = (1<<3);
        if((ucLength & 0x02) == 0)
            SPI0_CNTRL & = ~(1<<4);
        else
            SPI0_CNTRL | = (1<<4);
        if((ucLength & 0x04) == 0)
            SPI0_CNTRL & = ~(1<<5);
        else
            SPI0_CNTRL | = (1<<5);
        if((ucLength & 0x08) == 0)
            SPI0_CNTRL & = ~(1<<6);
        else
            SPI0_CNTRL | = (1<<6);
        if((ucLength & 0x10) == 0)
            SPI0_CNTRL & = ~(1<<7);
        else
            SPI0_CNTRL | = (1<<7);
    }
}
/ *************************************************
* 函数名称:Spi1SlaveInit
* 输    入:无
* 输    出:无
* 功    能:SPI1 初始化为从机
************************************************/
VOID Spi1SlaveInit(VOID)
{
```

```
    P0_MFP & = ~(P04_AD4_SPI1SS |
                 P05_AD5_SPI1MOSI |
                 P06_AD6_SPI1MISO |
                 P07_AD7_SPI1CLK) ;
    P0_MFP | = (SPI1SS |
                SPI1MOSI |
                SPI1MISO |
                SPI1CLK) ;                      //使能 SPI1 相关引脚
    ENABLE_SPI1_CLK;
    SPI1_SSR & = LTRIG_EDG;                      //从机输入边沿触发
    SPI1_SSR & = ~LVL_H;                         //从机选择选择信号通过低电平激活

    SPI1_CNTRL & = ~LSB_FIRST;                   //优先发送/接收最高有效位
    SPI1_CNTRL & = ~CLKP_IDLE_H;                 //SCLK 空闲时为低电平
    SPI1_CNTRL | = TX_NEG_F;                     //SDO 信号在 SPICLK 的下降沿改变
    SPI1_CNTRL & = ~RX_NEG_F;                    //SDI 信号在 SPICLK 上升沿锁存
    CLKDIV & = 0xFFFFFFF0;                       //HCLK_N = 0,Pclk = SYSclk/(HCLK_N + 1)
    SPI1_DIVIDER & = 0xFFFF0000;                 //SPIclk = Pclk/((HCLK_N + 1) * 2)
    SPI1_DIVIDER | = 0x00000002;
    SET_SPI1_SLAVE_MODE;                         //SPI1 工作在从机模式

    ENABLE_SPI1_INTERRUPT;                       //使能 SPI1 中断
    NVIC_ISER | = SPI1_INT;
    Spi1Length(8);                               //设置 SPI1 数据长度
    SPI1_GO_BUSY;                                //等待 SPI1 RX0 接收信号
}
/********************************************
* 函数名称:Spi1Length
* 输      入:ucLength 数据长度
* 输      出:无
* 功      能:设置 SPI1 数据长度
********************************************/
VOID Spi1Length(UINT8 ucLength)
{
    if(ucLength < = 0x20)
    {
        if((ucLength & 0x01) == 0)
            SPI1_CNTRL & = ~(1<<3);
        else
            SPI1_CNTRL | = (1<<3);
        if((ucLength & 0x02) == 0)
            SPI1_CNTRL & = ~(1<<4);
```

```
            else
                SPI1_CNTRL |= (1<<4);
        if((ucLength & 0x04) == 0)
            SPI1_CNTRL &= ~(1<<5);
        else
            SPI1_CNTRL |= (1<<5);
        if((ucLength & 0x08) == 0)
            SPI1_CNTRL &= ~(1<<6);
        else
            SPI1_CNTRL |= (1<<6);
        if((ucLength & 0x10) == 0)
            SPI1_CNTRL &= ~(1<<7);
        else
            SPI1_CNTRL |= (1<<7);
    }
}
/*************************************************
* 函数名称:PrintGetData
* 输    入:无
* 输    出:无
* 功    能:打印 SPI0/1 接收到的数据
*************************************************/
VOID PrintGetData(VOID)
{
    DEBUGMSG("Slave Get Command = % X\n",g_unSpi1Rx0Data);
    DEBUGMSG("Master Get Feed Back Data = % X\n",g_unSpi0Rx0Data);
}
/*************************************************
* 函数名称:main
* 输    入:无
* 输    出:无
* 功    能:函数主体
*************************************************/
INT32 main(VOID)
{
    PROTECT_REG                                 //ISP 下载时保护 FLASH 存储器
    (
        PWRCON |= XTL12M_EN;                      //默认时钟源为外部晶振
        while((CLKSTATUS & XTL12M_STB) == 0);    //等待 12MHz 时钟稳定
            CLKSEL0 = (CLKSEL0 & (~HCLK)) | HCLK_12M;  //设置外部晶振为系统时钟
    )
    UartInit(12000000,9600);                      //波特率设置为 9600bit/s
```

```
    Spi0MasterInit();                                   //SPI0 初始化为主机模式
    Spi1SlaveInit();                                    //SPI1 初始化为从机模式

    while(1)
    {
        DEBUGMSG("Master will send 0x55 data to slave and receive 0xDA data\r\n");
        DEBUGMSG("Put AnyKey to Start Test\r\n");
        GetSlaveID();
        PrintGetData();
        printf("\r\n\r\n");
        Delayms(1000);
    }
}
/ * * * * * * * * * * * * * * * * * * * * * * * * * * * * * * * * * *
 * 函数名称:SPI1_IRQHandler
 * 输      入:无
 * 输      出:无
 * 功      能:SPI1 中断服务函数
 * * * * * * * * * * * * * * * * * * * * * * * * * * * * * * * * * * */
VOID SPI1_IRQHandler(VOID)
{
    SPI1_CNTRL | = SPI_IF;                              //清除中断标志
    if(SPI1_RX0 = = 0x55)
    {
        g_unSpi1Rx0Data = SPI1_RX0;
        SPI1_TX0 = 0x000000DA;
    }
    else
        SPI1_TX0 = 0x00000000;
    SPI1_GO_BUSY;                                        //等待 SPI1 RX0 接收信号
}
```

5. 代码分析

M051 微控制器内置两个 SPI 接口,因此可方便将 SPI0 工作在主机模式,SPI1 工作在从机模式,通过该试验,读者就很容易了解到 SPI 通信的主从机模式是如何工作的,同时实验过程也并不复杂,在 while(1)只有 GetSlaveID 获取从机 ID 函数与 PrintGetData 打印获取数据的函数。

深入重点

✓ SPI 是英文 Serial Peripheral Interface 的缩写,中文意思是串行外围设备接口,SPI 是 Motorola 公司推出的一种同步串行通信方式,是一种三线同步总线,因其硬件功能很强,与 SPI 有关的软件就相当简单,使 CPU 有更多的时间处理其他事务。

✓ SPI 通信有以下特点:

① 主机控制具有完全的主导地址。它决定着通信的速度,也决定着何时可以开始和结束一次通信,从机只能被动响应主机发起的传输。

② SPI 通信是一种全双工高速的通信方式。从通信的任意一方来看,读操作和写操作都是同步完成的。

③ SPI 的传输始终是在主机控制下,进行双向同步的数据交换。

第**17**章

模拟/数字转换

17.1 概　述

1. 什么是模拟信号？

主要是与离散的数字信号相对的连续的信号。模拟信号分布于自然界的各个角落，如每天温度的变化，而数字信号是人为的抽象出来的在时间上不连续的信号。电学上的模拟信号是主要是指幅度和相位都连续的电信号，此信号可以被模拟电路进行各种运算，如放大，相加，相乘等。

模拟信号是指用连续变化的物理量表示的信息，其信号的幅度，或频率，或相位随时间作连续变化，如目前广播的声音信号，或图像信号等。

常见的模拟信号有正弦波、调幅波、阻尼震荡波、指数衰减波，如图 17.1.1 所示。

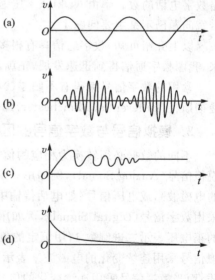

图 17.1.1　几种常见的模拟信号

2. 什么是数字信号？

数字信号指幅度的取值是离散的，幅值表示被限制在有限个数值之内。二进制码就是一种数字信号。二进制码受噪声的影响小，易于有数字电路进行处理，所以得到了广泛的应用，特点如下：

① 抗干扰能力强、无噪声积累。在模拟通信中，为了提高信噪比，需要在信号传输过程中及时对衰减的传输信号进行放大，信号在传输过程中不可避免地叠加上的噪声也被同时放大。随着传输距离的增加，噪声累积越来越多，以致使传输质量严重恶化。

对于数字通信，由于数字信号的幅值为有限个离散值（通常取两个幅值），在传输过程中虽然也受到噪声的干扰，但当信噪比恶化到一定程度时，即在适当的距离采用判决再生的方法,再生成没有噪声干扰的和原发送端一样的数字信号,所以可实现长距离高质量的传输。

② 便于加密处理。信息传输的安全性和保密性越来越重要,数字通信的加密处理的比模拟通信容易得多,以话音信号为例,经过数字变换后的信号可用简单的数字逻辑运算进行加密、解密处理。

③ 便于存储、处理和交换。数字通信的信号形式和计算机所用信号一致,都是二进制代码,因此便于与计算机联网,也便于用计算机对数字信号进行存储、处理和交换,可使通信网的管理、维护实现自动化、智能化。

④ 设备便于集成化、微型。数字通信采用时分多路复用,不需要体积较大的滤波器。设备中大部分电路是数字电路,可用大规模和超大规模集成电路实现,因此体积小、功耗低。

⑤ 便于构成综合数字网和综合业务数字网。采用数字传输方式,可以通过程控数字交换设备进行数字交换,以实现传输和交换的综合。另外,电话业务和各种非话业务都可以实现数字化,构成综合业务数字网。

⑥ 占用信道频带较宽。一路模拟电话的频带为 4 kHz 带宽,一路数字电话约占 64 kHz,这是模拟通信目前仍有生命力的主要原因。随着宽频带信道(光缆、数字微波)的大量利用(一对光缆可开通几千路电话)以及数字信号处理技术的发展(可将一路数字电话的数码率由 64 kbit/s 压缩到 32 kbit/s 甚至更低的数码率),数字电话的带宽问题已不是主要问题了。

以上介绍可知,数字通信具有很多优点,所以各国都在积极发展数字通信。近年来,我国数字通信得到迅速发展,正朝着高速化、智能化、宽带化和综合化方向迈进。

常用的数字信号编码有不归零(NRZ)编码、曼彻斯特(Manchester)编码和差分曼彻斯特(Differential Manchester)编码,如图 17.1.2 所示。

3. 模拟信号与数字信号的区别

不同的数据必须转换为相应的信号才能进行传输:模拟数据(模拟量)一般采用模拟信号(Analog Signal),例如用一系列连续变化的电磁波(如无线电与电视广播中的电磁波),或电压信号(如电话传输中的音频电压信号)来表示数字数据(数字量)则采用数字信号(Digital Signal),例如用一系列断续变化的电压脉冲(如我们可用恒定的正电压表示二进制数 1,用恒定的负电压表示二进制数 0),或光脉冲。当模拟信号采用连续变化的电磁波来表示时,电磁波本身既是信号载体,同时作为传输介质;而当模拟信号采用连续变化的信号电压来表示时,它一般通过传统的模拟信号传输线路(例如电话网、有线电视网)来传输。当数字信号采用断续变化的电压或光脉冲来表示时,一般则需要用双绞线、或光纤介质将通信双方连接起来,才能将信号从一个节点传到另一个节点。

4. 模拟信号与数字信号之间的相互转换

模拟信号和数字信号之间可以相互转换:模拟信号一般通过 PCM 脉码调制

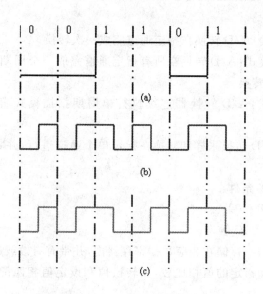

图 17.1.2 几种常见的数字信号

(Pulse Code Modulation)方法量化为数字信号,即让模拟信号的不同幅度分别对应不同的二进制值,例如采用 8 位编码可将模拟信号量化为 $2^8 = 256$ 个量级,实用中常采取 24 位或 30 位编码;数字信号一般通过对载波进行移相(Phase Shift)的方法转换为模拟信号。计算机、计算机局域网与城域网中均使用二进制数字信号,目前在计算机广域网中实际传送的则既有二进制数字信号,也有由数字信号转换而得的模拟信号。但是更具应用发展前景的是数字信号。

17.2 特 征

外部的模拟信号需要转换为数字量才能进一步由 MCU 进行处理。NuMicro M051 系列 MCU 内部已经集成了具有 10 位逐次比较(Successive Appr0ximation)ADC 电路。因此,使用该 MCU 可以非常方便地处理输入的模拟信号量。

NuMicro M051 系列包含一个 8 通道 12 位的逐次逼近式模拟数字转换器(SAR A/D 转换器)。A/D 转换器支持 4 种工作模式:单次转换模式、突发转换模式、单周期扫描模式和连续扫描模式。开始 A/D 转换可软件设定和外部 STADC/P3.2 引脚启动。

① 模拟输入电压范围:0~AVDD(最大 5.0V)。

② 12 位分辨率和 10 位精确度保证。

③ 多达 8 路单端模拟输入通道或 4 路差分模拟输入通道。

④ 最大 ADC 时钟频率为 16MHz。

⑤ 高达 600kSPS 转换速率。

⑥ 4 种操作模式：

● 单次转换模式：A/D 转换在指定通道完成一次转换。

● 单周期扫描模式：A/D 转换在所有指定通道完成一个周期（从低序号通道到高序号通道）转换。

● 连续扫描模式：A/D 转换器连续执行单周期扫描模式直到软件停止 A/D 转换。

● 突发模式：A/D 转换采样和转换在指定单个通道进行，并将结果顺序地存入 FIFO。

⑦ A/D 转换开始条件：

● 软件向 ADST 位写 1。

● 外部引脚 STADC 触发。

⑧ 每通道转换结果存储在相应数据寄存器内，并带有有效或超出限度的标志。

⑨ 转换结果可和指定的值相比较，当转换值和设定值相匹配时，用户可设定是否产生中断请求。

⑩ 通道 7 支持 2 输入源：外部模拟电压，内部带隙电压.。

⑪ 支持自身校正功能以减少转换的误差。

17.3　操作步骤

A/D 转换器通过逐次逼近的方式运行，分辨率为 12 位。A/D 具有自身校正功能减少转换的误差，用户可写 1 到 CALEN 位（ADCALR 寄存器）使能自身校正功能，当内部校正完成时 CAL_DONE 置位。

ADC 具有 4 种操作模式：单次转换模式、突发转换模式、单周期扫描模式和连续扫描模式。当改变工作模式或使能的模拟输入通道时，为了防止错误的操作，软件需清 ADST 位为 0（ADCR 寄存器）。

1. 自校准

当系统上电或要在单通道模式与差分输入模式间切换时，就需要 ADC 自校正以减小转换误差。用户置位 CALEN 位（ADCALR 寄存器）使能自身校正功能。这个过程在内部执行，需要 127 个 ADC 时钟完成校正。CALEN 置位后，软件需等待 CAL_DONE 位通过内部硬件置位。详细的时序图如图 17.3.1 所示。

2. ADC 时钟发生器

最大采样率达 600K。ADC 有 3 个时钟源，可由 ADC_S（CLKSEL[3:2]）选择，ADC 时钟频率由一个 8 位分频器按如下公式进行 8 位预分频：

The ADC 时钟频率＝（ADC 时钟源频率）/（ADC_N＋1）；

8 位 ADC_N 在寄存器 CLKDIV[23:16] 中。

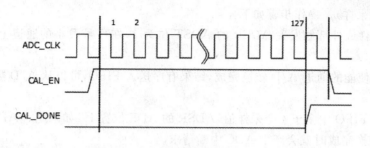

图 17.3.1 ADC 转换器自校准时序框图

通常来说,软件可以设置 ADC_S 与 ADC_N 获得 16MHz 或稍低于 16MHz 的频率。

3. 单次转换模式

如图 17.3.2 所示,在单次转换模式下,A/D 转换只在指定的通道上执行一次,操作流程如下:

① 当通过软件或外部触发输入使 ADCR 的 ADST 置位开始 A/D 转换。

② 当 A/D 转换完成,A/D 转换的数据值将存储于相应通道的 A/D 数据寄存器中。

③ A/D 转换完成,ADSR 的 ADF 位置 1。若此时 ADIE 位置 1,将产生 ADC 中断。

④ A/D 转换期间,ADST 位保持为 1。A/D 转换结束,ADST 位自动清 0,A/D 转换器进入空闲模式。

注:在单次转换模式时,如果软件使能多于一个通道,序号最小的通道被转换,其他通道被忽略。

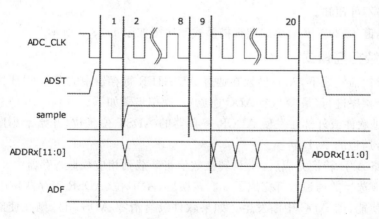

图 17.3.2 单次转换模式时序图

4. 突发模式

在突发模式下,A/D 转换会采样和转换指定的单个通道,并有序存储在 FIFO

（最多 8 次采样）。操作步骤如下：

① 软件或外部触发置 ADCR 的 ADST 位为 1，在序号最小的通道上开始 A/D 转换。

② 当使能的通道 A/D 转换完成，结果有序送入 FIFO，可以从 A/D 数据寄存器 0 得到。

③ 当 FIFO 中多于 4 个采样值，ADSR 的 ADF 位置 1。如果此时 ADIE 位置 1，在 A/D 转换完成时就会产生 ADC 中断请求。

④ 只要 ADST 位保持为 1，步骤 2 到步骤 3 会一直重复。当 ADST 位清零时，A/D 转换停止，A/D 转换器进入空闲状态。

注：在突发模式下，如果软件使能多个通道，则序号最小通道进行转换，其他通道不转换。

5. 单周期扫描模式

在单周期扫描模式下，将进行一次从被使能的最小序号通道向最大序号通道的 A/D 转换，具体流程如下：

① 软件或外部触发使 ADCR 寄存器的 ADST 位置位，开始从最小序号通道到最大序号通道的 A/D 转换。

② 每路 A/D 转换完成后，A/D 转换数值将有序装载到相应数据寄存器中。

③ 当所选择的通道转换完成后，ADSR 的 ADF 位置 1，如果 ADC 中断使能，则 ADC 中断发生。

④ A/D 转换结束，ADST 位自动清 0，A/D 转换器进入空闲模式。如果在所有被使能通道完成转换前 ADST 清 0，A/D 转换将完成当前转换，并且序号最小的通道的结果将不可预知。

使能通道（0,2,3 和 7）单周期扫描模式时序图如图 17.3.3 所示。

6. 连续扫描模式

在连续扫描模式下，A/D 转换在通过 ADCHER 寄存器中的那些 CHEN 位被使能的通道上顺序进行（最多 8 个 ADC 通道）。操作步骤如下：

① 通过软件或外部触发使 ADCR 寄存器的 ADST 位置位，开始最小序号通道到最大序号通道的 A/D 转换。

② 每路 A/D 转换完成后，A/D 转换数值将装载到相应数据寄存器中。

③ 当被选择的通道数都完成了一次转换后，ADF 位（ADSR 寄存器）置 1。如果 ADC 中断使能，则 ADC 中断发生。如果软件没有清零 ADST 位，则在使能的具有最小通道号的通道上的转换又一次开始。

④ 只要 ADST 位保持为 1，步骤 2 到步骤 3 会一直重复。当 ADST 清 0，ADC 控制器将完成当前转换，被使能的最小序号 ADC 通道的结果将不可预料。

使能通道（0, 2, 3 和 7）连续扫描模式时序图如图 17.3.4 所示。

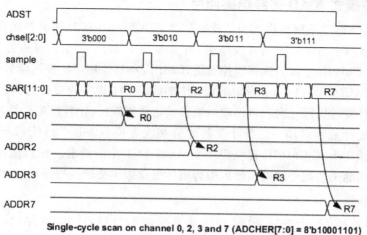

图 17.3.3　单周期扫描下使能通道转换时序图

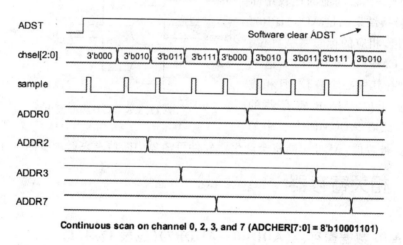

图 17.3.4　使能通道的连续扫描时序图

7. 外部触发输入采样和 A/D 转换时间

A/D 转换可通过外部引脚脚请求触发。当 ADCR. TRGEN 置位,使能 ADC 外部触发功能,配置 TRGS[1:0]位为 00b 选择从 STADC 引脚输入外部触发。

软件设定 TRGCOND[1:0]选择触发方式为上升沿/下降沿或低电平/高电平触发. 若选择电平触发条件,STADC 需保持定义的电平状态至少 8 个 PCLK 周期。在第 9 个 PCLK 时钟来临时 ADST 位置位,开始转换,电平触发模式状态下,如果外部触发输入保持为有效状态,转换连续进行。仅当外部触发条件消失才停止,若选择边沿触发模式,高或低电平状态至少需保持 4 PLCK 周期。脉冲低于该值时,将被忽略。

8. 比较模式下 AD 转换结果监控

NuMicro M051 系列提供 2 个比较寄存器 ADCMPR0 和 1,来监控来自 A/D 转换模块的最多两个指定通道的转换结果,可参考图 6.11.7 所示。可通过软件设定 CMPCH(ADCMPRx[5:0])选择监控通道,CMPCOND 位用于检查转换置结果小于或大于等于在 CMPD[11:0]中指定的值. 当被 CMPCH 指定的通道完成转换时,比较就被自动触发且执行一次。当比较结果和设定值相匹配,比较匹配计数器将加 1,否则比较匹配计数器就清 0。当计数器的值和设定值(CMPMATCNT＋1)匹配,CMPF 位将置 1,如果 CMPIE 置位将产生 ADC_INT 中断请求。在扫描模式下,软件可使用该功能来监控外部模拟输入引脚电压变化而不会增加程序负载。

9. 中断源

ADC 中断有三个中断源,如图 17.3.5 所示。A/D 转换结束时,A/D 转换结束标志 ADF 将会被置位。CMPF0 和 CMPF1 是比较功能的比较中断标志,当转换结果满足 ADCMPR0/1 的设定值,相应的标志将被置位。当 ADF、CMPF0 和 CMPF1 这三个标志位有其中一个置位;且相应的中断使能位,ADCR 寄存器的 ADIE 位,或者 ADCMPR0/1 中的

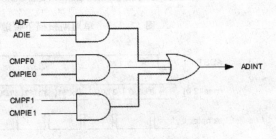

图 17.3.5　A/D 控制器中断

CMPIE 位被置位,ADC 中断将会产生。软件可清零中断请求来撤销中断。

17.4　相关寄存器

1. A /D 数据寄存器(ADDR0～ADDR7)(见表 17.4.1)

表 17.4.1　A/D 数据寄存器(ADDR0～ADDR7)

Bits		描　述
[31:18]	—	—
[17]	VALID	有效标志位(只读) 1 = RSLT[11:0]位数据有效 0 = RSLT[11:0]位数据无效 相应模拟通道转换完成后,将该位置位,读 ADDR 寄存器后,该位由硬件清除
[16]	OVERRUN	结束运行标志位(只读)
[15:12]	—	—
[11:0]	RSLT	A/D 转换结果包括 12 位 AD 转换结果

图 17.4.1 和图 17.4.2 分别为 ADC 单端输入转换电压和转换结果图和 ADC 差分输入转换电压和转换结果图。

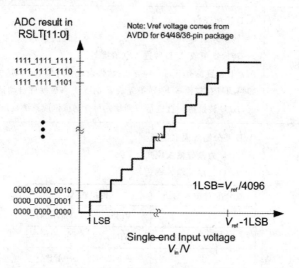

图 17.4.1　ADC 单端输入转换电压和转换结果图

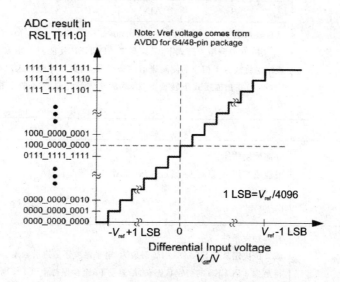

图 17.4.2　ADC 差分输入转换电压和转换结果图

2. A/D 控制寄存器(ADCR)(见表 17.4.2)

表 17.4.2　A/D 控制寄存器(ADCR)

Bits	描　述	
[31:12]	—	—

Bits		描　述
[11]	ADST	A/D 转换开始 1＝转换开始 0＝转换结束或 A/D 转进入空闲状态 ADST 位置位有下列 2 种方式:软件设定和外部 STADC 引脚。单次转换模式和单周期扫描模式下,转换完成后,ADST 将被硬件自动清除在连续扫描模式下,A/D 转换将一直进行只到软件写 0 到该位或系统复位
[10]	DIFFEN	A/D 差分输入模式使能 1＝A/D 为差分输入模式 0＝A/D 为单端输入模式 差分输入电压(Vdiff)＝Vplus－Vminus 　注:在差分输入模式下,只需要在 ADCHER 使能两个相应通道之一。转换结果将放置于相应的使能通道的寄存器里,如果差分输入对两个通道都使能,ADC 在扫描模式下转换两次,然后将转换结果存入两个相应的数据寄存器
[9]	—	—
[8]	TRGE	外部触发使能 使能或禁用 A/D 转换(通过外部 STADC 引脚) 1＝使能 0＝禁用
[7:6]	TRGCOND	外部触发条件 该 2 位决定外部 STADC 引脚触发为(电平触发还是边沿触发。该信号必须保持至少 8 PCLKS 的稳定状态;边沿触发下,至少保持 4 PCLK 周期的高电平或低电平状态 00＝低电平 01＝高电平 10＝下降沿 11＝上升沿

在 DIFFEN 行内嵌入的表格:

差分配对输入通道	模拟输入	
	Vplus	Vminus
0	AIN0	AIN1
1	AIN2	AIN3
2	AIN4	AIN5
3	AIN6	AIN7

Bits		描　述
[5:4]	TRGS	硬件触发源 00＝设定外部 STADC 引脚启动 A/D 转换 其他＝— 改变 TRGS 前，软件需要禁用 TRGE 和 ADST 在硬件触发模式下，STADC 外部引脚触发置位 ADST 位
[3:2]	ADMD	A/D 转换模式 00＝单次转换 01＝突发转换 10＝单周期扫描 11＝连续扫描 当改变操转换模式时，软件要首先禁用 ADST 位 注：在突发模式下，A/D 转换结果总是存储在数据寄存器 0 中
[1]	ADIE	A/D 中断使能 1＝使能 A/D 中断功能 0＝禁用 A/D 中断功能 如果 ADIE 置位，A/D 转换结束产生中断请求
[0]	ADEN	A/D 转换使能 1＝使能 0＝禁用 开始 A/D 转换功能时，该位需置位。该位为 0 将禁用 A/D 转换模拟电路的电源供给

3. A/D 通道使能寄存器(ADCHER)(见表 17.4.3)

表 17.4.3　A/D 通道使能寄存器(ADCHER)

Bits		描　述
[31:10]	—	—
[9:8]	PRESEL[1:0]	模拟输入通道 7 选择 00＝外部模拟输入 01＝内部参考源电压 10＝— 11＝—
[7]	CHEN7	模拟输入通道 7 使能 1＝使能 0＝禁用

Bits		描　述
[6]	CHEN6	模拟输入通道 6 使能 1＝使能 0＝禁用
[5]	CHEN5	模拟输入通道 5 使能 1＝使能 0＝禁用
[4]	CHEN4	模拟输入通道 4 使能 1＝使能 0＝禁用
[3]	CHEN3	模拟输入通道 3 使能 1＝使能 0＝禁用
[2]	CHEN2	模拟输入通道 2 使能 1＝使能 0＝禁用
[1]	CHEN1	模拟输入通道 1 使能 1＝使能 0＝禁用
[0]	CHEN0	模拟输入通道 0 使能 1＝使能 0＝禁用 当 CHEN1～7 设定为 0 时,该位使能 在单一模式下,软件使能多通道,仅最小序号通道进行转换,其他通道将被忽视

4. A /D 比较寄存器 0 /1(ADCMPR0 /1)(见表 17.4.4)

表 17.4.4　A/D 比较寄存器 0/1(ADCMPR0/1)

Bits		描　述
[31:28]	—	—
[27:16]	CMPD	比较数值 此 12 位数值将和指定通道的转换结果相比较,在扫描模式下(不增加程序负载)可用软件监控外部模拟输入引脚电压转换
[15:12]		—

Bits		描　述
[11:8]	CMPMATCNT	比较匹配值 　　当指定 A/D 通道的转换值和比较条件 CMPCOND[2]相匹配,内部计数器将相应的加 1。当内部计数器的值达到设定值时,(CMPMATCNT ＋1)硬件将置位 CMPF 位
[5:3]	CMPCH	Compare 通道选择 000＝选择比较通道 0 转换结果 001＝选择比较通道 1 转换结果 010＝选择比较通道 2 转换结果 011＝选择比较通道 3 转换结果 100＝选择比较通道 4 转换结果 101＝选择比较通道 5 转换结果 110＝选择比较通道 6 转换结果 111＝选择比较通道 7 转换结果
[2]	CMPCOND	比较条件 1＝设置比较条件即当 12 位 A/D 转换结果大于或等于 12 位 CMPD(ADCMPRx[27:16]),内部匹配计数器加 1 0＝设置比较条件即当 12 位 A/D 转换结果小于 12 位 CMPD(ADCMPRx[27:16]),内部匹配计数器减 1 注:当内部计数器的值达到(CMPMATCNT ＋1),CMPF 置位
[1]	CMPIE	比较中断使能 1＝使能比较功能中断 0＝禁用比较功能中断 如果使能比较功能,且比较条件与 CMPCOND 和 CMPMATCNT 的设置匹配,CMPF 位有效,同时,如果 CMPIE 置 1,产生比较中断请求
[0]	CMPEN	比较使能 1＝使能比较 0＝禁用比较 当转换数据装载到 ADDR 寄存器时,该位置位使能 ADC 控制器比较 CMPD[11:0]与特定通道的转换值

285

5. A/D 状态寄存器(ADSR)(见表 17.4.5)

表 17.4.5　A/D 状态寄存器(ADSR)

Bits		描　述
[31:24]	—	—

Bits		描　述
[23:16]	OVERRUN	结束运行标志（只读） ADDRx 的 OVERRUN 位的镜像 ADC 工作于突发模式,若 FIFO 超出限度,OVERRUN[7:0]全部置 1
[15:8]	VALID	数据有效标志位（只读） ADDRX 的 VALID 位的镜像 ADC 工作于突发模式,若 FIFO 失效 VALID[7:0]全部置 1
[7]	—	—
[6:4]	CHANNEL	当前转换通道 这 3 位在 BUSY＝1 时表示进行转换中的通道。当 BUSY＝0,表示可进行下次转换的通道 注:只读位
[3]	BUSY	忙/空闲 1＝A/D 转换器忙碌 0＝A/D 转换器空闲 该位是 ADST 位（ADCR）的镜像 注:只读位
[2]	CMPF1	比较标志位 选择 A/D 转换通道结果和 ADCMPR1 相匹配该位置 1。写 1 清该位 1＝ADDR 转换结果和 ADCMPR1 相匹配 0＝ADDR 转换结果和 ADCMPR1 不匹配
[1]	CMPF0	比较标志位 选择 A/D 转换通道结果和 ADCMPR 0 相匹配。该位置 1。写 1 清该位 1＝ADDR 转换结果和 ADCMPR0 相匹配 0＝ADDR 转换结果和 ADCMPR0 不匹配
[0]	ADF	A/D 转换结束标志位 状态标志位指示 A/D 转换结束 ADF 在下列三个条件时置位: ① 单次转换模式下 A/D 转换结束时 ② 扫描模式下在所有指定通道 A/D 转换结束时 ③ 突发模式下,FIFO 存储多于 4 个转换结果 该标志写 1 清零。

6. A/D 校准寄存器(ADCALR)(见表 17.4.6)

表 17.4.6 A/D 校准寄存器(ADCALR)

Bits		描 述
[31:2]	—	—
[1]	CALDONE	校准完成标志(只读) 1＝A/D 转换自校准完成 0＝A/D 转换无自校准或自校准进行中(若 CALEN 位置位) CALEN 位写 0,CALDONE 位将由硬件立即清零,该位只读
[0]	CALEN	自身校准功能 1＝使能自校准 0＝禁用自校准 软件置位,该位使能 A/D 转换执行自校准功能,需要 127 ADC 时钟完成校准

17.5 实 验

【实验 17.5.1】SmartM-M051 开发板:简单的电压计设计,将转换得到的电压值并通过串口打印出来。

1. 硬件设计

硬件上的 AVDD 一定要接上基准电压。P1.0 引脚通过杜邦线连接到任意引脚。

2. 软件设计

要求很简单,只要将串口、ADC 相关寄存器初始化,然后使能 ADC,并将得到的数据通过串口打印就可以了。有一点要注意的是,参考电压值必需通过万用表进行测量,毕竟某些器件性能或参数会存在偏差,同时使用到的参照物是万用表,因此很有必要。

3. 流程图

流程图如图 17.5.1 所示。

4. 实验代码

ADC 实验函数列表如表 17.5.1 所列。

表 17.5.1 ADC 实验函数列表

序 号	函数名称	说 明
1	AdcInit	ADC 初始化
2	main	函数主体

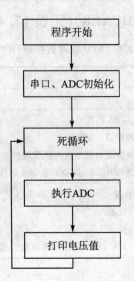

图 17.5.1　ADC 实验流程图

程序清单 17.5.1　ADC 实验代码

代码位置：\基础实验－ADC\main. c

```
#include "SmartM_M0.h"
#define DEBUGMSG            printf
#define ADC_CLOCK_DIVIDER   0x00040000
#define ADC_CLK_Source      0x00000000
#define AREF_VOLTAGE        4480
STATIC VOID AdcInit(VOID)
{
    if(ADC_CLK_Source == 0x00000004)
    {
        PLLCON | = PLL_SEL;
        PLL_Enable();
        /* 等待 PLL 稳定 */
        while((CLKSTATUS & PLL_STB) == 0);
    }
    /* 复位 ADC */
    set_ADC_RST;
    clr_ADC_RST;
    /* ADC 时钟使能 */
    set_ADEN_CLK;
    if (ADC_CLK_Source == 0x00000000 )
    {
        ADCClkSource_ex12MHZ;
```

```
    }
    else if(ADC_CLK_Source == 0x00000004 )
    {
        ADCClkSource_PLL;
    }
    else if(ADC_CLK_Source == 0x00000008 )
    {
        ADCClkSource_int22MHZ;
    }
    /* 设置 ADC 分频器 */
    CLKDIV = ADC_CLOCK_DIVIDER;
    /* ADC 使能 */
    set_ADEN;
    set_CALEN;
    while(! (ADCALR & CALDONE));
    /* 单次转换模式 */
    setAD_SIG;
    clr_DIFFEN;
    /* 设置 ADC 通道 */
    set_CHEN0;
    /* 使能 P1.0 为模拟输入引脚 */
    set_ADC0_channel;
    /* 禁止 P1.0 数字输入通道 */
    P1_OFFD | = OFFD0;
    /* 设置 P1.0 引脚为输入模式 */
    P10_InputOnly;
    /* 清除 ADC 中断标志位 */
    set_ADF;
}
/**********************************************
* 函数名称:main
* 输    入:无
* 输    出:无
* 功    能:函数主体
**********************************************/
INT32 main(VOID)
{
    UINT32 unVoltageValue;
    PROTECT_REG                              //ISP 下载时保护 Flash 存储器
    (
        PWRCON | = XTL12M_EN;                //默认时钟源为外部晶振
        while((CLKSTATUS & XTL12M_STB) == 0);  //等待 12MHz 时钟稳定
```

```
        CLKSEL0 = (CLKSEL0 & (~HCLK)) | HCLK_12M;          //设置外部晶振为系统时钟
    )
    UartInit(12000000,9600);                               //波特率设置为9600bit/s
    AdcInit();
    while(1)
    {
        set_ADST;                                          //启动 ADC
        while(ADSR&ADF == 0);                              //等待 ADC 结束
        set_ADF;                                           //清空 ADC 结束标志位
    unVoltageValue = AREF_VOLTAGE * (ADDR0&0xFFF)/4096;    //将 ADC 值转换为电压值
        DEBUGMSG("Voltage % d mv \r\n",unVoltageValue);
        Delayms(500);
    }
)
```

5. 代码分析

　　M051 系列微控制器 A/D 转换默认 12 位精度,同时并由于存在电压基准,直接读出 ADDR0 的值是不准确的,必须进行特定的公式转换得出当前的电压值,公式如下:

$$当前电压值=\frac{基准电压}{2^{精度}}\times A/D\ 转换值$$

公式对应代码如下:

```
unVoltageValue = AREF_VOLTAGE * (ADDR0&0xFFF)/4096;
```

深入重点

✓ 电学上的模拟信号是主要是指幅度和相位都连续的电信号,此信号可以被模拟电路进行各种运算,如放大,相加,相乘等。

✓ 常见的模拟信号有正弦波、调幅波、阻尼震荡波、指数衰减波。

✓ 数字信号指幅度的取值是离散的,幅值表示被限制在有限个数值之内。

✓ 常用的数字信号编码有不归零(NRZ)编码、曼彻斯特(Manchester)编码和差分曼彻斯特(Differential Manchester)编码。

✓ NuMicro M051 系列包含一个 8 通道 12 位的逐次逼近式模拟数字转换器(SAR A/D 转换器)。

✓ A/D 转换器支持 4 种工作模式:单次转换模式、突发转换模式、单周期扫描模式和连续扫描模式。开始 A/D 转换可软件设定和外部 STADC/P3.2 引脚启动。

✓ M051 系列微控制器 A/D 转换默认 12 位精度,同时并由于存在电压基准,直接读出 ADDR0 的值是不准确的,必须进行特定的公式转换得出当前的电压值。

第**18**章

RTX Kernel 实时系统

18.1 实时系统与前后台系统

1. 实时系统

实时系统简称 RTOS，能够运行多个任务，并且根据不同任务进行资源管理、任务调度、消息管理等工作，同时 RTOS 能够根据各个任务的优先级来进行任务调度，以达到保证实时性的要求。RTOS 能够使 CPU 的利用率得到最大的发挥，并且可以使应用程序模块化，而在实时应用中，开发人员可以以将复杂的应用程序层次化，这样代码更加容易设计与维护，比较常见的 RTOS 如 μC/OS、VxWorks、freertos 等，更譬如较高级的应用在手机上的操作系统主要有 Palm OS、Symbian（塞班）、Windows Mobile、Linux、Android（安卓）、iPhone（苹果）OS（见图 18.1.1）、Black Berry（黑莓）OS 6.0、Windows Phone 7（自 Windows Phone7 出现后，Windows Mobile 系列正式退出手机系统市场），这些系统都是一个实时性、多任务的纯 32 位操作系统。

实时系统是任何必须在指定的有限时间内给出响应的系统。在这种系统中，时间起到重要的作用，系统成功与否不仅是看是否输出了逻辑上正确的结果，而且还要看它是否在指定时间内给出了这个结果。

按照对时间要求的严格程度，实时系统被划分为硬实时（hard real-time）、固实时（firm real-time）和软实时（soft real-time）。硬实时系统是指系统响应绝对要求在指定的时间范围内。软实时系统中，及时响应也很重要，但是偶尔响应慢了也可以接受。而在固实时系统中，不能及时响应会造成服务质量的下降。

飞机的飞行控制系统是硬实时系统，因为一次不能及时响应很可能会造成严重后果。数据采集系统往往是软实时系统，偶尔不能及时响应可能会

图 18.1.1 iOS 系统界面

造成采集数据不准确,但是没有什么严重后果。VCD 机控制器如果不及时播放画面,不会造成什么大的损失,但是可能用户会对产品质量失去信心,这样的系统可以算作固实时系统。

常见的实时系统通常由计算机通过传感器输入一些数据,对数据进行加工处理后,再控制一些物理设备做出响应的动作。比如冰箱的温度控制系统需要读入冰箱内的温度,决定是否需要继续或者停止温度。由于实时系统往往是大型工程项目的核心部分,控制部件通常嵌入在大的系统中,而控制程序则固化在 ROM 中,因此有时也被称作嵌入式系统。

实时系统需要响应的事件可以分为周期性(periodic)和非周期性的(aperiodic)的。比如空气检测系统每过 100ms 通过传感器读取一次数据,这是周期性的;而战斗机中的飞行控制系统需要面对各种突发事件的,属于非周期性的。

实时系统有以下特点:

① 要和现实世界交互。这是实时系统区别于其他系统的一个显著特点。它往往要控制外部设备,使之及时响应外部事件。比如生产车间的机器人,必须把零部件准确地组装起来。

② 系统庞大复杂。实时系统的复杂性不仅仅体现在代码的行数上,而且体现在需求的多样性。由于实时系统要和现实世界打交道,而现实世界总是变化的,这会导致实时系统在生命周期里时常面对需求的变化,不得不作出相应的变化。

③ 对可靠性和安全性的要求非常高。很多实时系统应用在十分重要的地方,有些甚至关系到生命安全。系统的失败会导致生命和财产的损失,这就要求实时系统有很高的可靠性和安全性。

④ 并发性强。实时系统常常需要同时控制许多外围设备,例如,系统需要同时控制传感器、传送带和传感器等设备。多数情况下,利用微控制器时间片分配给不同的进程,可以模拟并行。但是在系统对响应时间要求十分严格的情况下,分配时间片模拟的方法可能无法满足要求。这时,就得考虑使用多处理机系统。这就是为什么多处理机系统最早是在实时系统领域里繁荣起来的原因所在。

使用实时系统可以简化应用程序的设计:

① 操作系统的多任务和任务间通信的机制允许复杂的应用程序被分成一系列更小的和更多的可以管理的任务。

② 程序的划分让软件测试更容易,团队工作分解,也有利于代码复用。

③ 复杂的定时和程序先后顺序的细节,可以从应用程序代码中删除。

2. 前后台系统

如果不搭载实时系统的称作前后台系统架构,例如前面已做过的实验如 GPIO、定时器、数码管实验等都是前后台系统架构,任务顺序地执行的,而前台指的是中断级,后台指的是 main 函数里的程序即任务级,前后台系统又叫作超级大循环系统,这个可以从"while(1)"关键字眼就可以得知。在前后台系统当中,关键的时间操作必须通过中断操作来保证实时性,由于前后台系统中的任务是顺序执行的,中断服务函数提供的信息需要后台程序走到该处理这个信息这一步时才能得到处理的,倘若任务数越多,实时性更加得不到保证,因为循环的执行时间不是常数,程序经过某一特定部分的准确时间也是不能确定的。进而,如果程序修改了,循环的时序也会受到影响。很多基于微控制器的产品采用前后台系统设计,例如微波炉、电话机、玩具等。在另外一些基于微控制器的应用中,从省电的角度出发,平时微控制器处在停机状态(halt),所有的事都靠中断服务来完成。

3. 实时系统与前后台系统比较

实行系统与前后台系统最明显的区别就是任务是否具有并发性,图 18.1.2 表示实时系统任务执行的状态,图 18.1.3 表示前后台系统任务执行的状态。

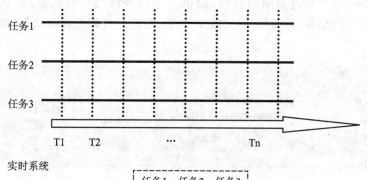

图 18.1.2 实时系统执行任务状态

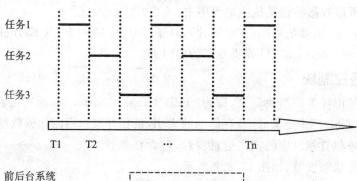

图 18.1.3 前后台系统执行任务状态

从图 18.1.2 可以看出,传统的微控制器同时只能执行一个任务,只是通过快速的任务切换,实时系统的所有任务(任务 1、任务 2 和任务 3)执行看起来是同时执行的。

从图 18.1.3 可以看出,前后台系统默认遵守了传统的微控制器只能同时执行一个任务的特性,顺序地执行任务 1、任务 2 和任务 3。

18.2　RTX Kernel 技术参数

RTX 内核(Real-Time eXecutive)是一个实时操作系统,允许创建多任务的应用程序,允许系统资源弹性使用,如 CPU 存储器。RTX Kernel 是一个静态系统,要想应用程序中使用 RTX Kernel,必须添加 RTX 库(可以使用菜单 Options 自动加载)。

RTX Kernel 支持进程间的通信,提供一个任务间通信的机制,分别是事件标志、信号量、互斥、信箱,并提供延时与定时功能,最后通过调度器来执行,如图 18.2.1 所示。

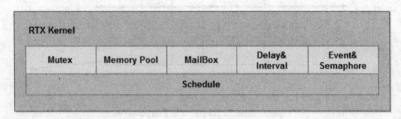

图 18.2.1　RTX Kernel 架构

应用程序的每个作业都会由分割的任务来处理,每个外设也可由几个分割的任务来处理,几个任务可以被"同步"执行,且每个任务都会有自己的优先权等级,同时每个任务都可以被移植到其他应用程序中。

RTX Kernel 需要的周期(按时间片),对于 Cortex-M 的 RTX Kernel,默认使用系统定时器,即 Cortex MCU 提供专用的定时器。

1. 任务控制块

每个任务由任务控制块定义,称为"TCB"(Task Control Block),可在配置文件"RTX_Conf_CM.c"中定义 TCB 存储池的大小,依据并发执行的任务数量来定义。

每个任务都有相对应的定位信息变量,包含任务控制变量和任务状态变量,如图 18.2.2 所示。

当任务的 TCP 创建成功后,RTX Kernel 会根据任务的运行时间从存储池中进行动态分配。

2. 栈管理

RTX Kernel(图 18.2.3)为所有任务的栈分配存储池,而存储池的大小取决于:

图 18.2.2　TCB 结构

- 默认栈的大小。
- 当前运行任务的数量。
- 用户自定义栈的任务数量。
- 设备类型(Cortex-M 或者 ARM7/9)。

当任务创建以后,在运行时任务的栈由存储池进行分配,用户定义的栈必须由程序分配,同时必须由新创建的任务指定,栈存储块分配以后,指向其位置的指针必须写入到 TCB。

每个栈获得自己的栈需对参数、变量、函数返回、现场保护上下文进行存储。

任务切换时,当前运行任务的上下文将会保存在本地栈中,然后切换到下一个任务,并保存新任务的上下文,这时新任务开始运行。

RTX Kernel 提供了栈溢出校对功能,可在 RTX_Conf_CM. c 中允许或禁止。倘若栈溢出时,RTX Kernel 自动进入函数 stack_error_function( ),该函数是一个死循环。

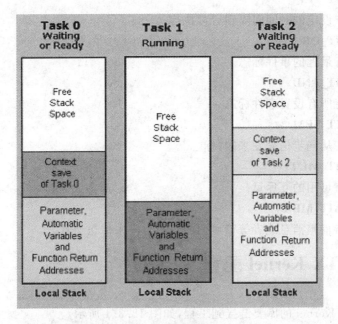

图 18. 2. 3　RTX Kernel

3. 系统启动

在文件 Startup. s 中对主栈的大小进行配置。

- 所有 SVC 函数都使用主栈。
- 使用 RTX 核时主栈最小为 128 字节。
- 如果使用了中断,主栈的大小建议使用 256 字节。

如果应用程序使用自有的 SVC 函数,应再增加主栈的大小。

4. 任务状态

(1) RUNNING

● 当前运行的任务。

● 同一时刻只有一个任务处于这一状态。

● 当前 CPU 处理的正是这个任务。

(2) READY

任务处于准备运行状态。

(3) INACTIVE

任务还没有被执行或者是任务已经取消。

(4) WAIT_DLY

任务等待延时后再执行。

(5) WAIT_ITV

任务等待设定的时间间隔到后再执行。

(6) WAIT_OR

任务等待最近的事件标志。

(7) WAIT_AND

任务等待所有设置事件标志。

(8) WAIT_SEM

任务等待从同步信号发来的"标志"。

(9) WAIT_MUT

任务等待可用的互斥量。

(10) WAIT_MBX

任务等待信箱消息或者等待可用的信箱空间来传送消息。

18.3　RTX Kernel 配置

① RTX Kernel 的库要链接到工程,如图 18.3.1 所示。

选择 RTX Kernel 作为操作系统,链接就会自动完成。

② 将文件 RTX_Conf_CM.c 加入到工程中("\Keil\ARM\Startup"),启动应用程序对应的选项,如图 18.3.2 所示。

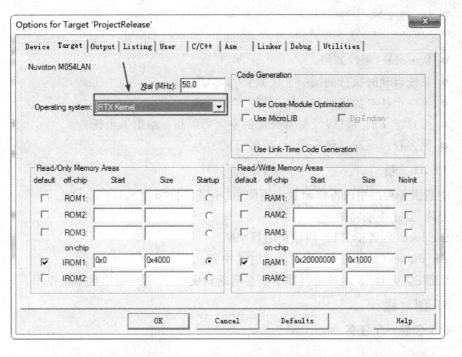

图 18.3.1 链接 RTX Kernel

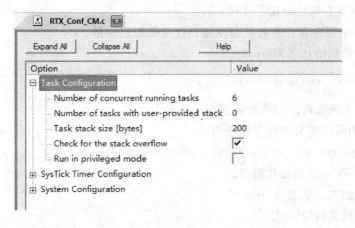

图 18.3.2

18.4 RTX Kernel 组成部分

1. 初始化

初始化并启动 Real-Time eXecution。

```
os_sys_init(Task)
```

os_sys_init_prio(Task,Prio)

os_sys_init_usr(Task,Prio,Stack,Size)

- 从 main()函数调用。
- 系统启动时执行的第一个任务是"Task"。
- 第一个任务的优先权可以由"Prio"来定义。
- 用户定义的"栈"以及对其分配的空间可以指派给第一个任务。
- 优先权:1－254(最高:254;最低:1)。

2. 中　断

中断服务程序中的特殊函数调用使用"isr_"代替"os_"。

允许/禁止中断功能

tsk_lock():禁止 RTX 内核定时器中断

tsk_unlock():允许 RTX 内核定时器中断

注意:禁止 RTX 内核定时器中断会阻断调度程序,时间溢出也不起作用。

3. 创　建

(1) 创建一个任务

os_tsk_create (TaskPtr,Prio)

- 从 TCB 存储池分配一个 TCB。
- TCB 中保存着任务的状态变量和任务的控制变量。
- 任务的初始状态为"ready"。

os_tsk_create_ex (TaskPtr,Prio, * argv)

- 用这个函数的附加参数创建一个任务。

(2) 使用用户定义的栈创建任务

- os_tsk_create_user (TaskPtr,Prio,Stack,Size)。
- 分配 TCB 并填充其超时。
- 任务的初始状态为"ready"。
- 获得优先权"Prio"。
- 任务在用户给定的栈空间中运行。

os_tsk_create_user_ex (TaskPtr,Prio,Stack,Size, * argv)

- 使用这个函数按照用户给定的栈和附加参数创建新任务。

4. 删　除

删除任务:

os_tsk_delete(TaskId)

- 标有"TaskId"的任务将被删除。

os_tsk_delete_self()

- 当前运行的任务将被删除。

5. 优先权

改变任务的优先权

os_tsk_prio(TaskId,Prio)

- 使用这个函数改变标有"TaskId"任务的优先权。
- 这个函数造成了"重调度"（除了协同调度程序以外）。

os_tsk_prio_self(Prio)

- 使用这个函数来改变当前运行任务的优先权。

6. 事件函数

每个任务有 16 个事件标志,任务可以等待事件出现,任务可以等待一个事件以上的相互结合(OR/ AND)。

(1) 等待事件

os_evt_wait_or(Mask,Time)

- 任务等待至少一个事件的发生（定义为"Mask"）。
- "Time"指定为时间溢出,等待事件的发生。

(0xffff＝不限制,0－0xfffe 等待时间)。

os_evt_wait_and(Mask,Time)

- 任务等待所有定义为"Mask"的事件。
- "Time"指定为时间溢出,等待事件的发生。

(0xffff＝不限制,0－0xfffe 等待时间)

(2) 获取事件

os_evt_get()

- 在函数 os_evt_wait_or(Mask,Time)中接收定义为"Mask"的事件标志,并返回其值。

(3) 设置事件

os_evt_set(Mask,TaskId)

- 用"Mask"指定要设置的事件。
- 用"TaskId"定义任务。

(4) IRQ 设置事件

isr_evt_set(Mask,TaskId)

- ISR 中使用这个函数设定事件（指定为"Mask"）。
- "TaskId"用来定义目标任务。

(5) 清除事件

os_evt_clr(Mask,TaskId)

- 用"Mask"指定要清除的事件。
- 用"TaskId"定义目标任务。

7. 定时器

用户定时器可以创建，取消，挂起，重启。用户定时器的在设定的时间到达以后，会调用用户提供的返回函数 os_tmr_call()，完成后将之删除。

(1) 用户定时器的创建

os_tmr_create (Time,Info)

- "Time"定义了系统时间片溢出的时间。
- 参数"Info"定义了用户定时器（将参数传给函数 os_tmr_call()）。
- 函数返回定时器的 ID。

(2) 用户定时器的取消

os_tmr_kill (TimerId)

- 在定时器所设定的时间到来之前，可以将定时器取消。
- "TimerId"定义了要取消的定时器。

(3) 用户定时器回叫

os_tmr_call (info)

- 如果用户定时器设定的时间到时，就会调用这个函数。

os_tmr_call(info)位于文件 RTX_Conf_CM.c 中，可以填充用户提供的代码。

- 参数"info"用来识别回叫功能中的定时器。

(4) 定时器设置

os_itv_set (Time)

- 这个函数设置了定时器的时间片个数（"Time"）。
- 这个函数不能启动定时器。

(5) 定时器等待

os_itv_wait ()

- 此函数启动了预先定义的循环定时器（os_itv_set(Time)）。
- 任务等待时间周期的到来。

8. 信　箱

发送消息到信箱,而不是任务,一个任务可以有一个以上的信箱,消息通过地址传送而不是值传送。

(1) 创　建

os_mbx_declare (Mb0x,Cnt)

- 这个宏定义了一个目的信箱（静态矩阵）。
- "Mb0x"是信箱的标识符。
- "Cnt"指定了此信箱的消息数量。

(2) 初始化

os_mbx_init (Mb0x,Size)

- 初始化目标信箱的"Mb0x"（在函数 os_mbx_init()中声明）。
- "Size"指定了信箱的大小。

(3) 发　送

os_mbx_send(Mb0x,Msg,Time)

- 如果信箱未满,发送消息（"Msg"）到信箱（"Mb0x"）。
- "Time"指定了一个任务等待的信箱时间（按时间片）。
- (0xffff＝未限制,0－0xfffe 按时间片等待的时间）。

(4) 从 ISR 发送

isr_mbx_send(Mb0x,Msg)

- 使用此函数从 ISR 发送消息("Msg")到信箱（"Mb0x"）。
- 注意:这个函数没有时间溢出。
- 如果信箱中的消息已满,会被内核忽略。
- 使用函数 isr_mbx_check 来检测信箱是否已满。

(5) 接　收

isr_mbx_receive (Mb0x,Msg)

- 从信箱（"Mb0x"）接收消息("Msg")。
- 如果消息从信箱中读出,返回"OS_R_MBX"。
- 如果没有消息,返回"OS_R_OK"。
- 注意:"Msg"是 ＊＊ !!

（6）校　验

os_mbx_check (MbOx)

● 返回信箱仍可存放的消息个数。

isr_mbx_check (MbOx)

● 校验信箱中空余的入口。

9. 互　斥

缺乏"共同执行的目标"，允许多任务共享资源，用互斥保护这个"临界区"。

（1）初始化

os_mut_init(Mutex)

初始化指定的互斥"Mutex"目标。

（2）等　待

os_mut_wait(Mutex,Time)

● 尝试获取互斥信号量"Mutex"（尝试进入临界区）。

● 如果互斥信号量表示上锁，任务进入睡眠模式，一直等等信号量解锁再进入临界区。

● "Time"指定了任务等待互斥信号量解锁的等待时间。

● （0xffff＝不受限制，0－0xfffe 等待时间（按时间片），0 立即进行）。

（3）释　放

os_mut_release(Mutex)

● 使用此函数释放信号量"Mutex"。

● 只有任务自己才能释放互斥信号量。

10. 信号量

信号量很少在嵌入式系统中使用，信号量经常不正确使用，"死锁"和"饿死"的危险，互斥是一个信号量，值为 1。

（1）初始化

os_sem_init(Sem,Count)

● 创建信号量"Sem"。

● "Count"指定信号量的值。

（2）请　求

os_sem_wait(Sem,Time)

● 从信号量（"Sem"）获得一个标记。

- 如果标记不为 0,任务继续执行。
- "Time"指定了任务等待释放信号量的等待时间。
- (0xffff=不受限制,0-0xfffe 等待时间(按照时间片),0 立即继续)。

(3) 释　放

os_sem_send(Sem)

isr_sem_send(Sem)

- 从 ISR 给信号量("Sem")释放一个标记。

11. 存储管理

允许"动态"分配、释放存储空间,尤其是优化嵌入式系统,基于静态矩阵(存储池)的方法,可以为信箱通信分配消息。

(1) 申　请

_declare_b0x(Pool,Size,Count)

- 此宏用来申请数组。
- "Size"指定每块有多少字节。
- "Count"指定块数。
- "Pool"指定存储池的名称。
- 此外,此宏申请了一个 12 字节的块,用来存储内部指针和空间大小等信息。

_declare_b0x8(Pool,Size,Count)

- 此宏是 8-byte 的对齐方式。

(2) 初始化

_init_b0x(Pool,PoolSize,BlkSize)

- 以大小为"PoolSize"来初始化存储池"Pool"(bytes)。
- "BlkSize"指定了存储池中每块的大小。

_init_b0x8(Pool,PoolSize,BlkSize)

- 此函数用做 8 字节对齐。

(3) 分　配

_alloc_b0x(Pool)

- 此函数用来分配存储池中的一个块。
- 返回新分配块的指针。
- 如果没有可以使用的块,返回"NULL"。
- 这个函数可以再进入,保障线程的安全。

_calloc_b0x(Pool)

● 为"Pool"分配一个块,并初始化为 0。

● 这个函数可以再进入,保障线程的安全。

(4) 释　放

```
_free_b0x(Pool,Block)
```

● 释放存储池中不用的块。

● 这个函数可以再进入,保障线程的安全。

18.5　实　验

【例 18.5.1】SmartM-M051 开发板:调用 Keil 自带的 RTX Kernel 实时系统实现 4 盏 Led 灯同时亮灭各 500 ms,如此循环。

1. 硬件设计

参考 GPIO 实验硬件设计。

2. 软件设计

实验要求实现 4 盏 Led 灯同时亮灭各 500 ms,为了表现出 RTX Kernel 实时系统执行多任务的特性,那么可以创建 4 个不同的任务来管理 Led 灯的亮灭操作,分别是 LedCtrlTask1、LedCtrlTask2、LedCtrlTask3、LedCtrlTask4 这个 4 个函数。

每 500 ms 对 Led 灯进行操作,可以调用 os_dly_wait 函数进行指定时间超时,这个要注意的是 RTX Kernel 实时系统每一个时钟滴答是 10000 个机器周期的,如果微控制器工作在 12 MHz 时,那么每一个滴答是 10 ms,如果要修改系统时钟滴答可以在"RTX_Conf_CM.c"对应的配置向导进行修改,如图 18.5.1 所示。

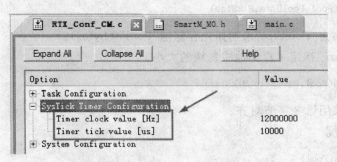

注:SysTick Timer Configuration:系统滴答时钟配置;

　　Timer clock value[Hz]:系统时钟频率;

　　Timer tick value[us]:滴答时钟值。

图 18.5.1　RTX Kernel 配置向导

通过图 18.5.1 RTX Kernel 配置向导可以得知,当前系统时钟频率为 12 MHz,滴答时钟值为 10 000 μs(即 10 ms),因此进行 500 ms 超时只需要调用 os_dly_wait

(50)就得以实现。

4. 流程图

流程图如图 18.5.2 所示。

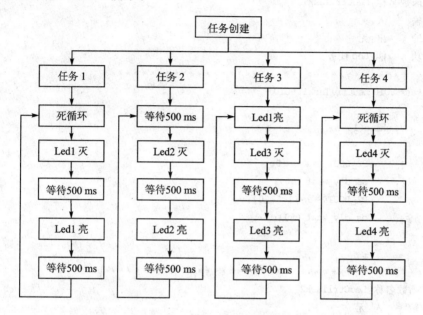

图 18.5.2 RTX Kernel 实验流程图

4. 实验代码

RTX Kernel 实验函数列表如表 18.5.1 所列。

表 18.5.1 RTX Kernel 实验函数列表

序 号	函数名称	说 明
1	LedCtrlTask1	Led 任务 1
2	LedCtrlTask2	Led 任务 2
3	LedCtrlTask3	Led 任务 3
4	LedCtrlTask4	Led 任务 4
5	LedTaskInit	Led 任务初始化
6	main	函数主体

程序清单 18.5.1 RTX Kernel 实验代码

代码位置:\实时系统—RTXKernel(Led)\main.c

```
#include "SmartM_M0.h"
OS_TID t_Task1;        //申请任务 ID:t_Task1
OS_TID t_Task2;        //申请任务 ID:t_Task2
```

ARM Cortex-M0 微控制器原理与实践

```
OS_TID t_Task3;              //申请任务 ID:t_Task3
OS_TID t_Task4;              //申请任务 ID:t_Task4
/************************************************
* 函数名称:LedCtrlTask1
* 输    入:无
* 输    出:无
* 功    能:Led 任务 1
************************************************/
__task VOID LedCtrlTask1(VOID)
{
        while(1)
        {
                P2_DOUT| = 1<<0;
                os_dly_wait (50);
                P2_DOUT& = ~(1<<0);
                os_dly_wait (50);
        }
}
/************************************************
* 函数名称:LedCtrlTask2
* 输    入:无
* 输    出:无
* 功    能:Led 任务 2
************************************************/
__task VOID LedCtrlTask2(VOID)
{
        while(1)
        {
                P2_DOUT| = 1<<1;
                os_dly_wait (50);
                P2_DOUT& = ~(1<<1);
                os_dly_wait (50);
        }
}
/************************************************
* 函数名称:LedCtrlTask3
* 输    入:无
* 输    出:无
* 功    能:Led 任务 3
************************************************/
__task VOID LedCtrlTask3(VOID)
{
```

```
        while(1)
        {
            P2_DOUT| = 1<<2;
            os_dly_wait (50);
            P2_DOUT& = ~(1<<2);
            os_dly_wait (50);
        }
}
/*******************************************
* 函数名称:LedCtrlTask4
* 输　　入:无
* 输　　出:无
* 功　　能:Led 任务 4
*******************************************/
__task VOID LedCtrlTask4(VOID)
{
        while(1)
        {
            P2_DOUT| = 1<<3;
            os_dly_wait (50);
            P2_DOUT& = ~(1<<3);
            os_dly_wait (50);
        }
}
/*******************************************
* 函数名称:LedTaskInit
* 输　　入:无
* 输　　出:无
* 功　　能:Led 任务初始化
*******************************************/
__task VOID LedTaskInit (VOID)
{
    t_Task1 = os_tsk_create (LedCtrlTask1,0);
    t_Task2 = os_tsk_create (LedCtrlTask2,0);
    t_Task3 = os_tsk_create (LedCtrlTask3,0);
    t_Task4 = os_tsk_create (LedCtrlTask4,0);
    os_tsk_delete_self ();
}
/*******************************************
* 函数名称:main
* 输　　入:无
* 输　　出:无
```

```
*  功      能:函数主体
*********************************************/
INT32 main(VOID)
{
    PROTECT_REG                                //ISP 下载时保护 FLASH 存储器
    (
        PWRCON | = XTL12M_EN;                  //默认时钟源为外部晶振
        while((CLKSTATUS&XTL12M_STB) == 0);    //等待 12 MHz 时钟稳定
        CLKSEL0 = (CLKSEL0&(~HCLK)) | HCLK_12M; //设置外部晶振为系统时钟
        P2_PMD = 0x5555;
    );
    os_sys_init (LedTaskInit);
}
```

5. 代码分析

在 RTX-Led 实验代码中存在 5 个任务:分别是 LedTaskInit、LedCtrlTask1、LedCtrlTask2、LedCtrlTask3、LedCtrlTask4。

LedTaskInit 任务负责任务的创建,创建 LedCtrlTask1、LedCtrlTask2、LedCtrlTask3、LedCtrlTask4 这 4 个控制 Led 灯任务。当创建这 4 个任务成功后,在 LedTaskInit 任务中删除自身任务。

LedCtrlTask1 任务中的 while(1)死循环调用 os_dly_wait (50)来执行,每一次超时完毕后都对相对应的 I/O 口进行操作,LedCtrlTask2、LedCtrlTask3、LedCtrlTask4 任务内部函数操作都与 LedCtrlTask1 雷同,没有多大的区别。

6. 硬件仿真

① 单击 　 Start /Stop Debug Session 按钮进入 Keil 的调试环境,如图 18.5.3 所示,然后选择菜单项 Debug→OS Support→RTX Tasks and System"并弹出相应的对话框,如图 18.5.4 所示。

② 为 LedTaskInit 添加断点,并单步执行,观察对话框 RTX Tasks and System 的变化,如图 18.5.5~图 18.5.8 所示,从中发现任务会一直进行添加,即由任务 1 创建到任务 4,最后发现 LedTaskInit 任务被删除后,程序并从任务 1 开始执行,并显示 Running 标识,其他任务显示。

③ 为任务"LedCtrlTask1/2/3/4"都添加上断点,并观察任务的执行状态,状态由"Ready → Running → Wait _ DLY"循环切换,如图 18.5.11、图 18.5.12、图 18.5.13、图 18.5.14、图 18.5.15 所示。

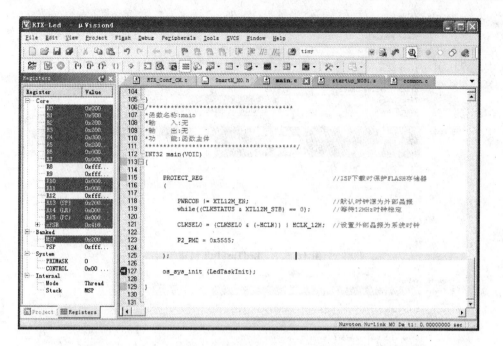

图 18.5.3　Keil 调试环境

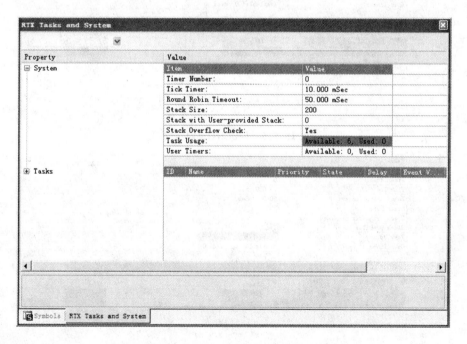

图 18.5.4　RTX Tasks and System 对话框

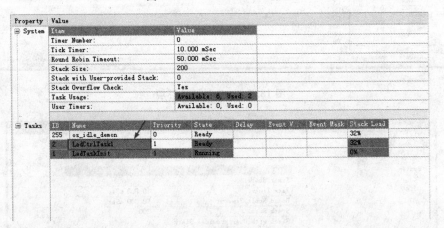

图 18.5.5　LedTaskInit 创建

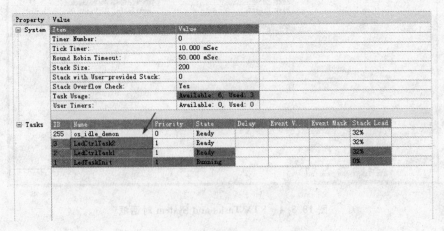

图 18.5.6　LedCtrlTask1 创建

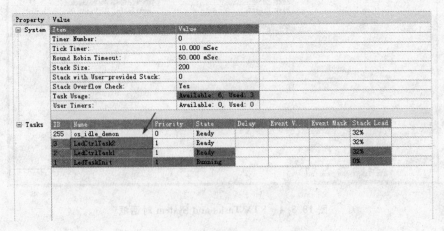

图 18.5.7　LedCtrlTask2 创建

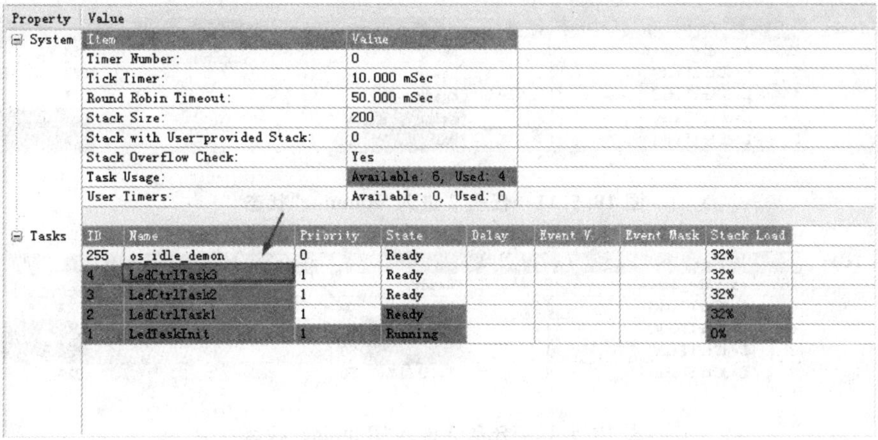

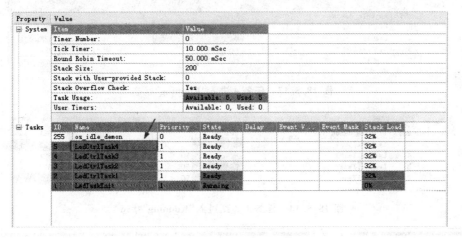

图 18.5.8　LedCtrlTask3 创建

图 18.5.9　LedCtrlTask4 创建

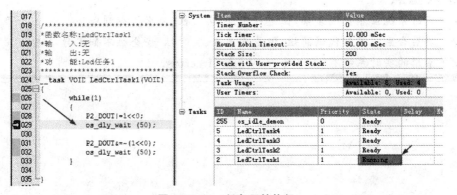

图 18.5.10　任务开始执行

	ID	Name	Priority	State	Delay	Event V..	Event Mask	Stack Load
Tasks	255	os_idle_demon	0	Ready				32%
	5	LedCtrlTask4	1	Ready				32%
	4	LedCtrlTask3	1	Ready				32%
	3	LedCtrlTask2	1	Running	50			0%
	2	LedCtrlTask1	1	Wait_DLY	50			32%

图 18.5.11　任务 2 进入"Running"状态

	ID	Name	Priority	State	Delay	Event V..	Event Mask	Stack Load
Tasks	255	os_idle_demon	0	Ready				32%
	5	LedCtrlTask4	1	Ready				32%
	4	LedCtrlTask3	1	Running				0%
	3	LedCtrlTask2	1	Wait_DLY	50			32%
	2	LedCtrlTask1	1	Wait_DLY	50			32%

图 18.5.12　任务 3 进入"Running"状态

	ID	Name	Priority	State	Delay	Event V..	Event Mask	Stack Load
Tasks	255	os_idle_demon	0	Ready				32%
	5	LedCtrlTask4	1	Running				0%
	4	LedCtrlTask3	1	Wait_DLY	50			32%
	3	LedCtrlTask2	1	Wait_DLY	50			32%
	2	LedCtrlTask1	1	Wait_DLY	50			32%

图 18.5.13　任务 4 进入"Running"状态

	ID	Name	Priority	State	Delay	Event V..	Event Mask	Stack Load
Tasks	255	os_idle_demon	0	Ready				32%
	5	LedCtrlTask4	1	Ready				32%
	4	LedCtrlTask3	1	Ready	50			32%
	3	LedCtrlTask2	1	Ready	50			32%
	2	LedCtrlTask1	1	Running	50			0%

图 18.5.14　任务 1 重新进入"Running"状态

深入重点

✓　实时系统虽然代码复杂，但是可靠性、实时性、安全性得到保证。

✓　前后台系统虽然代码简短，但是可靠性、实时性、安全性不如实时系统。

✓　常用的实时系统有 μC/OS、VxWorks、freertos。

第 **19** 章

杂项补遗

19.1 详解启动文件

在 Keil 新建的所有工程中,毫无例外地都包含 startup_M051.s,如图 19.1.1 所示。

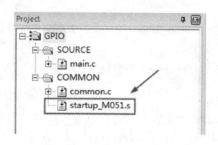

图 19.1.1　startup_M051.s

该文件主要作用于上电时初始化微控制器的硬件堆栈、初始化 RAM、分配内存空间和跳转到主函数即 main 函数。硬件堆栈是用来存放函数调用地址、变量和寄存器值的;分配内存空间为异常提供更加快速的访问,减少中断延迟。如果不加载该 startup_M051.s 文件,编译的代码可能会使微控制器不能正常工作。

那么什么是堆栈呢? 在计算机领域,堆栈是一个不容忽视的概念,但是很多人甚至是计算机专业的人也没有明确堆栈这两种数据结构。堆栈都是一种数据项按序排列的数据结构,只能在一端(称为栈顶(top))对数据项进行插入和删除。

堆,一般是在堆的头部用一个字节存放堆的大小,堆中的具体内容由程序员安排。

栈,在函数调用时,第一个进栈的是主函数中函数调用后的下一条指令的地址,然后是函数的各个参数,在大多数的 C 编译器中,参数是由右往左入栈的,接着是函数中的局部变量,注意静态变量是不入栈的。当本次函数调用结束后,局部变量先出栈,然后是参数,最后栈顶指针指向最开始存的地址(后进先出),也就是主函数中的下一条指令,程序由该点继续运行。

虽然堆栈的说法是连起来叫,但是它们还是有很大区别的,连着叫只是由于历史的原因。

startup_M051.s 文件并不复杂,只要用户有基本的汇编基础,就可以看懂,以下就给出该上电初始化文件的详细注解,可以作为参考,只作为选学内容。

程序清单 19.1.1　startup_M051.s 核心内容详解

```
Stack_Size      EQU     0x00000400              //栈大小定义为 0x00000400 字节
;;;;;;;;;;;;;;;;;;;;;;;;;;;;;;;;;;;;;;;;;;;;;;;;;;;;;;;;;;;;
;声明数据段 STACK
;该数据段内存单元无初始化,可读写,并重新字对齐
;;;;;;;;;;;;;;;;;;;;;;;;;;;;;;;;;;;;;;;;;;;;;;;;;;;;;;;;;;;;
                AREA    STACK,NOINIT,READWRITE,ALIGN = 3
Stack_Mem       SPACE   Stack_Size              //为栈分配内存空间,并初始化为 0
__initial_sp
Heap_Size       EQU     0x00000000              //堆大小定义为 0x00000000 字节
                AREA    HEAP,NOINIT,READWRITE,ALIGN = 3
__heap_base
Heap_Mem        SPACE   Heap_Size               //为堆分配内存空间,并初始化为 0
__heap_limit
;;;;;;;;;;;;;;;;;;;;;;;;;;;;;;;;;;;;;;;;;;;;;;;;;;;;;;;;;;;;
;声明数据段 RESET
;该数据段内存单元只读
;功能:为所有 Handler 分配内存单元
;;;;;;;;;;;;;;;;;;;;;;;;;;;;;;;;;;;;;;;;;;;;;;;;;;;;;;;;;;;;
                PRESERVE8                        //当前堆栈保持 8 字节对齐
                THUMB                            //THUMB 模式
;//向量表映射到复位地址 0
                AREA    RESET,DATA,READONLY
                EXPORT  __Vectors
__Vectors       DCD     __initial_sp             ; Top of Stack
                DCD     Reset_Handler            ; Reset Handler
                DCD     NMI_Handler              ; NMI Handler
                DCD     HardFault_Handler        ; Hard Fault Handler
                DCD     0                        ; Reserved
                DCD     0                        ; Reserved
                DCD     0                        ; Reserved
                DCD     0                        ; Reserved
                DCD     0                        ; Reserved
                DCD     0                        ; Reserved
                DCD     0                        ; Reserved
                DCD     SVC_Handler              ; SVCall Handler
                DCD     0                        ; Reserved
                DCD     0                        ; Reserved
```

```
            DCD     PendSV_Handler              ; PendSV Handler
            DCD     SysTick_Handler             ; SysTick Handler
            DCD     BOD_IRQHandler
            DCD     WDT_IRQHandler
            DCD     EINT0_IRQHandler
            DCD     EINT1_IRQHandler
            DCD     GPAB_IRQHandler
            DCD     GPCDE_IRQHandler
            DCD     PWMA_IRQHandler
            DCD     PWMB_IRQHandler
            DCD     TMR0_IRQHandler
            DCD     TMR1_IRQHandler
            DCD     TMR2_IRQHandler
            DCD     TMR3_IRQHandler
            DCD     UART0_IRQHandler
            DCD     UART1_IRQHandler
            DCD     SPI0_IRQHandler
            DCD     SPI1_IRQHandler
            DCD     SPI2_IRQHandler
            DCD     SPI3_IRQHandler
            DCD     I2C0_IRQHandler
            DCD     I2C1_IRQHandler
            DCD     CAN0_IRQHandler
            DCD     CAN1_IRQHandler
            DCD     Default_Handler
            DCD     USBD_IRQHandler
            DCD     PS2_IRQHandler
            DCD     ACMP_IRQHandler
            DCD     PDMA_IRQHandler
            DCD     Default_Handler
            DCD     PWRWU_IRQHandler
            DCD     ADC_IRQHandler
            DCD     Default_Handler
            DCD     RTC_IRQHandler
;;;;;;;;;;;;;;;;;;;;;;;;;;;;;;;;;;;;;;;;;;;;;;;;;;;;;;;;
;声明代码段|.text|,只读
;功能:复位时,代码从该代码段首先执行
;;;;;;;;;;;;;;;;;;;;;;;;;;;;;;;;;;;;;;;;;;;;;;;;;;;;;;;;
            AREA    |.text|,CODE,READONLY
            ENTRY                               //进入代码段
Reset_Handler  PROC
            EXPORT  Reset_Handler               [WEAK]
```

```
                    IMPORT    __main                          //引入 C 文件中的 main 函数
                    LDR       R0,=__main                      //获取 C 文件中的 main 函数地址
                    BX        R0                              //跳转到 main 函数
                    ENDP
NMI_Handler         PROC
                    EXPORT    NMI_Handler          [WEAK]
                    B         .                               //停止
                    ENDP
HardFault_Handler\
                    PROC
                    EXPORT    HardFault_Handler    [WEAK]
                    B         .                               //停止
                    ENDP
SVC_Handler         PROC
                    EXPORT    SVC_Handler          [WEAK]
                    B         .                               //停止
                    ENDP
PendSV_Handler      PROC
                    EXPORT    PendSV_Handler       [WEAK]
                    B         .                               //停止
                    ENDP
SysTick_Handler     PROC
                    EXPORT    SysTick_Handler      [WEAK]
                    B         .                               //停止
                    ENDP
Default_Handler     PROC
                    EXPORT    BOD_IRQHandler       [WEAK]
                    EXPORT    WDT_IRQHandler       [WEAK]
                    EXPORT    EINT0_IRQHandler     [WEAK]
                    EXPORT    EINT1_IRQHandler     [WEAK]
                    EXPORT    GPAB_IRQHandler      [WEAK]
                    EXPORT    GPCDE_IRQHandler     [WEAK]
                    EXPORT    PWMA_IRQHandler      [WEAK]
                    EXPORT    PWMB_IRQHandler      [WEAK]
                    EXPORT    TMR0_IRQHandler      [WEAK]
                    EXPORT    TMR1_IRQHandler      [WEAK]
                    EXPORT    TMR2_IRQHandler      [WEAK]
                    EXPORT    TMR3_IRQHandler      [WEAK]
                    EXPORT    UART0_IRQHandler     [WEAK]
                    EXPORT    UART1_IRQHandler     [WEAK]
                    EXPORT    SPI0_IRQHandler      [WEAK]
                    EXPORT    SPI1_IRQHandler      [WEAK]
```

```
                EXPORT    SPI2_IRQHandler          [WEAK]
                EXPORT    SPI3_IRQHandler          [WEAK]
                EXPORT    I2C0_IRQHandler          [WEAK]
                EXPORT    I2C1_IRQHandler          [WEAK]
                EXPORT    CAN0_IRQHandler          [WEAK]
                EXPORT    CAN1_IRQHandler          [WEAK]
                EXPORT    USBD_IRQHandler          [WEAK]
                EXPORT    PS2_IRQHandler           [WEAK]
                EXPORT    ACMP_IRQHandler          [WEAK]
                EXPORT    PDMA_IRQHandler          [WEAK]
                EXPORT    PWRWU_IRQHandler         [WEAK]
                EXPORT    ADC_IRQHandler           [WEAK]
                EXPORT    RTC_IRQHandler           [WEAK]

BOD_IRQHandler
WDT_IRQHandler
EINT0_IRQHandler
EINT1_IRQHandler
GPAB_IRQHandler
GPCDE_IRQHandler
PWMA_IRQHandler
PWMB_IRQHandler
TMR0_IRQHandler
TMR1_IRQHandler
TMR2_IRQHandler
TMR3_IRQHandler
UART0_IRQHandler
UART1_IRQHandler
SPI0_IRQHandler
SPI1_IRQHandler
SPI2_IRQHandler
SPI3_IRQHandler
I2C0_IRQHandler
I2C1_IRQHandler
CAN0_IRQHandler
CAN1_IRQHandler
USBD_IRQHandler
PS2_IRQHandler
ACMP_IRQHandler
PDMA_IRQHandler
PWRWU_IRQHandler
ADC_IRQHandler
RTC_IRQHandler
```

ARM Cortex-M0 微控制器原理与实践

318

```
            B        .                              //停止
            ENDP
            ALIGN                                    //添加补丁字节满足一定的对齐方式
;//用户初始化的堆栈
            IF       :DEF:__MICROLIB                 //检查是否定义了__MICROLIB
            EXPORT   __initial_sp
            EXPORT   __heap_base
            EXPORT   __heap_limit
            ELSE
            IMPORT   __use_two_region_memory          //使用双段模式
            EXPORT   __user_initial_stackheap
__user_initial_stackheap                              //重新定义堆栈
            LDR      R0, = Heap_Mem
            LDR      R1, = (Stack_Mem + Stack_Size)
            LDR      R2, = (Heap_Mem +   Heap_Size)
            LDR      R3, = Stack_Mem
            BX       LR
            ALIGN                                    //添加补丁字节满足一定的对齐方式
            ENDIF
            END
```

深入重点

✓　什么是堆栈？

✓　startup_M051.s 上电时初始化微控制器的硬件堆栈、初始化 RAM、分配内存空间和跳转到主函数即 main 函数。

✓　使用 IMPORT 或 EXPORT 声明外部符号时,若链接器在连接微控制器时不能解释该符号,而伪指令中没有[WEAK]选项时,则链接器会报告错误,若伪指令中有[WEAK]选项时,则链接器不会报告错误,而是进行下面的操作:

1：如果该符号被 B 或者 BL 指令引用,则该符号被设置成下一条指令的地址,该 B 或者 BL 指令相当于一条 NOP 指令。

2：其他情况下该符号被设置为 0。

19.2　LIB 的生成与使用

什么是 LIB 文件呢？LIB 文件(∗.lib)实质就是 C 文件(∗.c)的另一面,不具可见性,却能够在编译时提供调用,如图 19.2.1。LIB 文件在实际应用中很大的作用就是当集成商使用自家开发的设备,向其提供的是 LIB 文件,而不是 C 文件,这样就很好地保护自家的知识产权。

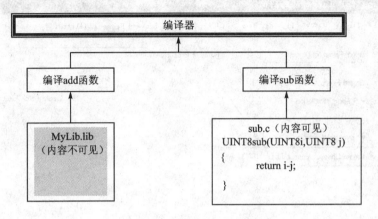

图 19.2.1　LIB 与 C 文件区别

19.2.1　LIB 文件的创建

① 新建 MyLib 工程,并编写 add 函数代码,如图 19.2.2 所示,程序清单 19.2.1、图 19.2.2 所示。

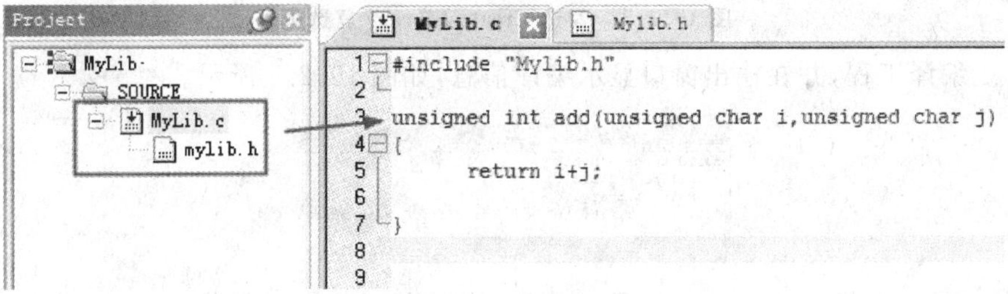

图 19.2.2　新建 LIB

程序清单 19.2.1　MyLib.c 代码

```
#include "Mylib.h"
unsigned int add(unsigned char i,unsigned char j)
{
    return i + j;

}
```

程序清单 19.2.2　MyLib.h 代码

```
extern unsigned int add(unsigned char i,unsigned char j);
```

② 在 Options for Target 对话框中,在 Output 选项卡选择 Create Library 选项,

如图 19.2.3 所示。

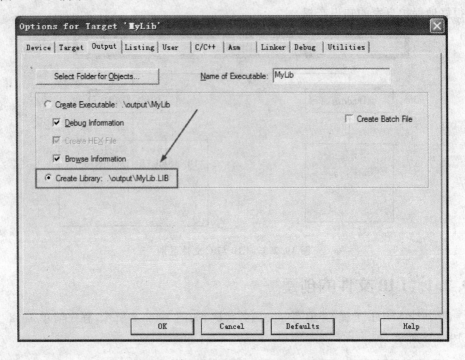

图 19.2.3　勾选 Create Library 复选框

③ 编译工程，并在输出窗口显示编译信息，如图 19.2.4 所示。

图 19.2.4　编译信息

19.2.2　LIB 文件的使用

① 新建"TestLib"工程，将之前生成的 LIB 添加到工程中去，并为 TestLib.c 文件编写代码，如图 19.2.5 所示和程序清单 19.2.3 所示。

程序清单 19.2.3　TestLib.c 代码

```
# include "SmartM_M0.h"
# include "MyLib.h"


/*********************************************
* 函数名称:main
* 输　　入:无
* 输　　出:无
```

ARM Cortex-M0 微控制器原理与实践

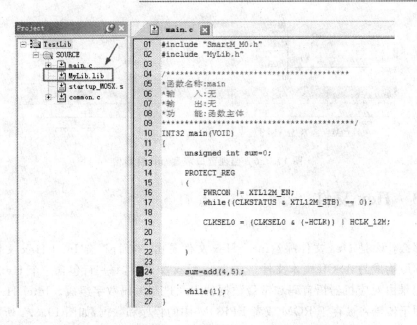

图 19.2.5 添加 MyLib.LIB

```
* 功    能:函数主体
**********************************************/
INT32 main(VOID)
{
    unsigned int sum = 0;
    PROTECT_REG
    (
        PWRCON | = XTL12M_EN;                       //默认时钟源为外部晶振
        while((CLKSTATUS & XTL12M_STB) == 0);       //等待 12MHz 时钟稳定
        CLKSEL0 = (CLKSEL0 & (~HCLK)) | HCLK_12M;   //设置外部晶振为系统时钟
    )
    sum = add(4,5);
    while(1);
}
```

② 编译工程,并单击 按钮进入 Keil 调试环境,并在观察窗口中当调用 add (4,5)后,观察 sum 变量值是否为 9,如图 19.2.6 所示。

深入重点

✓ LIB 文件(*.lib)与 C 文件(*.c)都是在编译时调用的,唯一的不同就是 LIB 文件隐藏代码,C 文件则是公开代码。
✓ LIB 文件能够很好地保护自身的知识产权。

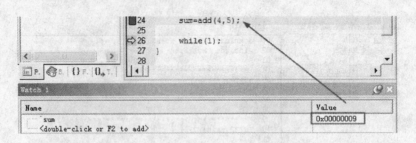

图 19.2.6　监视窗口观察 sum 变量值

19.3　Hex 文件

那么什么是 Hex 文件呢？Intel Hex 文件是由一行行符合 Intel Hex 文件格式的文本所构成的 ASCII 文本文件。在 Intel Hex 文件中，每一行包含一个 Hex 记录。这些记录由对应机器语言码和常量数据的十六进制编码数字组成。Intel Hex 文件通常用于传输将被存于 ROM 或者 EPROM 中的程序和数据，如图 19.3.1 所示。大多数 EPROM 编程器或模拟器使用 Intel Hex 文件。

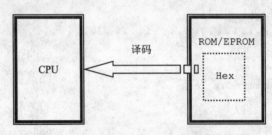

图 19.3.1　CPU 取指、译码

19.3.1　Hex 的结构

Intel Hex 由任意数量的十六进制记录组成。每个记录包含 5 个域，它们按以下格式排列：

:llaaaatt[dd...]cc

每一组字母对应一个不同的域，每一个字母对应一个十六进制编码的数字。每一个域由至少两个十六进制编码数字组成，它们构成一个字节，就像以下描述的那样：

① ":"：每个 Intel Hex 记录都由冒号开头。

② "ll"：数据长度域，它代表记录当中数据字节（dd...）的数量。

③ "aaaa"：地址域，它代表记录当中数据的起始地址。

④ "tt"：代表 Hex 记录类型的域，它可能是以下数据当中的一个：

　　　　　00－数据记录

　　　　　01－文件结束记录

　　　　　02－扩展段地址记录

　　　　　04－扩展线性地址记录

　　⑤ "dd"：数据域，它代表一个字节的数据。一个记录可以有许多数据字节。记录当中数据字节的数量必须和数据长度域(ll)中指定的数字相符。

　　⑥ "cc"：校验和域，它表示这个记录的校验和。校验和的计算是通过将记录当中所有十六进制编码数字对的值相加，以 256 为模进行以下补足。

19.3.2　Hex 的数据记录

　　Intel Hex 文件由任意数量以回车换行符结束的数据记录组成，数据记录（从 GPIO 实验的 GPIO.hex 提取出来，可以用 NotePad＋＋打开 Hex 文件）如图 19.3.2 所示。

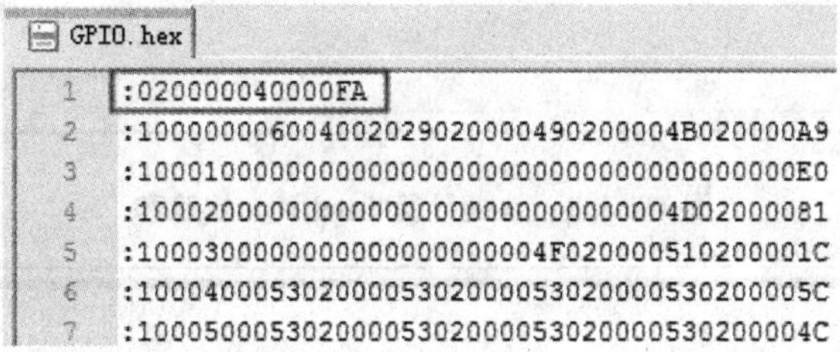

图 19.3.2　GPIO.hex 记录

　　从图 19.3.2 可以观察到 GPIO.hex 第一行数据记录"020000040000FA"，其中：

02 是这个记录当中数据字节的数量。

0000 是数据将被下载到存储器当中的地址。

00 是记录类型（数据记录）。

00040000 是数据。

FA 是这个记录的校验和。

检验值计算方法如下：

$0x01＋\sim(0x02＋0x00＋0x00＋0x04＋0x00＋0x00＋0x00)＝0xFA$

　　更方便的计算方式可以使用"单片机多功能调试助手"进行计算，在"数据校验"中填入"020000040000"，单击"计算"按钮，在"Intex Hex 校验和"文本框得出计算结果，如图 19.3.3 所示。

　　软件下载地址：http://www.cnblogs.com/wenziqi/

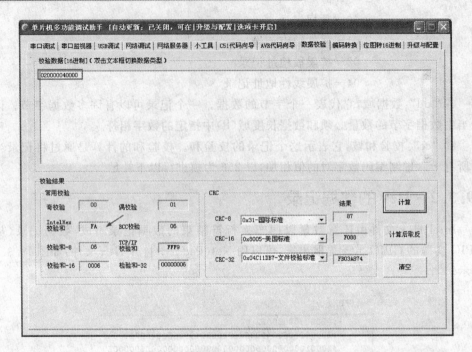

图 19.3.3 快捷计算 Intel Hex 校验和

深入重点

✓ Intel Hex 文件通常用于传输将被存于 ROM 或者 EPROM 中的程序和数据。大多数 EPROM 编程器或模拟器使用 Intel Hex 文件。

✓ Keil 编译出来的 Hex 文件是基于 Intel Hex 的。

✓ Hex 文件包含多条记录，每条记录如表 19.3.1 所列。

表 19.3.1 Hex 文件记录

域		说　明
数据长度域		数据字节的数量
地址域		数据的起始地址
记录类型域	（00）数据记录	Hex 记录类型的域，可以表示 4 种不同的类型。
	（01）文件结束记录	
	（02）拓展段地址记录	
	（03）拓展线性记录	
数据域		数据字节
校验和域		校验和

> ✓ Intel Hex 校验值计算方法：
> 　　0x01＋～（除最后一个字节之外的所有字节相加）＝校验值（最后一个字节）

19.4 功耗控制

生活上有很多东西都搭载着微控制器而进行工作的,而且有相当一部分的设备、仪器、产品都是靠蓄电池来提供电源的,往往这些靠蓄电池供电的设备、仪器、产品都能够用上一大段时间。例如我们经常接触到的遥控器,假若 MCU 一直不停地运行,不出一段时间,电池的能量会很快耗光。当然在 NuMicro M051 系列微控制器搭载的系统中,不光有微控制器需要耗电,同时还有其他外围部件耗电的,因此,我们在适当的时候关闭设备的运行同时将 NuMicro M051 系列微控制器的运行模式进入空闲模式或者掉电模式,以节省不必要的能源,达到低功耗的目的。

平时 NuMicro M051 系列微控制器正常工作的电流为 4～7 mA；当进入掉电模式下,它的工作电流小于 1 μA。由此可见,低功耗设备的功耗控制很有必要在适当的时候将其运行在掉电模式。同时基于 ARM Cortex-M0 内核的 MCU 工作频率可达到 50MHz,最低工作频率为 4MHz,当条件允许时,MCU 没有必要运行到 50MHz,除了降低运行频率和进入省电模式外,如果有没有用到的系统模块存在于系统内部,也可以将其关闭以节省耗电。

图 19.4.1　中国节能认证标志

NuMicro M051 系列微控制器支持 3 种省电模式：空闲模式、掉电模式、深度休眠模式。

当微控制器进入空闲模式时,除 CPU 处于休眠状态外,其余硬件全部处于活动状态,芯片中程序未涉及的数据存储器和特殊功能寄存器中的数据在空闲模式期间都将保持原值。但假若定时器正在运行,那么计数器寄存器中的值还将会增加。微控制器在空闲模式下可由任一个中断或硬件复位唤醒,需要注意的是,使用中断唤醒微控制器时,程序从原来停止处继续运行,当使用硬件复位唤醒微控制器时,程序将从头开始执行。

当微控制器进入掉电模式时,大部分时钟源、外设时钟和系统时钟将会被禁用,也有一些时钟源与外设时钟仍处于激活状态,包含内部 10 kHz 低谷振荡器时钟,一旦看门狗时钟、定时器时钟、PWM 时钟都采用前者作为时钟源时,它们仍处于激活状态,否则只有外部中断继续工作。

使微控制器进入深度休眠模式的指令将成为休眠前微控制器执行的最后一条指令(WFI),进入休眠模式后,芯片中程序未涉及到的数据存储器和特殊功能寄存器中的数据都将保持原值,可由外部中断低电平触发或由下降沿触发中断或者硬件复位模式换醒微控制器,需要注意的是,使用中断唤醒微控制器时,程序从原来停止处继续运行,当使用硬件复位唤醒微控制器时,程序将从头开始执行。

19.4.1　相关寄存器

1. PLL 控制寄存器(PLLCON)(见表 19.4.1)

PLL 的参考时钟输入来自外部高速晶振时钟(4~24MHz)输入或内部 22.118 4 MHz 高速振荡器,该寄存器用于控制 PLL 的输出频率和 PLL 的操作模式。

表 19.4.1　PLL 控制寄存器(PLLCON)

Bits		描　述
[31:20]	—	—
[19]	PLL_SRC	PLL 时钟源选择 0=PLL 时钟源为 22.1184 MHz 振荡器 1=PLL 时钟源为外部高速晶振(4~24MHz)
[18]	OE	PLL OE (FOUT enable)引脚控制 0=使能 PLL FOUT 1=PLL FOUT 为低
[17]	BP	PLL 旁路控制 0=PLL 正常模式(默认) 1=PLL 时钟输出与时钟输入相同(XTALin)
[16]	PD	掉电模式 设置 PWRCON 的 IDLE 位为"1",PLL 进入掉电模式 0=PLL 正常模式(默认) 1=PLL 掉电模式
[15:14]	OUT_DV	PLL 输出分频控制引脚 (PLL_OD[1:0])
[13:9]	IN_DV	PLL 输入分频控制引脚(PLL_R[4:0])
[8:0]	FB_DV	PLL 反馈分频控制引脚(PLL_F[8:0])

2. 频率分频器控制寄存器(FRQDIV)(见表 19.4.2)

表 19.4.2　频率分频器控制寄存器(FRQDIV)

Bits		描　述
[31:5]	—	—

续表 19.4.2

Bits		描　述
[4]	FDIV_EN	频率分频器使能位 0＝禁用频率分频 1＝使能频率分频
[3:0]	FSEL	分频器输出频率选择位 输出频率的公式是 $Fout = Fin/2^{(N+1)}$ Fin 为输入时钟频率，Fout 为分频器输出时钟频率，N 为 FSEL[3:0]的值

3. 掉电控制寄存器(PWRCON)(见表 19.4.3)

除 BIT[6]外，PWRCON 的其他位都受保护。要编程这些被保护的位需要向写地址 0x5000_0100 写入"59h"，"16h"，"88h"去禁用寄存器保护。

表 19.4.3　掉电控制寄存器(PWRCON)

Bits		描　述
[31:9]	—	—
[8]	PD_WAIT_CPU	频率分频器使能位 0＝禁用频率分频 1＝使能频率分频
[7]	PWR_DOWN_EN	分频器输出频率选择位 输出频率的公式是 $Fout = Fin/2^{(N+1)}$ Fin 为输入时钟频率，Fout 为分频器输出时钟频率，N 为 FSEL[3:0]的值
[6]	PD_WU_STS	芯片掉电唤醒状态标志 若"掉电唤醒"置位，表明芯片从掉电模式恢复 如果 GPIO(P0～P4)，和 UART 唤醒，该标志置位写 1 清零
[5]	PD_WU_INT_EN	掉电模式唤醒的中断使能 0＝禁用 1＝使能。从掉电唤醒时，产生中断
[4]	PD_WU_DLY	唤醒延迟计数器使能 当芯片从掉电模式唤醒时，该时钟控制将延迟一定时钟周期以等待系统时钟稳定。当芯片工作于外部高速晶振(4～24MHz)，延迟时间为 4096 个时钟周期，工作于 22.1184MHz 时，延迟 256 个时钟周期 1＝使能时钟周期延迟 0＝禁用时钟周期延迟

续表 19.4.3

Bits		描　述
[3]	OSC10K_EN	内部 10kHz 低速振荡器控制 1＝使能 10kHz 低速振荡器 0＝禁用 10kHz 低速振荡器
[2]	OSC22M_EN	内部 22.1184MHz 高速振荡器控制 1＝使能 22.1184MHz 高速振荡器 0＝禁用 22.1184MHz 高速振荡器
[1]	—	—
[0]	XTL12M_EN	外部 12MHz 晶振控制 　该位的默认值由 flash 控制器用户配置寄存器 config0 [26:24]设置。当默认时钟源为外部高速晶振(4～24MHz)。该位自动置 1 1＝使能晶振 0＝禁用晶振

表 19.4.4 为掉电模式控制表。

表 19.4.4　掉电模式控制表

	PWR_DOWN_EN	PD_WAIT_CPU	CPU 运行 WFE/WFI 指令	时钟门控
正常运行模式	1	0	NO	通过控制寄存器关闭所有时钟
IDLE 模式 （CPU 进入空闲模式）	1	0	YES	仅 CPU 内部时钟关闭
Power_down 模式	1	0	NO	大部分时钟关闭,仅外部 10K 与 WDT/Timer/PWM/ADC 可能仍然处于激活状态
Power_down Mode(CPU 进入深度休眠模式)	1	1	YES	大部分时钟关闭,仅外部 10K 与 WDT/Timer/PWM/ADC 可能仍然处于激活状态

19.4.2　空闲模式唤醒实验

【实验 19.4.1】SmartM-M051 开发板:要求 MCU 默认进入空闲模式,通过按键中断来唤醒 MCU,Led 灯点亮一段时间,然后 MCU 重新进入空闲模式。

1. 硬件设计

参考 GPIO 实验和外部中断实验的硬件设计。

2. 软件设计

由于要求按键中断唤醒 MCU,那么外部中断服务函数可以什么也不做,同时在函数主体的死循环添加上 Led 灯点亮代码和 MCU 进入空闲模式的代码,当 MCU 进入空闲模式时,只有等待中断出现 while(1)中的代码才能够继续执行。

3. 流程图

流程图如图 19.4.2 所示。

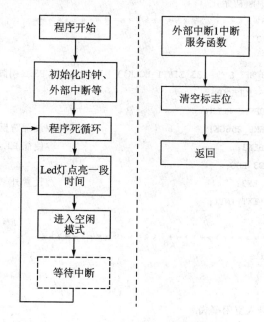

图 19.4.2　中断唤醒 MCU 实验流程图

4. 实验代码

空闲模式唤醒实验函数列表如表 19.4.5 所列。

表 19.4.5　空闲模式唤醒实验函数列表

序　号	函数名称	说　明
1	KeyIntInit	按键中断初始化
2	McuIdle	MCU 进入空闲模式
3	main	函数主体
中断服务函数		
4	__KEYISR	按键中断服务函数

程序清单 19.4.1　空闲模式唤醒实验代码

代码位置：\基础实验－中断唤醒(空闲模式)\main.c

```
# include "SmartM_M0.h"
# define __KEYISR          EINT1_IRQHandler
# define DEBUGMSG          printf
/****************************************
* 函数名称:KeyIntInit
* 输    入:无
* 输    出:无
* 功    能:按键中断初始化
****************************************/
VOID KeyIntInit(VOID)
{
    P3_MFP = (P3_MFP & (~P33_EINT1_MCLK)) | EINT1;   //P3.3引脚设置为外部中断
    DBNCECON & = ~ICLK_ON;
    DBNCECON & = DBCLK_HCLK;
    DBNCECON | = SMP_256CK;                                      //设置防反弹采样周期选择
    P3_DBEN | = DBEN3;                                              //使能 P3.3 防反弹功能
    P3_IMD & = IMD3_EDG;
    P3_IEN | = IF_EN3;                                              //设置外部中断 1 为下降沿触发
    NVIC_ISER | = EXT_INT1;
}

/****************************************
* 函数名称:McuIdle
* 输    入:无
* 输    出:无
* 功    能:MCU 进入空闲模式
****************************************/
VOID McuIdle (VOID)
{
    Delayms(20);
    PROTECT_REG
    (
        PWRCON & = ~PD_WAIT_CPU;
        PWRCON & = ~PWR_DOWN_EN;
    )
    __WFI();
    Delayms(20);
}

/****************************************
* 函数名称:main
```

```
 * 输      入:无
 * 输      出:无
 * 功      能:函数主体
***************************************/
INT32 main(VOID)
{
    PROTECT_REG                              //ISP 下载时保护 Flash 存储器
    (
        PWRCON | = XTL12M_EN;                //默认时钟源为外部晶振
        while((CLKSTATUS & XTL12M_STB) = = 0);  //等待 12MHz 时钟稳定
        CLKSEL0 = (CLKSEL0 & (～HCLK)) | HCLK_12M;  //设置外部晶振为系统时钟
        P2_PMD = 0x5555;
    )
    KeyIntInit();                            //按键中断初始化
    while(1)
    {
        P2_DOUT = 0x00;
        Delayms(500);
        P2_DOUT = 0xFF;
        McuIdle ();                          //进入空闲模式
    }
}
/ * * * * * * * * * * * * * * * * * * * * * * * * * * * * * * * * * * *
 * 函数名称:__KEYISR
 * 输      入:无
 * 输      出:无
 * 功      能:按键中断服务函数
***************************************/
VOID __KEYISR(VOID)
{
    Delayms(100);
    P3_ISRC = P3_ISRC;                       //写 1 清空
}
```

19.4.3　掉电模式唤醒实验

【实验 19.4.1】SmartM-M051 开发板:要求 MCU 默认进入掉电模式,通过按键中断来唤醒 MCU,Led 灯点亮一段时间,然后 MCU 重新进入掉电模式。

1. 硬件设计

参考 GPIO 实验和外部中断实验的硬件设计。

2. 软件设计

由于要求按键中断唤醒 MCU,那么外部中断服务函数可以什么也不做,同时在函数主体的死循环添加上 Led 灯点亮代码和 MCU 进入掉电模式的代码,当 MCU 进入掉电模式时,只有等待中断出现 while(1)中的代码才能够继续执行。

3. 流程图(见图 19.4.3)

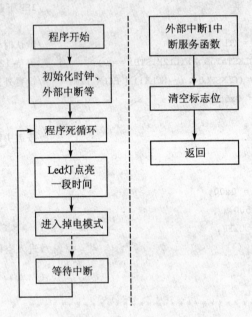

图 19.4.3 中断唤醒 MCU 实验流程图

4. 实验代码

掉电模式唤醒实验函数列表如表 19.4.6 所列。

表 14.1.6 掉电模式唤醒实验函数列表

序 号	函数名称	说 明
1	KeyIntInit	按键中断初始化
2	McuPowerDown	MCU 进入掉电模式
3	main	函数主体
中断服务函数		
4	__KEYISR	按键中断服务函数

程序清单 19.4.2 掉电模式唤醒实验代码

代码位置:\基础实验—中断唤醒(掉电模式)\main.c

```
#include "SmartM_M0.h"
```

```
#define __KEYISR        EINT1_IRQHandler
#define DEBUGMSG        printf
/********************************************
* 函数名称:KeyIntInit
* 输    入:无
* 输    出:无
* 功    能:按键中断初始化
********************************************/
VOID KeyIntInit(VOID)
{
    P3_MFP = (P3_MFP & (~P33_EINT1_MCLK)) | EINT1;   //P3.3引脚设置为外部中断
    DBNCECON & = ~ICLK_ON;
    DBNCECON & = DBCLK_HCLK;
    DBNCECON | = SMP_256CK;                          //设置防反弹采样周期选择
    P3_DBEN | = DBEN3;                               //使能 P3.3 防反弹功能
    P3_IMD & = IMD3_EDG;
    P3_IEN | = IF_EN3;                               //设置外部中断 1 为下降沿触发
    NVIC_ISER | = EXT_INT1;
}
/********************************************
* 函数名称:McuPowerDown
* 输    入:无
* 输    出:无
* 功    能:MCU 进入掉电模式
********************************************/
VOID McuPowerDown (VOID)
{
    Delayms(20);
    PROTECT_REG
    (
        /* 提示唤醒时需要较长的时间 */
        SCR | = SLEEPDEEP;
        /* 禁止掉电模式下唤醒的中断中断使能 */
        PWRCON & = ~PD_WU_IE;
        PWRCON & = ~PD_WAIT_CPU;
        PWRCON | = PWR_DOWN_EN;
    )
    Delayms(20);
}
/********************************************
* 函数名称:main
* 输    入:无
```

ARM Cortex-M0 微控制器原理与实践

334

```
* 输    出:无
* 功    能:函数主体
************************************************/
INT32 main(VOID)
{
    PROTECT_REG                                    //ISP 下载时保护 Flash 存储器
    (
        PWRCON | = XTL12M_EN;                      //默认时钟源为外部晶振
        while((CLKSTATUS & XTL12M_STB) == 0);      //等待 12MHz 时钟稳定
        CLKSEL0 = (CLKSEL0 & (~HCLK)) | HCLK_12M;  //设置外部晶振为系统时钟
        P2_PMD = 0x5555;
    )
    KeyIntInit();                                  //按键中断初始化
    while(1)
    {
        P2_DOUT = 0x00;
        Delayms(500);
        P2_DOUT = 0xFF;
        McuPowerDown ();                           //MCU 进入掉电模式
    }
}

/**********************************************
* 函数名称:__KEYISR
* 输    入:无
* 输    出:无
* 功    能:按键中断服务函数
************************************************/
VOID __KEYISR(VOID)
{
    Delayms(100);
    P3_ISRC = P3_ISRC;                             //写 1 清空
}
```

深入重点

✓ NuMicro M051 系列微控制器支持 3 种省电模式:空闲模式、掉电模式、深度休眠模式。

✓ 空闲模式与掉电模式代码之间的最主要区别就是是否调用__WFI 函数。

✓ 在实际应用过程中,可以根据自身所需,选择不同的省点方式,同时,未来达到最佳的省点效率也可以组合不同的省点方法。

19.5　系统复位

用户应用程序在运行过程当中,有时会有特殊需求,需要实现微控制器系统软复位(热启动之一),传统的微控制器由于硬件上未支持此功能,用户必选用软件模拟实现,实现起来比较麻烦。NuMicro M051 微控制器实现了此功能,用户只需简单的控制 IPRSTC1 寄存器的其中两位 CHIP_RST/CPU_RST 就可以系统复位了,为了执行复位的目的,当然也可以通过看门狗进行复位,但是没有前者来得直接。

19.5.1　相关寄存器

外设复位控制寄存器 1(IPRSTC1)如表 19.5.1 所列。

PLL 的参考时钟输入来自外部高速晶振时钟(4～24MHz)输入或内部 22.118 4 MHz高速振荡器,该寄存器用于控制 PLL 的输出频率和 PLL 的操作模式。

表 19.5.1　外设复位控制寄存器 1(IPRSTC1)

Bits		描　述
[31:4]	—	—
[3]	EBI_RST	EBI 控制器复位 设置该位为"1",产生复位信号到 EBI。用户需要置 0 才能释放复位状态。 该位是受保护的位,修改该位时,需要依次向 0x5000_0100 写入"59h","16h","88h"解除寄存器保护。参考寄存器 REGWRPROT,地址 GCR_BA + 0x100 0＝正常工作 1＝EBI IP 复位
[2]	—	—
[1]	CPU_RST	CPU 内核复位 该位置 1,CPU 内核和 Flash 存储控制器复位。两个时钟周期后,该位自动清零 该位是受保护的位,修改该位时,需要依次向 0x5000_0100 写入"59h","16h","88h"解除寄存器保护,参考寄存器 REGWRPROT,地址 GCR_BA + 0x100 0:正常 1:复位 CPU
[0]	CHIP_RST	芯片复位 该位置 1,芯片复位,包括 CPU 内核和所有外设均复位,两个时钟周期后,该位自动清零 CHIP_RST 与 POR 复位相似,所有片上模块都复位,芯片设置从 Flash 重载 CHIP_RST 与上电复位一样,所有的芯片模块都复位,芯片设置从 Flash 重新加载。该位是受保护的位,修改该位时,需要依次向 0x5000_0100 写入"59h","16h","88h"解除寄存器保护。参考寄存器 REGWRPROT,地址 GCR_BA+0x100 0:正常 1:复位芯片

19.5.2　实　验

【实验 19.5.1】SmartM-M051 开发板:微控制器复位后闪烁 Led 灯一段时间,并等待系统复位以令 Led 灯持续不断地闪烁。

1. 硬件设计

参考 GPIO 实验硬件设计。

2. 软件设计

在函数主体的死循环中执行空操作即不加上任何代码,而闪烁 Led 灯只要在进入死循环之前执行就可以达到要求,这样才能保证不断地系统复位以令 Led 灯实现持续不断地闪烁的效果。

3. 流程图(见图 19.5.1)

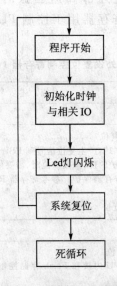

图 19.5.1　系统复位实验流程图

4. 实验代码

系列复位实验函数如表 19.5.2 所列。

表 19.5.2　系统复位实验函数列表

序　号	函数名称	说　明
1	main	函数主体

程序清单 19.5.1　系统复位实验代码

代码位置:\基础实验—软件复位\main.c

```
#include "SmartM_M0.h"
```

```
/**************************************
 * 函数名称:main
 * 输    入:无
 * 输    出:无
 * 功    能:函数主体
 **************************************/
INT32 main(VOID)
{
    PROTECT_REG
    (
        PWRCON | = XTL12M_EN;                      //默认时钟源为外部晶振
        while((CLKSTATUS & XTL12M_STB) == 0);      //等待 12MHz 时钟稳定
        CLKSEL0 = (CLKSEL0 & (~HCLK)) | HCLK_12M;  //设置外部晶振为系统时钟
        P2_PMD = 0x5555;
    )
    P2_DOUT = 0x00;
    Delayms(500);
    P2_DOUT = 0xFF;
    Delayms(500);
    PROTECT_REG
    (
        IPRSTC1| = 0x01;                           //执行复位
    )
    while(1);
}
```

5. 代码分析

最为关键的代码就是对 IPRSTC1 进行设置,执行"IPRSTC1|=0x01"就是使能芯片复位,当然可以执行"IPRSTC1|=0x02"就是使能 CPU 内核复位。它们两者之间的唯一区别就是前者复位所有所有外设,意味着所有寄存器都复位到初始状态,需要重新配置。

深入重点

✓ 用户只需简单地控制 IPRSTC1 寄存器的其中两位 CHIP_RST/CPU_RST 就可以系统复位。

✓ 看门狗也是可以进行芯片复位,但是没有控制 IPRSTC1 寄存器来得直接。

19.6 scatter 文件

一个映像文件里可以包含多个域(region),它们在装载和运行时可以有不同的地址。这个地址可以用 armlink 的两个参数来确定：

ro-base 设置代码段（RO）在装载域（load view）和运行域（execution view）里的地址。

rw-base 设置数据段（RW）在运行域里的地址。

实际上，当域的内存映射关系比较简单时，可以使用这两个参数，但它们不能处理更为复杂的内存映射（memeory map），在这种情况下，就要用分散装载（scatter loading）技术。

分散装载技术可以把应用程序分割成多个 RO 域和 RW 域，并且给它们指定不同的地址。这在嵌入式的实际应用中，有很大好处。在一个嵌入式系统中，Flash、16 位 RAM、32 位 RAM 都可能存在于系统中，所以，将不同功能的代码定位在特定的位置大大地提高系统的效率。下面是最为常用的两种情况：

第一种情况：32 位的 RAM 速度最快，那么就把中断程序作为一单独的运行域，放在 32 位的 RAM 中，使它的响应时间缩到最短，这在 startup_M051.s 文件中有体现。

第二种情况：将启动代码（bootloader）以外的所有代码都复制到 RAM 中运行。

那么，分散装载是如何实现的呢？它通过一个文本文件作为 armlink 的参数来实现，文件里描述了分散装载需要的两个信息。

① 如何分散，就是输入段如何组成输出段和域：分组信息。

② 如何装载，就是装载域和每个运行域的地址是多少：定位信息。

19.6.1 scatter 文件简介

Scatter 文件是一个文本文件，它描述了装载域和运行域的基本属性。

1. 对装载域的描述

在 scatter 文件里，描述了装载域的名字、起始地址、最大尺寸、属性和运行域集合。其中最大尺寸和属性是可选的，如下例 M051Simple.scf 所示。

程序清单 19.6.1 M051Simple.scf 装载域

```
LR_IROM1 0x00000000
{
  ER_IROM1 0x00000000
  {
   * .o (RESET, + First)
   * (InRoot $ $ Sections)
   .ANY ( + RO)
  }
  RW_IRAM1 0x20000000
  {
   .ANY ( + RW + ZI)
```

```
    }
  }
```

在上面的 scatter 文件里，装载域的名字为 LR_IROM1，起始地址为 0x00000000，包含两个运行域：ER_IROM1 和 RW_IRAM1。编写好这个 scatter 文件后，就可以作为 armlink 的参数来使用它。

2. 对运行域的描述

在 scatter 里，描述了运行域的名字、起始地址、最大尺寸、属性和输入段的集合，如下例所示。

程序清单 19.6.2　M051Simple.scf 运行域

```
LR_IROM1 0x00000000 0x2000
{
  ER_IROM1 0x00000000 0x2000
  {
   * .o (RESET, + First)
   *(InRoot $ $ Sections)
  .ANY ( + RO)
  }
  RW_IRAM1 0x20000000 0x1000
  {
  .ANY ( + RW + ZI)
  }
FLASH1 0x800 0x1F0
{
  FLASH1  + 0
  {
      Led1Ctrl.o
  }
}
FLASH2 0x1000 0xFF0
{
  FLASH2  + 0
  {
      Led7Ctrl.o
  }
 }
}
```

在这个文件里描述了两个运行域，分别为 FLASH1 和 FLASH2。FLASH1 的起始地址为 0x800，长度为 0x1F0；Led1Ctrl.o 里的所有代码和只读数据都放在这个运行域里，FLASH2 亦然。

3. 对输入段的描述

在 scatter 文件里，描述了输入段的模块名字（比如目标文件名）和输入段的属性（RO、RW、ZI 等）。比如：uart. o(＋ZI)，其中，uart. o 为模块名；＋ZI 为输入段的属性。模块名字可以用通配符号，比如：＊。"＊(＋RO,＋RW,＋ZI)"表示所有的代码和数据段。

19.6.2　实　验

【实验 19.6.1】SmartM-M051 开发板：在 scatter 文件添加两个运行域，实现 Led1 和 Led7 闪烁功能，并通过 Nu-Link 检测 Led1 和 Led7 这两个函数段是否定位在特定的地址处。

1. 硬件设计

参考 GPIO 实验设计。

2. 软件设计

NuMicro M051 系列微控制器 APROM 的起始地址为 0，SmartM-M051 开发板采用的是 M052LAN 芯片，APROM 的长度为 0x2000，还有定位时注意存储器的映射，若然定位到硬件寄存器将会影响到代码的执行。例如 Led1 代码可以定位在 0x800 地址处，长度为 0x1F0 字节；Led7 代码可以定位在 0x1000 地址处，长度为 0x1F0 字节。

3. 添加和设置 scatter 文件

① 在 Scatter 工程新建 scf. scf 文件，并为 scf. scf 文件填写正确的内容，内容如下：

程序清单 19.6.3　　scatter 文件内容

代码位置:\基础实验－Scatter\scf. scf

```
LR_IROM1 0x00000000 0x2000            ;装载起始地址和长度
{
  ER_IROM1 0x00000000 0x2000
  {
      * .o (RESET, + First)            ;把复位段放在运行域 ER_IROM1 的最前面
      * (InRoot $ $ Sections)
      .ANY ( + RO)                     ;.ANY ( + RO)所有其他的只读段
  }
  RW_IRAM1 0x20000000 0x1000
  {
      .ANY ( + RW + ZI)                ;所有读写(RW)数据段和 ZI 段放在运行域 RW_IRAM1
  }
}
```

```
FLASH1 0x800 0x1F0                    ;装载起始地址和长度
{
    _FLASH1  + 0
    {
        Led1Ctrl.o                   ;把输入段 Led1Ctrl.o 放在运行域_FLASH1
    }
}
FLASH2 0x1000    0x1F0                ;装载起始地址和长度
{
    _FLASH2  + 0
    {
        Led7Ctrl.o                   ;把输入段 Led1Ctr7.o 放在运行域_FLASH2
    }
}
```

② 进入 Scatter 工程选项,并在 Link 选项卡添加 scf. scf 文件,如图 19.6.1 所示。

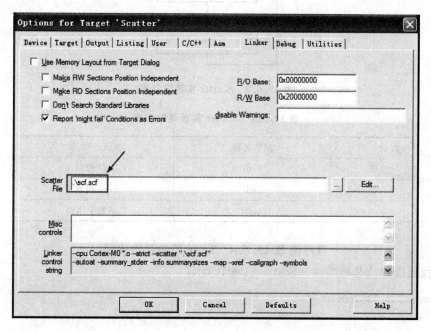

图 19.6.1　添加 scatter 文件

4. 流程图(见图 19.6.2)

5. 实验代码

Scatter 实验函数列表如表 19.6.1 所列。

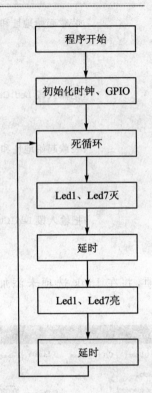

图 19.6.2　Scatter 实验流程图

表 19.6.1　Scatter 实验函数列表

序　号	函数名称	说　明
1	Led1	Led1 控制
2	Led7	Led7 控制
3	main	函数主体

程序清单 19.6.4　Led1 控制函数代码

代码位置:\基础实验－Scatter\Led1Ctrl.c

```
# include "SmartM_M0.h"
/*********************************************
* 函数名称:Led1
* 输　入:bIsOn 亮/灭
* 输　出:无
* 功　能:Led1 控制
**********************************************/
VOID Led1(BOOL bIsOn)
{
```

```
    if(bIsOn)
    {
        P2_DOUT| = 1UL<<1;
    }
    else
    {
        P2_DOUT& = ~(1UL<<1);
    }
}
```

程序清单 19.6.5　Led7 控制函数代码

代码位置：\基础实验－Scatter\Led7Ctrl.c

```
#include "SmartM_M0.h"
/*********************************************
* 函数名称:Led7
* 输　　入:bIsOn 亮/灭
* 输　　出:无
* 功　　能:Led7 控制
*********************************************/
VOID Led7(BOOL bIsOn)
{
    if(bIsOn)
    {
        P2_DOUT| = 1UL<<6;
    }
    else
    {
        P2_DOUT& = ~(1UL<<6);
    }
}
```

程序清单 19.6.6　Scatter 实验代码

代码位置：\基础实验－Scatter\main.c

```
#include "SmartM_M0.h"
#define DEBUGMSG   printf
EXTERN_C VOID Led1(BOOL bIsOn);
EXTERN_C VOID Led7(BOOL bIsOn);
/*********************************************
* 函数名称:main
* 输　　入:无
* 输　　出:无
```

* 功　　能:函数主体
**/

```c
INT32 main(VOID)
{
                                              //ISP下载时保护 Flash 存储器
    PROTECT_REG
    (
        PWRCON | = XTL12M_EN;                 //默认时钟源为外部晶振
        while((CLKSTATUS & XTL12M_STB) == 0); //等待 12MHz 时钟稳定
        CLKSEL0 = (CLKSEL0 & (~HCLK)) | HCLK_12M; //设置外部晶振为系统时钟
        P2_PMD = 0x5555;
    )
    while(1)
    {
        Led1(FALSE);Led7(FALSE);              //Led1、Led7 灭
        Delayms(100);
        Led1(TRUE); Led7(TRUE) ;              //Led1、Led7 亮
        Delayms(100);
    }
}
```

6. 硬件仿真

① 为 Led1 和 Led7 控制函数代码起始处添加断点,如图 19.6.3、图 19.6.4 所示。

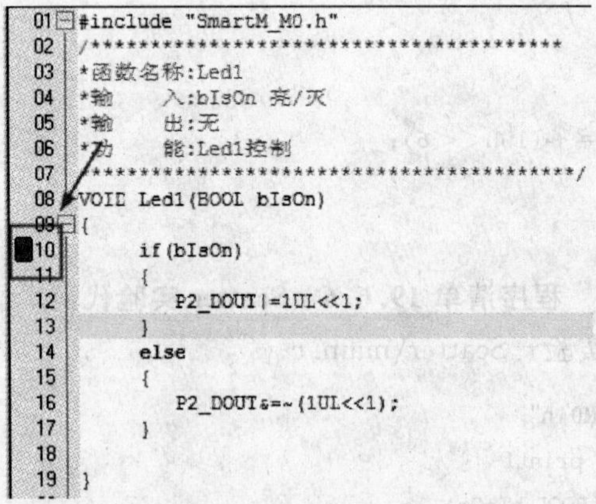

```
01 □#include "SmartM_M0.h"
02  /*******************************
03  *函数名称:Led1
04  *输　　入:bIsOn 亮/灭
05  *输　　出:无
06  *功　　能:Led1控制
07  *******************************/
08  VOID Led1(BOOL bIsOn)
09 □{
10      if(bIsOn)
11      {
12          P2_DOUT|=1UL<<1;
13      }
14      else
15      {
16          P2_DOUT&=~(1UL<<1);
17      }
18
19  }
```

图 19.6.3　Led1 控制函数添加断点

② 单击 [📖] Start/Stop Debug Session 按钮进入 Keil 的调试环境,如图 19.6.5 所示。

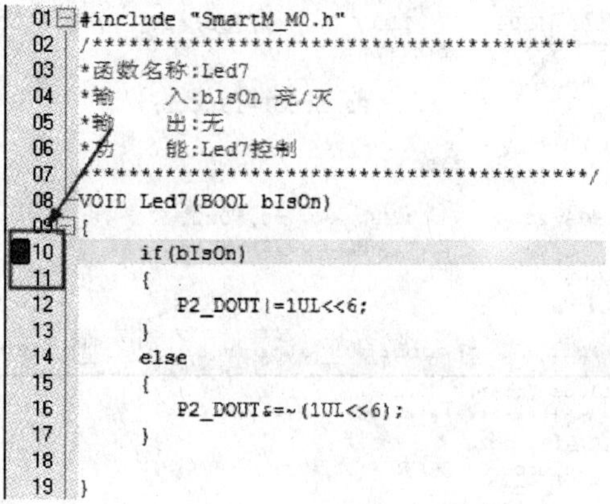

```
01  #include "SmartM_M0.h"
02  /***************************************
03  *函数名称:Led7
04  *输    入:bIsOn 亮/灭
05  *输    出:无
06  *功    能:Led7控制
07  ***************************************/
08  VOID Led7(BOOL bIsOn)
09  {
10      if(bIsOn)
11      {
12          P2_DOUT|=1UL<<6;
13      }
14      else
15      {
16          P2_DOUT&=~(1UL<<6);
17      }
18  }
19  }
```

图 19.6.4   Led7 控制函数添加断点

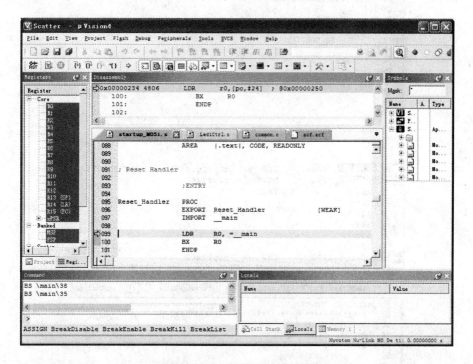

图 19.6.5   进入 Keil 调试环境

③ 单击 RUN 按钮 并一直执行到 Led1 控制函数处，观察其定位信息，如图19.6.6 所示。

④ 单击 RUN 按钮 并一直执行到 Led7 控制函数处，观察其定位信息，如图19.6.7 所示。

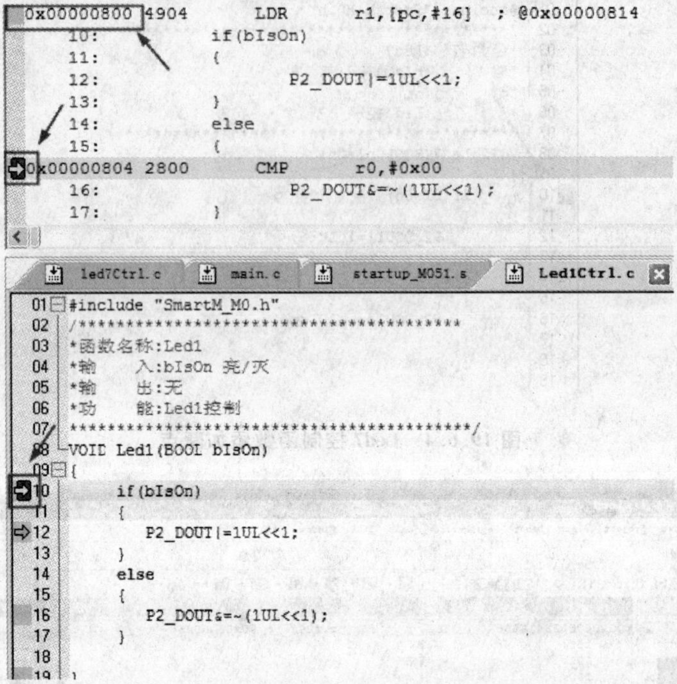

ARM Cortex-M0 微控制器原理与实践

346

```
0x00000800 4904      LDR      r1,[pc,#16]  ; @0x00000814
   10:          if(bIsOn)
   11:          {
   12:                 P2_DOUT|=1UL<<1;
   13:          }
   14:          else
   15:          {
0x00000804 2800      CMP      r0,#0x00
   16:                 P2_DOUT&=~(1UL<<1);
   17:          }
```

```
led7Ctrl.c    main.c    startup_M051.s    Led1Ctrl.c
01 #include "SmartM_M0.h"
02 /*******************************************
03 *函数名称:Led1
04 *输    入:bIsOn 亮/灭
05 *输    出:无
06 *功    能:Led1控制
07 *******************************************/
08 VOID Led1(BOOL bIsOn)
09 {
10     if(bIsOn)
11     {
12         P2_DOUT|=1UL<<1;
13     }
14     else
15     {
16         P2_DOUT&=~(1UL<<1);
17     }
18
19 }
```

图 19.6.6　Led1 控制函数定位信息

```
0x00001000 4904      LDR      r1,[pc,#16]  ; @0x00001014
0x00001002 2240      MOVS     r2,#0x40
   10:          if(bIsOn)
   11:          {
   12:                 P2_DOUT|=1UL<<6;
   13:          }
   14:          else
   15:          {
0x00001004 2800      CMP      r0,#0x00
```

```
led7Ctrl.c    main.c    startup_M051.s    Led1Ctrl.c
01 #include "SmartM_M0.h"
02 /*******************************************
03 *函数名称:Led7
04 *输    入:bIsOn 亮/灭
05 *输    出:无
06 *功    能:Led7控制
07 *******************************************/
08 VOID Led7(BOOL bIsOn)
09 {
10     if(bIsOn)
11     {
12         P2_DOUT|=1UL<<6;
13     }
14     else
15     {
16         P2_DOUT&=~(1UL<<6);
17     }
18
```

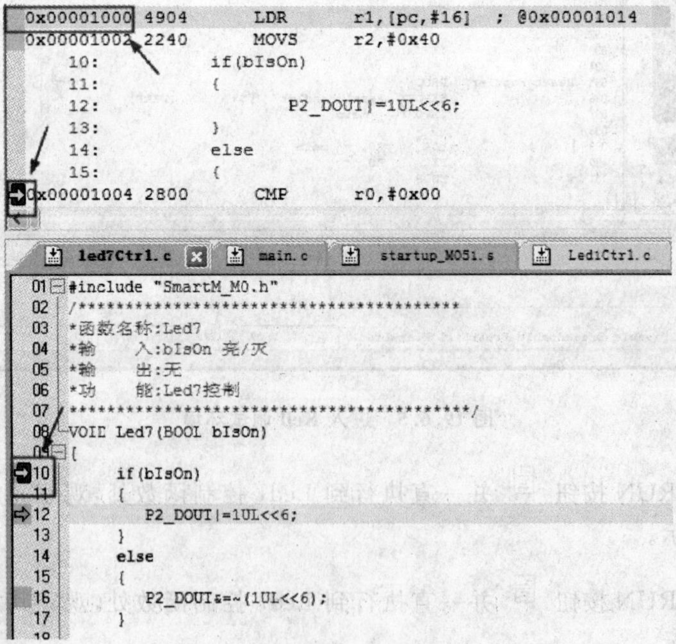

图 19.6.7　Led7 控制函数定位信息

┌───┐
│ **深入重点**
│ ✓ 一个映像文件里可以包含多个域(region),它们在装载和运行时可以有不同
│   的地址。
│ ✓ 32 位的 RAM 速度最快,那么就把中断程序作为一单独的运行域,放在 32
│   位的 RAM 中,使它的响应时间缩到最短,这在 startup_M051.s 文件中有体
│   现。
│ ✓ 在一个嵌入式系统中,Flash、16 位 RAM、32 位 RAM 都可能存在于系统
│   中,所以将不同功能的代码定位在特定的位置会大大地提高系统的效率。
└───┘

19.7　USER 配置

USER 配置支持 XT1 时钟滤波器使能、复位后 CPU 时钟选择、欠压检测使能、欠压电压选择、欠压复位使能、配置启动选择、安全锁等功能。

19.7.1　相关寄存器

1. USER 配置寄存器 0(地址:0x0030_0000)(见表 19.7.1)

表 19.7.1　USER 配置寄存器 0(地址:0x0030_0000)

Bits		描　述
[31:29]	—	—
[28]	CKF	XT1 时钟滤波器使能 0=禁用时钟滤波器 1=使能 XT1 时钟滤波器
[27]	—	—
[26:24]	CFOSC	复位后 CPU 时钟源选择 <table><tr><td>FOSC[2:0]</td><td>时钟源</td></tr><tr><td>000</td><td>外部晶振时钟(4～24MHz)</td></tr><tr><td>111</td><td>内部 RC 22.1184 MHz 振荡器时钟</td></tr><tr><td>其他</td><td>—</td></tr></table> 复位发生后,加载 CFOSC 的值到 CLKSEL0.HCLK_S[2:0]。
[23]	CBODEN	欠压检测使能 0=上电后使能欠压检测 1=上电后禁用欠压检测

Bits		描 述
[22:21]	CBOV1—0	欠压电压选择 表格见下 | CBOV1	CBOV0	欠压电压
1	1	4.5
1	0	3.8
0	1	2.7
0	0	2.2	
[20]	CBORST	欠压复位使能 0=上电后使能欠压复位 1=上电后禁用欠压复位
[19:8]	—	
[7]	CBS	配置启动选择 0=芯片从 LDROM 启动 1=芯片从 APROM 启动
[6:2]	—	
[1]	LOCK	安全锁 0=Flash 数据锁定 1=Flash 数据不锁定 当锁定了 flash 数据,仅有器件 ID,Config0 和 Config1 可以通过烧录器和 ICP 通过串行调试接口读出。 读出其他数据锁定在 0xFFFFFFFF. ISP 可以不管 LOCK 是否锁定都能读出数据。
[0]	—	

2. USER 配置寄存器 1(地址:0x0030_0004)(见表 19.7.2)

表 19.7.2 USER 配置寄存器 1(地址:0x0030_0004)

Bits		描 述
[31:0]	—	—

19.7.2 实 验

【实验 19.7.1】SmartM-M051 开发板:对数据区第 0 页进行数据读写,并通过串口打印读写信息。

1. 硬件设计

参考串口实验硬件设计。

2. 软件设计

如图 19.7.1 所示,USER 配置区的读写基于 Flash 上进行操作,要注意的是数据区读写操作之前要首先初始化好数据区的相关寄存器才允许读写操作,而在写操作之前必须扇区擦除。

写入数据软件设计:扇区擦除→写入数据。

读取数据软件设计:直接读取。

显示数据软件设计:显示写入的数据和读取的数据。

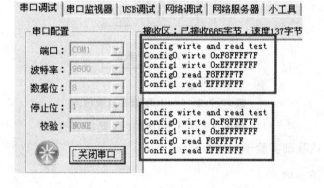

图 19.7.1　USER 配置区读写实验示意图

3. 流程图(见图 19.7.2)

4. 实验代码

USER 配置实验函数如表 19.7.3 所列。

表 19.7.3　USER 配置实验函数列表

序　号	函数名称	说　明
1	ISPTriger	ISP 执行
2	ISPEnable	ISP 使能
3	ISPDisable	ISP 禁用
4	ConfigEnable	配置区读写使能
5	ConfigErase	配置区擦除
6	Config0Write	配置区 0 写
7	Config1Write	配置区 1 写
8	Config0Read	配置区 0Read
9	Config1Read	配置区 1Read
10	main	函数主体

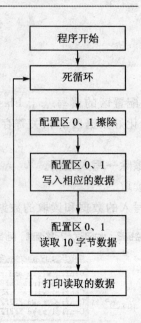

图 19.7.2 USER 配置实验流程图

程序清单 19.7.1 USER 配置实验代码

代码位置:\基础实验—配置位\main.c

```
# include "SmartM_M0.h"
# define DEBUGMSG            printf
# define CONFIG_START_ADDR    0x00300000
# define PAGE_SIZE            512
/************************************
* 函数名称:ISPEnable
* 输    入:无
* 输    出:无
* 功    能:ISP 使能
*************************************/
VOID ISPEnable(VOID)
{
    Un_Lock_Reg();
    ISPCON | = ISPEN;
}
/************************************
* 函数名称:ISPDisable
* 输    入:无
* 输    出:无
* 功    能:ISP 禁用
*************************************/
```

```
VOID ISPDisable(VOID)
{
    Un_Lock_Reg();
    ISPCON & = ～ISPEN;
}
/*******************************************
* 函数名称:ISPTriger
* 输    入:无
* 输    出:无
* 功    能:ISP 触发
*******************************************/
VOID ISPTriger(VOID)
{
    ISPTRG | = ISPGO;
    while((ISPTRG&ISPGO) = = ISPGO);
}
/*******************************************
* 函数名称:ConfigEnable
* 输    入:无
* 输    出:无
* 功    能:Config 使能
*******************************************/
VOID ConfigEnable(VOID)
{
    Un_Lock_Reg();
    ISPCON | = CFGUEN;


}
/*******************************************
* 函数名称:ConfigErase
* 输    入:无
* 输    出:无
* 功    能:Config 区擦除
*******************************************/
VOID ConfigErase(VOID)
{
    ISPEnable();
    ConfigEnable();
    ISPCMD = PAGE_ERASE;
    ISPADR = CONFIG_START_ADDR;
    ISPTriger();
    ISPDisable();
```

```
    }
/***********************************************
 * 函数名称:Config0Write
 * 输    入:无
 * 输    出:无
 * 功    能:Config0 区写
 ***********************************************/
VOID Config0Write(UINT32 unData)
{
    ISPEnable();
    ConfigEnable();
    ISPCMD = PROGRAM;
    ISPADR = CONFIG_START_ADDR + 0x00;
    ISPDAT = unData;
    ISPTriger();
    ISPDisable();
}
/***********************************************
 * 函数名称:Config1Write
 * 输    入:无
 * 输    出:无
 * 功    能:Config1 区写
 ***********************************************/
VOID Config1Write(UINT32 unData)
{
    ISPEnable();
    ConfigEnable();
    ISPCMD = PROGRAM;
    ISPADR = CONFIG_START_ADDR + 0x04;
    ISPDAT = unData;
    ISPTriger();
    ISPDisable();
}
/***********************************************
 * 函数名称:Config0Read
 * 输    入:无
 * 输    出:无
 * 功    能:Config0 区读
 ***********************************************/
UINT32 Config0Read(VOID)
{
    UINT32 unData;
```

```
    ISPEnable();
    ISPCMD = READ;
    ISPADR = CONFIG_START_ADDR + 0x00;
    ISPTriger();
    unData = ISPDAT;
    ISPDisable();
    return unData;
}
/**********************************************
* 函数名称:Config1Read
* 输    入:无
* 输    出:无
* 功    能:Config1 区读
**********************************************/
UINT32 Config1Read(VOID)
{
    UINT32 unData;

    ISPEnable();
    ISPCMD = READ;
    ISPADR = CONFIG_START_ADDR + 0x04;
    ISPTriger();
    unData = ISPDAT;
    ISPDisable();
    return unData;


}


/**********************************************
* 函数名称:main
* 输    入:无
* 输    出:无
* 功    能:函数主体
**********************************************/
INT32 main(VOID)
{
    UINT32 unConfig0Read,unConfig1Read;

    PROTECT_REG
    (
        PWRCON |= XTL12M_EN;                           //默认时钟源为外部晶振
```

ARM Cortex-M0 微控制器原理与实践

354

```
        while((CLKSTATUS & XTL12M_STB) == 0)              //等待 12MHz 时钟稳定
        CLKSEL0 = (CLKSEL0 & (~HCLK)) | HCLK_12M;          //设置外部晶振为系统时钟
    )
    UartInit(12000000UL,9600);
    while(1)
    {
        DEBUGMSG("Config wirte and read test\r\n");
        ConfigErase();                                     //配置区擦除
        Config0Write(0xF8FFFF7F);                          //配置区写
        Config1Write(0xEFFFFFFF);
        DEBUGMSG("Config0 wirte 0xF8FFFF7F\r\n");
        DEBUGMSG("Config1 wirte 0xEFFFFFFF\r\n");
        unConfig0Read = Config0Read();                     //配置区读
        unConfig1Read = Config1Read();
        DEBUGMSG("Config0 read % x\r\n",unConfig0Read);
        DEBUGMSG("Config1 read % x\r\n",unConfig1Read);
        DEBUGMSG("\r\n\r\n");
    }
}
```

5. 代码分析

从 main()函数可以清晰地了解到程序的流程：

① 扇区擦除。

② 写入数据。

③ 读取数据。

④ 显示数据。

数据区要写入数据,首先要对当前地址的扇区进行擦除,然后才能对当前地址写入数据。

数据区扇区擦除的原因：M051 微控制器内的配置区,具有 Flash 的特性,只能在擦除了扇区后进行字节写,写过的字节不能重复写,只有待扇区擦除后才能重新写,而且没有字节擦除功能,只能扇区擦除。

深入重点

✓ 扇区擦除的作用要了解清楚,因为写过的字节不能重复写,只有待扇区擦除后才能重新写。

✓ 同一次修改的数据放在同一扇区中,单独修改的数据放在另外的扇区,就不需读出保护。

✓ 如果同一个扇区中存放一个以上的字节,某次只需要修改其中的一个字节
或一部分字节时则另外不需要修改的数据须先读出放在 M051 微控制器的
RAM 当中,然后擦除整个扇区,再将需要一的数据一并写回该扇区中。这
时每个扇区使用的字节数据越少越方便。

19.8 欠压电压值设定(BOD)

NuMicro M051 系列微控制器本身有对系统电压进行检测的功能,一旦系统电
压低于设定的门限电压后,将自动停止正常运行,并可设置进入复位状态。当系统电
压稳定恢复到设定的门限电压之上,将再次启动运行,即相当于一次掉电再上电的
复位。

作为一个正式的系统或产品,当系统基本功能调试完成后,一旦进行现场测试阶
段,请注意马上改写芯片的配置位,启动内部欠压电压检测功能。NuMicro M051 系
列微控制器支持宽电压工作范围,但是经常工作在 5 V 或 3 V 系统,有必要进行适当
的配置。对于 5 V 系统,设置欠压电压为 4.5 V;对于 3 V 系统,设置欠压电压为
2.7 V。当允许欠压电压检测时,一旦 NuMicro M051 系列微控制器的供电电压低于
设置的欠压值,它将会进入复位状态,不执行程序,然而当电源恢复到欠压电压值以
上时,它才正式执行程序,以保证系统的可靠性。

由于 NuMicro M051 系列微控制器是宽电压工作的芯片,例如在一个 5 V 的电
子系统中,当电压跌至 2.3 V 时,它本身还能工作,还在执行指令程序,但这时出现 2
个可怕的隐患:

● 2.3 V 时,外围芯片工作可能已经不正常了,而且逻辑电平严重偏离 5 V 标
准,NuMicro M051 系列微控制器读取到的信息不正确,造成程序的执行发
生逻辑错误(这不是 NuMicro M051 本身的原因)。

● 当电源下降到一个临界点,如 2.1 V 时,并且在此抖动,这样将使 NuMicro
M051 运行的程序不正常,取指令、读/写数据都可能发生错误,从而造成程序
乱飞,工作不稳定。

由于 NuMicro M051 本身具有对片内 Flash 写操作指令,在临界电压附近,芯片
工作已经不稳定了,硬件的特性也是非常不稳定,所以在这个时候,一旦程序跑飞,就
可能破坏 Flash 中的数据,进而使系统受到破坏。

典型的故障现象如下:

① Flash 中的数据突然被破坏,系统不能正常运行,需要重新下载程序。

② 电源关闭后立即上电,系统不能运行,而电源关闭后一段时间再上电,系统就
可以正常工作。

实际上,任何的微控制器都会出现这样的问题,因此在许多系统中,需要使用专

门的电源电压检测芯片来防止这样的情况出现。因此，NuMicro M051 有必要设置欠压电压值检测，对于系统可靠性的提高绝对是有利无害的，欠压电压值明细表如表 19.8.1 所列。

表 19.8.1　欠压电压值明细表

参　数	最小值	典型值	最大值	单位	测试条件
欠压电压 BOV_VL [1:0]=00b	2.1	2.2	2.3	V	
欠压电压 BOV_VL [1:0]=01b	2.6	2.7	2.8	V	
欠压电压 BOV_VL [1:0]=10b	3.7	3.8	3.9	V	
欠压电压 BOV_VL [1:0]=11b	4.4	4.5	4.6	V	
BOD 电压迟滞范围	30	—	51	mV	$V_{DD} = 2.5V \sim 5.5V$

19.8.1　相关寄存器

欠压检测控制寄存器(BODCR)如表 19.8.2 所列。

BODCR 控制寄存器的部分值在 Flash 配置时已经初始化和写保护，编程这些被保护的位需要依次向地址 0x5000_0100 写入"59h"，"16h"，"88h"，禁用寄存器保护。

表 19.8.2　欠压检测控制寄存器(BODCR)

Bits		描　述
[31:8]	—	—
[7]	LVR_EN	低压复位使能(写保护位) 输入电源电压低于 LVR 电路设置时，LVR 复位. LVR 默认配置下 LVR 复位是使能的，典型的 LVR 值为 2.0V 1=使能低电压复位功能，使能该位 100US 后，LVR 功能生效(默认) 0=禁用低电压复位功能
[6]	BOD_OUT	欠压检测输出的状态位 1=欠压检测输出状态为 1，表示检测到的电压低于 BOD_VL 设置. 若 BOD_EN 是"0"，该位保持为"0" 0=欠压检测输出状态为 0，表示检测到的电压高于 BOD_VL 设置

Bits		描 述
[5]	BOD_LPM	低压模式下的欠压检测(写保护位) 1＝使能 BOD 低压模式 0＝BOD 工作于正常模式(默认) BOD 在正常模式下消耗电流约为 100 μA,低压模式下减少到当前的 1/10,但 BOD 响应速度变慢
[4]	BOD_INTF	欠压检测中断标志 　　1＝欠压检测到 VDD 下降到 BOD_VL 的设定电压或 V_{DD} 升到 BOD_VL 的设定电压,该位设置为 1,如果欠压中断被使能,则发生欠压中断 0＝没有检测到任何电压由 V_{DD} 下降或上升至 BOD_VL 设定值
[3]	BOD_RSTEN	欠压复位使能(上电初始化和写保护位) 1＝使能欠压复位功能,当欠压检测功能使能后,检测的电压低于门槛电压,芯片生复位,默认值由用户在配置 flash 控制寄存器时的 config0 bit[20]设置 0＝使能欠压中断功能,当欠压检测功能使能后,检测的电压低于门槛电压,就发中断信号给 MCU Cortex-M0 当 BOD_EN 使能,且中断被声明时,该中断会持续到将 BOD_EN 设置为"0"。通过禁用 CPU 中的 NVIC 以禁用 BOD 中断或者通过禁用 BOD_EN 禁用中断源可禁用 CPU 响应中断,如果需要 BOD 功能时,可重新使能 BOD_EN 功能
[2:1]	BOD_VL	欠压检测门槛电压选择(上电初始化和写保护位) 默认值由用户在配置 Flash 控制寄存器 config0 bit[22:21]时设定
[0]	BOD_EN	欠压检测使能(上电初始化和写保护位) 默认值由用户在配置 Flash 控制寄存器 config0 bit[23]时设定 1＝使能欠压检测功能 0＝禁用欠压检测功能

（BOD_VL 行内嵌表）

BOV_VL[1]	BOV_VL[0]	欠压值
1	1	4.5V
1	0	3.8V
0	1	2.7V
0	0	2.2V

19.8.2 实 验

【实验 19.8.1】SmartM-M051 开发板:开发板外接稳压电源,并将输入电压值调至 3.8 V(默认当前设置欠压电压值被设置为 3.8 V),这时开发板以熄灭 Led 灯提示当前输入电压过低;当重新将输入电压调整至正常值时即大于欠压电压值,点亮 Led 灯。

1. 硬件设计

参考 GPIO 实验硬件设计。

2. 软件设计

由于 BODCR 寄存器相关功能的实验与 USER 配置值中欠压检测设置相挂钩,因此,代码执行前务必在 USER 配置中设置欠压电压值为 3.8V,或通过下载代码前设置好该配置值。

代码中的函数主体只要初始化好时钟、I/O、BOD 等,直接进入死循环。Led 灯闪烁代码只需放进 BOD 中断服务函数。

3. 流程图(见图 19.8.1)

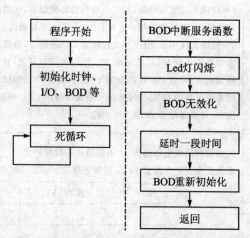

图 19.8.1 流程图

4. 实验代码

BOD 实验函数如表 19.8.3 所列。

表 19.8.3 BOD 实验函数列表

函数列表		
序 号	函数名称	说 明
1	BODInit	BOD 初始化
2	BODDeinit	BOD 无效化
3	main	函数主体
中断服务函数		
4	BOD_IRQHandler	BOD 中断服务函数

程序清单 19.8.1　BOD 实验代码

代码位置:\基础实验－BOD\main.c

```c
#include "SmartM_M0.h"
/***********************************************
* 函数名称:BODInit
* 输      入:unVoltage  欠压电压值
* 输      出:无
* 功      能:BOD  初始化
***********************************************/
VOID BODInit(UINT32 unVoltage)
{
    PROTECT_REG
    (
        switch(unVoltage)                        //设置欠压电压值
        {
            case 4500:BODCR| = 3<<1;
                      break;
            case 3800:BODCR| = 2<<1;
                      break;
            case 2700:BODCR| = 1<<1;
                      break;
            case 2200:BODCR| = 0<<1;
                      break;
            default:break;
        }
        BODCR| = 1<<4;                            //清零欠压中断标志位

        BODCR| = 0x01;                            //使能欠压检测功能
    )
    NMI_SEL = 0x01;                              //使 NMI 中断指向看门狗中断
    NVIC_ISER | = BOD_OUT_INT;                   //使能欠压检测中断
}
/***********************************************
* 函数名称:BODDeinit
* 输      入:无
* 输      出:无
* 功      能:BOD 无效化
***********************************************/
VOID BODDeinit(VOID)
{
    PROTECT_REG
```

```
        (
            BODCR = 0x00;
        )
}
/*********************************************
* 函数名称:main
* 输    入:无
* 输    出:无
* 功    能:函数主体
*********************************************/
INT32 main(VOID)
{
    PROTECT_REG
    (
        PWRCON | = XTL12M_EN;                        //默认时钟源为外部晶振
        while((CLKSTATUS & XTL12M_STB) == 0);        //等待 12MHz 时钟稳定

        CLKSEL0 = (CLKSEL0 & (～HCLK)) | HCLK_12M;   //设置外部晶振为系统时钟

        P2_PMD = 0x5555;                             //GPIO 设置为输出模式
    )
    BODInit(3800);                                   //BOD 初始化,欠压电压值 3.8V
    while(1);
}
/*********************************************
* 函数名称:BOD_IRQHandler
* 输    入:无
* 输    出:无
* 功    能:BOD 中断服务函数
*********************************************/
VOID BOD_IRQHandler(void)
{
    P2_DOUT = 0xFF;                                  //Led 灯闪烁
    Delayms(100);
    P2_DOUT = 0x00;
    Delayms(100);

    BODDeinit();                                     //BOD 无效化
    Delayms(500);
    BODInit(3800);                                   //BOD 重新初始化
}
```

5. 代码分析

使能 BOD 中断时一定要不能让 NMI_SEL 寄存器值为 0,否则当输入电压值降至欠压电压值时,即使不初始化 BOD 相关中断,系统也会默认进入 NMI 中断,同时该中断是不可屏蔽的中断,并且优先级高于 BOD 中断(可参考表 6.5.2 系统中断映射),NMI_SEL 寄存器默认值为 0x00,默认指向并覆盖 IRQ0 即 BOD 中断,因此当系统电压降至欠压电压值时,系统默认进入 NMI 中断而不进入 BOD 中断,所以 NMI_SEL 寄存器值一定要大于 0。

按照是否可以被屏蔽,可将中断分为两大类:不可屏蔽中断(又称非屏蔽中断)和可屏蔽中断。不可屏蔽中断源一旦提出请求,CPU 必须无条件响应,而对可屏蔽中断源的请求,CPU 可以响应,也可以不响应。CPU 一般设置两根中断请求输入线:可屏蔽中断请求 INTR(Interrupt Require)和不可屏蔽中断请求 NMI(NonMaskable Interrupt)。对于可屏蔽中断,除了受本身的屏蔽位控制外,还都要受一个总的控制。典型的非屏蔽中断源的例子是电源掉电,一旦出现,必须立即无条件地响应,否则进行其他任何工作都是没有意义的。

深入重点

✓ 因此在许多系统中,需要使用专门的电源电压检测芯片来防止这样的情况出现。因此,NuMicro M051 有必要设置欠压电压值检测,对于系统可靠性的提高绝对是有利无害的。

✓ 使能 BOD 中断时一定要不能让 NMI_SEL 寄存器值为 0,否则当输入电压值降至欠压电压值时,即使不初始化 BOD 相关中断,系统也会默认进入 NMI 中断,同时该中断是不可屏蔽的中断,并且优先级高于 BOD 中断(可参考表 6.5.2 系统中断映射),NMI_SEL 寄存器默认值为 0x00,默认指向并覆盖 IRQ0 即 BOD 中断,因此当系统电压降至欠压电压值时,系统默认进入 NMI 中断而不进入 BOD 中断,所以 NMI_SEL 寄存器值一定要大于 0。

✓ 按照是否可以被屏蔽,可将中断分为两大类:不可屏蔽中断(又叫非屏蔽中断)和可屏蔽中断。不可屏蔽中断源一旦提出请求,CPU 必须无条件响应,而对可屏蔽中断源的请求,CPU 可以响应,也可以不响应。CPU 一般设置两根中断请求输入线:可屏蔽中断请求 INTR(Interrupt Require)和不可屏蔽中断请求 NMI(NonMaskable Interrupt)。对于可屏蔽中断,除了受本身的屏蔽位控制外,还都要受一个总的控制。典型的非屏蔽中断源的例子是电源掉电,一旦出现,必须立即无条件地响应,否则进行其他任何工作都是没有意义的。

ARM Cortex-M0 微控制器原理与实践

19.9　CMSIS 编程标准

　　ARM 公司于 2008 年 11 月 12 日发布了 ARM Cortex 微控制器软件接口标准（CMSIS：Cortex Microcontroller Software InterFace Standard）。CMSIS 是独立于供应商的 Cortex-M 微控制器系列硬件抽象层，为芯片厂商和中间件供应商提供了连续的、简单的微控制器软件接口，简化了软件复用，降低了 Cortex-M0 上操作系统的移植难度，并缩短了新入门的微控制器开发者的学习时间和新产品的上市时间。

　　根据近期的调查研究，软件开发已经被嵌入式行业公认为最主要的开发成本。图 19.9.1 为近年来软件开发与硬件开发成本对比图。因此，ARM 与 Atmel、IAR、Keil、hami－nary Micro、Micrium、NXP、SEGGER 和 ST 等诸多芯片和软件厂商合作，将所有 Cortex 芯片厂商产品的软件接口标准化，制定了 CMSIS 标准。此举意在降低软件开发成本，尤其针对新设备项目开发，或者将已有软件移植到其他芯片厂商提供的基于 Cortex 微控制器的微控制器的情况。有了该标准，芯片厂商就能够将他们的资源专注于产品外设特性的差异化，并且消除对微控制器进行编程时需要维持的不同的、互相不兼容的标准的需求，从而达到降低开发成本的目的。

362

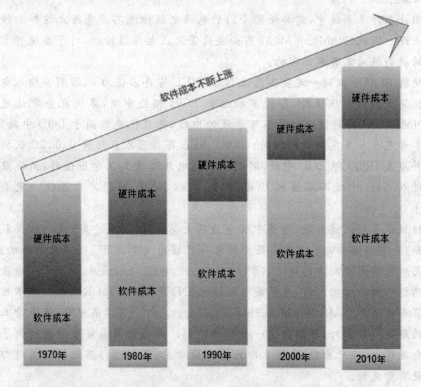

图 19.9.1　近年来软件开发与硬件开发成本对比图

19.9.1　CMSIS 标准的软件架构

如图 19.9.2 所示,基于 CMSIS 标准的软件架构主要分为以下 4 层:用户应用层、操作系统及中间件接口层、CMSIS 层、硬件寄存器层。其中 CMSIS 层起着承上启下的作用:一方面该层对硬件寄存器层进行统一实现,屏蔽了不同厂商对 Cortex-M 系列微控制器核内外设寄存器的不同定义;另一方面又向上层的操作系统及中间件接口层和应用层提供接口,简化了应用程序开发难度,使开发人员能够在完全透明的情况下进行应用程序开发。也正是如此,CMSIS 层的实现相对复杂。

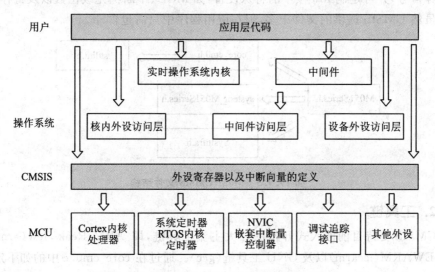

图 19.9.2　CMSIS 标准的软件架构

CMSIS 层主要分为 3 部分:

① 核内外设访问层(CPAL):由 ARM 负责实现。包括对寄存器地址的定义,对核寄存器、NVIC、调试子系统的访问接口定义以及对特殊用途寄存器的访问接口(如 CONTROL 和 xPSR)定义。由于对特殊寄存器的访问以内联方式定义,所以 ARM 针对不同的编译器统一用_INLINE 来屏蔽差异。该层定义的接口函数均是可重入的。

② 中间件访问层(MWAL):由 ARM 负责实现,但芯片厂商需要针对所生产的设备特性对该层进行更新。该层主要负责定义一些中间件访问的 API 函数,例如为 TCP/IP 协议栈、SD/MMC、USB 协议以及实时操作系统的访问与调试提供标准软件接口。该层在 1.1 标准中尚未实现。

③ 设备外设访问层(DPAL):由芯片厂商负责实现。该层的实现与 CPAL 类似,负责对硬件寄存器地址以及外设访问接口进行定义。该层可调用 CPAL 层提供的接口函数,同时根据设备特性对异常向量表进行扩展,以处理相应外设的中断请求。

ARM Cortex-M0 微控制器原理与实践

364

19.9.2　CMSIS 规范

1. 文件结构

CMSIS 的文件结构如图 19.9.3 所示(以 NuMiro M051 为例)。其中 stdint. h 包括对 8 位、16 位、32 位等类型指示符的定义,主要用来屏蔽不同编译器之前的差异。core_cm0. h 和 core_cm0. C 中包括 Cortex-M0 核的全局变量声明和定义,并定义一些静态功能函数。M051Series. h 定义了与特定芯片厂商相关的寄存器以及各中断异常号,并可定制 M0 核中的特殊设备,如 MCU、中断优先级位数以及寄存器定义。虽然 CMSIS 提供的文件很多,但在应用程序中只需包含. h。

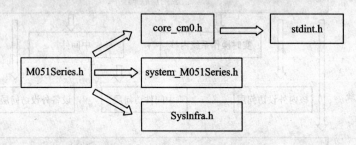

图 19.9.3　M051 CMSIS 文件结构

2. 工具链

CMSIS 支持目前嵌入式开发的三大主流工具链,即 ARM ReakView(armcc)、IAR EWARM(iccarm)以及 GNU 工具链(gcc)。通过在 core_cm0. c 中的如下定义,来屏蔽一些编译器内置关键字的差异,如程序清单 19.9.1 所示。

程序清单 19.9.1　编译器内置关键字的差异

```
#if defined ( __CC_ARM   )
  #define __ASM            __asm
  #define __INLINE         __inline
#elif defined ( __ICCARM__ )
  #define __ASM            __asm
  #define __INLINE         inline
#elif defined   ( __GNUC__ )
  #define __ASM            __asm
  #define __INLINE         inline
#elif defined   ( __TASKING__ )
  #define __ASM            __asm
  #define __INLINE         inline
#endif
```

这样,CPAL 中的功能函数就可以被定义成静态内联类型(static_INLINE),实现编译优化。

3. 中断异常

CMSIS 对异常和中断标识符、中断处理函数名以及中断向量异常号都有严格的要求。异常和中断标识符需加后缀_IRQn，系统异常向量号必须为负值，而设备的中断向量号是从 0 开始递增，具体的定义如下所示（以 M051 微控制器系列为例）。

程序清单 19.9.2 中断异常号定义

```
typedef enum IRQn
{

    NonMaskableInt_IRQn = - 14,
    HardFault_IRQn = - 13,
    SVCall_IRQn = - 5,
    PendSV_IRQn = - 2,
    SysTick_IRQn = - 1,
    BOD_IRQn = 0,
    WDT_IRQn = 1,
    EINT0_IRQn = 2,
    EINT1_IRQn = 3,
    GPIO_P0P1_IRQn = 4,
    GPIO_P2P3P4_IRQn = 5,
    PWMA_IRQn = 6,
    PWMB_IRQn = 7,
    TMR0_IRQn = 8,
    TMR1_IRQn = 9,
    TMR2_IRQn = 10,
    TMR3_IRQn = 11,
    UART0_IRQn = 12,
    UART1_IRQn = 13,
    SPI0_IRQn = 14,
    SPI1_IRQn = 15,
    I2C0_IRQn = 18,
    I2C1_IRQn = 19,
    CAN0_IRQn = 20,
    CAN1_IRQn = 21,
    SD_IRQn = 22,
    USBD_IRQn = 23,
    PS2_IRQn = 24,
    ACMP_IRQn = 25,
    PDMA_IRQn = 26,
    I2S_IRQn = 27,
```

```
        PWRWU_IRQn = 28,
        ADC_IRQn = 29,
        DAC_IRQn = 30,
        RTC_IRQn = 31
    } IRQn_Type;
```

CMSIS 对系统异常处理函数以及普通的中断处理函数名的定义也有所不同。系统异常处理函数名需加后缀 _Handler,而普通中断处理函数名则加后缀 _IRQHandler。这些异常中断处理函数被定义为 weak 属性,以便在其他的文件中重新实现时不出现重复定义的错误。这些处理函数的地址用来填充中断异常向量表,并在启动代码中给以声明,例如:BOD_IRQHandlerr、WDT_IRQHandler、TMR0_IRQHandler、UART0_IRQHandler 等。

4. 数据类型

CMSIS 对数据类型的定义是在 stdint.h 中完成的,对核寄存器结构体的定义是在 core_cm0.h 中完成的,寄存器的访问权限是通过相应的标识来指示的。CMSIS 定义以下 3 种标识符来指定访问权限:_I(volatile const)、_O(volatile) 和 _IO(volatile)。其中 _I 用来指定只读权限,_O 指定只写权限,_IO 指定读写权限。

5. 安全机制

在嵌入式软件开发过程中,代码的安全性和健壮性一直是开发人员所关注的,因此 CMSIS 在这方面也作出了努力,所有的 CMSIS 代码都基于 MISRA-C2004(Motor Industry Software Reliability Association forthe C programming language)标准。MIRSA-C 2004 制定了一系列安全机制用来保证驱动层软件的安全性,是嵌入式行业都应遵循的标准。对于不符合 MISRA 标准的,编译器会提示错误或警告,这主要取决于开发者所使用的工具链。

19.9.3　CMSIS 标准的代码实现

CMSIS 降低了代码开发的难度,为了更好地诠释这一点,下面以一个基于 M051 系列微控制器的简单例子来说明。代码实现如下:

程序清单 19.9.3　CMMIS 标准代码示例

```
# include <stdio.h>
# include "M051Series.h"
# include "Driver\DrvGPIO.h"
void IoInit(void)
{
    DrvGPIO_Open(E_PORT2,E_PIN0,E_IO_OUTPUT);
    DrvGPIO_Open(E_PORT1,E_PIN3,E_IO_INPUT);
    DrvGPIO_Open(E_PORT4,E_PIN5,E_IO_QUASI);
```

```
DrvGPIO_SetIntCallback(P0P1Callback,P2P3P4Callback);
DrvGPIO_EnableInt(E_PORT1,E_PIN3,E_IO_RISING,E_MODE_EDGE);
DrvGPIO_EnableInt(E_PORT4,E_PIN5,E_IO_FALLING,E_MODE_LEVEL);
DrvGPIO_SetDebounceTime(6,E_DBCLKSRC_HCLK);
DrvGPIO_EnableDebounce(E_PORT1,E_PIN3);
DrvGPIO_EnableDebounce(E_PORT4,E_PIN5);
DrvGPIO_EnableDebounce(E_PORT3,E_PIN2);
DrvGPIO_EnableDebounce(E_PORT3,E_PIN3);
DrvGPIO_InitFunction(E_FUNC_EXTINT0);
DrvGPIO_InitFunction(E_FUNC_EXTINT1);
}
```

深入重点

✓ 本文阐述了基于 CMSIS 标准的软件架构、规范，并通过一个实例更加清晰地解读了 CMSIS 作为一个新的基于 Cortex-M 核微控制器系列的软件开发标准所具有的巨大潜力。

✓ 优点：降低了软件开发的难度，更减少了软件开发的成本。

✓ 缺点：代码效率未必是最高的，同时代码更为庞大。

19.10　外部总线接口(EBI)

　　为了配合特殊产品的需要，NuMicro M051 系列配备一个外部总线接口（EBI），以供外围设备使用，而最经常用到 EBI 的是 SRAM，如同我常用 PC 的 CPU 需要外扩内存条，原因在于 NuMicro M051 系列微控制器的内部 RAM 只有仅仅的 4KB。为节省外围设备与芯片的连接引脚数，EBI 支持地址总线与数据总线复用模式，且地址锁存使能（ALE）信号能区分地址与数据周期。内存条如图 19.10.1 所示。

　　外部总线接口有下列功能：

● 支持外围设备最大 64KB（8 位数据宽度）/128K 字节（16 位数据宽度）。

● 支持可变外部总线基本时钟（MCLK）。

● 支持 8 位或 16 位数据宽度。

● 支持可变的数据访问时间（tACC），地址锁存使能时间（tALE）和地址保持时间（tAHD）。

图 19.10.1　内存条

● 支持地址总线和数据总线复用以节省地址引脚。

支持可配置的空闲周期用于不同访问条件：写命令结束（W2X），连续读（R2R）。

19.10.1　操作步骤

1. EBI 存储空间

NuMicro M051 系列 EBI 地址映射在 0x60000000～0x6001FFFF,总共存储器空间为 128KB。当系统请求的地址命中 EBI 的存储空间,相应的 EBI 片选信号有效,EBI 状态机工作。

对于 8 位设备(64KB),EBI 把该 64KB 的设备同时映射到地址 0x60000000～0x6000FFFF 和 0x60010000～0x6001FFFF。

2. EBI 数据宽度连接

NuMicro M051 系列 EBI 支持地址总线和数据总线复用的设备。对于地址总线与数据总线分开的外部设备,与设备的连接需要额外的逻辑单元来锁存地址,这种情况下,ALE 需要连接到锁存器(如 74HC373)上。AD 为锁存器的输入引脚,锁存器的输出连接到外部设备的地址总线上。对于 16 位设备,AD[15:0] 由地址线与 16 位数据线共用如图 19.10.2 所示。对于 8 位设备,仅 AD[7:0] 由地址线与 8 位数据线共用,AD[15:8] 作地址线,可直接与 8 位设备连接如图 19.10.3 所示。

如表 19.10.1 所列,对于 8 位数据宽度,NuMicro M051 系统地址[15:0]作为设备地址[15:0]。对于 16 位数据宽度,NuMicro M051 系统地址[16:1]作为设备地址[15:0],在 NuMicro M051 系统中地址位 bit[0]不用。

表 19.10.1　8/16 位宽度的区别

EBI 位宽度	系统地址	EBI 地址
8bit	AHBADR[15:0]	AD[15:0]
16bit	AHBADR[16:1]	AD[15:0]

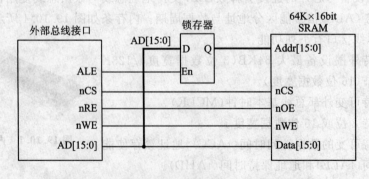

图 19.10.2　16 位 EBI 数据宽度与 16 位器件连接

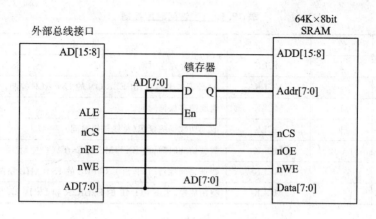

图 19.10.3　8 位 EBI 数据宽度与 8 位设备连接

当系统访问数据宽度大于 EBI 的数据宽度，EBI 控制器通过多次执行 EBI 访问来完成操作。如果系统通过 EBI 设备请求 32 位数据，如果 EBI 为 8 位数据宽度，EBI 控制器将访问 4 次来完成操作。

3. EBI 操作控制

(1) MCLK 控制

NuMicro M051 系列中，EBI 工作时，通过 MCLK 同步所有 EBI 信号。当 NuMicro M051 系列连接到工作频率较低的外部设备时，MCLK 可以通过设置寄存器 EBICON 中的 MCLKDIV 分频，最小可达 HCLK/32。因此，NuMicro M051 可以适用于宽频率范围的 EBI 设备。如果 MCLK 被设置为 HCLK/1，EBI 信号由 MCLK 的上升沿同步，其他情况下，EBI 信号由 MCLK 的下降沿同步。

(2) 操作与访问时序控制

开始访问时，片选(nCS)置低并等待一个 MCLK 地址建立时间(tASU)以使地址稳定。地址稳定后 ALE 置高并保持一段时间(tALE)以用于地址锁存。地址锁存后，ALE 置低并等待一个 MCLK 的周期锁存保持时间(tLHD)和另一个 MCLK 的周期(tA2D)用于总线转换(地址到数据)。然后当读时 nRD 置低或写时 nWR 置低。在保持访问时间 tACC(用于读取输出稳定或者完成写入)后置高。之后，EBI 信号保持数据访问时间(tAHD)，然后置高片选信号，地址由当前访问控制释放。

NuMicro M051 系列提供灵活的 EBI 时序控制以用于不同外部设备。在 NuMicro M051 的 EBI 时序控制中，tASU、tLHD 和 tA2D 固定为 1 个 MCLK 周期，tAHD 可以通过设置寄存器 EXTIME 的 ExttAHD 在 1～8 MCLK 周期调节，tACC 可以通过设置寄存器 EXTIME 的 ExttACC 在 1～32 MCLK 周期调节，tALE 可以通过寄存器 EBICON 的 tALE 在 1～8 MCLK 周期调节，详细如表 19.10.2 所示，16 位数据宽度的时序控制波形如图 19.10.4 所示，8 位数据宽度的时序控制波形如图 19.10.5 所示。

表 19.10.2　访问时序控制

参　数	值	单　位	描　述
tASU	1	MCLK	地址锁存建立时间。
tALE	1～8	MCLK	ALE 高电平时间，由 EBICON 的 ExttALE 控制。
tLHD	1	MCLK	地址锁存保持时间。
tA2D	1	MCLK	地址到数据的延迟（总线转换时间）。
tACC	1～32	MCLK	数据访问时间，由 EXTIME 的 ExttACC 控制。
tAHD	1～8	MCLK	数据访问保持时间，由 EXTIME 的 ExttAHB 控制。
IDLE	1～15	MCLK	空闲周期，由 EXTIME 的 ExtIR2R 和 ExtIW2X 控制。

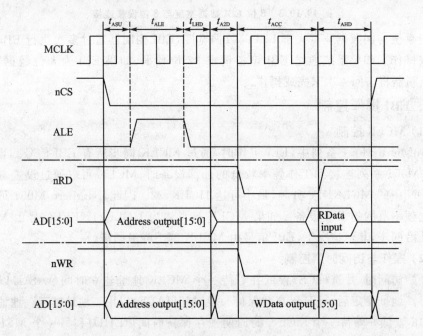

图 19.10.4　16 位数据宽度的时序控制波形

上述时序波形是以 16 位数据宽度为例。此例中，AD 总线用作地址[15:0]和数据 [15:0]。当 ALE 置高，AD 为地址输出。在地址锁存后，ALE 置低并且 AD 总线转换成高阻以等待设备输出数据（在读取访问操作时），或用于写数据输出。

上述时序波形是以 8 位数据宽度为例。与 16 位数据宽度不同的是 AD[15:8] 的使用。在 8 位数据宽度的设置，AD[15:8]固定为地址位 [15:8]的输出，所以外部锁存仅需要 8 位宽度。

（3）插入空闲周期

当 EBI 连续访问时，如果设备访问速度远低于系统工作速度，可能会发生总线冲突。NuMicro M051 支持额外空闲周期以解决该问题，如图 19.10.6 所示。在空闲

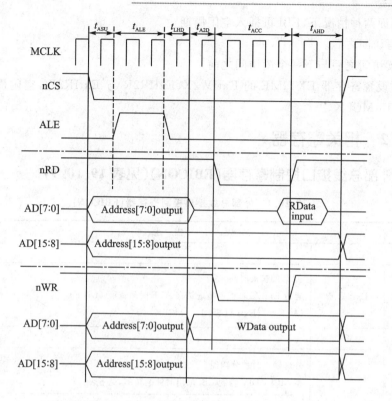

图 19.10.5 8 位数据宽度时序控制波形

周期,EBI 的所有控制信号无效。

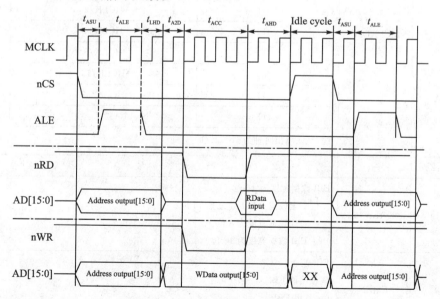

图 19.10.6 插入空闲周期的时序控制波形

在下面两种情况下，EBI 可插入空闲周期：

● 写访问之后。

● 读访问之后与下一个读访问之前。

通过设置寄存器 EXTIME 的 ExtIW2X、ExtIR2R 与 ExtIR2W，空闲周期可设定在 0~15 MCLK。

19.10.2　相关寄存器

1. 外部总线接口控制寄存器(EBICON)(见表 19.10.1)

表 19.10.1　外部总线接口控制寄存器(EBICON)

Bits		描　述
[31:19]	—	—
[18:16]	ExttALE	ALE 的扩展时间 通过 ExttALE 控制地址锁存 ALE 时间宽度 (tALE) tALE = (ExttALE+1) * MCLK
[15:11]	—	—
[10:8]	MCLKDIV	外部输出时钟分频器 由 MCLKDIV 控制 EBI 输出时钟的频率,见下表: <table><tr><td>MCLKDIV</td><td>Output clock (MCLK)</td></tr><tr><td>000</td><td>HCLK/1</td></tr><tr><td>001</td><td>HCLK/2</td></tr><tr><td>010</td><td>HCLK/4</td></tr><tr><td>011</td><td>HCLK/8</td></tr><tr><td>100</td><td>HCLK/16</td></tr><tr><td>101</td><td>HCLK/32</td></tr><tr><td>11X</td><td>默认</td></tr></table>注:默认输出时钟为 HCLK/1
[7:2]	—	—
[1]	ExtBW16	EBI 数据宽度为 16 位 该位配置数据总是 8 位还是 16 位 0 = EBI 数据宽度为 8 位 1 = EBI 数据宽度为 16 位
[0]	ExtEN	EBI 使能 该位使能 EBI 0=禁用 EBI 1=使能 EBI

2. 外部总线接口时序控制寄存器(EXTIME)(见表 19.10.2)

表 19.10.2　外部总线接口时序控制寄存器(EXTIME)

Bits		描　述
[31:28]	—	—
[27:24]	ExtIR2R	读与读之间的空闲状态周期 当读完成且下一个动作也是读,插入空闲状态周期且 nCS 在 ExtIW2X 非零时返回高 空闲状态周期＝(ExtIR2R * MCLK)
[23:16]		
[15:12]	ExtIW2X	写之后的空闲状态 当写完成,插入空闲状态且 nCS 在 ExtIW2X 非零时返回高 Idle state cycle＝(ExtIW2X * MCLK)
[11]		
[10:8]	ExttAHD	EBI 数据访问保持时间 ExttAHD 配置数据访问保持时间(tAHD) tAHD＝(ExttAHD ＋1) * MCLK
[7:3]	ExttACC	EBI 数据访问时间 ExttACC 配置数据访问时间(tACC) tACC＝(ExttACC ＋1) * MCLK
[2:0]		

深入重点

✓ NuMicro M051 系列配备一个外部总线接口(EBI),以供外部设备使用,而最经常用到 EBI 的是 SRAM,如同我们常用 PC 的 CPU 需要外扩内存条,原因在于 NuMicro M051 系列微控制器的内部 RAM 只有仅仅的 4KB。

✓ NuMicro M051 系列中,EBI 工作时,通过 MCLK 同步所有 EBI 信号。当 NuMicro M051 系列连接到工作频率较低的外部设备时,MCLK 可以通过设置寄存器 EBICON 中的 MCLKDIV 分频,最小可达 HCLK/32。因此,NuMicro M051 可以适用于宽频率范围的 EBI 设备。如果 MCLK 被设置为 HCLK/1,EBI 信号由 MCLK 的上升沿同步,其他情况下,EBI 信号由 MCLK 的下降沿同步。

✓ 当 EBI 连续访问时,如果设备访问速度远低于系统工作速度,可能会发生总线冲突。NuMicro M051 支持额外空闲周期以解决该问题。在空闲周期,EBI 的所有控制信号无效。

第 **20** 章

串行输入并行输出

20.1　74LS164 简介

在微控制器系统中,如果并行口的 I/O 资源不够,那么就可以用 74LS164 来扩展并行 I/O 口,节约微控制器 I/O 资源。74LS164 是一个串行输入并行输出的移位寄存器,并带有清除端。

74LS164 八位移位锁存器只用 2 个 I/O 引脚就足以代替 8 个 I/O 引脚的作用,然而微控制器都必须连接上很多外围设备,单单 P0、P1、P2、P3、P4 这 5 组 I/O 口引脚数才 40 根,在实际应用上很容易出现引脚不够用的尴尬情况,为此有必要拓展 I/O 口的应用。

例 1:通过微控制器的 P0 口直接连接到数码管的字型码口,即 a、b、c、d、e、f、g、dp 引脚,如图 20.1.1 所示。

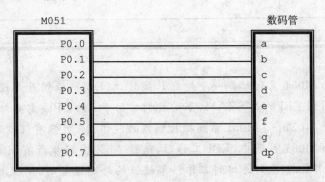

图 20.1.1　微控制器并行连接数码管

例 2:通过微控制器的 P0 口的两根引脚连接到 74LS164,74LS164 的 Q0～Q7 的 8 根引脚直接连接到数码管的字型码口即 a、b、c、d、e、f、g、dp 引脚,如图 20.1.2 所示。

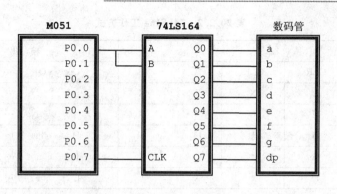

图 20.1.2　微控制器串行连接数码管

　　从例 1 和例 2 之间的对比,可以清晰地知道用 74LS164 八位移位锁存器只用了 2 个 I/O 引脚就可以轻松实现 8 个 I/O 引脚的功能,因而 74LS164 是一个很方便的器件,极大地减少对微控制器 I/O 资源的占用,若设计更为复杂功能的产品, 74LS164 八位移位锁存器优先选择是毋庸置疑的。

20.2　74LS164 结构

　　74LS164 八位移位锁存器有 14 只引脚,如图 20.2.1 所示,引脚说明如表 20.2.1 所列。

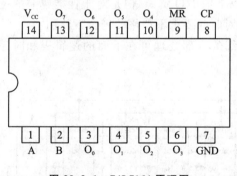

图 20.2.1　74LS164 原理图

表 20.2.1　74LS164 引脚功能

引　脚	功能说明
VCC	接 5V
GND	接地
Q0～Q7	并行数据输出口
CLR	同步清除输入端
CLK	同步时钟输入端
A	串行数据输入口
B	串行数据输入口

　　当清除端(CLR)为低电平时,输出端(Q0～Q7)均为低电平。串行数据输入端 (A,B)可控制数据。如表 20.2.2 所列,当 A、B 任意一个为低电平,则禁止新数据的输入,在时钟端(CLK)脉冲上升沿作用下 Q0 为低电平。当 A、B 有一个高电平,则另一个就允许输入数据,并在上升沿作用下确定串行数据输入口的状态。

表 20.2.2　74LS164 工作方式

方式	输入				输出			
	CLR	CLK	A	B	Q0	Q1	…	Q7
1	L	X	X	X	L	L	…	L
2	H	L	X	X	q0	q1	…	q7
3	H	↑	H	H	H	q0n	…	q6n
4	H	↑	L	X	L	q0n	…	q6n
5	H	↑	X	L	L	q0n	…	q6n

注:H—高电平,L—低电平,X—任意电平,↑—表示上升沿有效。

　　74LS164 八位移位锁存器是通过内部门电路的使能与禁用实现串行输入,数据可以异步清除,内部典型时钟频率为 36MHz,典型功耗为 80mW。由于 74LS164 八位移位锁存器的内部时钟频率为 36MHz,速度已经是非常快的了,那么性能上的瓶颈就有可能发生在微控制器身上,例如传统的 M051 系列微控制器,当其工作在 12MHz 时候(注:当 M051 系列微控制器倍频后可达到 50MHz),I/O 的跳变极限时间就是 $1\mu s$ 而已,要知道 74LS164 八位移位锁存器的内部时钟频率为 36MHz,即每检测一位数据的时间约为 $0.03\mu s$,这样 74LS164 八位移位锁存器从移位输入到并行输出 I/O 跳变花费的时间就可能是 $1\mu s * 8 + 0.03\mu s * 8 = 8.24\mu s$,再加上多余的指令浪费的时间约 $10\mu s$,那么通过 74LS164 八位移位锁存器实现移位输入转并行输出总共浪费的时间就接近 $20\ \mu s$ 了。虽然可以节约 I/O 资源,但是对于性能越差的微控制器浪费的时间就越多,这仅仅是适用于对时间要求不严格的场合下使用。

　　关于 74LS164 八位移位锁存器更加详细的内部处理可在下面的逻辑表和时序表中可以看到,如图 20.2.2、图 20.2.3。

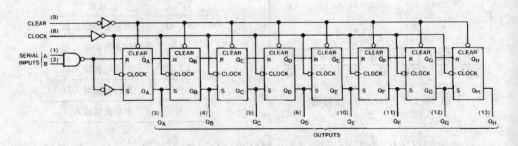

图 20.2.2　74LS164 逻辑图

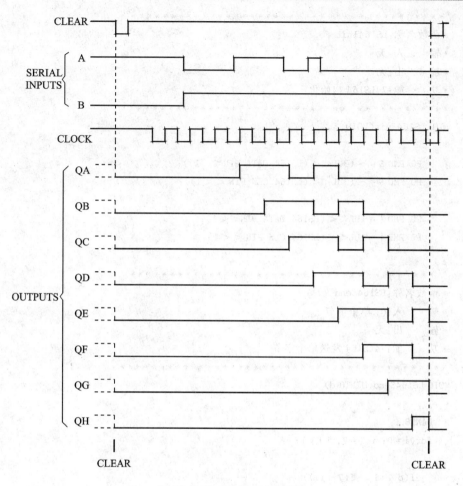

图 20.2.3　74LS164 时序图

20.3　74LS164 函数

说明:在这里只介绍 74LS164 的发送代码函数,关于其实验的演示将会在数码管实验当中来进行。

程序清单 20.3.1　74LS164 发送数据函数

```
# include "SmartM_M0.h"
# define LS164_DATA_PIN       4
# define LS164_CLK_PIN        5
# define LS164_DATA(x)        {if((x))P0_DOUT| = 1UL<<LS164_DATA_PIN; \
                              else P0_DOUT& = ~(1UL<<LS164_DATA_PIN);}
# define LS164_CLK(x)         {if((x))P0_DOUT| = 1UL<<LS164_CLK_PIN ; \
                              else P0_DOUT& = ~(1UL<<LS164_CLK_PIN);}
```

```
/*********************************************
* 函数名称:LS164Init
* 输    入:无
* 输    出:无
* 功    能:74LS164 初始化
*********************************************/
VOID LS164Init(VOID)
{
    P0_PMD & = ~(3UL<<(LS164_DATA_PIN<<1));
    P0_PMD & = ~(3UL<<(LS164_CLK_PIN <<1));

    P0_PMD | = 1UL<<(LS164_DATA_PIN<<1);
    P0_PMD | = 1UL<<(LS164_CLK_PIN <<1);
}
/*********************************************
* 函数名称:LS164Send
* 输    入:d 单个字节
* 输    出:无
* 功    能:74LS164 发送单个字节
*********************************************/
VOID LS164Send(UINT8 d)
{
    UINT8 i;
    for(i = 0; i< = 7; i++)
    {
        if(d & (1<<(7 - i)))
        {
            LS164_DATA(1);
        }
        else
        {
            LS164_DATA(0);
        }
        LS164_CLK(0);
        LS164_CLK(1);
    }
}
```

平时使用 74LS164 八位移位锁存器寄存器进行数据发送时,只要调用
LS164Send 函数就可以了,例如发送数据 0x74,调用 LS164Send(0x74)就可以了,实
现过程非常简单。

深入重点

✓ 74LS164 八位移位锁存器是怎样运作的，如何达到节省 I/O 资源占用的目的。

✓ 控制 74LS164 八位移位锁存器的微控制器性能越差，浪费的时间就越多，这仅仅适用于对时间要求不严格的场合下使用。

✓ 74LS164 八位移位锁存器发送数据的函数是如何编写的，即 LS164Send 函数。

第**21**章

数码管

21.1　数码管简介

数码管是一种半导体发光器件,其基本单元是发光二极管,即 8 个 LED 灯做成的数码管。

如图 21.1.1 所示,数码管按段数分为七段数码管和八段数码管,八段数码管比七段数码管多一个发光二极管单元(多一个小数点显示);按能显示多少个"8"可分为 1 位、2 位、4 位等数码管;按发光二极管单元连接方式分为共阳极数码管和共阴极数码管。共阳数码管是指将所有发光二极管的阳极接到一起形成公共阳极的数码管。共阳数码管在应用时应将公共极(COM)接到＋5V,当某一字段发光二极管的阴极为低电平时,相应字段就点亮。当某一字段的阴极为高电平时,相应字段就不亮。共阴数码管是指将所有发光二极管的阴极接到一起形成公共阴极(COM)的数码管。共阴数码管在应用时应将公共极(COM)接到地线

图 21.1.1　数码管

(GND)上,当某一字段发光二极管的阳极为高电平时,相应字段就点亮。当某一字段的阳极为低电平时,相应字段就不亮。

21.2　字型码

共阴极和共阳极都有相应的字型码,字型码是根据数码管的 a、b、c、d、e、f、g、h 引脚来进行操作的,同时共阴极和共阳极数码管的字型码是相对的,共阴极的字型码引脚是需要高电平点亮的,共阴极的字型码引脚是需要低电平点亮的。

共阴极字型码如表 21.2.1 所列。

表 21.2.1 共阴极字型码

显示字型	h	g	f	e	d	c	b	a	共阴极字型码
0	0	0	1	1	1	1	1	1	0x3F
1	0	0	0	0	0	1	1	0	0x06
2	0	1	0	1	1	0	1	1	0x5B
3	0	1	0	0	1	1	1	1	0x4F
4	0	1	1	0	0	1	1	0	0x66
5	0	1	1	0	1	1	0	1	0x6D
6	0	1	1	1	1	1	0	1	0x7D
7	0	0	0	0	0	1	1	1	0x07
8	0	1	1	1	1	1	1	1	0x7F
9	0	1	1	0	1	1	1	1	0x6F
A	0	1	1	1	0	1	1	1	0x77
B	0	1	1	1	1	1	0	0	0x7C
C	0	0	1	1	1	0	0	1	0x39
D	0	1	0	1	1	1	1	0	0x5E
E	0	1	1	1	1	0	0	1	0x79
F	0	1	1	1	0	0	0	1	0x71

共阳极字型码如表 21.2.2 所列。

表 21.2.2 共阳极字型码

显示字型	h	g	f	e	d	c	b	a	共阳极字型码
0	1	1	0	0	0	0	0	0	0xC0
1	1	1	1	1	1	0	0	1	0xF9
2	1	0	1	0	0	1	0	0	0xA4
3	1	0	1	1	0	0	0	0	0xB0
4	1	0	0	1	1	0	0	1	0x99
5	1	0	0	1	0	0	1	0	0x92
6	1	0	0	0	0	0	1	0	0x82
7	1	1	1	1	1	0	0	0	0xF8
8	1	0	0	0	0	0	0	0	0x80
9	1	0	0	1	0	0	0	0	0x90
A	1	0	0	0	1	0	0	0	0x88
B	1	0	0	0	0	0	1	1	0x83

续表 21.2.2

显示字型	h	g	f	e	d	c	b	a	共阳极字型码
C	1	1	0	0	0	1	1	0	0xC6
D	1	0	1	0	0	0	0	1	0xA1
E	1	0	0	0	0	1	1	0	0x86
F	1	0	0	0	1	1	1	0	0x8E

如图 21.2.1 所示,就以数码管显示"F"来说,那么点亮数码管显示"F"来说共阴极的字型码为 0x71(0111 0001),共阳极的字型码为 0x8E(1000 1110),两个字型码之和为 0x71+0x8E=0xFF,或者反过来说,0x8E 为 0x71 的反码。那么开发时要注意字型码的问题。

图 21.2.1 字型码"F"

21.3 驱动方式

21.3.1 数码管驱动方式

用驱动电路来驱动数码管的各个段码,从而显示出我们要的数字,因此根据数码管的驱动方式的不同,可以分为静态式和动态式两类,如表 21.3.1 所列。

表 21.3.1 静态驱动与动态驱动数码管的区别

	静态驱动	动态驱动
硬件复杂度	复杂	√简单
编程复杂度	√简单	复杂
占用硬件资源	多	√少
功耗	高	√低

使用静态驱动方式,不仅占用了大量的 I/O 资源,同时造成板子的功耗高。为了减少占用过多的 I/O 资源,实际应用的时候必须增加译码驱动器进行驱动,与此同时增加了硬件电路的复杂性。

21.3.2 动态驱动

轮流选中某一位数码管,才能使各位数码管能显示不同的数字或符号,利用人眼睛天生的弱点,对 24Hz 以上的光的闪烁不敏感,因此,对四个数码管的扫描时间为 40ms(对四位数码管来说,相邻位选中间隔不超过 10ms),我们就感觉数码管是在持续发光显示一样,一般来说,每一个数码管点亮时间为 1～2ms 就可以了,如表 21.3.2 所列。

表 21.3.2　动态驱动数码管过程

	数码管 3	数码管 2	数码管 1	数码管 0
N * 1ms	熄灭	熄灭	熄灭	点亮
(N+1) * 1ms	熄灭	熄灭	点亮	熄灭
(N+2) * 1ms	熄灭	点亮	熄灭	熄灭
(N+3) * 1ms	点亮	熄灭	熄灭	熄灭

深入重点
- ✓ 共阴极和共阳极数码管字型码有什么区别?
- ✓ 静态驱动和动态驱动数码管有什么区别?
- ✓ 动态驱动数码管:利用人眼的"视觉暂留"的特性。

21.4　实　验

【例 21.4.1】SmartM-M051 开发板:动态驱动数码管,并要求数码管从 0～9999 循环显示。

1. 硬件设计(见图 21.4.1)

数码管实验硬件设计中使用到的数码管是共阳极类型的。因为数码管的片选引脚"1/2/3/4"都通过 PNP 三极管来提供高电平,为什么要选用 PNP 三极管和共阳极数码管的组合? 因为共阳极数码管共阳端直接接电源,不用接上拉电阻,而共阴的则要,如此一来共阳极数码管亮度较高。再者用微控制器控制时,微控制器上电和复位后所有的 I/O 口都是高电平,只要微控制器一上电,电路经过数码管的位流向共阴至地,耗电大,不节能,所以又每次编写代码时都得把位控制端赋予低电平,太过麻烦,这样共阳极数码管就是好,因为共阳极端要接电源,而位控制口又是高电平,则数码管不会亮,省去了每次编程赋值的麻烦。

P0.0～P0.3 作为共阳极数码管的为控制口,P0.4 和 P0.5 作为共阳极数码管的字型码输入口。为了更清晰地显示硬件设计图,图 21.4.1 省去了 P0 口上拉电阻,实际应用中务必为 P0 口外接上拉电阻。

2. 软件设计

(1) 数码管软件设计要点

根据硬件电路可以看出,在微控制器运行的每一个时候,P0.0～P0.3 中只能有

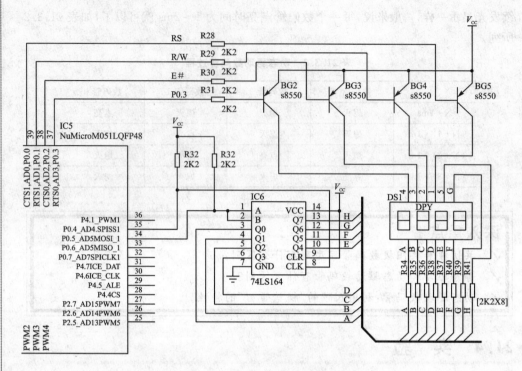

图 21.4.1　数码管实验硬件设计图

一个 I/O 口输出低电平,即只能有一个数码管是亮的,而且微控制器必须轮流地控制 P0.0～P0.3 其中的一个 I/O 口的输出"0"值。

软件设计方面使用动态驱动数码管的方式,即要保证当数码管显示时的效果没有闪烁的现象出现,亮度一致,没有拖尾现象。由于人眼对频率大于对 24Hz 以上的光的闪烁不敏感,这是利用了人眼视觉暂留的特点。一般来说,每一个数码管点亮时间为 1～2ms 就可以了。如果某一个数码管点亮时间过长,则这个数码管的亮度过高,如果某一个数码管的点亮时间过短,则这个数码管的亮度过暗。因此我们必须设计一个定时器来定时点亮数码管,在该例子中,定时器的定时为 5ms,即每个数码管点亮时间为 5ms,扫描四个数码管的时间为 20ms。

(2)计数方式设计要点

计数值是每秒自加 1,那么在定时器的资源占用方面可以与数码管占用的定时器资源进行共享。由于数码管的定时扫描时间为 5ms,我们可以在定时器中断服务函数中定义一个静态变量,该变量用于记录程序进入定时器中断服务函数的次数,一旦进入次数累计为 200 次时,5ms×200＝1000ms 代表 1 秒定时的到达,那么计数值就自加 1,最后通过数码管来显示。

3. 流程图(见图 21.4.2)

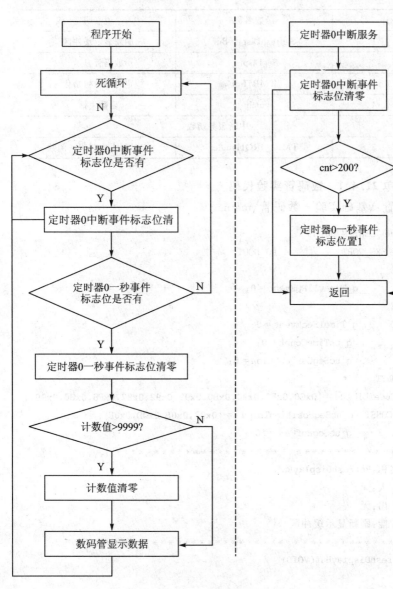

图 21.4.2　数码管实验流程图

4. 实验代码

数码管实验函数如表 21.4.1 所列。

表 21.4.1　数码管实验函数列表

序　号	函数名称	说　明
1	RefreshDisplayBuf	刷新显示缓冲区
2	SegDisplay	数码管显示
3	TMR1Init	定时器 1 初始化
4	main	函数主体
中断服务函数		
5	TMR1_IRQHandler	定时器 1 中断服务函数

程序清单 21.4.1　数码管实验代码

代码位置:\基础实验—数码管\main.c

```
#include "SmartM_M0.h"
#define SEG_PORT              P0_DOUT
VOLATILE
UINT8         __g_Timer1IRQEvent = 0;
VOLATILE
UINT8         __g_Time1SecEvent = 0;
UINT16        g_usTimeCount = 0;
UINT8         g_ucSegCurPosition = 0;
UINT8 CONST
g_ucSegCodeTbl[10] = {0xC0,0xF9,0xA4,0xB0,0x99,0x92,0x82,0xF8,0x80,0x90};
UINT8   CONST  g_ucSegPositionTbl[4] = {0x07,0x0B,0x0D,0x0E};
UINT8         g_ucSegBuf[4] = {0};
/**********************************************
* 函数名称:RefreshDisplayBuf
* 输    入:无
* 输    出:无
* 功    能:刷新显示缓冲区
**********************************************/
VOID RefreshDisplayBuf(VOID)
{
    g_ucSegBuf[0] = g_usTimeCount % 10;
    g_ucSegBuf[1] = g_usTimeCount/10 % 10;
    g_ucSegBuf[2] = g_usTimeCount/100 % 10;
    g_ucSegBuf[3] = g_usTimeCount/1000 % 10;
}
/**********************************************
* 函数名称:SegDisplay
* 输    入:无
```

```
* 输　　出:无
* 功　　能:数码管显示
******************************************/
VOID SegDisplay(VOID)
{
    UINT8   t;
    t = g_ucSegCodeTbl[g_ucSegBuf[g_ucSegCurPosition]];
    SEG_PORT |= 0x0F;
    LS164Send(t);
    SEG_PORT = g_ucSegPositionTbl[g_ucSegCurPosition];
    if(++g_ucSegCurPosition>=4)
    {
        g_ucSegCurPosition = 0;
    }
}
/*****************************************
* 函数名称:TMR1Init
* 输　　入:无
* 输　　出:无
* 功　　能:定时器 1 初始化
******************************************/
STATIC VOID TMR1Init(VOID)
{
    /* 使能 TMR1 时钟源 */
    APBCLK |= TMR1_CLKEN;
    /* 选择 TMR1 时钟源为外部晶振 12MHz */
    CLKSEL1 = (CLKSEL1 & (~TM1_CLK)) | TM1_12M;
    /* 复位 TMR1 */
    IPRSTC2 |= TMR1_RST;
    IPRSTC2 &= ~TMR1_RST;
    /* 选择 TMR1 的工作模式为周期模式 */
    TCSR1 &= ~TMR_MODE;
    TCSR1 |= MODE_PERIOD;
    /* 溢出周期 = (Period of timer clock input) * (8 - bit Prescale + 1) * (24 - bit
TCMP) */
    TCSR1 = TCSR1 & 0xFFFFFF00;          //设置预分频值 [0~255]
    TCMPR1 = 60000;                      //设置比较值 [0~16777215]
    /* 使能 TMR1 中断 */
    TCSR1 |= TMR_IE;
    NVIC_ISER |= TMR1_INT;
    /* 复位 TMR1 计数器 */
    TCSR1 |= CRST;
```

```
                /*  使能 TMR1  */
            TCSR1 |= CEN;
}
/***********************************************
* 函数名称:main
* 输    入:无
* 输    出:无
* 功      能:函数主体
***********************************************/
INT32 main(VOID)
{
        PROTECT_REG                                            //ISP 下载时保护 FLASH 存储器
        (
            PWRCON |= XTL12M_EN;                                //默认时钟源为外部晶振
            while((CLKSTATUS & XTL12M_STB) == 0);              //等待 12MHz 时钟稳定
            CLKSEL0 = (CLKSEL0 & (~HCLK)) | HCLK_12M;          //设置外部晶振为系统时钟
            LS164Init();                                       //74LS164 初始化
            TMR1Init();                                        //定时器 1 初始化
        )
        while(1)
        {                                                      //定时器 1 中断事件
            if(__g_Timer1IRQEvent)
            {
                __g_Timer1IRQEvent = 0;
                if(__g_Time1SecEvent)                          //定时 1 秒事件
                {
                    __g_Time1SecEvent = 0;
                    if(++ g_usTimeCount >= 9999)               //计数值累加
                    {
                        g_usTimeCount = 0;
                    }
                    RefreshDisplayBuf();                       //刷新显示缓冲区
                }
                SegDisplay();                                  //数码管显示
            }
        }
}
/***********************************************
* 函数名称:TMR1_IRQHandler
* 输    入:无
* 输    出:无
* 功      能:定时器 1 中断服务函数
```

```
*****************************************/
VOID TMR1_IRQHandler(VOID)
{
    STATIC UINT8 cnt = 0;
    /*  清除 TMR1 中断标志位  */
    TISR1 |= TMR_TIF;
    __g_Timer1IRQEvent = 1;

    if( ++ cnt >= 200)
    {
        cnt = 0;
        __g_Time1SecEvent = 1;
    }
}
```

5. 代码分析

LS164Send 函数与模拟串口章节的 SendByte 函数类似,都是移位传输的, LS164Send 函数是最高有效位优先(MSB)。

与数码管显示相关的函数有 2 个,分别是数码管刷新显示缓存函数 RefreshDisplayBuf 和数码管显示数据函数 SegDisplay。RefreshDisplayBuf 函数刷新下一次要显示数据的千位、百位、十位、个位,起到暂存数据的作用,即所谓的"缓冲区"。SegDisplay 函数将缓冲区数据显示,SegDisplay 函数最重要的一个操作就是动态显示下一个数码管的值是要首先熄灭所有数码管即 SEG_PORT |= 0x0F,然后进入下一步操作,否则数码管显示时会有拖影。

与定时器相关的函数有 2 个,分别是定时器 1 初始化函数 TMR1Init 和定时器 1 中断服务函数 TMR1_IRQHandler。

在 main 函数当中,首先正确配置好定时器,启动定时器 1,并使能定时器 1 中断。有一点要注意的是,一定在进入 while(1)之前调用 RefreshDisplayBuf 函数来刷新当前数码管的显示缓存,否则第一次显示的数据并不是我们想要见到的值。在进入 while(1)死循环之后,不断检测定时器 1 中断事件标志位、定时器 1 一秒事件标志位、计数值是否大于 9999,接着就做相对应的操作。当计数值变化时,需要通过 SegRefreshDisplayBuf 函数来刷新当前数码管的显示缓存,最后通过 SegDisplay 函数来显示当前数码管的数值。

深入重点

✓ 数码管实现代码要认真琢磨，特别是 SegDisplay 函数中的数组嵌套，即 t = g_ucSegCodeTbl[g_ucSegBuf[g_ucSegCurPosition]]，实现了精简代码的目的。RefreshDisplayBuf 函数用于刷新计数值。

✓ 动态驱动数码管，即每 5ms 轮流点亮一个数码管，利用人眼的"视觉暂留"的特性。

✓ 动态显示下一个数码管的值是要首先熄灭所有数码管即 SEG_PORT |= 0x0F，然后进入下一步操作，否则数码管显示时会有拖影。

第 **22** 章

LCD

22.1　液晶简介

液晶随处可见,例如手机屏幕、电视屏幕、电子手表等都使用到液晶显示。液晶体积小、功耗低、环保、而且显示操作简单。由于液晶显示器的显示的原理是通过电流刺激液晶分子,使其生成点、线、面,同时必须配合背光灯使显示内容更加清晰,否则难以看清。为了方便说明,液晶直接称作 LCD。

市面上很多产品主要以 LCD1602、LCD12864 为主,为什么叫 LCD1602 呢? 因为各种型号的液晶通常是按照显示字符的行数或液晶点阵的行、列数来命名的。譬如:LCD1602 的意思就是说每行显示 16 个字符,总共可以显示两行。为什么叫 LCD12864 呢? 因为 LCD12864 属于图形类液晶,即 LCD12864 由 128 列、64 行组成,显示点总数 = 128　64 = 8192,那么我们既可以显示图案又可以显示文字,LCD1602 是既不能显示汉字的,又不能显示图案,只能显示 ASCII 码。LCD12864 既可以显示图案,同时支持显示汉字和 ASCII 码。

本章主要详细讲解 LCD1602 和 LCD12864,如图 22.1.1 所示,它们两者是具有代表性的液晶,生活上很多时候都用到它们,同时易于掌握,因此可以作为初学者学习液晶编程的首选。

22.2　LCD1602 液晶及显示实验

LCD1602 液晶每行显示 16 个字符,总共可以显示两行。

1. 引脚说明

LCD1602 引脚说明如表 22.2.1 所列。

(a) LCD1602

(b) LCD12864

图 22.1.1　LCD1602 与 LCD12864 液晶

表 22.2.1　LCD1602 引脚说明

编　号	符　号	引脚说明
1	Vss	电源地
2	V_{DD}	电源正极
3	VO	液晶显示对比度调节器
4	RS	数据/命令选择端（H:数据模式　L:命令模式）
5	R/W	读/写选择端（H:读　L:写）
6	E	使能端
7	D0	数据 0
8	D1	数据 1
9	D2	数据 2
10	D3	数据 3
11	D4	数据 4
12	D5	数据 5
13	D6	数据 6
14	D7	数据 7
15	BLA	背光电源正极
16	BLK	背光电源负极

注:H—高电平;L—低电平。

2. 电气特性(见表 22.2.2)

表 22.2.2　LCD1602 电气特性

显示字符数	16 * 2＝32 个字符
正常工作电压	4.5～5.5V
正常工作电流	2.0mA(5.0V)
最佳工作电压	5.0V

3. RAM 地址映射

LCD1602 的控制器内部带有 80×8 位(80 字节)的 RAM 缓冲区,LCD1602 内部 RAM 地址映射表如表 22.2.2 所列。

表 22.2.3　LCD1602RAM 地址映射

第一行	00H	01H	02H	03H	04H	05H	06H	07H	08H	…	27H
第二行	40H	41H	42H	43H	44H	45H	46H	47H	48H	…	67H

当我们向 00～0FH、40～4FH 地址中的任何一个地址写入数据时,LCD1602 可以立刻显示出来,但是当我们将数据写到 10～27H 或者 50～67H 地址时,必须通过特别的指令即移屏指令将它们移到正常的区域显示。

4. 字符表(02H－7FH)(见图 22.2.1)

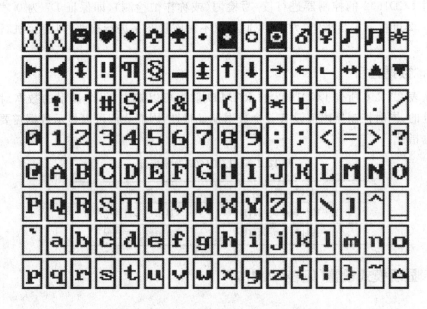

图 22.2.1　LCD1602 字符表

5. 基本操作(见表 22.2.4)

表 22.2.4　LCD1602 基本操作

基本操作	输　入	输　出
读状态	RS=L,R/W=H,E=H	D0~D7 即状态字
读数据	RS=H,R/W=H,E=H	无
写指令	RS=L,R/W=L,E=H,D0~D7=指令	D0~D7 即数据
写数据	RS=H,R/W=L,E=H,D0~D7=数据	无

6. 状态字说明(见表 22.2.5)

表 22.2.5　LCD1602 状态字

状态字							
D7	D6	D5	D4	D3	D2	D1	D0
1—禁止	当前地址指针的数值						
0—允许							

注意:

由于 M051 系列微控制器的运行速度比 LCD1602 控制的反应速度慢,原本需要每次对 LCD1602 的控制器进行读/写检测(或称作忙检测),即保证 D7 为 0 才能对 LCD1602 进行下一步操作,为此,我们可以不对该状态字进行检测,可直接进行下一步操作。

7. 数据指针

从表 22.2.6 所列 LCD1602 的 RAM 映射表可以知道,每个显示的数据对应一个地址的,同时控制器内部设有一个数据地址指针,因而我们可以显示数据需要设置好数据指针。

表 22.2.6　LCD1602 数据指针

指针设置	说　明
80H＋地址码(00~27H)	显示第一行数据
80H＋地址码(40~67H)	显示第二行数据

8. 显示模式设置(见表 22.2.7)

表 22.2.7　LCD1602 模式设置

指令码									功能
0	0	1	1	1	0	0	0	0	设置 16x2 显示,5x7 点阵,8 位数据接口

9. 显示开/关及光标设置(见表 22.2.8)

表 22.2.8　LCD1602 显示开/关及光标设置

指令码									功　能
0	0	1	1	1	0	0	0	0	设置 16×2 显示,5×7 点阵,8 位数据接口
0	0	0	0	1	D	C	B		D=1 开始显示;D=0 关显示 C=1 显示光标;C=0 不显示光标 B=1 光标闪烁;B=0 光标不闪烁
0	0	0	0	0	1	N	S		N=1 当读或写一个字符后地址指针加 1,且光标加一 N=0 当读或写一个字符后地址指针减一,且光标减一 S=1 当写一个字符,正屏显示左移(N=1)或右移 (N=0),以得到光标不移动或屏幕移动的结果 S=0 当写一个字符,屏幕显示不移动

395

10. 其他设置(见表 22.2.9)

表 22.2.9　LCD1602 其他设置

指令码	功　能
01H	显示清屏:1.数据指针清零 2.所有显示清零
02H	显示回车:1.数据指针清零

LCD1602 显示实验

【实验 22.2.1】SmartM-M051 开发板:

通过 LCD1602 显示如下字符:

第一行:0123456789

第二行:ABCDEFGHIJ

1. 硬件设计(见图 22.2.2)

由于 M051 微控制器的 I/O 资源有限,LCD1602 不得不靠 74LS164 进行拓展来节省 I/O 资源。LCD1602 的主要控制引脚为 RS、R/W、E 引脚,数据引脚为

ARM Cortex-M0 微控制器原理与实践

396

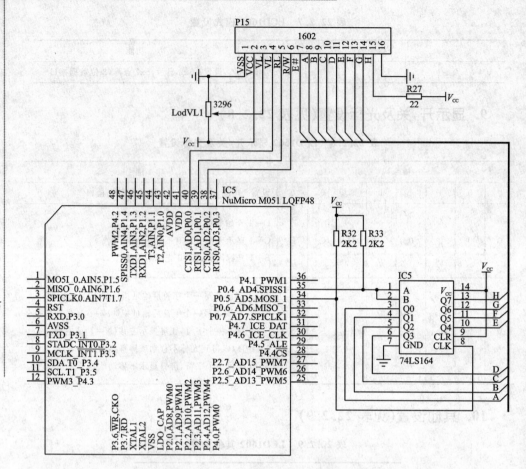

图 22.2.2　LCD1602 显示实验硬件设计图

D0～D7。

2. 软件设计

从实验的要求来说，该实验没有多大的难度，不过要对 1602 液晶的基本操作要熟悉，例如怎样对 1602 液晶发送命令、怎样让 1602 显示字符、怎样设置字符显示的位置等。所以在代码当中，有必要将这些功能独立成一个函数，方便其他函数调用。

3. 流程图(见图 22.2.3)

4. 实验代码

LCD1602 显示实验函数如表 22.2.10 所列。

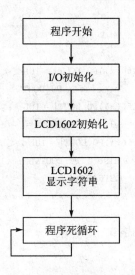

图 22.2.3　LCD1602 显示实验流程图

表 22.2.10　LCD1602 显示实验函数列表

序　号	函数名称	说　明
1	LCD1602WriteByte	LCD1602 写字节
2	LCD1602WriteCommand	LCD1602 写命令
3	LCD1602SetXY	LCD1602 设置坐标
4	LCD1602PrintfString	LCD1602 打印字符串
5	LCD1602ClearScreen	LCD1602 清屏
6	LCD1602Init	LCD1602 初始化
7	main	函数主体

程序清单 22.2.1　LCD1602 显示实验代码

代码位置：\基础实验－LCD1602\main.c

```
# include "SmartM_M0.h"
/***********************************************
 *          大量宏定义,便于代码移植和阅读
 ***********************************************/
# define LCD1602_LINE1          0
# define LCD1602_LINE2          1
# define LCD1602_LINE1_HEAD     0x80
# define LCD1602_LINE2_HEAD     0xC0
# define LCD1602_DATA_MODE      0x38
# define LCD1602_OPEN_SCREEN    0x0C
# define LCD1602_DISP_ADDRESS   0x80
```

ARM Cortex-M0 微控制器原理与实践

```
#define LCD1602_RS_PIN          0
#define LCD1602_RW_PIN          1
#define LCD1602_EN_PIN          2
#define LCD1602_RS(x)    {if((x))P0_DOUT| = 1UL<<LCD1602_RS_PIN;\ //RS 引脚控制
                            else    P0_DOUT& = ~(1UL<<LCD1602_RS_PIN);}
#define LCD1602_RW(x)    {if((x))P0_DOUT| = 1UL<<LCD1602_RW_PIN;\ //RW 引脚控制
                            else    P0_DOUT& = ~(1UL<<LCD1602_RW_PIN);}
#define LCD1602_EN(x)    {if((x))P0_DOUT| = 1UL<<LCD1602_EN_PIN;\ //EN 引脚控制
                            else    P0_DOUT& = ~(1UL<<LCD1602_EN_PIN);}
#define LCD1602_PORT(x)      LS164Send((x))                          //发送数据
/***********************************************
* 函数名称:LCD1602WriteByte
* 输    入:ucByte  要写入的字节
* 输    出:无
* 说    明:LCD1602  写字节
***********************************************/
VOID LCD1602WriteByte(UINT8 ucByte)
{
    LCD1602_PORT(ucByte);
    LCD1602_RS(HIGH);
    LCD1602_RW(LOW);
    LCD1602_EN(LOW);
    Delayus(5000);
    LCD1602_EN(HIGH);
}
/***********************************************
* 函数名称:LCD1602WriteCommand
* 输    入:ucCmd  要写入的命令
* 输    出:无
* 说    明:LCD1602  写命令
***********************************************/
VOID LCD1602WriteCommand(UINT8 ucCmd)
{
    LCD1602_PORT(ucCmd);
    LCD1602_RS(LOW);
    LCD1602_RW(LOW);
    LCD1602_EN(LOW);
    Delayus(5000);
    LCD1602_EN(HIGH);
}
/***********************************************
* 函数名称:LCD1602SetXY
```

```
* 输      入:x 横坐标 y 纵坐标
* 输      出:无
* 说      明:LCD1602 设置坐标
*********************************************/
VOID LCD1602SetXY(UINT8 x,UINT8 y)
{
    UINT8 address;
    if(y == LCD1602_LINE1)
    {
        address = LCD1602_LINE1_HEAD + x;
    }
    else
    {
        address = LCD1602_LINE2_HEAD + x;
    }
    LCD1602WriteCommand(address);
}
/**********************************************
* 函数名称:LCD1602PrintfString
* 输      入:x 横坐标 y 纵坐标 s 字符串
* 输      出:无
* 说      明:LCD1602 打印字符串
*********************************************/
VOID LCD1602PrintfString(UINT8 x,
                         UINT8 y,
                         UINT8 * s)
{
    LCD1602SetXY(x,y);                  //设置显示坐标
    while(s && * s)
    {
        LCD1602WriteByte( * s);         //显示逐个字符
        s++;
    }
}
/**********************************************
* 函数名称:LCD1602ClearScreen
* 输      入:无
* 输      出:无
* 说      明:LCD1602 清屏
*********************************************/
VOID LCD1602ClearScreen(VOID)
{
```

```
        LCD1602WriteCommand(0x01);
         Delayus(5000);
    }
/ *********************************************
 * 函数名称:LCD1602Init
 * 输    入:无
 * 输    出:无
 * 说      明:LCD1602 初始化
 *********************************************/
VOID LCD1602Init(VOID)
{
        PO_PMD & = ~(3UL<<(LCD1602_RS_PIN<<1));
        PO_PMD & = ~(3UL<<(LCD1602_RW_PIN <<1));
        PO_PMD & = ~(3UL<<(LCD1602_EN_PIN <<1));
        PO_PMD | = 1UL<<(LCD1602_RS_PIN<<1);
        PO_PMD | = 1UL<<(LCD1602_RW_PIN <<1);
        PO_PMD | = 1UL<<(LCD1602_EN_PIN <<1);
        LCD1602ClearScreen();
        LCD1602WriteCommand(LCD1602_DATA_MODE);    //显示模式设置,设置 16x2 显示,5x7
                                                   //点阵,8 位数据接口
        LCD1602WriteCommand(LCD1602_OPEN_SCREEN); //开显示
        LCD1602WriteCommand(LCD1602_DISP_ADDRESS);//起始显示地址
        LCD1602ClearScreen();
}
/ *********************************************
 * 函数名称:main
 * 输    入:无
 * 输    出:无
 * 功      能:函数主体
 *********************************************/
INT32 main(VOID)
{
        PROTECT_REG                                      //ISP下载时保护 Flash 存储器
        (
            PWRCON | = XTL12M_EN;                        //默认时钟源为外部晶振
            while((CLKSTATUS & XTL12M_STB) == 0);        //等待 12MHz 时钟稳定
            CLKSEL0 = (CLKSEL0 & (~HCLK)) | HCLK_12M;    //设置外部晶振为系统时钟
        )
        LS164Init();                                     //74LS164 初始化
        LCD1602Init();                                   //LCD1602 初始化
         LCD1602PrintfString(0,LCD1602_LINE1,"0123456789");//打印第一行
        LCD1602PrintfString(0,LCD1602_LINE2,"ABCDEFGHIJ"); //打印第二行
```

```
        while(1);
}
```

5. 代码分析

LS164Send 函数与模拟串口章节的 SendByte 函数类似，都是移位传输的，LS164Send 函数是最高有效位优先(MSB)，模拟串口章节的 SendByte 函数是最低有效位优先的(LSB)。

要对 LCD1602 进行多种操作，都需要通过 RS、RW、EN 引脚进行控制，其中 RS、RW 引脚最为频繁。

为了方便控制这些引脚，同时为了提高可读性，对这些引脚的控制都用宏进行封装，具体如下：

```
#define LCD1602_RS(x)    {if((x))P0_DOUT| = 1UL<<LCD1602_RS_PIN;\//RS 引脚控制
                          else    P0_DOUT& = ~(1UL<<LCD1602_RS_PIN);}
#define LCD1602_RW(x)    {if((x))P0_DOUT| = 1UL<<LCD1602_RW_PIN;\//RW 引脚控制
                          else    P0_DOUT& = ~(1UL<<LCD1602_RW_PIN);}
#define LCD1602_EN(x)    {if((x))P0_DOUT| = 1UL<<LCD1602_EN_PIN;\//EN 引脚控制
                          else    P0_DOUT& = ~(1UL<<LCD1602_EN_PIN);}
```

对 LCD1602 进行多种操作由写命令、写字节、设备显示坐标等，当然为了方便使用，他们同样都是独立于一个函数，分别是 LCD1602WriteCommand 函数、LCD1602WriteByte 函数和 LCD1602SetXY 函数，最后将这 3 个基本函数装成可以在特定的位置显示字符串的 LCD1602PrintfString 函数。

在 main 函数中，主要进行 I/O 口初始化、LCD1602 初始化，然后通过 LCD1602PrintfString 函数显示相对应的字符串，最后通过 while(1)进入死循环，不进行其他操作。

22.3　LCD12864 液晶及显示实验

12864 液晶显示模块是 128×64 点阵的汉字图形型液晶显示模块，可显示汉字及图形，内置国标 GB2312 码简体中文字库(16×16 点阵)、128 个字符(8×16 点阵)及 64×256 点阵显示 RAM(GDRAM)。可与 CPU 直接接口，提供两种接口方式来连接微控制器，分别是 8 位并行及串行两种连接方式。具有多种功能如光标显示画面移位、睡眠模式等。

1. 引脚说明(见表 23.3.1)

表 22.3.1　LCD12864 引脚说明

编　号	符　号	引脚说明
1	Vss	电源地
2	VDD	电源正极
3	VO	液晶显示对比度调节器
4	RS	数据/命令选择端(H:数据模式　L:命令模式)
5	R/W	读/写选择端(H:读　L:写)
6	E	使能端
7	D0	数据 0
8	D1	数据 1
9	D2	数据 2
10	D3	数据 3
11	D4	数据 4
12	D5	数据 5
13	D6	数据 6
14	D7	数据 7
15	PSB	发送数据模式(H:并行模式　L:串行模式)
16	NC	空脚
17	RST	复位引脚(低电平复位)
18	NC	空脚
19	LEDA	背光电源正极
20	LEDK	背光电源负极

2. 特点(见表 22.3.2)

表 22.3.2　LCD12864 电气特性

工作电压	4.5～5.5V
最大字符数	128 个字符(8×16 点阵)
显示内容	128 列×64 行
LCD 类型	STN
与 MCU 接口	8 位或 4 位并行/3 位串行
软件功能	光标显示、画面移动、自定义字符、睡眠模式

3. 汉字显示坐标(见表 22.2.3)

表 22.3.3　LCD12864 汉字显示坐标

	X 坐标							
第一行	80H	81H	82H	83H	84H	85H	86H	87H
第二行	90H	91H	92H	93H	94H	95H	96H	97H
第三行	88H	89H	8AH	8BH	8CH	8DH	8EH	8FH
第四行	98H	99H	9AH	9BH	9CH	9DH	9EH	9FH

4. 字符表

(1) ASCII 码(见图 22.3.1)

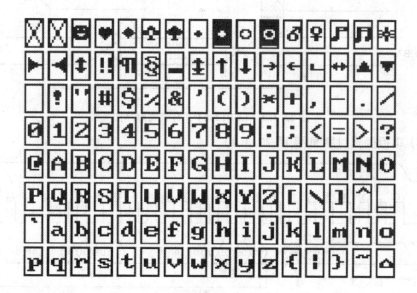

图 22.3.1　LCD12864 ACSII 码表

(2) 中文字符表

由于篇幅有限,只显示部分的中文字符表,如图 22.3.2 所示。

```
B9B0 拱 贡 共 钩 勾 沟 苟 狗 垢 构 购 够 辜 菇 咕 箍
B9C0 估 沽 孤 姑 鼓 古 蛊 骨 谷 股 故 顾 固 雇 刮 瓜
B9D0 剐 寡 挂 褂 乖 拐 怪 棺 关 官 冠 观 管 馆 罐 惯
B9E0 灌 贯 光 广 逛 瑰 规 圭 硅 归 龟 闺 轨 鬼 诡 癸
B9F0 桂 柜 跪 贵 刽 辊 滚 棍 锅 郭 国 果 裹 过 哈
BAA0 骸 孩 海 氦 亥 害 骇 酣 憨 邯 韩 含 涵 寒 函
BAB0 喊 罕 翰 撼 捍 旱 憾 悍 焊 汗 汉 夯 杭 航 壕 嚎
```

图 22.3.2　LCD12864 中文字符表

5. 数据发送模式

(1) 并行模式时序图(见图 22.3.3)

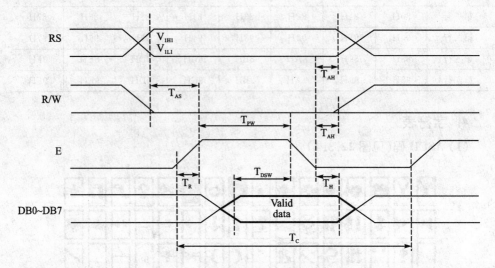

图 22.3.3　LCD12864 并行模式时序图

(2) 串行模式时序图(见图 22.3.4)

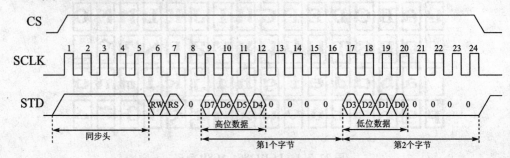

图 22.3.4　LCD12864 串行模式时序图

6. 指令集

(1) 清除显示(01H)

RW	RS	DB7	DB6	DB5	DB4	DB3	DB2	DB1	DB0
0	0	0	0	0	0	0	0	0	1

功能:清除显示屏幕,把 DDRAM 位址计数器调整为"00H"。

(2) 位址归位(02H)

RW	RS	DB7	DB6	DB5	DB4	DB3	DB2	DB1	DB0
0	0	0	0	0	0	0	0	1	0

功能：把 DDRAM 位址计数器调整为"00H"，游标回原点，该功能不影响显示 DDRAM。

（3）点设定（07H／04H／05H／06H）

RW	RS	DB7	DB6	DB5	DB4	DB3	DB2	DB1	DB0
0	0	0	0	0	0	0	1	I/D	S

功能：设定光标移动方向并指定整体显示是否移动。

I/D＝1 光标右移，I/D＝0 光标左移。

SH＝1 且 DDRAM 为写状态：整体显示移动，方向由 I/D 决定。

SH＝0 或 DDRAM 为读状态：整体显示不移动。

（4）显示状态开关（10H／14H／18H／1CH）

RW	RS	DB7	DB6	DB5	DB4	DB3	DB2	DB1	DB0
0	0	0	0	0	0	1	D	C	B

功能：D＝1 整体显示 ON；C＝1 游标 ON；B＝1 游标位置 ON。

（5）游标或显示移位控制（10H／14H／18H／1CH）

RW	RS	DB7	DB6	DB5	DB4	DB3	DB2	DB1	DB0
0	0	0	0	0	H	S/C	R/L	X	X

功能：设定游标的移动与显示的移动控制位。

（6）功能设定（36H／30H／34H）

RW	RS	DB7	DB6	DB5	DB4	DB3	DB2	DB1	DB0
0	0	0	0	1	DL	X	RE	X	X

功能：DL＝1（必须设为 1）；RE＝1 扩充指令集动作；　RE＝0 基本指令集动作。

（7）设定 CGRAM 地址（40H—7FH）

RW	RS	DB7	DB6	DB5	DB4	DB3	DB2	DB1	DB0
0	0	0	1	AC5	AC4	AC3	AC2	AC1	AC0

功能：设定 CGRAM 位址到位址计数器（AC）。

（8）设定 DDRAM 位址（80H—9FH）

RW	RS	DB7	DB6	DB5	DB4	DB3	DB2	DB1	DB0
0	0	0	AC6	AC5	AC4	AC3	AC2	AC1	AC0

功能：设定 DDRAM 位址到位址计数器（AC）。

(9) 读取忙碌状态（BF＝1,状态忙）和位址

RW	RS	DB7	DB6	DB5	DB4	DB3	DB2	DB1	DB0
0	1	BF	AC6	AC5	AC4	AC3	AC2	AC1	AC0

功能：读取忙碌状态（BF）可以确定内部动作是否完成,同时可以读出位址计数器（AC）的值。

(10) 写数据到 RAM

RW	RS	DB7	DB6	DB5	DB4	DB3	DB2	DB1	DB0
1	0	D7	D6	D5	D4	D3	D2	D1	D0

功能：写入数据（D7 ～ D0）到内部的 RAM（DDRAM/CGRAM/TRAM/GDRAM）。

(11) 读出 RAM 的值

RW	RS	DB7	DB6	DB5	DB4	DB3	DB2	DB1	DB0
1	1	D7	D6	D5	D4	D3	D2	D1	D0

功能：从内部 RAM(DDRAM/CGRAM/TRAM/GDRAM)读取数据。

(12) 待命模式（01H）

RW	RS	DB7	DB6	DB5	DB4	DB3	DB2	DB1	DB0
0	0	0	0	0	0	0	0	0	1

功能：进入待命模式,执行其他命令都可终止待命模式。

(13) 反白选择（04H /05H）

RW	RS	DB7	DB6	DB5	DB4	DB3	DB2	DB1	DB0
0	0	0	0	0	0	0	1	R1	R0

功能：选择 4 行中的任一行（设置 R0、R1 的值）作反白显示,并可决定反白与否。

(14) 卷动位址或 IRAM 位址选择（02H /03H）

RW	RS	DB7	DB6	DB5	DB4	DB3	DB2	DB1	DB0
0	0	0	0	0	0	0	0	1	SR

功能：SR＝1 允许输入卷动位址；SR＝0 允许输入 IRAM 位址。

(15) 设定 IRAM 位址或卷动位址(40H－7FH)

RW	RS	DB7	DB6	DB5	DB4	DB3	DB2	DB1	DB0
0	0		1	AC5	AC4	AC3	AC2	AC1	AC0

功能:必选从 6.14 的命令中设置好 SR＝1,AC5～AC0 为垂直卷动位址;

　　　SR＝0　AC3～AC0 写 ICONRAM 位址

(16) 睡眠模式(08H /0CH)

RW	RS	DB7	DB6	DB5	DB4	DB3	DB2	DB1	DB0
0	0	0	0	0	0	1	SL	X	X

功能:SL＝1 脱离睡眠模式;SL＝0 进入睡眠模式。

(17) 设定绘图 RAM 地址(80H－FFH)

RW	RS	DB7	DB6	DB5	DB4	DB3	DB2	DB1	DB0
0	0	1	AC6	AC5	AC4	AC3	AC2	AC1	AC0

407

功能:设定 GDRAM 位址到位址计数器(AC)。

LCD12864 显示实验

【实验 22.3.1】SmartM-M051 开发板:

通过 LCD12864 显示 4 行文字,显示内容如下所示:

第一行:1234567890ABCDEF

第二行: ----------------------------------

第三行:学好电子成就自己

第四行: ----------------------------------

1. 硬件设计(见图 22.3.5)

由于 M051 微控制器的 I/O 资源有限,LCD12864 不得不靠 74LS164 进行拓展来节省 I/O 资源。LCD12864 的主要控制引脚为 RS、R/W、E 引脚,数据引脚为 D0～D7,完全与 LCD1602 的引脚一模一样,只是部分多出的引脚略有不同。

2. 软件设计

从实验的要求来说,该实验没有多大的难度,不过要对 12864 液晶的基本操作要熟悉,例如怎样对 12864 液晶发送命令、怎样让 12864 显示字符、怎样设置字符显示的位置等。所以在代码当中,有必要这些功能独立成一个函数,方便其他函数调用。

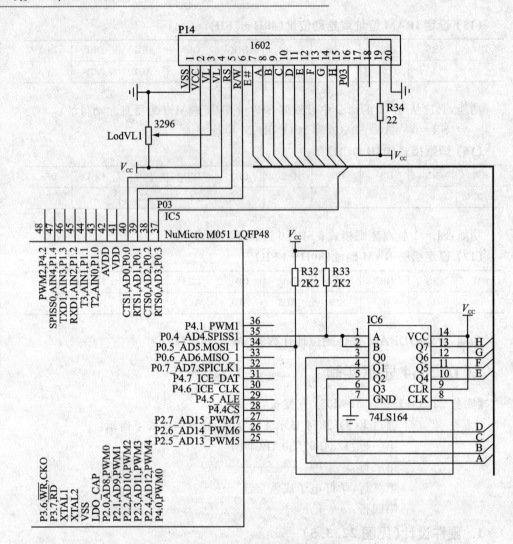

图 22.3.5　LCD12864 显示实验硬件设计图

3. 流程图(见图 22.3.6)

4. 实验代码

LCD12864 显示实验函数,如表 22.3.4 所列。

表 22.3.4　LCD12864 显示实验函数列表

序　号	函数名称	说　明
1	LCD12864WriteByte	LCD12864 写字节
2	LCD12864WriteCommand	LCD12864 写命令
3	LCD12864SetXY	LCD12864 设置坐标

续表 22.3.4

序　号	函数名称	说　明
4	LCD12864PrintfString	LCD12864 打印字符串
5	LCD12864ClearScreen	LCD12864 清屏
6	LCD12864Init	LCD12864 初始化
7	main	函数主体

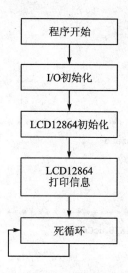

图 22.3.6　LCD12864 显示实验流程图

程序清单 22.3.1　LCD12864 显示实验代码

代码位置:\基础实验－LCD12864\main.c

```
# include "SmartM_M0.h"
# define LCD12864_RS_PIN          0
# define LCD12864_RW_PIN          1
# define LCD12864_EN_PIN          2
# define LCD12864_MD_PIN          3
# define LCD12864_RS(x)     {if((x))P0_DOUT| = 1UL<<LCD12864_RS_PIN;\
                             else    P0_DOUT& = ~(1UL<<LCD12864_RS_PIN);}
# define LCD12864_RW(x)     {if((x))P0_DOUT| = 1UL<<LCD12864_RW_PIN;\
                             else    P0_DOUT& = ~(1UL<<LCD12864_RW_PIN);}
# define LCD12864_EN(x)     {if((x))P0_DOUT| = 1UL<<LCD12864_EN_PIN;\
                             else    P0_DOUT& = ~(1UL<<LCD12864_EN_PIN);}
# define LCD12864_MD(x)     {if((x))P0_DOUT| = 1UL<<LCD12864_MD_PIN;\
                             else    P0_DOUT& = ~(1UL<<LCD12864_MD_PIN);}
# define LCD12864_PORT(x)   LS164Send((x))
/ **************************************************
```

```
* 函数名称:LCD12864WriteByte
* 输    入:ucByte 要写入的字节
* 输    出:无
* 说    明:LCD12864 写字节
***********************************************/
VOID LCD12864WriteByte(UINT8 ucByte)
{
    LCD12864_PORT(ucByte);
    LCD12864_RS(HIGH);
    LCD12864_RW(LOW);
    LCD12864_EN(LOW);
    Delayus(500);
    LCD12864_EN(HIGH);
}
/***********************************************
* 函数名称:LCD12864WriteCommand
* 输    入:ucCmd 要写入的命令
* 输    出:无
* 说    明:LCD12864 写命令
***********************************************/
VOID LCD12864WriteCommand(UINT8 ucCmd)
{
    LCD12864_PORT(ucCmd);
    LCD12864_RS(LOW);
    LCD12864_RW(LOW);
    LCD12864_EN(LOW);
    Delayus(500);
    LCD12864_EN(HIGH);
}
/***********************************************
* 函数名称:LCD12864SetXY
* 输    入:x 横坐标 y 纵坐标
* 输    出:无
* 说    明:LCD12864 设置坐标
***********************************************/
VOID LCD12864SetXY(UINT8 x,UINT8 y)
{
    switch(y)
    {
        case 1:
        {
            LCD12864WriteCommand(0x80|x);
```

ARM Cortex-M0 微控制器原理与实践

```
            }
            break;
        case 2:
        {
            LCD12864WriteCommand(0x90|x);
        }
        break;
        case 3:
        {
            LCD12864WriteCommand(0x88|x);
        }
        break;
        case 4:
        {
            LCD12864WriteCommand(0x98|x);
        }
        break;

        default:break;
    }
}
```
/***
* 函数名称:LCD12864PrintfString
* 输　　入:x 横坐标 y 纵坐标 s 字符串
* 输　　出:无
* 说　　明:LCD12864 打印字符串
***/
```
VOID LCD12864PrintfString(UINT8 x,
                          UINT8 y,
                          UINT8 * s)
{
    LCD12864SetXY(x,y);                    //设置显示坐标
    while(s && * s)
    {
        LCD12864WriteByte( * s);            //显示逐个字符
        s++;
    }
}
```
/***
* 函数名称:LCD12864ClearScreen
* 输　　入:无
* 输　　出:无

```
* 说    明:LCD12864 清屏
*******************************/
VOID LCD12864ClearScreen(VOID)
{
    LCD12864WriteCommand(0x01);
    Delayus(500);
}
/*********************************
* 函数名称:LCD12864Init
* 输    入:无
* 输    出:无
* 说    明:LCD12864 初始化
*******************************/
VOID LCD12864Init(VOID)
{
    LS164Init();
    LCD12864_MD(HIGH);
    LCD12864WriteCommand(0x30);//功能设置,一次送 8 位数据,基本指令集
    LCD12864WriteCommand(0x0C);//整体显示,游标 off,游标位置 off
    LCD12864WriteCommand(0x01);//清 DDRAM
    LCD12864WriteCommand(0x02);//DDRAM 地址归位
    LCD12864WriteCommand(0x80);//设定 DDRAM 7 位地址 000,0000 到地址计数器 AC
}
/*********************************
* 函数名称:main
* 输    入:无
* 输    出:无
* 功    能:函数主体
*******************************/
INT32 main(VOID)
{
    PROTECT_REG                                  //ISP 下载时保护 Flash 存储器
    (
        PWRCON | = XTL12M_EN;                     //默认时钟源为外部晶振
        while((CLKSTATUS & XTL12M_STB) == 0);     //等待 12MHz 时钟稳定
        CLKSEL0 = (CLKSEL0 & (~HCLK)) | HCLK_12M; //设置外部晶振为系统时钟
    )
    LCD12864Init();                              //LCD12864 初始化
    LCD12864PrintfString(0,1,"1234567890ABCDEF"); //显示第一行
    LCD12864PrintfString(0,2,"----------------");//显示第二行
    LCD12864PrintfString(0,3,"学好电子成就自己");//显示第三行
    LCD12864PrintfString(0,4,"----------------");//显示第四行
```

```
        while(1);
    }
```

5. 代码分析

LS164Send 函数与模拟串口章节的 SendByte 函数类似，都是移位传输的，LS164Send 函数是最高有效为优先(MSB)，模拟串口章节的 SendByte 函数是最低有效位优先的(LSB)。

由于控制 LCD12864 进行多种操作，都要对 RS、R/W、E、PSB 引脚进行控制，其中 RS、RW 引脚最为频繁。

为了方便控制这些引脚，同时为了提高可读性，对这些引脚的控制都用宏进行封装，具体如下：

```
#define LCD12864_RS(x)      {if((x))P0_DOUT| = 1UL<<LCD12864_RS_PIN;\
                             else    P0_DOUT& = ~(1UL<<LCD12864_RS_PIN);}
#define LCD12864_RW(x)      {if((x))P0_DOUT| = 1UL<<LCD12864_RW_PIN;\
                             else    P0_DOUT& = ~(1UL<<LCD12864_RW_PIN);}
#define LCD12864_EN(x)      {if((x))P0_DOUT| = 1UL<<LCD12864_EN_PIN;\
                             else    P0_DOUT& = ~(1UL<<LCD12864_EN_PIN);}
#define LCD12864_MD(x)      {if((x))P0_DOUT| = 1UL<<LCD12864_MD_PIN;\
                             else    P0_DOUT& = ~(1UL<<LCD12864_MD_PIN);}
```

PSB 引脚的主要作用就是与 LCD12864 通信是串行通行还是并行通信。

对 LCD12864 进行多种操作如写命令、写字节、设置显示位置等，当然为了方便使用，它们同样都是独立于一个函数，分别是 LCD12864WriteCommand 函数、LCD12864WriteByte 函数和 LCD12864SetXY 函数，最后将这 3 个基本函数装成可以在特定的位置显示字符串的 LCD12864PrintfString 函数。

在 main 函数中，主要进行 I/O 口初始化、LCD12864 初始化，然后通过 LCD12864PrintfString 函数显示相对应的字符串，最后通过 while(1)进入死循环，不进行其他操作。

第 **3** 篇

深入篇

"一支程序开发团队之所以成立,是为了承担并完成某项由任何个人都无法独立完成的任务"。程序员在各个团队中得到不断地学习与提高,除了技术能力,还有沟通能力、交际能力、协作精神等,所以笔者认为,团队工作比孤军奋战更有助于个人的成长,而且在这个年代,不断有新型的器件涌现出来,个人英雄时代几乎终结,取而代之的是团队协作。

组建团队的目的是希望通过最小的代价获得最佳的开发效果,众所周知,人与人之间的合作不是简单的人力叠加,而且要复杂和微妙得多。如果多个微控制器程序员为某项目进行代码编写,同时又要保证整个代码看起来是一个人写的,往往会有一条主线贯通于每个人的思想,代码编写以编程规范、可移植性、可读性为根本出发点。那么编写可读性强的代码是开发过程中的不二选择,倾向花费大量时间写代码,却忽视阅读上的便利性,本身是一种错误的体制,团队中每个开发人员应该尽力编写优秀的代码,因为这是一劳永逸这事,也不必因为糟糕的代码而花费更多精力。

因此,用户可以通过第 24 章节如何写代码更加规范、更具移植性和维护性,同时更了解到如何通过一定的手段挖掘微控制器的潜能。

在市面上的绝大部分的产品的接口通信都涉及握手识别的方式,检测握手是否有效一般都通过数据校验的方式来实现。校验方式比较实用的是奇偶校验、校验和、循环冗余校验等,而介绍校验数据的原理与实现的资料相对较少,用户可以通过该章节掌握到数据校验的原理及其编程方法。

第 **23** 章

深入接口

23.1　简　介

在之前的章节中已经介绍了串口通信,实现方式就是发什么数据显示什么数据。当然为了更容易了解通信的原理,简单易懂的过程就最好不过啦,但是真正在项目中的通信真的可以如此简单吗？答案是否定的。项目开发中是严谨的,追求的目的是产品的稳定性,不稳定的产品不是好产品。产品稳定后,就向产品的性能上去进行优化,在优化产品的同时,必须以稳定性为前提,稳定性永远摆在产品的第一位。

产品要保持稳定,项目中的数据通信必须要保证数据的正确性。例如下位机发送数据 3 个整数数据(01、04、09)到上位机,可惜上位机收到的数据为(01、00、09),那么收到的数据就不正确了。同时为了让数据通信更加安全,必须去定义适合的数据帧格式,而且必须加上校验。

例如数据帧的格式可以如图 23.1.1 所示。

首部 1 （1 字节）	首部 2 （1 字节）	操作码 （1 字节）	数据长度 （1 字节）	数据 （N 字节）	校验值 （N 字节）

图 23.1.1　帧格式

平时接口通信的数据的校验的方法有好几种:校验和、奇偶校验、CRC16 循环冗余校验等。

23.2　校验介绍

23.2.1　奇偶校验

根据被传输的一组二进制代码的数位中"1"的个数是奇数或偶数来进行校验,采用奇数的称为奇校验,反之,称为偶校验。采用何种校验是事先规定好的。通常专门设置一个奇偶校验位,用它使这组代码中"1"的个数为奇数或偶数。若用奇校验,则当接收端收到这组代码时,校验"1"的个数是否为奇数,从而确定传输代码的正确性。

1. 单向奇偶校验

单向奇偶校验(Row Parity)由于一次只采用单个校验位,因此又称为单个位奇偶校验(Single Bit Parity)。发送器在数据帧每个字符的信号位后添一个奇偶校验位,接收器对该奇偶校验位进行检查。典型的例子是面向 ASCII 码的数据信号帧的传输,由于 ASCII 码是 7 位码,因此用第 8 个位码作为奇偶校验位。

单向奇偶校验又分为奇校验(Odd Parity)和偶校验(Even Parity),发送器通过校验位对所传输信号值的校验方法如下:奇校验保证所传输每个字符的 8 个位中 1 的总数为奇数;偶校验则保证每个字符的 8 个位中 1 的总数为偶数。

显然,如果被传输字符的 7 个信号位中同时有奇数个(例如 1、3、5、7)位出现错误,均可以被检测出来;但如果同时有偶数个(例如 2、4、6)位出现错误,单向奇偶校验是检查不出来的。

一般在同步传输方式中常采用奇校验,而在异步传输方式中常采用偶校验。

2. 双向奇偶校验

为了提高奇偶校验的检错能力,可采用双向奇偶校验(Row and Column Parity),也可称为双向冗余校验(Vertical and Longitudinal Redundancy Checks)。

双向奇偶校验,又称"方块校验"或"垂直水平"校验。

例:

1010101×
1010111×
1110100×
0101110×
1101001×
0011010×
××××××××

"×"表示奇偶校验所采用的奇校验或偶校验的校验码。

如此,对于每个数的关注就由以前的 1×7 次增加到了 7×7 次。因此,比单项校验的校验能力更强。简单的校验数据的正确性,在计算机里都是 010101 二进制表示,每个字节有 8 位二进制,最后一位为校验码,奇校验测算前 7 位里"1"的个数的奇偶性,偶校验测算前 7 位里"0"的个数的奇偶性。当数据里其中一位变了,得到的奇偶性就变了,接收数据方就会要求发送方重新传数据。奇偶校验只可以简单判断数据的正确性,从原理上可看出当一位出错,可以准确判断,如同时两个"1"变成两个"0"就校验不出来了,只是两位或更多位及校验码在传输过程中出错的概率比较低,奇偶校验可以用的要求比较低的应用场合下。

深入重点

✓ 奇偶校验专门设置一个奇偶校验位,用它使这组代码中"1"的个数为奇数或偶数。若用奇校验,则当接收端收到这组代码时,校验"1"的个数是否为奇数,从而确定传输代码的正确性。

✓ 奇偶校验有单向校验和双向数据校验,如表 23.2.1 所列。

表 23.2.1　单向奇偶校验与双向奇偶校验对比

项　目	单向奇偶校验	双向奇偶校验
效率	高	一般
检错能力	一般	高

✓ 奇偶校验只可以简单判断数据的正确性,从原理上可看出当一位出错,可以准确判断,如同时两个"1"变成两个"0"就校验不出来了,只是两位或更多位及校验码在传输过程中出错的概率比较低,奇偶校验可以用的要求比较低的应用场合下。

419

23.2.2　校验和

在数据处理和数据通信领域中,用于校验目的的一组数据项的和。这些数据项可以是数字或在计算检验的过程中看作数字的其他字符串。

它通常是以十六进制为数制表示的形式,如:

十六进制串:01 02 03 04 05 06 07 08 09 10

校验和:01H ＋ 02H ＋ 03H ＋ 04H ＋ 05H ＋ 06H ＋ 07H＋ 08H ＋ 09H ＋ 10H＝0x3D(16 进制)

在前面章节介绍到 Intel Hex 文件中,Intel Hex 记录的校验和和这里介绍的校验和有所出入,但是下面的校验和实验以当前校验和计算方法为准。

如果校验和的数值为 257 超过十六进制的 FF,也就是 255。那么溢出后从 0x00 开始,然后自加 1,即校验和为 0x01 为数值 257 最终的校验值。

通常用来在通信中,尤其是远距离通信中保证数据的完整性和准确性。

深入重点

✓ 校验和是一个很简单的自加流程,即将所有数据加起来的总和。校验和的数据值如果超过 0xFF,必须以溢出后的数值作为校验和。

23.2.3 循环冗余码校验

1. CRC 介绍

CRC 循环冗余码校验英文名称为 Cyclical Redundancy Check,简称 CRC。CRC 校验实用程序库在数据存储和数据通信领域,为了保证数据的正确,就不得不采用检错的手段。在诸多检错手段中,CRC 是最著名的一种。CRC 的全称是循环冗余校验,其特点是:检错能力极强,开销小,易于用编码器及检测电路实现。从其检错能力来看,它所不能发现的错误的几率仅为 0.0047% 以下。从性能上和开销上考虑,均远远优于奇偶校验及算术和校验等方式。因而,在数据存储和数据通信领域,CRC 无处不在:著名的通信协议 X.25 的 FCS(帧检错序列)采用的是 CRC－CCITT,WinRAR、NERO、ARJ、LHA 等压缩工具软件采用的是 CRC32,磁盘驱动器的读写采用了 CRC16,通用的图像存储格式 GIF、TIFF 等也都用 CRC 作为检错手段。

它是利用除法及余数的原理来作错误侦测(Error Detecting)的。实际应用时,发送装置计算出 CRC 值并随数据一同发送给接收装置,接收装置对收到的数据重新计算 CRC 并与收到的 CRC 相比较,若两个 CRC 值不同,则说明数据通信出现错误。

根据应用环境与习惯的不同,CRC 又可分为以下几种标准:

- CRC12 $= X^{12} + X^{11} + X^3 + X^2 + 1$
- CRC16 $= X^{16} + X^{15} + X^2 + 1$(IBM 公司)
- CRC16 $= X^{16} + X^{12} + X^5 + 1$(国际电报电话咨询委员会 CCITT)
- CRC32 $= X^{32} + X^{26} + X^{23} + X^{22} + X^{16} + X^{11} + X^{10} + X^8 + X^7 + X^5 + X^4 + X^2 + X + 1$

CRC-12 码通常用来传送 6 位字符串。

CRC16 及 CRC-CCITT 码则用是来传送 8 位字符,其中 CRC16 为美国采用,而 CRC-CCITT 为欧洲国家所采用。

CRC-32 码大都被采用在一种称为 Point-to-Point 的同步传输中。

采用 CRC 进行数据校验还有以下优点:

① 可检测出所有奇数个错误。

② 可检测出所有双比特的错误。

③ 可检测出所有小于等于校验位长度的连续错误。

④ 以相当大的概率检测出大于校验位长度的连续错误。

2. CRC16 生成过程

图 23.2.1 所示为最常用的 CRC16 为例来说明其生成过程。

CRC 计算可以靠专用的硬件来实现,但是对于低成本的微控制器系统,在没有硬件支持下实现 CRC 检验,关键的问题就是如何通过软件来完成 CRC 计算,也就是 CRC 算法的问题。CRC 校验的基本思想是利用线性编码理论,在发送端根据要传送

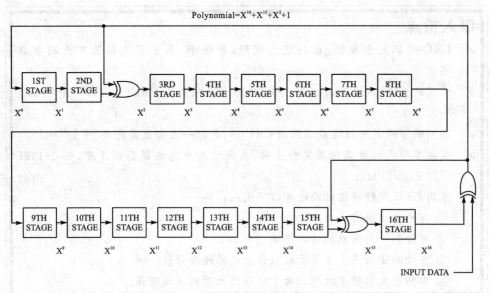

图 23.2.1 CRC16 生成过程

的 N 位二进制码序列,以一定的规则产生一个校验用的 M 位 CRC 码,并附在信息后边,构成一个新的二进制码序列数共($N+M$)位,最后发送出去。在接收端,则根据信息码和 CRC 码之间所遵循的规则进行检验,以确定传送中是否出错。

CRC-CCITT 的多项为 0x1021(实际上是 0x11021,生成多项式中最高位固定为 1 的,在简式中忽略了最高位 1),那么多项式是如何生成的? 16 位的 CRC 码产生的规则是借助多项式除法,最后所得到的余数既是 CRC 码。任意一个由二进制位串组成的代码都可以和一个系数仅为'0'和'1'取值的多项式一一对应。

代码 10010111 对应的多项式为 $X^7+X^4+X^2+X+1$;多项式为 $X^6+X^3+X^2+X+1$ 对应的代码 1001111。图 23.2.1 的 Polynomial(多项式)$=X^{16}+X^{15}+X^2+1$,对应的代码为 1 1000 0000 0000 0101。

3. 常用的 CRC16 循环冗余校验标准多项式

CRC16 $=X^{16}+X^{15}+X^2+1$(IBM 公司)

CRC16 $=X^{16}+X^{12}+X^5+1$(国际电报电话咨询委员会 CCITT)

注:对二取模的四则运算指参与运算的两个二进制数各位之间凡涉及加减运算时均进行 XOR 异或运算,即:1 XOR 1=0,0 XOR 0=0,1 XOR 0=1,0 XOR 1=1,即相同为 0,不同为 1。

深入重点

✓ CRC 循环冗余校验：检错能力极强，开销小，易于用编码器及检测电路实现。

✓ 常用的 CRC 校验采用的是 CRC16，标准多项式为 CRC（16 位）＝X^{16}＋X^{15}＋X^2＋1。

✓ 不同的多项式可以生成不同的 CRC 码，更深一层来说是充当"密钥"。

✓ 生成多项式的最高位固定为 1 的，在简记式中忽略最高位 1 了，如 0x1021 实际是 0x11021。

✓ 采用 CRC 进行数据校验还有以下优点：

① 可检测出所有奇数个错误

② 可检测出所有双比特的错误

③ 可检测出所有小于等于校验位长度的连续错误

④ 以相当大的概率检测出大于校验位长度的连续错误。

23.3 数据校验实战

数据校验的方法比较多，但是平时项目开发中的数据通信只能够采用一种方法进行数据校验，从上面介绍到的奇偶校验、校验和、CRC 循环冗余校验，如以检错能力来作比较，当以 CRC 循环冗余校验优先选择。产品以稳定性为基础，如果细心地观察，就会发现多间厂家都会以 CRC16 校验来进行数据校验。为此，必须掌握 CRC16 在程序里是怎样编写的，接收流程如何实现，数据帧如何定义。在数据校验实验当中，让读者对接口通信的过程有一个新的认识过程，同时为在以后的工作中打好基础。

实验的演示过程是通过界面发送数据来操作微控制器，即控制 LED 灯、蜂鸣器、请求数据，当前通信接口为串口。由于数据发送的过程中必须校验数据，使用其他的串口调试助手有点力不从心，因此在这特意制作了一个数据校验测试界面方便收发数据。如图 23.3.1 所示数据校验测试界面。该界面包含三大校验方式：奇偶校验、校验和、CRC16 循环冗余校验，同时包含控制 LED、蜂鸣器，又可以在发送区发送数据，并且可以在接收区看到下位机发上来的数据。

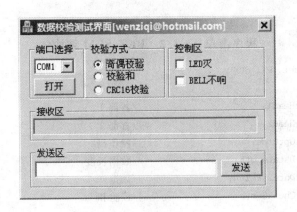

图 23.3.1　数据校验测试界面

23.3.1　数据帧格式定义

数据帧格式是接口通信的核心内容,必须认真按照需要来定义好帧格式,当前数据帧格式如下:

首部 1 (1 字节)	首部 2 (1 字节)	操作码 (1 字节)	数据长度 (1 字节)	数据 (N 字节)	校验值 (N 字节)

由于数据帧都是一个比较固定的结构,C 语言中的结构体就起到数据帧的封装作用,根据不同的数据校验方式,结构体定义的内容有所不同,实验中定义的奇偶校验、校验和、CRC16 循环冗余校验主要是数据帧尾部有所不同,其他都相同,结构体的定义如下:

1. 奇偶校验

程序清单 23.3.1　PKT_PARITY 结构体

```
typedef  struct _PKT_PARITY
{
    UINT8 m_ucHead1;                  //首部 1
    UINT8 m_ucHead2;                  //首部 2
    UINT8 m_ucOptCode;               //操作码
    UINT8 m_ucDataLength;            //数据长度
    UINT8 m_szDataBuf[16];           //数据
    UINT8 m_ucParity;        //奇偶校验值
}PKT_PARITY;
```

2. 校验和

程序清单 23.3.2　PKT_SUM 结构体

```
typedef  struct _PKT_SUM
{
    UINT8 m_ucHead1;                        //首部 1
    UINT8 m_ucHead2;                        //首部 2
    UINT8 m_ucOptCode;                      //操作码
    UINT8 m_ucDataLength;                   //数据长度
    UINT8 m_szDataBuf[16];                  //数据
    UINT8 m_ucCheckSum;                     //校验和
}PKT_SUM;
```

3. CRC16 循环冗余校验

程序清单 23.3.3　PKT_CRC 结构体

```
typedef  struct _PKT_CRC
{
    UINT8 m_ucHead1;                        //首部 1
    UINT8 m_ucHead2;                        //首部 2
    UINT8 m_ucOptCode;                      //操作码
    UINT8 m_ucDataLength;                   //数据长度
    UINT8 m_szDataBuf[16];                  //数据
    UINT8 m_szCrc[2];                       //CRC16 校验值为 2 个字节
}PKT_CRC;
```

从奇偶校验、校验和、CRC 循环冗余校验各自的结构体相比较,它们三者的不同之处只在于数据帧的尾部。例如奇偶校验的尾部为 1 字节、校验和的尾部为 1 字节、CRC16 循环冗余校验的尾部为 2 字节。

同时为了让接收数据方便,必须使用一个数据缓冲区接收数据,那么现在共用体的作用就明显地体现出来了,共用体的使用意味着将共享使用同一个内存区,如表23.3.1 所列,那么关于数据包格式再进一步升级。

表 23.3.1　内存区对应关系

内存区地址	缓冲区 buf	数据包结构体
地址 0	buf[0]	m_ucHead1
地址 1	buf[1]	m_ucHead2
地址 2	buf[2]	m_ucOptCode
地址 3	buf[3]	m_ucDataLength

内存区地址	缓冲区 buf	数据包结构体
地址 4～地址 n	buf[4]～buf[n]	m_szDataBuf
地址 n+1	buf[n+1]	校验值(N 字节)

4. 奇偶校验

程序清单 23.3.4　PKT_PARITY_EX 结构体

```
typedef union _PKT_PARITY_EX
{
    PKT_PARITY r;
    UINT8 buf[32];
} PKT_PARITY_EX;
PKT_PARITY_EX PktParityEx;
```

如果获取数据长度,可以有两种操作方式。

即既可以通过缓冲区 buf[3]来获取,又可以数据包结构获取成员变量的方式 PktParityEx.r. m_ucDataLength 来获取。

5. 校验和

程序清单 23.3.5　PKT_SUM_EX 结构体

```
typedef union _PKT_SUM_EX
{
    PKT_SUM r;
    UINT8 buf[32];
} PKT_SUM_EX;
PKT_SUM_EX PktSumEx;
```

如果获取数据长度,可以有两种操作方式。

即既可以通过缓冲区 buf[3]来获取,又可以数据包结构获取成员变量的方式 PktSumEx.r. m_ucDataLength 来获取。

6. CRC16 循环冗余校验

程序清单 23.3.6　PKT_CRC_EX 结构体

```
typedef union _PKT_CRC_EX
{
    PKT_CRC r;
    UINT8 buf[32];
} PKT_CRC_EX;
PKT_CRC_EX PktCrcEx;
```

如果获取数据长度,可以有两种操作方式。

即既可以通过缓冲区 buf[3]来获取,又可以数据包结构获取成员变量的方式 PktCrcEx.r. m_ucDataLength 来获取。

深入重点

✓ 奇偶校验、校验和、CRC 循环冗余校验各自的结构体相比较,它们三者的不同只在于数据帧的尾部。例如奇偶校验的尾部为 1 字节、校验和的尾部为 1 字节、CRC16 循环冗余校验的尾部为 2 字节。

✓ 数据帧格式的封装重点以结构体进行封装,同时为了利于发送和接收数据,必须以共用体将数据帧格式结构体与一个作为发送/接收缓冲区组合起来。

23.3.2　实　验

由于奇偶校验、检验和、CRC16 循环冗余校验在实际的产品的开发中占用重要的地位,因此必须牢牢地掌握好这三种校验方式,这三种数据校验方式必会有一种用到。在数据校验的代码当中,它们之间的不同点以一个方框进行包围,为什么不同?就是数据校验方式的不同,而且校验值的长度都有所不同。由于篇幅有限,这里只给出 CRC16 循环冗余校验的实验代码,奇偶实验、校验和实验不在这里介绍,但是在资料光盘中附有它们的实验代码。

为了方便该实验的进行,读者可以通过数据校验测试界面进行收发数据,并按照下面界面使用说明来进行操作。

1. 界面使用

(1) 校验方式选择

数据校验测试界面包含三种数据校验方式:奇偶校验、校验和、CRC16 循环冗余校验。通过界面选中校验方式,收发数据的校验方式会以界面选中的校验方式为准。

(2) LED、蜂鸣器控制

默认状态下,LED 灯是全灭的、蜂鸣器是不响的。

LED 亮:选中 LED 操作

蜂鸣器响:选中蜂鸣器操作。

(3) 请求数据

请求数据是通过发送区发送相应的数据,如果下位机收到上位机发下来的数据并且校验正确,那么将这些数据发到上位机,如图 23.3.2 所示。

2. CRC16 循环冗余实验

【实验 23.3.1】SmartM-M051 开发板:通过 CRC16 循环冗余校验的方式实现数据传输与控制,例如控制 LED 灯、蜂鸣器、发送数据到上位机。

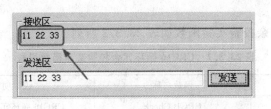

图 23.3.2　数据校验测试界面请求数据操作

(1) 硬件设计

参考串口实验硬件设计、GPIO 实验硬件设计。

(2) 软件设计

由于数据传输与控制,需要定制一个结构体、共用体方便数据识别,同时增强可读性。从数据帧格式定义中可以定义为"PKT_CRC_EX"类型。

识别数据请求什么操作可以通过以下手段来识别:识别数据头部 1、数据头部 2、操作码。

当接收所有数据完毕后,通过校验该数据得出的校验值是否与其尾部的校验值相匹配。若匹配,则根据操作码的请求进行操作;若不匹配则丢弃当前数据帧,等待下一个数据帧的到来。

(3) 流程图(见图 23.3.3)

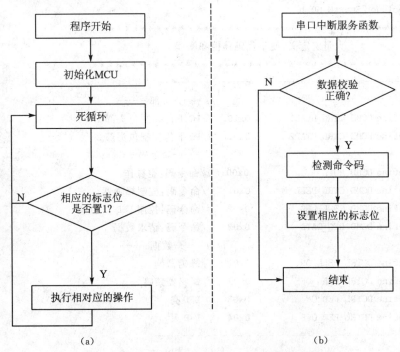

(a)　　　　　　　　　　　　　　　　(b)

图 23.3.3　CRC16 循环冗余校验实验流程图

(4) 实验代码

CRC16 循环冗余校验实验函数如表 23.3.2 所列。

表 23.3.2 CRC16 循环冗余校验实验函数列表

序 号	函数名称	说 明
1	CRC16Check	CRC16 循环冗余校验
2	LedInit	Led 初始化
3	Led	Led 控制
4	BellInit	蜂鸣器初始化
5	Bell	蜂鸣器控制
6	UartInit	串口初始化
7	UartSend	串口发送数据
8	main	函数主体
中断服务函数		
9	UART0_IRQHandler	串口 0 中断服务函数

程序清单 23.3.7 CRC16 循环冗余校验实验代码

代码位置：\中级实验—数据校验（CRC16）\main.c

```
#include "SmartM_M0.h"
/************************************************
 *            大量宏定义,便于代码移植和阅读
 ************************************************/
//--------------------------------
                                //----头部----
#define DCMD_CTRL_HEAD1      0x10  //PC 下传控制包头部 1
#define DCMD_CTRL_HEAD2      0x01  //PC 下传控制包头部 2
                                //----命令码----
#define DCMD_NULL            0x00  //命令码:空操作
#define DCMD_CTRL_BELL       0x01  //命令码:控制蜂鸣器
#define DCMD_CTRL_LED        0x02  //命令码:控制 LED
#define DCMD_REQ_DATA        0x03  //命令码:请求数据
                                //----数据----
#define DCTRL_BELL_ON        0x01  //蜂鸣器响
#define DCTRL_BELL_OFF       0x02  //蜂鸣器禁鸣
#define DCTRL_LED_ON         0x03  //LED 亮
#define DCTRL_LED_OFF        0x04  //LED 灭
//--------------------------------
                                //----头部----
#define UCMD_CTRL_HEAD1      0x20  //MCU 上传控制包头部 1
```

```c
#define UCMD_CTRL_HEAD2        0x01    //MCU 上传控制包头部 2
                                       //----命令码----
#define UCMD_NULL              0x00    //命令码:空操作
#define UCMD_REQ_DATA          0x01    //命令码:请求数据
#define CTRL_FRAME_LEN         0x04    //帧长度(不包含数据和校验值)
#define CRC16_LEN              0x02    //校验值长度
#define EN_UART()              NVIC_ISER | = UART0_INT //允许串口中断
#define NOT_EN_UART()          NVIC_ISER & = ~UART0_INT//禁止串口中断
/ * 使用结构体对数据包进行封装
 * 方便操作数据
 */
typedef   struct _PKT_CRC
{
    UINT8 m_ucHead1;                   //首部 1
    UINT8 m_ucHead2;                   //首部 2
    UINT8 m_ucOptCode;                 //操作码
    UINT8 m_ucDataLength;              //数据长度
    UINT8 m_szDataBuf[16];             //数据
    UINT8 m_szCrc[2];                  //CRC16 为 2 字节
}PKT_CRC;
/ * 使用共用体再一次对数据包进行封装
 * 操作数据更加方便
 */
typedef union _PKT_CRC_EX
{
    PKT_CRC r;
    UINT8 p[32];
} PKT_CRC_EX;
PKT_CRC_EX    g_PktCrcEx;              //定义数据包变量
BOOL   g_bLedOn = FALSE;               //定义是否点亮 LED 布尔变量
BOOL   g_bBellOn = FALSE;              //定义是否蜂鸣器响布尔变量
BOOL   g_bReqData = FALSE;             //定义是否请求数据布尔变量
/ ************************************************
 * 函数名称:LedInit
 * 输     入:无
 * 输     出:无
 * 功     能:Led 初始化
 ***********************************************/
VOID LedInit(VOID)
{
    P2_PMD = 0xFFFF;
}
```

```
/********************************************
* 函数名称:Led
* 输    入:ucVal   显示值
* 输    出:无
* 功    能:Led 控制
********************************************/
VOID Led(UINT8 ucVal)
{
    P2_DOUT = ucVal;
}

/********************************************
* 函数名称:Bell
* 输    入:bIsOn 1 - 响
                    0 - 禁鸣
* 输    出:无
* 功    能:蜂鸣器控制
********************************************/
VOID Bell(UINT32 bIsOn)
{
    if(bIsOn)
    {
        P0_DOUT| = 1UL<<6;
    }
    else
    {
        P0_DOUT& = ~(1UL<<6);
    }
}

/********************************************
* 函数名称:BellInit
* 输    入:无
* 输    出:无
* 功    能:蜂鸣器初始化
********************************************/
VOID BellInit(VOID)
{
    P0_PMD& = ~(3UL<<12);
    P0_PMD| =   1UL<<12 ;
    Bell(0);
}

/********************************************
* *  函数名称: CRC16Check
```

```
* *  输    入 : buf 要校验的数据
             len 要校验的数据的长度
* *  输    出 : 校验值
* *  功能描述 : CRC16 循环冗余校验
**********************************************/
UINT16 CRC16Check(UINT8 * buf,UINT8 len)
{
    UINT8   i,j;
    UINT16 uncrcReg = 0xffff;
    UINT16 uncur;
    for (i = 0; i < len; i++)
    {
        uncur = buf[i] << 8;
        for (j = 0; j < 8; j++)
        {
            if ((INT16)(uncrcReg ^ uncur) < 0)
            {
                uncrcReg = (uncrcReg << 1) ^ 0x1021;
            }
            else
            {
                uncrcReg <<= 1;
            }
            uncur <<= 1;
        }
    }
    return uncrcReg;
}
/ **********************************************
* 函数名称 : UartInit
* 输    入 : unFosc
         unBaud    发送字节总数
* 输    出 : 无
* 功    能 : 串口发送数据
**********************************************/
VOID UartInit(UINT32 unFosc,UINT32 unBaud)
{
    P3_MFP &= ~(P31_TXD0 | P30_RXD0);
    P3_MFP |= (TXD0 | RXD0);            //P3.0 使能为串口 0 接收
                                       //P3.0 使能为串口 0 发送
    UART0_Clock_EN;                    //串口 0 时钟使能
    UARTClkSource_ex12MHZ;             //串口时钟选择为外部晶振
```

```
        CLKDIV & = ~(15<<8);                     //串口时钟分频为 0
        IPRSTC2 | = UART0_RST;                    //复位串口 0
        IPRSTC2 & = ~UART0_RST;                   //复位结束
        UA0_FCR | = TX_RST;                       //发送 FIFO 复位
        UA0_FCR | = RX_RST;                       //接收 FIFO 复位
        UA0_LCR & = ~PBE;                         //校验位功能取消
        UA0_LCR & = ~WLS;
        UA0_LCR | = WL_8BIT;                      //8 位数据位
        UA0_LCR & = NSB_ONE;                      //1 位停止位
        UA0_BAUD | = DIV_X_EN|DIV_X_ONE;          //设置波特率分频
        UA0_BAUD | = ((unFosc / unBaud) - 2);     //波特率设置 UART_CLK/(A + 2) = 115200,
                                                  //UART_CLK = 12MHz

        UA0_IER | = RDA_IEN;                      //接收数据中断使能
        NVIC_ISER | = UART0_INT;                  //使能串口 0 中断
}
/**********************************************
* 函数名称:UartSend
* 输    入:pBuf                  发送数据缓冲区
            unNumOfBytes          发送字节总数
* 输    出:无
* 功    能:串口发送数据
**********************************************/
VOID UartSend(UINT8 * pBuf,UINT32 unNumOfBytes)
{
    UINT32 i;
    for(i = 0; i<unNumOfBytes; i + + )
    {
        UA0_THR = * (pBuf + i);
        while ((UA0_FSR&TX_EMPTY) ! = 0x00);                  //检查发送 FIFO 是否为空
    }
}
/**********************************************
* 函数名称:main
* 输    入:无
* 输    出:无
* 功    能:函数主体
**********************************************/
INT32 main(VOID)
{
    UINT16 usCrc = 0;
    PROTECT_REG
    (                                                        //ISP 下载时保护 Flash 存储器
```

```
    PWRCON | = XTL12M_EN;                              //默认时钟源为外部晶振
    while((CLKSTATUS & XTL12M_STB) == 0);             //等待 12 MHz 时钟稳定
    CLKSEL0 = (CLKSEL0 & (～HCLK)) | HCLK_12M;        //设置外部晶振为系统时钟
)
LedInit();
BellInit();
UartInit(12000000,9600);                              //波特率设置为 9600 bit/s
while(1)
{
    if(g_bLedOn)   //是否点亮 Led
    {
        Led(0x00);
    }
    else
    {
        Led(0xFF);
    }
    if(g_bBellOn)                                    //是否响蜂鸣器
    {
        Bell(1);
    }
    else
    {
        Bell(0);
    }
    if(g_bReqData)                                   //是否请求数据
    {
        g_bReqData = FALSE;
        NOT_EN_UART();                              //禁止串口中断
        g_PktCrcEx.r.m_ucHead1 = UCMD_CTRL_HEAD1;//MCU 上传数据帧头部 1
        g_PktCrcEx.r.m_ucHead2 = UCMD_CTRL_HEAD2;//MCU 上传数据帧头部 2
        g_PktCrcEx.r.m_ucOptCode = UCMD_REQ_DATA;//MCU 上传数据帧命令码
        usCrc = CRC16Check(g_PktCrcEx.p,CTRL_FRAME_LEN + g_PktCrcEx.r.m_ucDat-
aLength);//计算校验值
        g_PktCrcEx.r.m_szCrc[0] = (UINT8) usCrc;        //校验值低字节
        g_PktCrcEx.r.m_szCrc[1] = (UINT8)(usCrc>>8);//校验值高字节
        /*
            这样做的原因是因为有时写数据长度不一样，
                导致 g_PktCrcEx.r.m_szCrc 会出现为 0 的情况
            所以使用 memcpy 将校验值复制到相应的位置
        */
        memcpy(&g_PktCrcEx.p[CTRL_FRAME_LEN + g_PktCrcEx.r.m_ucDataLength],
```

```
                        &g_PktCrcEx.r.m_szCrc,
                        CRC16_LEN);
            UartSend(g_PktCrcEx.p,CTRL_FRAME_LEN + g_PktCrcEx.r.m_ucDataLength +
                    CRC16_LEN);//发送数据
            EN_UART();//允许串口中断
        }
    }
}
/**********************************************
* 函数名称:UART0_IRQHandler
* 输    入:无
* 输    出:无
* 功    能:串口 0 中断服务函数
**********************************************/
VOID UART0_IRQHandler(VOID)
{
    static UINT8   ucCnt = 0;
            UINT8   ucLength;
            UINT16 usCrc;
    if(UA0_ISR & RDA_INT)                    //检查是否接收数据中断
    {
        while(UA0_ISR & RDA_IF)              //获取所有接收到的数据
        {
            while (UA0_FSR & RX_EMPTY);      //检查接收 FIFO 是否为空
            g_PktCrcEx.p[ucCnt ++ ] = UA0_RBR;//获取单个字节
            if(g_PktCrcEx.r.m_ucHead1 == DCMD_CTRL_HEAD1)//是否有效的数据帧
                                                        //头部 1
            {
                if(ucCnt < CTRL_FRAME_LEN + g_PktCrcEx.r.m_ucDataLength + CRC16_
                    LEN)//是否接收完所有数据
                {
                    if(ucCnt >= 2 && g_PktCrcEx.r.m_ucHead2 ! = DCMD_CTRL_HEAD2)
                                                        //是否有效的数据帧头部 2
                    {
                        ucCnt = 0;
                        return;
                    }
                }
                else
                {
                    ucLength = CTRL_FRAME_LEN + g_PktCrcEx.r.m_ucDataLength;
                                        //获取数据帧有效长度(不包括校验值)
```

```
usCrc = CRC16Check(g_PktCrcEx.p,ucLength);//计算校验值
/*
这样做的原因是因为有时写数据长度不一样,
    导致 g_PktCrcEx.r.m_ucParity 会出现为 0 的情况
所以使用 memcpy 将校验值复制到相应的位置
*/
memcpy(&g_PktCrcEx.r.m_szCrc,&g_PktCrcEx.p[ucLength],CRC16_
    LEN);
if((UINT8)(usCrc>>8)!=g_PktCrcEx.r.m_szCrc[1]\
 ||(UINT8)usCrc      !=g_PktCrcEx.r.m_szCrc[0])
                                            //校验值是否匹配
{
    ucCnt = 0;
    return;
}
switch(g_PktCrcEx.r.m_ucOptCode)//从命令码中获取相对应的操作
{
    case DCMD_CTRL_BELL://控制蜂鸣器命令码
    {
        if(DCTRL_BELL_ON == g_PktCrcEx.r.m_szDataBuf[0])
                                        //数据部分含控制码
        {
            g_bBellOn = TRUE;
        }
        else
        {
            g_bBellOn = FALSE;
        }
    }
    break;
    case DCMD_CTRL_LED://控制 LED 命令码
    {
        if(DCTRL_LED_ON == g_PktCrcEx.r.m_szDataBuf[0])
                                        //数据部分含控制码
        {
            g_bLedOn = TRUE;
        }
        else
        {
            g_bLedOn = FALSE;
        }
    }
```

```
                    break;
                    case DCMD_REQ_DATA：//请求数据命令码
                    {
                            g_bReqData = TRUE;
                    }
                    break;
                }


                ucCnt = 0;

                return;
            }

        }
        else
        {
            ucCnt = 0;
        }


        }
    }

}
```

(5) 代码分析

　　① 在 main 函数主体中，主要检测 g_bLedOn、g_bBellOn、g_bReqData 这三个标志位的变化，根据每个标志位的当前值然后进行相对应的操作。

　　② 在 UART0_IRQHandler 中断服务函数当中，主要处理数据接收和数据校验，当数据校验成功后，

　　通过 switch(g_PktCrcEx.r.m_ucOptCode) 获取命令码，根据命令码来设置 g_bLedOn、g_bBellOn、g_bReqData 的值。

第 **24** 章

深入编程

在进入深入编程章节之前，或许很多初学者都是为了写出能够实现功能的代码就结束了。但是从初学者的角度来看，这是理所当然的事情，但是在项目开发时就另当别论。如果要初学者们进入项目开发的过程，那么单单为了功能的实现是远远不够的。在项目开发中，必须以一个团队为中心，不是强调某个人的单枪匹马，因为项目开发要尽量减少开发周期从而减少开发成本，所以开发团队各人员要互相配合。或许很多新手很不习惯，每个人编写的程序都可能不一样，到底是怎样将代码统一起来的？那么代码的规范性就显得异常重要。多人开发必须贯彻一条主线："务必遵循公司的编程规范来进行"。由此得出编程与产品的关系如图 24.1.1 所示。

图 24.1.1 编程与产品的关系图

在深入编程这章节内容当中，将会讲解如何组织程序架构、代码规范、移植性、函数指针等高级应用。

24.1 编程规范

编程规范的宗旨：代码具有良好的阅读性。那么编程时必须注意几个原则，如表24.1.1 所列。

表 24.1.1 编程原则

原 则	说 明
排版	如代码缩进
注释	对函数、变量或其他进行解释
标识符	例如 UINT8 的声明
函数	不同层的函数命名有所不同

24.1.1　排　版

① 代码缩进空格数为 4 个。

程序清单 24.1.1　代码缩进排版示例

```
BOOL BufClr(UINT8 * dest,UINT32 size)
{
    if(NULL == dest || NULL == size)
    {
        return FALSE;
    }
    do
    {
        * dest ++ = NULL;
    }while( - - size! = 0);
    return TRUE;
}
```

② 较长的语句要分两行来书写。

程序清单 24.1.2　长语句分行书写示例

```
uncrc = calcCRC16(Packet. p,unlen);
if((UINT8) uncrc        ! = Packet.down_ser.mCrc[0] \
  ||(UINT8)(uncrc>>8)! = Packet.down_ser.mCrc[1])
  {
    BELL(ON);
  }
```

③ 函数代码的参数过长，分多行来书写。

程序清单 24.1.3　参数过长分行书写示例

```
void UARTSendAndRecv(UINT8 * ucSendBuf,
                     UINT8   ucSendLength,
                     UINT8 * ucRecvBuf,
                     UINT8   ucRecvLength)
{
    ......
}
```

④ if、do、while、switch、for、case、default 等关键字，必须加上大括号{}。

程序清单 24.1.4　关键字书写大括号示例

```
if(bSendEnd)
{
```

```
    BELL(ON);
}
else
{
    BELL(OFF);
}
// ---------------------------
for( i = 0 ; i < ucRecvLength; i ++ )
{
    ucRecvBuf[ i ] = i;
}
// ---------------------------
switch(ucintStatus)
{
    case USB_INT_EP2_OUT:
        {
            USBCiEP2Send(USBMainBuf,ucrecvLen);
            USBCiEP1Send(USBMainBuf,ucrecvLen);
        }
        break;
    case USB_INT_EP2_IN:
        {
            USBCiWriteSingleCmd (CMD_UNLOCK_USB);
}
        break;
}
```

24.1.2 注 释

① 代码的注释量要保持在代码总量的 20% 以上,注释不能太多也不能太少,要以一目了然为前提。

② 说明性文件必选在文件头着重说明,例如 *.c、*.h 文件。

程序清单 24.1.5 说明性文件示例

```
/ *********************************************
* 作      者:温子祺
* 文      件:main.c
* 说      明:架构优化
          采用系统总线捕获运行的任务
* 修改日期:2009/12/06
--------------------------------------------------
* 说      明:基本设置好
```

```
* 修改日期:2009/12/02
-------------------------------------------------------
* 说　　明:创建文件
* 创建日期:2009/11/30
-------------------------------------------------------
***********************************************/
# include <stdio. h>
void main(void)
{
}
```

③ 函数头应该进行注释,例如函数名称、输入参数、返回值、功能说明。

程序清单 24.1.5　函数注释示例

```
/**********************************************
* 函数名称 : USBCiEP2Send
* 输　　入 : buf  要发送数据的缓冲区
             len  要发送数据的长度
* 输　　出 : 无
* 功能描述 : 向端点 2 写连续的数据
***********************************************/
void USBCiEP2Send(UINT8 * buf,UINT8 len)
{
    USBCiWriteSingleCmd (CMD_WR_USB_DATA7);
    USBCiWritePortData   (buf,len);
}
```

④ 全局变量要注释其功能,若为关键的局部变量同样需要注释其功能。

程序清单 24.1.6　变量注释示例

```
volatile UINT8 __ucSysMsg = SYS_IDLE;
void SYSSetMsgPriority(void)
{
    SYSMSG Msgt;//临时存储消息
    UINT8   i;
}
```

⑤ 复杂的宏定义同样要加上注释。

程序清单 24.1.7　宏注释示例

```
/* SYS_MSG_MAP 建立一个消息映射
宏参数 NAME:消息映射表的名字
宏参数 NUM_OF_MSG:消息映射的个数
*/
```

```
#define SYS_MSG_MAP(NAME,NUM_OF_MSG) do\
                                    {\
                                        DEFINE_MSG_NAME((NAME));\
                                        UINT8 i;\
                                        for(i = 0;i< NUM_OF_MSG;i++)\
                                        {\
                                            INIT_CUR_MSG(i)\
                                        }\
                                    }while(0)
```

⑥ 复杂的结构体同样要加上注释。

程序清单 24.1.8　结构体注释示例

```
/* 奇偶校验结构体 */
typedef  struct _ PKT_PARITY
{
    UINT8 m_ucHead1;                        //首部 1
    UINT8 m_ucHead2;                        //首部 2
    UINT8 m_ucOptCode;                      //操作码
    UINT8 m_ucDataLength;                   //数据长度
    UINT8 m_szDataBuf[16];                  //数据
    UINT8 m_ucParity;                       //奇偶校验值
}PKT_PARITY;
```

⑦ 相对独立的语句组注释。对这一组语句做特别说明,写在语句组上侧,和此语句组之间不留空行,与当前语句组的缩进一致。注意,说明语句组的注释一定要写在语句组上面,不能写在语句组下面。

24.1.3　标识符

① 变量的命名采用匈牙利命名法。命名规则的主要思想是"在变量中加入前缀以增进人们对程序的理解"。例如平时声明 32 位整型变量 Length 对应使用匈牙利命名法为 unLength。现在列出经常用到的变量类型如表 24.1.2 所列。

表 24.1.2　匈牙利命名法示例

变量类型	示　例
char	cLength
unsigned char	ucLength
short int	sLength
unsigned short int	usLength
int	nLength

续表 24.1.2

变量类型	示　例
unsigned int	unLength
char *	szBuf
unsigned char *	szBuf
volatile unsigned char	__ucLength

② 变量命名要注意缩写而且让人简单易懂,若是特别缩写要详细说明。

经常用到的缩写:

程序清单 24.1.9　变量缩写示例

```
Count          可缩写为   Cnt
Message        可缩写为   Msg
Packet         可缩写为   Pkt
Temp           可缩写为   Tmp
```

平时不经常用到的缩写,要注释:

程序清单 24.1.10　变量缩写示例

```
SerialCommunication          可缩写为 SrlComm          //串口通信变量
SerialCommunicationStatus    可缩写为 SrlCommStat      //串口通信状态变量
```

③ 全局变量和全局函数的命名一定要详细,不惜多用几个单词,例如函数 UARTPrintfStringForLCD,因为它们在整个项目的许多源文件中都会用到,必须让使用者明确这个变量或函数是干什么用的。局部变量和只在一个源文件中调用的内部函数的命名可以。简略一些,但不能太短,不要使用单个字母做变量名,只有一个例外:用 i、j、k 做循环变量是可以的。

④ 用于编译开关的文件头,必须加上当前文件名称,防止编译时产生冲突。

例如在 UARTInterface.h 头文件中,必须加上以下内容。

程序清单 24.1.11　头文件添加编译开关示例

```
# ifndef __UARTINTERFACE_H__
# define __UARTINTERFACE_H__
extern void UARTPrintfString(CONST INT8 * str);
extern void UARTSendNBytes(UINT8 * ucSendBytes,UINT8 ucLen);

………… //其他外部声明的代码
# endif
```

⑤ 针对中国程序员的一条特别规定:禁止用汉语拼音作为标识符名称,可读性极差。

24.1.4 函 数

① 函数命名要规范，不同层有不同的格式来命名，如表 24.1.3 所列。

表 24.1.3 函数命名规范

文 件	层	说 明	示 例
USBApplication. c	应用层	USB+Ap+功能	USBApDisposeData()
USBProtocol. c	协议层	USB+Pc+功能	USBPcSetInterface()
USBInterface. c	接口层	USB+Ci+功能	USBCiEP0Send()
USBHardware. c	硬件层	USB+Hw+功能	USBHwInit()

② 函数如果不提供外部调用，在当前文件加上 static 关键字。

程序清单 24.1.12 内部函数声明示例

```
static void WriteDatToUsb(UINT8 dat)
{
    USB_CS = 0;
    USB_DATA_OUTPUT = 0xff;
    USB_A0 = USB_DAT_MODE;
    USB_WR = 0;
    DelayNus(20);
    USB_DATA_OUTPUT = dat;
    DelayNus(20);
    USB_CS = 1;
    USB_DATA_OUTPUT = 0xff;
    USB_WR = 1;
}
```

深入重点

✓ 程序是给人看的，不是给机器看的。形成良好的编程规范必然会使代码更加易于阅读，更利于团队协作式开发。

✓ "匈牙利"命名法是必修课，易于理解变量的类型。它是一种编程命名规范。基本原则是：变量名＝类型＋对象描述，其中每一对象的名称都要求有明确含义，可以取对象名字全称或名字的一部分。命名要基于容易记忆容易理解的原则。保证名字的连贯性是非常重要的。

✓ 函数命名：属性＋类型＋对象，类似于匈牙利命名法。例如 USBCiEP0Send 函数可以分解为 USB＋Ci＋功能。

ARM Cortex-M0 微控制器原理与实践

444

24.2　代码架构

24.2.1　功能模块构建

质量好的代码当然离不开代码架构的规划,代码架构的好与坏直接影响到代码的移植性以及后期的维护性。在 C 语言编程当中,强调的是模块化编程,相信大部分初学者不知道模块化编程是怎样的一个概念,第一步要做的是构建好各器件的功能模块,这个是最基本的;第二步就是构建前后台系统框架,前后台系统框架可以参考 USB 与网络章节代码,它们的代码框架比较简洁,易于初学者理解,不过在本章节的代码架构会略有不同,显得更为全面。

市面上各种各样的书籍例如 51、AVR、ARM 等,几乎没有介绍代码架构设计思想,就算有都是凤毛麟角而已。结构化模块化编程是程序设计中最基本的要求。

为了让结构化模块化编程这个抽象的概念使读者更加容易理解,那么就以 USB 外部固件的代码为例。从图 24.2.1 可以知道,USB 外部固件的代码只要分为 4 大模块:Main 功能模块、USB 功能模块、UART 功能模块、GLOBAL 模块,如图 24.2.2~图 24.2.4 所示。那么程序架构开始清晰明朗起来,Main 功能模块主要包含函数主体,执行调用的函数,USB 功能模块是实现 USB 的枚举、数据发送、数据接收,UART 功能模块实现串口信息的打印、数据的接收,GLOBAL 功能模块提供共享的函数给各模块使用如 DelayNus、DEBUGMSG、DEBUGMS-GEx 等。

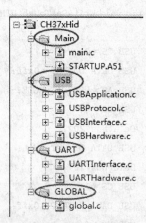

图 24.2.1　功能模块构建示例

那么代码架构的雏形已经出来了,然后就是功能模块的细化,即 Main 功能模块、USB 功能模块、UART 功能模块、GLOBAL 功能模块的细化,即将代码分层为硬件层、接口层、协议层、应用层。

Main 功能模块和 GLOBAL 功能模块由于不是与硬件相关的,那么就以一个文件来包含。USB 功能模块与 UART 功能模块同硬件相关联,必须定义更多相关的文件。在之前的章节已经介绍了 C 文件的命名,如 xxxHardware.c 为硬件层、xxx-Interface.c 为接口层、xxxProtocol.c 为协议层、xxxApplication.c 为应用层,在这里重申一次各层的含义如表 24.2.1 所列。

表 24.2.1 功能模块层的含义

层	含 义
硬件层	I/O 引脚设置,相关寄存器初始化
接口层	基本的写数据、读数据,只提供该器件的基本功能
协议层	实现该器件的协议(如 USB、网络)
应用层	面向用户程序

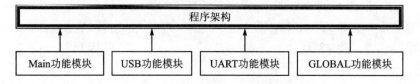

图 24.2.2 程序架构与各功能模块的关系

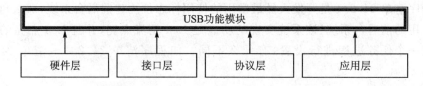

图 24.2.3 USB 功能模块与各层的关系

图 24.2.4 UART 功能模块与各层的关系

关于结构化模块化编程的重点:

● 每一层直接对下一层操作,尽量避免交叉调用或越级调用。

● 某些器件会把硬件驱动层合并成一个文件时,则归于较高的层。

● 相同功能的外部函数尽量保持一致,尽量保证通用性。

● 对于初次编程的模块,要严格保证中间各层的正确性。

24.2.2 简易前后台系统构建

当功能模块都构建好后,接下来的步骤就是前后台系统的构建,很多人都是使用标志位的方法进行构建,如程序清单 24.2.1 所示。

程序清单 24.2.1 标志位构建的前后台系统示例

```
void main(void)
```

```
{
    while(1)
    {
        if(bRunProc1)
        {
            bRunProc1 = 0;                          //进程 1 标志位清零
            Proc1();                                //调用进程 1
        }
        if(bRunProc2)
        {
            bRunProc2 = 0;                          //进程 2 标志位清零
            Proc2();                                //调用进程 2
        }
    }
}
```

　　程序清单 24.2.1 是开发人员最常用的使用标志位构建前后台系统,那么再看看笔者常用的前后台系统(该系统实现的功能是 Led 轮流点亮,并且 Led 点亮的时间都由上一个任务进程进行设置)有什么不同？ 如程序清单 24.2.2～清单 24.2.7所示。

1. Process.h

程序清单 24.2.2　Process.h 文件代码

代码位置:\深入编程－简易前后台系统\Process.h

```
#ifndef __PROCESS_H__
#define __PROCESS_H__
#define MAX_SEMAPHORE       4           //信号量
#define EN_LOW_POWER        0           //是否允许低功耗模式
/*
  ========================================================
                      宏
  ========================================================
*/
#define PROC_API
#define PROC_LED1        0
#define PROC_LED2        1
#define PROC_LED3        2
#define PROC_LED4        3
/*
  ========================================================
                    引用变量
  ========================================================
```

```
*/
/*
  ==============================================================
                        引用函数
  ==============================================================
*/
EXTERN_C BOOL SetProcIsAlive     (UINT32 unProc,BOOL bAlive,WPARAM Wp,LPARAM Lp);
EXTERN_C BOOL SetCurProcIsAlive(              BOOL bAlive);
EXTERN_C VOID ProcPerform        (VOID);
EXTERN_C PROC_API VOID PROC_NULL(WPARAM Wp,LPARAM Lp);
#endif
```

2．Process.c

程序清单 24.2.3　Process.c 文件代码

代码位置:\深入编程－简易前后台系统\Process.c

```
#include "SmartM_M0.h"
/*
  ==============================================================
                        类型定义
  ==============================================================
*/
typedef struct _PROCCTRL
{
    PROC_API VOID (*Proc)(WPARAM Wp,LPARAM Lp);
    UINT32 Semaphore;
    WPARAM WParam[MAX_SEMAPHORE];
    LPARAM LParam[MAX_SEMAPHORE];
}PROCCTRL;
/*
  ==============================================================
                        变量区
  ==============================================================
*/
STATIC UINT32 g_unCurProc = 0;                    //当前函数进程
STATIC PROCCTRL g_StProcTbl[] = {
        #include "ProcessTab.h"
                      };
/*
  ==============================================================
                        函数区
  ==============================================================
```

ARM Cortex-M0 微控制器原理与实践

448

```
      */
     PROC_API VOID PROC_NULL(WPARAM Wp,LPARAM Lp)
     {

             Wp = Wp;
             Lp = Lp;
     }
/* *********************************************
* 函数名称:PROC_Idle
* 输    入:无
* 输    出:无
* 功能说明:进入空闲模式(低功耗模式)
********************************************* */
# if EN_LOW_POWER
STATIC VOID PROC_Idle(VOID)
{
}
# endif
/* *********************************************
* 函数名称:SetProcIsAlive
* 输    入:unProc    函数
           bAlive    是否有效
* 输    出:无
* 功能说明:设置函数进程是否有效
********************************************* */
BOOL SetProcIsAlive(UINT32 unProc,BOOL bAlive,WPARAM Wp,LPARAM Lp)
{
     if(bAlive)
     {
          if(g_StProcTbl[unProc].Semaphore > = MAX_SEMAPHORE)
          {
               return FALSE;
          }
          g_StProcTbl[unProc].WParam[g_StProcTbl[unProc].Semaphore] = Wp;
          g_StProcTbl[unProc].LParam[g_StProcTbl[unProc].Semaphore] = Lp;
          g_StProcTbl[unProc].Semaphore ++ ;
     }
     else
     {
          if(g_StProcTbl[unProc].Semaphore)
          {
               g_StProcTbl[unProc].Semaphore - - ;
               g_StProcTbl[unProc].WParam[g_StProcTbl[unProc].Semaphore] = Wp;
```

```
            g_StProcTbl[unProc].LParam[g_StProcTbl[unProc].Semaphore] = Lp;
        }
        else
        {
            return FALSE;
        }
    }
    return TRUE;
}
/ ************************************************
* 函数名称:SetCurProcIsAlive
* 输    入:bAlive    是否有效
* 输    出:无
* 功能说明:设置当前函数进程是否有效
*************************************************/
BOOL SetCurProcIsAlive(BOOL bAlive)
{
    if(bAlive)
    {
        if(g_StProcTbl[g_unCurProc].Semaphore > = MAX_SEMAPHORE)
        {
            return FALSE;
        }
         g_StProcTbl[g_unCurProc].Semaphore + + ;
    }
    else
    {
        if(g_StProcTbl[g_unCurProc].Semaphore)
        {
            g_StProcTbl[g_unCurProc].Semaphore - - ;
        }
        else
        {
            return FALSE;
        }
    }
    return TRUE;
}
/ ************************************************
* 函数名称:ProcPerform
* 输    入:无
* 输    出:无
```

```
* 功能说明:函数进程调度
**********************************************/
VOID ProcPerform(VOID)
{
# if      EN_LOW_POWER
# define ENTER_IDLE_COUNT (3)
     STATIC UINT8 ucIdleCount = 0;
     STATIC BOOL  bIsFoundProcAlive = FALSE;
# endif
     for(g_unCurProc = 0;g_StProcTbl[g_unCurProc].Proc ! = 0;g_unCurProc ++ )
     {
          if(g_StProcTbl[g_unCurProc].Semaphore)
          {
              g_StProcTbl[g_unCurProc].Semaphore - - ;
          g_StProcTbl[g_unCurProc].Proc(
          g_StProcTbl[g_unCurProc].WParam[g_StProcTbl[g_unCurProc].Semaphore],
          g_StProcTbl[g_unCurProc].LParam[g_StProcTbl[g_unCurProc].Semaphore]
                                        );
# if    EN_LOW_POWER
              bIsFoundProcAlive = TRUE;
# endif
          }
# if    EN_LOW_POWER
          else
          {
              bIsFoundProcAlive = FALSE;
          }
# endif
     }
# if    EN_LOW_POWER
     if(bIsFoundProcAlive)
     {
          ucIdleCount = 0;
          return;
     }
     if( ++ ucIdleCount > = ENTER_IDLE_COUNT)
     {
          PROC_Idle();
          ucIdleCount = 0;
     }
# endif
}
```

3. ProcessTab. h

程序清单 24.2.4 ProcessTab. h 文件示例代码

代码位置:\深入编程-简易前后台系统\ProcessTab. h

```
#ifndef __PROCESSTAB_H__
#define __PROCESSTAB_H__
/*
  ============================================================
                    请在{0,0}之前添加任务
  ============================================================
*/
{PROC_Led1,TRUE,0,0},
{PROC_Led2,FALSE,0,0},
{PROC_Led3,FALSE,0,0},
{PROC_Led4,FALSE,0,0},
/* ------------------ 分割线 ------------------*/
{0,0,0,0}
#endif
```

4. Led. c

程序清单 24.2.5 Led. c 文件示例代码

代码位置:\深入编程-简易前后台系统\Led. c

```
#include "SmartM_M0.h"


/**********************************************
* 函数名称:LedInit
* 输    入:无
* 输    出:无
* 功能说明:Led 初始化
**********************************************/
VOID LedInit(VOID)
{
    P2_PMD = 0x5555;
}
/**********************************************
* 函数名称:Led
* 输    入:unLedPos    Led 引脚偏移值
          bIsOn        亮/灭
* 功能说明:Led 亮/灭控制
**********************************************/
VOID Led(UINT32 unLedPos,BOOL bIsOn)
```

ARM Cortex-M0 微控制器原理与实践

452

```
{
    if(bIsOn)
    {
        P2_DOUT& = ~(1<<unLedPos);
    }
    else
    {
        P2_DOUT| = 1<<unLedPos;
    }
}
```

5. LedProc. c

程序清单 24.2.6　LedProc. c 文件示例代码

代码位置:\深入编程—简易前后台系统\LecProc. h

```
#include "SmartM_M0.h"
/**********************************************
* 函数名称:PROC_Led1
* 输    入:无
* 输    出:无
* 功能说明:Led1 进程
**********************************************/
PROC_API VOID PROC_Led1(WPARAM Wp,LPARAM Lp)
{
    Led(0,TRUE); Led(1,FALSE);
    Led(2,FALSE);Led(3,FALSE);
    Delayms(Wp);
    SetProcIsAlive(PROC_LED2,TRUE,500,NULL);
}
/**********************************************
* 函数名称:PROC_Led2
* 输    入:无
* 输    出:无
* 功能说明:Led2 进程
**********************************************/
PROC_API VOID PROC_Led2(WPARAM Wp,LPARAM Lp)
{
    Led(0,FALSE); Led(1,TRUE);
    Led(2,FALSE); Led(3,FALSE);
    Delayms(Wp);
    SetProcIsAlive(PROC_LED3,TRUE,500,NULL);
}
```

```
**********************************************
* 函数名称:PROC_Led3
* 输    入:无
* 输    出:无
* 功能说明:Led3 进程
**********************************************/
PROC_API VOID PROC_Led3(WPARAM Wp,LPARAM Lp)
{
        Led(0,FALSE); Led(1,FALSE);
        Led(2,TRUE);  Led(3,FALSE);
        Delayms(Wp);
        SetProcIsAlive(PROC_LED4,TRUE,500,NULL);
}
/**********************************************
* 函数名称:PROC_Led4
* 输    入:无
* 输    出:无
* 功能说明:Led4 进程
**********************************************/
PROC_API VOID PROC_Led4(WPARAM Wp,LPARAM Lp)
{
        Led(0,FALSE); Led(1,FALSE);
        Led(2,FALSE); Led(3,TRUE);
        Delayms(Wp);
        SetProcIsAlive(PROC_LED1,TRUE,500,NULL);
}
```

6. main.c

程序清单 24.2.7 main.c 文件示例代码

代码位置:\深入编程-简易前后台系统\main.c

```
#include "SmartM_M0.h"
/**********************************************
* 函数名称:main
* 输    入:无
* 输    出:无
* 功能说明:函数主体
**********************************************/
int main(void)
{
    PROTECT_REG
    (
```

```
        PWRCON | = XTL12M_EN;                          //默认时钟源为外部晶振
        while((CLKSTATUS & XTL12M_STB) == 0);          //等待 12MHz 时钟稳定
        CLKSEL0 = (CLKSEL0 & (~HCLK)) | HCLK_12M;       //设置外部晶振为系统时钟
    )
    /* 初始化 Led */
    LedInit();
    while(1)
    {
        ProcPerform();                                 //进程调度
    }
}
```

代码分析如下：

① 结构体分析：PROCCTRL 结构体类型由进程 Proc、进程是否有效 bAlive 标志位、可选参数 WParam、LParam 四部分组成的。当 bAlive 为 TRUE 时,对应的 Proc 就执行；当 bAlive 为 FALSE 时,对应的 Proc 不执行。参数 WParam、LParam 是可选的,只要恰当地利用这两个可选参数就能够轻易地实现嵌入式实时系统的消息传递。g_StProcTbl 衍生于 PROCCTRL 结构体类型,并是一个结构体数组,优点在于不用为每个进程定义一个标志位变量,省时省力！

② 建立进程映射表：ProcessTab 头文件填写的内容实质上就是 g_StProcTbl 结构体数组中的内容,建立映射表一定要以{0,0,0,0}结尾,这样做的原因不需要为每次添加成员变量而重新确定数组最大下标值,在被 ProcPerform 函数调用时以检测函数指针是否为 0 作为重新进入新循环的标记。

③ 进程控制：SetProcIsAlive 函数可以在任何位置处被调用并可设置对应进程是否有效,例如 SetProcIsAlive(PROC_LED1,TRUE,500,NULL)表示激活 PROC_Led1 进程,并对 PROC_Led1 进程传入要点亮的时间。SetCurProcIsAlive 函数只能在当前进程内执行,仅是简单的设置当前进程是否要在新一轮进程调度时执行。

④ 进程调度：ProcPerform 函数是一个很简单的 for 循环,只要 proc 与相对应的 bAlive 同时有效,该 proc 就会执行。这里要特别强调的是,进程调度的精髓就是传参,而所有有效的进程的传入参数都是通过进程调度器进行操作的,参数类型虽然是 WPARAM、LPARAM,但是不要只传简单的整型数据,更要学会传指针,传指针可使代码更为精简。传指针时要注意当前指针是否为静态变量还是全局变量,若为临时变量则会是野指针,轻则数据不正确,重则程序跑飞。ProcPerform 函数一定要放在 main 函数主体中的 while(1)循环中执行！在 ProcPerform 函数当中,一旦使能了 EN_LOW_POWER 进入低功耗模式编译开关,ProcPerform 函数还要执行 PROC_Idle 进程,这时系统就会进入低功耗模式,为了脱离当前模式,一定要使用恰当的中断进行打断,否则进程调度器无法正常工作,会一直停留在低功耗模式的状态下。当然,若适时地使系统进入低功耗模式,整体功耗就会得到良好的控制。

构建步骤如图 24.2.5 所示。

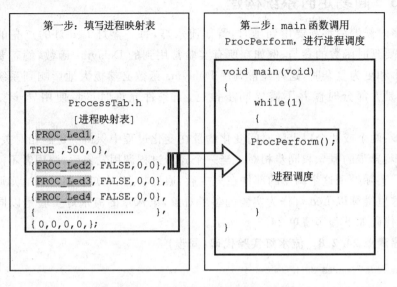

图 24.2.5　笔者前后台系统构建步骤

深入重点

✓　代码架构主要以结构化模块化编程为核心。

✓　良好的代码架构使程序更加容易移植、更加易于维护,通常只要修改硬件
层、接口层就可以使代码在不同的微控制器中使用。

✓　读者要着重参考笔者构建的前后台系统架构,例如怎样建立进程映射表,了
解进程调度以及进程传参是一个怎样的过程。

✓　进程调度的精髓就是传参,而所有有效的进程的传入参数都是通过进程调
度器进行操作的,参数类型虽然是 WPARAM、LPARAM,但是不要只传简
单的整型数据,更要学会传指针,传指针可使代码更为精简。传指针时要注
意当前指针是否为静态变量还是全局变量,若为临时变量则会是野指针,轻
则数据不正确,重则程序跑飞。

✓　在 ProcPerform 函数中,一旦使能了 EN_LOW_POWER 进入低功耗模式
编译开关,ProcPerform 函数还要执行 PROC_Idle 进程,这时系统就会进入
低功耗模式,为了脱离当前模式,一定要使用恰当的中断进行打断,否则进
程调度器无法正常工作,会一直停留在低功耗模式的状态下。当然,若适时
地使系统进入低功耗模式,整体功耗就会得到良好的控制。

24.2.3 简易定时系统构建

很多时候编程都需要用到延时,譬如流水灯,每一盏灯 Led 灯的点亮的持续时间,都需要延时函数的参与,例如在所有实验常用到的 Delayms 函数,倘若要实现的事情更多和更为复杂时,这样经常调用 Delayms 函数必然极大地影响到系统执行的效率,但是大部分时候并不需要同步执行,当条件允许时尽量使用异步实现点灯操作。

同步:两个或两个以上随时间变化的量在变化过程中保持一定的相对关系。

异步:异步的概念和同步相对。当一个异步过程调用发出后,调用者不能立刻得到结果。实际处理这个调用的部件在完成后,通过状态、通知和回调来通知调用者。

在这里继续以 Led 灯作为实验的参考对象,第八章的流水灯实验是以同步的形式实现,代码如下程序清单 24.2.8 所示。

程序清单 24.2.8 流水灯实验代码(同步)

```
#include "SmartM_M0.h"
**********************************************
* 函数名称:main
* 输    入:无
* 输    出:无
* 功    能:函数主体
**********************************************/
INT32 main(VOID)
{
    UINT32 i;
    PROTECT_REG
    (
        PWRCON | = XTL12M_EN;                        //默认时钟源为外部晶振
        while((CLKSTATUS & XTL12M_STB) == 0);        //等待 12MHz 时钟稳定
        CLKSEL0 = (CLKSEL0 & (~HCLK)) | HCLK_12M;    //设置外部晶振为系统时钟
        P2_PMD = 0x5555;                             //GPIO 设置为输出模式
    )
    while(1)
    {
        for(i = 0; i<8; i++)
        {
            P2_DOUT = 1UL<<i;                        //进入位移操作,熄灭相对
                                                     //应位的 Led
            Delayms(100);                            //延时 100ms
        }
    }
```

}

由程序清单 24.2.8 可以注意到当执行 Delayms 时，意味着当前系统空闲着 100 ms 去执行无意义的事情，倘若每隔 100 ms 定时对 Led 相关 I/O 进行操作，这样的话系统的执行效率得到大大的提高，拥有更多的时间去实现更多的任务。

那么再看看笔者常用的定时系统有什么不同（该系统实现的功能是 Led 轮流点亮，时间间隔为 1 s）？如程序清单 24.2.9～图 24.2.7 所示。

1. TProcess.h

程序清单 24.2.9　TProcess.h 文件代码

代码位置：\深入编程－简易定时调度系统\TProcess.h

```
# ifndef __TPROCESS_H__
# define __TPROCESS_H__
# define TPROC_API
/ *
  ==========================================================
                        宏
  ==========================================================
 * /
/ *
  ==========================================================
                      引用变量
  ==========================================================
 * /
/ *
  ==========================================================
                      引用函数
  ==========================================================
 * /
EXTERN_C VOID    TProcessInit(VOID);
EXTERN_C VOID    TProcessTimeTickClr(VOID);
EXTERN_C UINT32 TProcessTimeTickGet(VOID);
EXTERN_C VOID    SetTProcIsAlive(UINT32 unProc,BOOL bAlive,UINT32 unTime);
EXTERN_C VOID    SetCurTProcIsAlive(BOOL bAlive,UINT32 unTime);
# endif
```

2. TProcess.c

程序清单 24.2.10　TProcess.c 文件代码

代码位置：\深入编程－简易定时调度系统\TProcess.c

```
# include "SmartM_M0.h"
```

```
/*
    ==========================================================
                        类型定义
    ==========================================================
*/
typedef struct _TPROCCTRL
{
    TPROC_API VOID ( * TProc)(VOID);
    BOOL    bAlive;
    UINT32 unTime;
}TPROCCTRL;
/*
    ==========================================================
                        变量区
    ==========================================================
*/
STATIC VOLATILE UINT32 g_unCurTProc = 0;                    //当前函数进程
STATIC TPROCCTRL g_StTProcTbl[] = {
        # include "TProcessTab.h"
                        };
/*
    ==========================================================
                        函数区
    ==========================================================
*/
***********************************************
* 函数名称:TProcessInit
* 输    入:无
* 输    出:无
* 功能说明:定时进程时钟初始化
***********************************************/
VOID TProcessInit(VOID)
{
    /* 使能 TMR1 时钟源 */
    APBCLK |= TMR0_CLKEN;
    /* 选择 TMR1 时钟源为外部晶振 12MHz */
    CLKSEL1 = (CLKSEL1 & (~TM0_CLK)) | TM0_12M;
    /* 复位 TMR1 */
    IPRSTC2 |= TMR0_RST;
    IPRSTC2 &= ~TMR0_RST;
    /* 选择 TMR1 的工作模式为周期模式 */
    TCSR0 &= ~TMR_MODE;
```

```
        TCSR0 | = MODE_PERIOD;
        /*  溢出周期 = (Period of timer clock input) * (8 - bit Prescale + 1) * (24 - bit
TCMP) */
        TCSR0 = TCSR0 & 0xFFFFFF00;                    //设置预分频值 [0~255]
        TCMPR0 = 12000 * 1;                            //设置比较值 [0~16777215]
        TCSR0 | = TMR_IE;                              //使能 TMR0 中断
        NVIC_ISER | = TMR0_INT;
        TCSR0 | = CRST;                                //复位 TMR0 计数器
        TCSR0 | = CEN;                                 //使能 TMR0
}
/***********************************************
* 函数名称:TProcessTimerStart
* 输      入:无
* 输      出:无
* 功能说明:定时进程时钟启动
***********************************************/
VOID   TProcessTimerStart(VOID)
{
        TCSR0 | = CRST;                                //复位 TMR0 计数器
        TCSR0 | = CEN;                                 //使能 TMR0
}

/***********************************************
* 函数名称:TProcessTimerStop
* 输      入:无
* 输      出:无
* 功能说明:定时进程时钟停止
***********************************************/
VOID   TProcessTimerStop(VOID)
{
        TCSR0 & = ~CEN;                                //使能 TMR0
}

/***********************************************
* 函数名称:SetTProcIsAlive
* 输      入:unProc    进程号
           bAlive    是否有效
           unTime    下一次执行的间隔
* 输      出:无
* 功能说明:设置定时进程是否有效
***********************************************/
VOID SetTProcIsAlive(UINT32 unTProc,BOOL bAlive,UINT32 unTime)
{
        g_StTProcTbl[unTProc].bAlive = bAlive;
```

```
        g_StTProcTbl[unTProc].unTime    = unTime;
}

/***********************************************
* 函数名称:SetCurTProcIsAlive
* 输    人:bAlive    是否有效
             unTime    下一次执行的间隔
* 输    出:无
* 功能说明:设置当前定时进程是否有效
***********************************************/
VOID SetCurTProcIsAlive(BOOL bAlive,UINT32 unTime)
{
        g_StTProcTbl[g_unCurTProc].bAlive = bAlive;
        g_StTProcTbl[g_unCurTProc].unTime    = unTime;
}

/***********************************************
* 函数名称:TProcessPerform
* 输    人:无
* 输    出:无
* 功能说明:定时进程调度
***********************************************/
STATIC VOID TProcessPerform(VOID)
{
        for(g_unCurTProc = 0; g_StTProcTbl[g_unCurTProc].TProc! = 0; g_unCurTProc ++ )
        {
            if(g_StTProcTbl[g_unCurTProc].bAlive)
            {
            if(g_StTProcTbl[g_unCurTProc].unTime)
            {
                g_StTProcTbl[g_unCurTProc].unTime - - ;
            }
            if(g_StTProcTbl[g_unCurTProc].unTime == 0)
            {
                g_StTProcTbl[g_unCurTProc].bAlive = FALSE;
                TProcessTimerStop();
                g_StTProcTbl[g_unCurTProc].TProc();
                TProcessTimerStart();
            }
            }
        }
}

/***********************************************
* 函数名称:TMR0_IRQHandler
```

```
*  输    入:无
*  输    出:无
*  功    能:定时器 0 中断服务函数
***********************************************/
VOID TMR0_IRQHandler(VOID)
{
    TProcessPerform();
    /* 清除 TMR1 中断标志位 */
    TISR0 |= TMR_TIF;
}
```

3．Led.c

程序清单 24.2.11　Led.c 文件代码

代码位置:\深入编程－简易定时调度系统\Led.c

```
#include "SmartM_M0.h"
STATIC UINT32 g_unLedStat = 0;
*********************************************
*  函数名称:LedInit
*  输    入:无
*  输    出:无
*  功能说明:Led  初始化
*********************************************/
VOID LedInit(VOID)
{
    P2_PMD = 0x5555;
}

*********************************************
*  函数名称:LedStatSet
*  输    入:unLedPos      Led 引脚偏移值
         bIsOn           亮/灭
*  输    出:无
*  功能说明:Led  状态设置
*********************************************/
VOID LedStatSet(UINT32 unLedPos,BOOL bIsOn)
{
    if(bIsOn)
    {
        g_unLedStat |= 1 << unLedPos;
    }
    else
    {
```

```
                    g_unLedStat & = ~(1 << unLedPos);
            }
    }
    ********************************************
    * 函数名称:LedStatGet
    * 输      入:unLedPos      Led 引脚偏移值
    * 输      出:某一 Led 状态
    * 功能说明:Led  状态获取
    ********************************************/
    BOOL LedStatGet(UINT32 unLedPos)
    {
            return   (BOOL)(g_unLedStat & 1<<unLedPos);
    }
    ********************************************
    * 函数名称:Led
    * 输      入:unLedPos      Led 引脚偏移值
    *              bIsOn              亮/灭
    * 功能说明:Led   亮/灭控制
    ********************************************/
    VOID Led(UINT32 unLedPos,BOOL bIsOn)
    {
        if(bIsOn)
        {
            P2_DOUT& = ~(1<<unLedPos);
        }
        else
        {
            P2_DOUT| = 1<<unLedPos;
        }
    }
```

4. LedTProc. c

程序清单 24.2.12   Led. c 文件代码

代码位置:\深入编程－简易定时调度系统\LedTProc.c

```
#include "SmartM_M0.h"
********************************************
* 函数名称:TPROC_Led1
* 输      入:无
* 输      出:无
* 功能说明:Led1 定时进程
********************************************/
```

```
TPROC_API VOID TPROC_Led1(VOID)
{
    SetCurTProcIsAlive(TRUE,1000);
    Led(0,LedStatGet(0));
    LedStatSet(0,(BOOL)(LedStatGet(0)? OFF:ON));
}
/**********************************************
* 函数名称:TPROC_Led2
* 输    入:无
* 输    出:无
* 功能说明:Led2 定时进程
**********************************************/
TPROC_API VOID TPROC_Led2(VOID)
{
    SetCurTProcIsAlive(TRUE,2000);
    Led(1,LedStatGet(1));
    LedStatSet(1,(BOOL)(LedStatGet(1)? OFF:ON));
}
/**********************************************
* 函数名称:TPROC_Led3
* 输    入:无
* 输    出:无
* 功能说明:Led3 定时进程
**********************************************/
TPROC_API VOID TPROC_Led3(VOID)
{
    SetCurTProcIsAlive(TRUE,3000);
    Led(2,LedStatGet(2));
    LedStatSet(2,(BOOL)(LedStatGet(2)? OFF:ON));
}
/**********************************************
* 函数名称:TPROC_Led4
* 输    入:无
* 输    出:无
* 功能说明:Led4 定时进程
**********************************************/
TPROC_API VOID TPROC_Led4(VOID)
{
    SetCurTProcIsAlive(TRUE,4000);
    Led(3,LedStatGet(3));
    LedStatSet(3,(BOOL)(LedStatGet(3)? OFF:ON));
}
```

5. TProcessTab. h

程序清单 24.2.13　TProcessTab. h 文件代码

代码位置：\深入编程－简易定时调度系统\TProcessTab. h

```
#ifndef __TPROCESSTAB_H__
#define __TPROCESSTAB_H__
/*
  =========================================================
                    请在{0,0,0}之前添加任务
  =========================================================
*/
{TPROC_Led1,TRUE,1000},
{TPROC_Led2,TRUE,2000},
{TPROC_Led3,TRUE,3000},
{TPROC_Led4,TRUE,4000},
/* --------------------- 分割线 --------------------- */
{0,0,0}
#endif
```

6. main. c

程序清单 24.2.14　main. c 文件代码

代码位置：\深入编程－简易定时调度系统\main. c

```
#include "SmartM_M0.h"
*******************************************
* 函数名称:main
* 输    入:无
* 输    出:无
* 功能说明:函数主体
*******************************************/
int main(void)
{
    PROTECT_REG
    (
        PWRCON |= XTL12M_EN;                        //默认时钟源为外部晶振
        while((CLKSTATUS & XTL12M_STB) == 0);        //等待 12MHz 时钟稳定
        CLKSEL0 = (CLKSEL0 & (~HCLK)) | HCLK_12M;    //设置外部晶振为系统时钟
    )
    /* 初始化 Led */
    LedInit();
    /* 初始化 定时调度器 */
```

```
    TProcessInit();
    while(1);
}
```

代码分析如下：

① 结构体分析：TPROCCTRL 结构体类型由进程 Proc、进程是否有效 bAlive 标志位、定时参数 unTime 这三部分组成的。当 bAlive 为 TRUE 时，对应的 Proc 就执行；当 bAlive 为 FALSE 时，对应的 Proc 不执行；unTime 是当前任务的定时参数，当 unTime 自减为 0 同事 bAlive 有效，当前定时任务将会被执行。g_StTProcTbl 衍生于 TPROCCTRL 结构体类型，并是一个结构体数组，优点在于不用为每个进程定义一个标志位变量，省时省力！

② 建立进程映射表：TProcessTab 头文件填写的内容实质上就是 g_StProcTbl 结构体数组中的内容，建立映射表一定要以{0,0,0}结尾，这样做的原因不需要为每次添加成员变量而重新确定数组最大下标值，在被 TProcPerform 函数调用时以检测函数指针是否为 0 作为重新进入新循环的标记。

③ 进程控制：SetTProcIsAlive 函数可以在任何位置处被调用并可设置对应进程是否有效，例如 SetTProcIsAlive(TPROC_LED1,TRUE,500)表示激活 TPROC_Led1 定时进程，并设定 TPROC_Led1 进程在 500 ms 后立刻执行。SetCurTProcIsAlive 函数只能在当前进程内执行，仅是简单的设置当前进程是否要在新一轮进程调度时执行。

④ 定时进程调度：TProcPerform 函数是一个很简单的 for 循环，只要 TProc 与相对应的 bAlive 同时有效且 unTime 自减为 0，此时相对应的定时进程将会被执行，这里要注意的是，当执行定时进程之前必须要停止定时系统的时钟，定时进程执行完毕后得重新开启，否则有可能会出现函数执行次序不当。TProcPerform 函数一定要放在定时器中断里执行，以保证实时性。

构建步骤如图 24.2.6 所示。

深入重点

✓ 代码架构主要以结构化模块化编程为核心。

✓ 良好的代码架构使程序更加容易移植、更加易于维护，通常只要修改硬件层、接口层就可以使代码在不同的微控制器中使用。

✓ 读者要着重参考笔者构建的定时系统架构，例如怎样建立进程映射表，了解进程调度是一个怎样的过程。

✓ TProcPerform 函数是一个很简单的 for 循环,只要 TProc 与相对应的 bAlive 同时有效且 unTime 自减为 0,此时相对应的定时进程将会被执行,这里要注意的是,当执行定时进程之前必须要停止定时系统的时钟,定时进程执行完毕后得重新开启,否则有可能会出现函数执行次序不当。TProcPerform 函数一定要放在定时器中断里执行,以保证实时性。

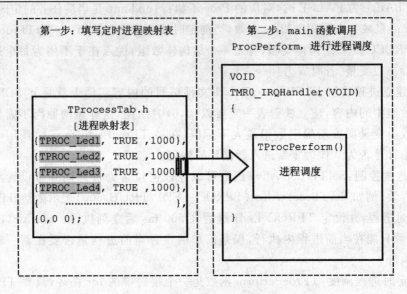

图 24.2.6 定时系统构建步骤

24.3 高级应用集锦

24.3.1 宏

写好 C 语言,漂亮的宏定义很重要,使用宏定义可以防止出错,提高可移植性、可读性、方便性,同时是 C 程序提供的预处理功能之一,包括带参数的宏定义和不带参数的宏定义,具体是指用一个指定的标识符来进行简单的字符串替换或者进行阐述替换。

宏定义又称为宏代换、宏替换,简称宏。

格式:

```
#define    标识符    字符串
```

其中的标识符就是所谓的符号常量,也称为宏名。

预处理（预编译）工作也称做宏展开：将宏名替换为字符串。

掌握"宏"概念的关键是"换"，一切以换为前提、做任何事情之前先要换，准确理解之前就要"换"，即在对相关命令或语句的含义和功能作具体分析之前就要换。

例如：#define MY_EMAIL　　"wenziqi@hotmail.com"。

下面列举一些成熟软件中常用到的宏定义。

① 防止一个头文件被重复包含。

```
#ifndef __GLOBAL_H__
#define __GLOBAL_H__
//头文件内容
#endif
```

② 得到指定地址上的一个 8 位、16 位、32 位数据。

```
#define MEM_B( x ) ( * ( (UINT8 *) (x) ) )
#define MEM_W( x ) ( * ( (UINT16 *) (x) ) )
#define MEM_DW( x ) ( * ( (UINT32 *) (x) ) )
```

③ 这种情况更加常见于关于 I/O 口的定义

```
#define P1    ( * ( (volatile unsigned char *) 0x90)
```

③ 求最大值、最小值。

```
#define MAX( x,y ) ( ((x) > (y)) ? (x) : (y) )
#define MIN( x,y ) ( ((x) < (y)) ? (x) : (y) )
```

④ 按照小端模式将一个 word 变为 2 字节。

```
#define WORD2BYTE( ray,val ) \
(ray)[0] = ((val) / 256); \
(ray)[1] = ((val) & 0xFF)
```

⑤ 得到一个字的高字节与低字节。

```
#define WORDLOW(x)  (UINT8)(x)
#define WORDHIGH(x) (UINT8)((x)>>8)
```

⑥ 将一个字母变为大写。

```
#define UPCASE( c ) ( ((c) >= 'a' && (c) <= 'z') ? ((c) - 0x20) : (c) )
```

⑦ 判断是否 10 进制的数。

```
#define DECCHK( c ) ((c) >= '0' && (c) <= '9')
```

⑧ 判断字符是否 16 值的数字。

```
#define HEXCHK( c ) ( ((c) >= '0' && (c) <= '9') ||\
```

```
                            ((c) >= 'A' && (c) <= 'F') ||\
                            ((c) >= 'a' && (c) <= 'f') )
```

⑨ **返回数组元素的个数。**

```
#define ARR_SIZE( a ) ( sizeof( (a) ) / sizeof( (a[0]) ) )
```

⑩ **16 进制和 BCD 码。**

```
#define FROM_BCD(n)        (((((n) >> 4) * 10) + ((n) & 0xf))
#define TO_BCD(n)          ((((DWORD)(n) / 10) << 4) | ((DWORD)(n) % 10))
```

为了使代码更加容易阅读,某些特别的地方要用宏代替数字表达其意思,例如按键状态机的三种状态:按下、确认、释放。

```
#define KEY_SEARCH_STATUS      0 //扫描按键状态
#define KEY_ACK_STATUS         1   //确认按键状态
#define KEY_REALEASE_STATUS 2    //释放按键状态


UINT8 KeyScan(void)
{
    case KEY_SEARCH_STATUS  ://……………………………………
    case KEY_ACK_STATUS       ://……………………………………
    case KEY_REALEASE_STATUS://……………………………………
}
```

深入重点

✓ 恰当地使用宏有利于平台的可移植性、可读性、方便性。

24.3.2 函数指针

指针是一个特殊的变量,它里面存储的数值被解释成为内存里的一个地址。要搞清一个指针需要搞清指针的四方面的内容:指针的类型,指针所指向的类型,指针的值或者称为指针所指向的内存区,还有指针本身所占据的内存区。

在 C 语言编程中,指针就是精华,恰当地使用指针能够使代码更加简练,函数指针的使用尤为重要,具有动态选择的特性。

例如单片有 3 个通信接口,分别是串口、USB 口、网口,它们发送数据的函数如下:

```
void UARTSendNBytes(UINT8 * szSendBytes,UINT8 ucSendLength);
void USBSendNBytes (UINT8 * szSendBytes,UINT8 ucSendLength);
void NETSendNBytes (UINT8 * szSendBytes,UINT8 ucSendLength);
```

① 如果不用函数指针，按照平时的 if、switch 的语句进行判断使用哪一个函数向外发送数据，会有如下的代码。

```
#define COM_PORT    0
#define USB_PORT    1
#define NET_PORT    2

void PortSendNBytes(UINT8 ucPort,UINT8 * szSendBytes,UINT8 ucSendLength)
{
        if(ucPort == COM_PORT) UARTSendNBytes(szSendBytes,ucSendLength);
        if(ucPort == USB_PORT) USBSendNBytes (szSendBytes,ucSendLength);
        if(ucPort == NET_PORT) NETSendNBytes (szSendBytes,ucSendLength);
}
```

串口发送数据调用方式：

```
PortSendNBytes(COM_PORT,buf,9);
```

USB 发送数据调用方式：

```
PortSendNBytes(USB_PORT,buf,9);
```

网络发送数据调用方式：

```
PortSendNBytes(NET_PORT,buf,9);
```

② 使用函数指针：

```
#define COM_PORT    0
#define USB_PORT    1
#define NET_PORT    2
void ( * PortSendNBytes[3])( UINT8 * szSendBytes,UINT8 ucSendLength) =
{
        UARTSendNBytes,USBSendNBytes,NETSendNBytes
};
```

串口发送数据调用方式：

```
PortSendNBytes[COM_PORT](buf,9);
```

USB 发送数据调用方式：

```
PortSendNBytes[USB_PORT](buf,9);
```

网络发送数据调用方式：

```
PortSendNBytes[NET_PORT](buf,9);
```

虽然运用函数指针可以使代码更加简练，效率更高，但是空间资源占用方面就是它的弊端。一般情况下,微控制器的资源是绰绰有余的,那么函数指针数组就是首选。

③ 使用函数指针做程序跳转操作

函数指针跳转操作在软件复位章节有所介绍。

void(* reset)(void) = (void(*)(void))0。

void(* reset)(void)就是函数指针定义,(void(*)(void))0 是强制类型转换操作,将数值"0"强制转换为函数指针地址"0"。

通过调用 reset()函数,程序就会跳转到 "0"地址处重新执行。在一些其他高级微控制器 Bootloader 中,如 NBoot、UBoot、EBoot,它们经常通过这些 Bootloader 进行下载程序,然后通过函数指针的使用跳转到要执行程序的地址处。

深入重点

✓ 函数指针灵活性强,善于使用函数指针可以使代码更加简练。

✓ 函数指针适用的场合很多,如 LCD 菜单、多通信接口、USB 协议枚举等。

24.3.3 结构体、共用体

1. 结构体

简单的来说,结构体就是一个可以包含不同数据类型的一个结构,它是一种可以自己定义的数据类型。

第一:结构体可以在一个结构中声明不同的数据类型。

第二:相同结构的结构体变量是可以相互赋值的,而数组是做不到的,因为数组是单一数据类型的数据集合,它本身不是数据类型(而结构体是),数组名称是常量指针,所以不可以作左值进行运算,所以数组之间就不能通过数组名称相互复制了,即使数据类型和数组大小完全相同。

例如:

```
typedef  struct _PKT_CRC
{
    UINT8 m_ucHead1;              //首部 1
    UINT8 m_ucHead2;              //首部 2
    UINT8 m_ucOptCode;           //操作码
    UINT8 m_ucDataLength;        //数据长度
    UINT8 m_szDataBuf[16];       //数据

    UINT8 m_szCrc[2];            //CRC16 为 2 个字节

}PKT_CRC;
```

```
PKT_CRC PktCrc;
UINT8 szBuf[32];
UINT8 ucLength;
```

如果想获取数据长度,通过 PktCrc 和 szBuf 有如下操作:

```
ucLength = PktCrc.m_ucDataLength;
ucLength = szBuf[3];
```

从上面两者之间的赋值可以说明,使用结构体更具可读性,操作更加简单。

2. 共用体

共用体的目的就是节省存储空间,几个变量共用一个地址。恰当地使用共用体,会得到意想不到的效果。

例如:

```
union
{
    UINT16 usValue;
    UINT8   szByte[2];
}SHORT2BYTE;
SHORT2BYTE UnShort2Byte;
UINT16 usLength = 0x3F47;
UINT8   ucHighByte = 0;
UINT8   ucLowByte;
UnShort2Byte.usValue = usLength;
//(大端模式)获取高字节
ucHighByte = (UINT8)(usLength>>8);              //使用强制转换
ucHighByte = UnShort2Byte.szByte[0];            //共用体
//(大端模式)获取低字节
ucLowByte = (UINT8)usLength;                    //使用位移操作和强制转换
ucLowByte = UnShort2Byte.szByte[1];             //使用共用体
```

从获取高低字节的比较,使用共用体更加方面,效率更高。

24.3.4　程序优化

由于微控制器的性能同计算机的性能是天渊之别的,无论从空间资源上、内存资源、工作频率,都是无法与之比较的。PC 编程基本上不用考虑空间的占用、内存的占用的问题,最终目的就是实现功能就可以了。对于微控制器来说就截然不同了,目前一般的微控制器的 Flash 和 RAM 的资源是以 KB 来衡量的,可想而知,微控制器的资源是少得可怜。

ARM 程序设计优化程序优化是指软件编程结束后,利用软件开发工具对程序进行调整和改进,让程序充分利用资源,提高运行效率,缩减代码尺寸的过程。按照优化的侧重点不同,程序优化可分为运行速度优化和代码尺寸优化。运行速度优化是指在充分掌握软硬件特性的基础上,通过应用程序结构调整等手段来降低完成指定任务所需执行的指令数。在同一个处理器上,经过速度优化的程序比未经优化的程序在完成指定任务时所需的时间更短,即前者比后者具有更高的运行效率。代码尺寸优化是指,采取措施使应用程序在能够正确完成所需功能的前提下,尽可能减少程序的代码量。

然而在实际的程序设计过程中,程序优化的两个目标(运行速度和代码大小)通常是互相矛盾的。为了提高程序运行效率,往往要以牺牲存储空间、增加代码量为代价,例如程序设计中经常使用的以查表代替计算、循环展开等方法就容易导致程序代码量增加。而为了减少程序代码量、压缩存储器空间,可能又要以降低程序运行效率为代价。因此,在对程序实施优化之前,应先根据实际需求确定相应的策略。在处理器资源紧张的情况下,应着重考虑运行速度优化;而在存储器资源使用受限的情况下,则应优先考虑代码尺寸的优化。

1. 尽量使用 32 位数据类型

大多数 ARM 数据处理操作都是 32 位的,局部变量应尽可能使用 32 位的数据类型(int 或 long)就算处理 8 位或者 16 位的数值,也应避免用 char 和 short 以求边界对齐,除非是利用 char 或者 short 的数据一出归零特性(如 255＋1＝0,多用于模运算),否则编译器将要处理大于 short 和 char 取值范围的情况而添加代码。

另外对于表达式的处理也要格外小心,如下例子:

```
short checksum_v3(short * data)
{
        unsigned int i;
        short sum = 0;
        for(i = 0; i<255; i++)
        {
                sum = (short)( sum + data[i]);
        }
        return sum;
}
```

如上例的程序所示,这样在循环体中的每次运算都要进行类型转换,会降低程序的效率,可以先把其当作 int 来运算,然后再返回一个 short 类型。

同时,由于处理的 data[](即 short * data)是一个 short 型数组,用 LDRH 指令的话,不能使用桶型移位器,所以只能先进行偏移量的以为操作,然后再寻址,也会造成不佳的性能。解决的方法是用指针代替数组操作。如下:

```
short checksum_v4(short * data)
{
    unsigned int i;
    int sum = 0;
    for(i = 0; i<255; i++)
    {
        sun + = ( * data ++);
    }
    return (short) sum;
}
```

函数参数和返回值应尽量使用 int 类型。另外,对于调用频率较低的全局变量,尽量使用小的数据类型以节省空间。

2. 使用自加、自减指令

通常使用自加、自减指令和复合赋值表达式(如 a－＝1 及 a＋＝1 等)都能够生成高质量的程序代码,编译器通常都能够生成 inc 和 dec 之类的指令,而使用 a＝a＋1 或 a＝a－1 之类的指令,有很多 C 编译器都会生成二三字节的指令。

3. 减少运算的强度

可以使用运算量小但功能相同的表达式替换原来复杂的表达式。

(1) 求余运算

N＝ N ％8　可以改为 N＝N ＆7

说明:位操作只需一个指令周期即可完成,而大部分的 C 编译器的“％”运算均是调用子程序来完成,代码长、执行速度慢。只要是求 2n 次方的余数,均可使用“＆”操作的方法来代替。

(2) 平方运算

N＝Pow(3,2) 可以改为 N＝3 * 3

说明:在有内置硬件乘法器的微控制器中,乘法运算比求平方运算快得多,因为浮点数的求平方是通过调用子程序来实现的,乘法运算的子程序比平方运算的子程序代码短,执行速度快。

(3) 用位移代替乘法除法

N＝M * 8　可以改为　N＝M＜＜3

N＝M/8　可以改为　N＝M＞＞3

说明:如果需要乘以或除以 2n,都可以用移位的方法代替。如果乘以 2n,都可以生成左移的代码,而乘以其他的整数或除以任何数,均调用乘除法子程序。用移位的方法得到代码比调用乘除法子程序生成的代码效率高。实际上,只要是乘以或除以一个整数,均可以用移位的方法得到结果。如 N＝M * 9 可以改为 N＝(M＜＜3)＋M。

(4) 自加自减的区别

```
for(i = 0;i< = 9;i + + )
{
    buf[i] = 0;
}
```

可以改为：

```
for(i = 9;i> = 0;i - - )
{
    buf[i] = 0;
}
```

说明：两个 for 循环实现的功能都是一样的，都是将 buf 数组中所有内容清零，但几乎所有的 C 编译对后一种函数生成的代码均比前一种代码少 1～3 字节，因为几乎所有的 MCU 均有为 0 转移的指令，采用后一种方式能够生成这类指令，还有的是使用无符号的循环计数值，并用条件 i！＝0 中止，即上面例子"的 for(i=9;i>＝0;i－－)"可修改为"for(i=9;i！＝0;i－－)"，并可在适当情况下展开循环体尽量使用数组的大小是 4 或 8 的倍数，用此倍数展开循环体。

4. while 与 do...while 的区别

```
void Delayus(UINT16 t)
{
    while(t - - )
    {
        NOP();
    }
}
```

可以改为：

```
void Delayus(UINT16 t)
{
    do
    {
        NOP();
    }while( - - t)
}
```

说明：使用 do…while 循环编译后生成的代码的长度短于 while 循环。

5. volatile 关键字

volatile 总是与优化有关，编译器有一种技术叫做数据流分析，分析程序中的变

量在哪里赋值、在哪里使用、在哪里失效,分析结果可以用于常量合并,常量传播等优化,进一步可以消除死代码。一般来说,volatile 关键字只用在以下 3 种情况:

(1) 中断服务函数中修改的供其他程序检测的变量需要加 volatile。

(2) 多任务环境下各任务间共享的标志应该加 volatile。

(3) 存储器映射的硬件寄存器通常也要加 volatile 说明。

总之,volatile 关键字是一种类型修饰符,用它声明的类型变量表示可以被某些编译器未知的因素更改,比如:操作系统、硬件或者其他线程等。遇到这个关键字声明的变量,编译器对访问该变量的代码就不再进行优化,从而可以提供对特殊地址的稳定访问。

6. static 关键字

static 声明变量或函数时,表明只能够在当前文件下调用。要知道 static 第一个优点就是减少局部数组建立和赋值的开销。变量的建立和赋值是需要一定的微控制器开销的,特别是数组等含有较多元素的存储类型(结构体、共用体等)。在一些含有较多的变量并且被经常调用的函数中,可以将一些数组声明为 static 类型,以减少建立或者初始化这些变量的开销。

static 声明的变量或函数第二个优点就是降低模块间的耦合度。

如果当前函数为可重入函数,不适宜将函数内部的变量声明为“static”。

7. 以空间换时间

在数据校验实战当中,计算 CRC16 循环冗余校验校验值可以使用查表的方式来实现,通过查表可以更加快获得校验值,效率更高,当校验数据量大的时候,使用查表法优势更加明显,不过唯一的缺点是占用大量的空间资源。

```
//查表法:
    code UINT16 szCRC16Tbl[256] = {
        0x0000,0x1021,0x2042,0x3063,0x4084,0x50a5,0x60c6,0x70e7,
        0x8108,0x9129,0xa14a,0xb16b,0xc18c,0xd1ad,0xe1ce,0xf1ef,
        0x1231,0x0210,0x3273,0x2252,0x52b5,0x4294,0x72f7,0x62d6,
        0x9339,0x8318,0xb37b,0xa35a,0xd3bd,0xc39c,0xf3ff,0xe3de,
        0x2462,0x3443,0x0420,0x1401,0x64e6,0x74c7,0x44a4,0x5485,
        0xa56a,0xb54b,0x8528,0x9509,0xe5ee,0xf5cf,0xc5ac,0xd58d,
        0x3653,0x2672,0x1611,0x0630,0x76d7,0x66f6,0x5695,0x46b4,
        0xb75b,0xa77a,0x9719,0x8738,0xf7df,0xe7fe,0xd79d,0xc7bc,
        0x48c4,0x58e5,0x6886,0x78a7,0x0840,0x1861,0x2802,0x3823,
        0xc9cc,0xd9ed,0xe98e,0xf9af,0x8948,0x9969,0xa90a,0xb92b,
        0x5af5,0x4ad4,0x7ab7,0x6a96,0x1a71,0x0a50,0x3a33,0x2a12,
        0xdbfd,0xcbdc,0xfbbf,0xeb9e,0x9b79,0x8b58,0xbb3b,0xab1a,
        0x6ca6,0x7c87,0x4ce4,0x5cc5,0x2c22,0x3c03,0x0c60,0x1c41,
        0xedae,0xfd8f,0xcdec,0xddcd,0xad2a,0xbd0b,0x8d68,0x9d49,
```

ARM Cortex-M0 微控制器原理与实践

476

```
        0x7e97,0x6eb6,0x5ed5,0x4ef4,0x3e13,0x2e32,0x1e51,0x0e70,
        0xff9f,0xefbe,0xdfdd,0xcffc,0xbf1b,0xaf3a,0x9f59,0x8f78,
        0x9188,0x81a9,0xb1ca,0xa1eb,0xd10c,0xc12d,0xf14e,0xe16f,
        0x1080,0x00a1,0x30c2,0x20e3,0x5004,0x4025,0x7046,0x6067,
        0x83b9,0x9398,0xa3fb,0xb3da,0xc33d,0xd31c,0xe37f,0xf35e,
        0x02b1,0x1290,0x22f3,0x32d2,0x4235,0x5214,0x6277,0x7256,
        0xb5ea,0xa5cb,0x95a8,0x8589,0xf56e,0xe54f,0xd52c,0xc50d,
        0x34e2,0x24c3,0x14a0,0x0481,0x7466,0x6447,0x5424,0x4405,
        0xa7db,0xb7fa,0x8799,0x97b8,0xe75f,0xf77e,0xc71d,0xd73c,
        0x26d3,0x36f2,0x0691,0x16b0,0x6657,0x7676,0x4615,0x5634,
        0xd94c,0xc96d,0xf90e,0xe92f,0x99c8,0x89e9,0xb98a,0xa9ab,
        0x5844,0x4865,0x7806,0x6827,0x18c0,0x08e1,0x3882,0x28a3,
        0xcb7d,0xdb5c,0xeb3f,0xfb1e,0x8bf9,0x9bd8,0xabbb,0xbb9a,
        0x4a75,0x5a54,0x6a37,0x7a16,0x0af1,0x1ad0,0x2ab3,0x3a92,
        0xfd2e,0xed0f,0xdd6c,0xcd4d,0xbdaa,0xad8b,0x9de8,0x8dc9,
        0x7c26,0x6c07,0x5c64,0x4c45,0x3ca2,0x2c83,0x1ce0,0x0cc1,
        0xef1f,0xff3e,0xcf5d,0xdf7c,0xaf9b,0xbfba,0x8fd9,0x9ff8,
        0x6e17,0x7e36,0x4e55,0x5e74,0x2e93,0x3eb2,0x0ed1,0x1ef0
    };

UINT16 CRC16CheckFromTbl(UINT8 * buf,UINT8 len)
{
    UINT16 i;
    UINT16 uncrcReg = 0,uncrcConst = 0xffff;
    for(i = 0;i < len;i ++)
    {
        uncrcReg = (uncrcReg << 8) ^ szCRC16Tbl[(((uncrcConst ^ uncrcReg) >> 8)
                ^ * buf ++) & 0xFF];
        uncrcConst <<= 8;
    }
    return uncrcReg;
}
```

说明：如果系统对实时性有严格的要求，在 CRC16 循环冗余校验当中，推荐使用查表法，以空间换时间。

8. 宏函数取代函数

不推荐所有函数改为宏函数，以免出现不必要的错误。但是一些基本功能的函数很有必要使用宏函数来代替。

```
UINT8 Max(UINT8 A,UINT8 B)
{
    return (A>B? A:B)
```

```
}
```

可以改为：

```
#define MAX(A,B)   {(A)>(B)? (A):(B)}
```

说明：函数和宏函数的区别就在于，宏函数占用了大量的空间，而函数占用了时间。要知道的是，函数调用是要使用系统的栈来保存数据的，如果编译器里有栈检查选项，一般在函数的头会嵌入一些汇编语句对当前栈进行检查；同时在函数调用时需进行压栈和弹栈操作，因此需要消耗 cpu 一定的时间。而宏函数不存在这个问题。宏函数仅仅作为预先写好的代码嵌入到当前程序，不会产生函数调用，所以仅仅是占用了空间，在频繁调用同一个宏函数的时候，该现象尤其突出。

9. 适当地使用算法

假如有一道算术题，求 1～100 的和。作为程序员的我们会毫不犹豫地敲击键盘写出以下的计算方法：

```
UINT16 Sum(void)
{
    UINT16 i,s;
    for(i=1;i<=100;i++)
    {
        s+=i;
    }
    return s;
}
```

很多人都会想到这种方法，但是效率方面并不如意，我们需要动脑筋，就是采用数学算法解决问题，使计算效率提升一个级别。

```
UINT16 Sum(void)
{
    UINT16 s;
    s=50 *(100+1);
    return s;
}
```

结果很明显，同样的结果不同的计算方法，运行效率会有大大不同，所以需要最大限度地通过数学的方法提高程序的执行效率。

10. 用指针代替数组

在许多种情况下，可以用指针运算代替数组索引，这样做常常能产生又快又短的代码。与数组索引相比，指针一般能使代码执行速度更快，占用空间更少，使用多维数组时差异更明显。下面的代码作用是相同的，但是效率不一样。

```
UINT8 szArrayA[64];
UINT8 szArrayB[64];
UINT8 i;
UINT8 * p = szArray;
for(i = 0;i<64;i++)szArrayB[i] = szArrayA[i];
for(i = 0;i<64;i++)szArrayB[i] = * p++;
```

指针方法的优点是,szArrayA 的地址装入指针 p 后,在每次循环中只需对 p 增量操作。在数组索引方法中,每次循环中都必须进行基于 i 值求数组下标的复杂运算。

11. 强制转换

C 语言第一精髓就是指针的使用,第二精髓就是强制转换的使用,恰当地利用指针和强制转换不但可以提供程序效率,而且使程序更加之简洁,由于强制转换在 C 语言编程中占有重要的地位,下面将已 5 个比较典型的例子作为讲解。

例 1:将带符号字节整型转换为无符号字节整型

```
UINT8 a = 0;
 INT8 b = - 3;
a = (UINT8)b;
```

例 2:在大端模式下,将数组 a[2]转化为无符号 16 位整型值。

方法 1:采用位移方法。

```
UINT8 a[2] = {0x12,0x34};
UINT16 b = 0;
 b = (a[0]<<8)|a[1];
```

结果:b=0x1234

方法 2:强制类型转换。

```
UINT8 a[2] = {0x12,0x34};
UINT16 b = 0;
b = * (UINT16 * )a; //强制转换
```

结果:b=0x1234

例 3:保存结构体数据内容。

方法 1:逐个保存。

```
typedef struct _ST
{
            UINT8 a;
            UINT8 b;
            UINT8 c;
            UINT8 d;
```

```
                UINT8 e;
}ST;

 ST s;
 UINT8 a[5] = {0};
 s.a = 1;
 s.b = 2;
 s.c = 3;
 s.d = 4;
 s.e = 5;
 a[0] = s.a;
 a[1] = s.b;
 a[2] = s.c;
 a[3] = s.d;
 a[4] = s.e;
```

结果：数组 a 存储的内容是 1、2、3、4、5。

方法 2：强制类型转换。

```
typedef struct _ST
{
            UINT8 a;
            UINT8 b;
            UINT8 c;
            UINT8 d;
            UINT8 e;
}ST;
 ST s;
 UINT8 a[5] = {0};
 UINT8 * p = (UINT8 * )&s;//强制转换
 UINT8   i = 0;
 s.a = 1;
 s.b = 2;
 s.c = 3;
 s.d = 4;
 s.e = 5;
 for(i = 0;i<sizeof(s);i ++ )
 {
      a[i] = * p ++ ;
 }
```

结果：数组 a 存储的内容是 1、2、3、4、5。

例 4：在大端模式下将含有位域的结构体赋给无符号字节整型值。

方法 1：逐位赋值。

```
typedef struct    __BYTE2BITS
{
    UINT8 _bit7:1;
    UINT8 _bit6:1;
    UINT8 _bit5:1;
    UINT8 _bit4:1;
    UINT8 _bit3:1;
    UINT8 _bit2:1;
    UINT8 _bit1:1;
    UINT8 _bit0:1;
}BYTE2BITS;
BYTE2BITS Byte2Bits;
Byte2Bits._bit7 = 0;
Byte2Bits._bit6 = 0;
Byte2Bits._bit5 = 1;
Byte2Bits._bit4 = 1;
Byte2Bits._bit3 = 1;
Byte2Bits._bit2 = 1;
Byte2Bits._bit1 = 0;
Byte2Bits._bit0 = 0;
UINT8 a = 0;
a| = Byte2Bits._bit7<<7;
a| = Byte2Bits._bit6<<6;
a| = Byte2Bits._bit5<<5;
a| = Byte2Bits._bit4<<4;
a| = Byte2Bits._bit3<<3;
a| = Byte2Bits._bit2<<2;
a| = Byte2Bits._bit1<<1;
a| = Byte2Bits._bit0<<0;
```

结果：a＝0x3C

方法 2：强制转换。

```
typedef struct    __BYTE2BITS
{
    UINT8 _bit7:1;
    UINT8 _bit6:1;
    UINT8 _bit5:1;
    UINT8 _bit4:1;
    UINT8 _bit3:1;
```

```
    UINT8 _bit2:1;
    UINT8 _bit1:1;
    UINT8 _bit0:1;
}BYTE2BITS;
BYTE2BITS Byte2Bits;


Byte2Bits._bit7 = 0;
Byte2Bits._bit6 = 0;
Byte2Bits._bit5 = 1;
Byte2Bits._bit4 = 1;
Byte2Bits._bit3 = 1;
Byte2Bits._bit2 = 1;
Byte2Bits._bit1 = 0;
Byte2Bits._bit0 = 0;
UINT8 a = 0;
a = * (UINT8 *)&Byte2Bits
```

结果:a＝0x3C

例 5:在大端模式下将无符号字节整型值赋给含有位域的结构体。

方法 1:逐位赋值。

```
typedef struct   __BYTE2BITS
{
    UINT8 _bit7:1;
    UINT8 _bit6:1;
    UINT8 _bit5:1;
    UINT8 _bit4:1;
    UINT8 _bit3:1;
    UINT8 _bit2:1;
    UINT8 _bit1:1;
    UINT8 _bit0:1;
}BYTE2BITS;
BYTE2BITS Byte2Bits;
UINT8 a = 0x3C;
Byte2Bits._bit7 = a&0x80;
Byte2Bits._bit6 = a&0x40;
Byte2Bits._bit5 = a&0x20;
Byte2Bits._bit4 = a&0x10;
Byte2Bits._bit3 = a&0x08;
Byte2Bits._bit2 = a&0x04;
Byte2Bits._bit1 = a&0x02;
Byte2Bits._bit0 = a&0x01;
```

方法 2:强制转换。

```
typedef struct    __BYTE2BITS
{
    UINT8 _bit7:1;
    UINT8 _bit6:1;
    UINT8 _bit5:1;
    UINT8 _bit4:1;
    UINT8 _bit3:1;
    UINT8 _bit2:1;
    UINT8 _bit1:1;
    UINT8 _bit0:1;
}BYTE2BITS;
BYTE2BITS Byte2Bits;
UINT8 a = 0x3C;
Byte2Bits = *(BYTE2BITS *)&a;
```

12. 减少函数调用参数

使用全局变量比函数传递参数更加有效率。这样做去除了函数调用参数入栈和函数完成后参数出栈所需要的时间。然而决定使用全局变量会影响程序的模块化和重入,故要慎重使用。

13. switch 语句中根据发生频率来进行 case 排序

switch 语句是一个普通的编程技术,编译器会产生 if-else-if 的嵌套代码,并按照顺序进行比较,发现匹配时,就跳转到满足条件的语句执行。使用时需要注意。每一个由机器语言实现的测试和跳转仅仅是为了决定下一步要做什么,就把宝贵的微控制器时间耗尽。为了提高速度,没法把具体的情况按照它们发生的相对频率排序。换句话说,把最可能发生的情况放在第一位,最不可能的情况放在最后。

14. 将大的 switch 语句转为嵌套 switch 语句

当 switch 语句中的 case 标号很多时,为了减少比较的次数,明智的做法是把大 switch 语句转为嵌套 switch 语句。把发生频率高的 case 标号放在一个 switch 语句中,并且是嵌套 switch 语句的最外层,发生相对频率相对低的 case 标号放在另一个 switch 语句中。比如,下面的程序段把相对发生频率低的情况放在缺省的 case 标号内。

```
UINT8 ucCurTask = 1;
void    Task1(void);
void    Task2(void);
void    Task3(void);
void    Task4(void);
......
```

```
void   Task16(void);
switch(ucCurTask)
{
    case 1：Task1();break;
    case 2：Task2();break;
    case 3：Task3();break;
    case 4：Task4();break;
    ……
    case 16：Task16();break;
    default:break;
}
```

可以改为

```
UINT8 ucCurTask = 1;
void   Task1(void);
void   Task2(void);
void   Task3(void);
void   Task4(void);
……
void   Task16(void);
switch(ucCurTask)
{
    case 1：Task1();break;
    case 2：Task2();break;
    default：
    switch(ucCurTask)
    {
      case 3：Task3();break;
      case 4：Task4();break;
      ……
      case 16：Task16();break;
      default:break;
    }
    Break;
}
```

由于 switch 语句等同于 if-else-if 的嵌套代码，如果存在多个 if 语句同样要转换为嵌套的 if 语句。

```
UINT8 ucCurTask = 1;
void   Task1(void);
void   Task2(void);
void   Task3(void);
```

```
void   Task4(void);
......
void   Task16(void);
if        (ucCurTask == 1) Task1();
else if(ucCurTask == 2) Task2();
else
{
    if        (ucCurTask == 3) Task3();
    else if(ucCurTask == 4) Task4();
    ......
    else Task16();
}
```

15. 函数指针妙用

当 switch 语句中的 case 标号很多时,或者 if 语句的比较次数过多时,为了提高程序执行速度,可以运用函数指针来取代 switch 或 if 语句的用法,这些用法可以参考 USB 实验代码和网络实验代码。

```
UINT8 ucCurTask = 1;
void   Task1(void);
void   Task2(void);
void   Task3(void);
void   Task4(void);
......
void   Task16(void);

switch(ucCurTask)
{
    case 1: Task1();break;
    case 2: Task2();break;
    case 3: Task3();break;
    case 4: Task4();break;
    ......
    case 16: Task16();break;
    default:break;
}
```

可以改为:

```
UINT8 ucCurTask = 1;
void   Task1(void);
void   Task2(void);
void   Task3(void);
```

```
void   Task4(void);
……
void   Task16(void);
void ( * szTaskTbl)[16])(void) = {Task1,Task2,Task3,Task4,…,Task16};
```

调用方法 1: (* szTaskTbl[ucCurTask])();
调用方法 2:　szTaskTbl[ucCurTask]();

16. 循环嵌套

循环在编程中经常用到的,往往会出现循环嵌套。现在就已 for 循环为例。

```
UINT8 i,j;
for(i = 0;i<255;i ++ )
{
    for(j = 0;j<25;j ++ )
    {
        ……
    }
}
```

较大的循环嵌套较小的循环编译器会浪费更加多的时间,推荐的做法就是较小的循环嵌套较大的循环。

```
UINT8 i,j;
for(j = 0;j<25;j ++ )
{
for(i = 0;i<255;i ++ )
    {
        ……
    }
}
```

17. 内联函数

在 C++中,关键字 inline 可以被加入到任何函数的声明中。这个关键字请求编译器用函数内部的代码替换所有对于指出的函数的调用。这样做在两个方面快于函数调用:第一,省去了调用指令需要的执行时间;第二,省去了传递变元和传递过程需要的时间。但是使用这种方法在优化程序速度的同时,程序长度变大了,因此需要更多的 ROM。使用这种优化在 inline 函数频繁调用并且只包含几行代码的时候是最有效的。

如果编译器允许在 C 语言编程中能够支持 inline 关键字,注意不是 C++语言编程,而且微控制器的 ROM 足够大,就可以考虑加上 inline 关键字。支持 inline 关键字的编译器如 ADS1.2,RealView MDK 等。

18. 从编译器着手

很多编译器都具有偏向于代码执行速度上的优化、代码占用空闲太小的优化。例如 Keil 开发环境编译时可以选择偏向于代码执行速度上的优化(Favor Speed)还是代码占用空间太小的优化(Favor Size),如-O0、-O1、-O2、-O3,如图 24.4.1 所示。还有其他基于 GCC 的开发环境更会提供-Os 的优化选项。

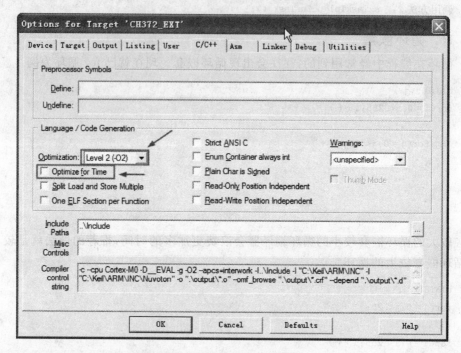

图 24.4.1　Keil 提供的优化选项

- -O0:这个等级关闭所有优化选项,这样编译器就不优化代码,通常也不是我们想要的。
- -O1:这是最基本的优化等级。编译器会在不花费太多编译时间的同时试图生成更快更小的代码。这些优化是非常基础的,但一般这些任务肯定能够顺利完成的。
- -O2:-O1 的进阶。这是推荐的优化等级,除非你有特殊的需求,-O2 比-O1 启用多一些标记。设置了-O2 后,编译器会试图提高代码性能而不会增大体积和大量占用的编译时间。
- -O3:这是最高最危险的优化等级。用这个选项会延长编译代码的时间,用-O3来编译代码将产生更大体积更耗内存的二进制代码,大大增加编译失败的机会或不可预知的程序行为(包括错误),-O3 生成的代码只是比-O2 快一点点而已。

● -Os：这个等级用来优化代码尺寸。其中启用了-O2 中不会增加磁盘空间占用的代码生成选项。这对于磁盘空间极其紧张或者 CPU 缓存较小的机器非常有用。但也可能产生些许问题，因此软件树中的大部分 rebuild 都过滤掉这个等级的优化。使用-Os 是不推荐的。

19. 处理器相关的优化方法

(1) 保持流水线畅通

从前面的介绍可知，流水线延迟或阻断会对处理器的性能造成影响，因此应该尽量保持流水线畅通。流水线延迟难以避免，但可以利用延迟周期进行其他操作。

LOAD/STORE 指令中的自动索引(auto-indexing)功能就是为利用流水线延迟周期而设计的。当流水线处于延时周期时，处理器的执行单元被占用，算术逻辑单元(ALU)和桶形移位器却可能处于空闲状态，此时可以利用它们来完成往基址寄存器上加一个偏移量的操作，供后面的指令使用。例如：指令 LDR R1，[R2]，♯4 完成 R1= ＊R2 及 R2 ＋=4 两个操作，是后索引(post-indexing)的例子；而指令 LDR R1，[R2，♯4]! 完成 R1 = ＊(R2 + 4)和 R2 ＋=4 两个操作，是前索引(pre-indexing)的例子。

流水线阻断的情况可通过循环拆解等方法加以改善。一个循环可以考虑拆解以减小跳转指令在循环指令中所占的比重，进而提高代码效率。下面以一个内存复制函数加以说明。

```
void memcopy(char ＊ to,char ＊ from,unsigned int nbytes)
{
    while(nbytes－－)
        ＊ to＋＋ ＝ ＊ from＋＋;
}
```

为简单起见，这里假设 nbytes 为 16 的倍数(省略对余数的处理)。上面的函数每处理一个字节就要进行一次判断和跳转，对其中的循环体可作如下拆解：

```
void memcopy(char ＊ to,char ＊ from,unsigned int nbytes)
{
    while(nbytes)
    {
        ＊ to＋＋ ＝ ＊ from＋＋;
        ＊ to＋＋ ＝ ＊ from＋＋;
        ＊ to＋＋ ＝ ＊ from＋＋;
        ＊ to＋＋ ＝ ＊ from＋＋;
        nbytes －＝ 4;
    }
}
```

这样一来,循环体中的指令数增加了,循环次数却减少了。跳转指令带来的负面影响得以削弱。利用 ARM 系列处理器 32 位字长的特性,上述代码可进一步作如下调整:

```
void memcopy(char * to,char * from,unsigned int nbytes)
{
    int * p_to = (int * )to;
    int * p_from = (int * )from;
    while(nbytes)
    {
        * p_to ++ = * p_from ++ ;
        * p_to ++ = * p_from ++ ;
        * p_to ++ = * p_from ++ ;
        * p_to ++ = * p_from ++ ;
        nbytes - = 16;
    }
}
```

经过优化后,一次循环可以处理 16 字节。跳转指令带来的影响进一步得到减弱。不过可以看出,调整后的代码在代码量方面有所增加。

(2) 使用寄存器变量

CPU 对寄存器的存取要比对内存的存取快得多,因此为变量分配一个寄存器,将有助于代码的优化和运行效率的提高。整型、指针、浮点等类型的变量都可以分配寄存器;一个结构的部分或者全部也可以分配寄存器。给循环体中需要频繁访问的变量分配寄存器也能在一定程度上提高程序效率。

```
void UARTPrintfString(INT8 * str)
{
    while( * str && str)
    {
        UARTSendByte( * str ++ )
    }
}
```

可以改为:

```
void UARTPrintfString(INT8 * str)
{
    register INT8 * pstr = str;
    while( * pstr && pstr)
    {
        UARTSendByte( * pstr ++ )
    }
```

}

说明:在声明局部变量的时候可以使用 register 关键字。这就使得编译器把变量放入一个多用途的寄存器中,而不是在堆栈中,合理使用这种方法可以提高执行速度。函数调用越是频繁,越是可能提高代码的执行速度,注意 register 关键字只是建议编译器而已。

20. 嵌入汇编——杀手锏

汇编语言是效率最高的计算机语言,在一般项目开发当中一般都采用 C 语言来开发的,因为嵌入汇编之后会影响平台的移植性和可读性,不同平台的汇编指令是不兼容的。但是对于一些执着的程序员要求程序获得极致的运行的效率,他们都在 C 语言中嵌入汇编,即"混合编程"。

注意:如果想嵌入汇编,一定要对汇编有深刻的了解。不到万不得已的情况,不要使用嵌入汇编。

总的来说,高级语言的优化和编译器、硬件结构有关。

硬件上,ARM 一般为 32 位总线,以 32 位访问数据的速度较快。局部变量和其他常用的变量要尽量利用 32 位的 int 类型,组织结构体时,也要注意元素的位置(小前大后),以节省空间。另外,由于 ARM 指令可条件执行,所以充分利用 cpsr 会使程序更有效率。同时注意好类型之间的运算,尽量减少转型操作。任何时候除法和取模运算可以同时取得结果而不会额外增加运算过程,但单单对于除法,还是以乘代除比较划算。

对于编译器,armcc 遵从 ATPCS 的要求,第 1～4 个参数依次通过 r0～r4 传递,其他参数通过堆栈传递,返回值用 r0 传递,因此,为了把大部分操作放在寄存器中完成,参数最好不多于 4 个。另外,可用的通用寄存器有 12 个,所以尽量将局部变量控制在 12 个之内,效率上会得到提升。同时,由于编译器比较保守,指针别名会引起多余的读操作,所以尽量少用。

深入重点

✓ 微控制器资源有限,发挥微控制器的潜能是程序员的任务,无论从硬件还是从软件作为出发点,尽可能进行挖掘。

✓ 从软件的角度挖掘微控制器潜能不仅要对当前的编译环境要熟悉,同时要对编程语言有深入的认识。

✓ 嵌入式汇编只指针对时间要求严格的微控制器系统,如无必要,不推荐使用嵌入式汇编,因为现在的编译器是"非常聪明的",代码的执行效率可以接近汇编,还可以提高移植性。

✓ 关于大小端模式的问题,8051、网络是大端模式;ARM(M051)、AVR、USB是小端模式。

大端模式	高字节在低地址,低字节在高地址
小端模式	高字节在高地址,低字节在低地址

示例:

0x3782 的存储方式:

	低地址(n)	高地址(n+1)
大端模式	0x37	0x82
小端模式	0x82	0x37

✓ 优化的过程是在透彻了解软/硬件结构和特性的前提下,充分利用硬件资源,不断调整程序结构使之趋于合理的过程。其目的是最大程度发挥处理器效能,最大限度利用资源,尽可能提高程序在特定硬件平台上的性能。随着 ARM 处理器在通信及消费电子等行业中的应用日趋广泛,优化技术将在基于 ARM 处理器的程序设计过程中发挥越来越重要的作用。值得注意的是,程序的优化通常只是软件设计需要达到的诸多目标之一,优化应在不影响程序正确性、健壮性、可移植性及可维护性的前提下进行。片面追求程序的优化往往会影响健壮性、可移植性等重要目标。

24.3.5 软件抗干扰

缔造一个好产品都必须以稳定为前提,不是稳定的东西不是好东西。要让产品工作稳定,必须要对硬件与软件的设计进行"两手抓",而往往硬件上设计的缺陷导致微控制器程序跑飞的主要原因,软件设计缺陷为次要原因。

当微控制器工作在严重的 EMI 或电气噪声环境下,会导致程序跑飞即程序计数器 PC 乱跑,从而导致微控制器出现不可预测的行为。

在微控制器的上电和掉电的过程中,最容易让微控制器程序跑飞,这样必须控制微控制器复位的硬件设计要恰当,例如电阻和电容值的选取,而在选型微控制器时官方手册都有典型的复位电路作为参考,因而尽量以官方给出的典型复位电路为准。

第二就是继电器和电动机干扰微控制器,导致其程序跑飞较为常见,主要表现为电流冲击。为了防止它们干扰微控制器,必须在硬件设计上下工夫。继电器必须增加续流二极管,消除断开线圈时产生的反向电动势干扰,当增加了续流二极管将使继电器的断开时间延迟,这样就必须增加稳压二极管使继电器在单位时间内可动作更加多的次数。同样电机与继电器的工作原理类似,必须加上相应的续流二极管来消除反电动势干扰,然后加上滤波电路。

由于篇幅有限,如果读者想了解更加之多硬件上的干扰,可以参阅相关资料。

软件设计缺陷导致微控制器程序跑飞主要表现为错误的代码、超出了微控制器允许的范围内执行程序。这就要求微控制器编程人员必须要对微控制器的硬件配置要熟悉,例如 Rom 大小、Ram 大小、内部硬件资源等,并且要对微控制器编程有深刻的了解,特别 C 语言编程。

那么现在假设当前程序是正确的,微控制器正在运行时突然受到外界严重的干扰,导致 I/O 口值发生变化、RAM 中某些变量值被篡改、程序计数器 PC 乱指等,必然导致本来正确的程序却做出不能预测的行为,而这三种现象最为普遍,以下列出解决问题的方法:

1. 硬件看门狗

通过硬件看门狗来监控程序是否跑飞有些小细节要注意的,就是不能在中断服务函数里喂狗,因为当微控制器程序跑飞后,内部硬件资源还是能够正常工作的,并能够进入相应的中断服务函数,如果在中断服务函数里喂狗,就算程序跑飞了,看门狗监控就没有起到作用,所以看门狗喂狗绝对不能放在中断服务函数里喂狗。

2. 软件看门狗

软件看门狗是基于没有硬件看门狗的微控制器引申出来的,软件看门狗与硬件的看门狗最大不同就是它需要占用 2 个定时器资源,并结合主程序实现环形监视,即 T0 监视 T1,T1 监视主程序,主程序监视 T0,如图 24.4.2 所示。

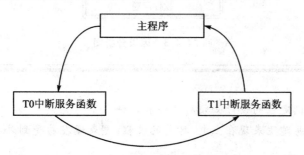

图 24.4.2 软件看门狗环形监视图

3. 定时检测 RAM 区被标志的数据

定时检测 RAM 区数据既可以在主程序里检测,又可以放在定时器中断服务函数中检测。我们只需要在程序中定义多个固定变量,并赋予固定的值。若然因程序"跑飞"导致 RAM 中这些数据发生变化,这时可以说明微控制器已经受到严重的干扰了,可以通过软件复位使微控制器复位。

4. 捕获输入数据、多次采样

将处理一次的输入数据改为循环采样,采用算术平均值法得出结果,还有对输入数据的捕获要加上超时处理,防止程序"抱死"。

5. 根据各函数模块适当地刷新输出端口

在程序的执行过程中根据相对应的函数模块来刷新输出端口,这样可以排除干扰对输出端口状态的影响。

那么,在实际分析中,我们可以采用因果分析图(又叫鱼骨图或石川图),能够直接地反映了造成问题的各种可能的原因。因果分析图是全球广泛采用的一项技术,该技术首先确定结果,然后分析造成这种结果的原因。每个分支都代表着可能出错的原因,用于查明质量问题可能所在和设立相应检验点。这对于我们平时研究程序稳定性勾画了框图,起到指导性的作用,如图 24.4.3 所示。

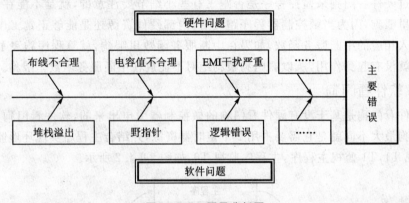

图 24.4.3 因果分析图

深入重点

✓ 微控制器稳定性的设计必须从硬件和软件上下工夫。

✓ 微控制器易跑飞表现在上电、掉电的过程,更表现在易受到外界条件对其的干扰。

✓ 在微控制器 C 语言编程中,软件设计防跑飞主要以检测变量值、看门狗监视、刷新输出端口、输入端口循环取样求算术平均值。若在微控制器汇编语言编程中,可以使用更加多的手段来防止程序跑飞,在这里不作赘述。

24.3.6 软件低功耗设计

在某些特殊的设备,如何最大限度地降低微控制器系统功耗是设计人员最关注的问题。随着电子便携式设备日渐普及,而且这些设备都是通过电池供电的,这样就对电子便携式设备的续航能力提出了严格的要求,意味着功耗更低。然而在低功耗系统中,很多设计者只关注到硬件设计上的功耗,除了使 MCU 进入省电模式外,软件设计对系统功耗的影响往往容易被忽略,主要表现为软件上的缺陷并不像硬件那样容易发现。不管怎么说,作为微控制器程序员仍需将当前系统的低功耗特性反映在软件上,以避免那些"看不到"的功耗损失。关于硬件上的低功耗设计可以参考其他书籍,在这里不作赘述。

1. "中断法"取代"查询法"

一个程序使用中断方式还是查询方式对于一些简单的应用并不那么重要,但在其低功耗特性上却相去甚远。使用中断方式,CPU 可以什么都不做,甚至可以进入空闲模式或掉电模式(可参考 14.1 功耗控制章节),只需要等待响应的中断请求就可以了;而查询方式下,CPU 必须不停地访问 I/O 寄存器,这会带来很多额外的功耗("查询法"与"中断法"可参考 7.4.2 串口接收数据实验章节)。关于"中断法"与"查询法"对 CPU 的占用可以通过 Keil 调试环境的性能分析器窗口中观察得到。有一点要注意的是:当微控制器处于空闲模式时,可以由任何中断唤醒;微控制器处于掉电模式时,外部时钟停振,MCU、定时器、串行口全部停止工作,只有外部中断继续工作,因此只能由外部中断唤醒。

2. 用"宏"代替"子程序"

从 26.3.1 章节已经介绍了宏,使用宏定义可以防止出错,提高可移植性、可读性、方便性,同时是 C 程序提供的预处理功能之一,但是程序员必须清楚,读 RAM 会比读 Flash 带来更大的功耗。正是因为如此,现在低功耗性能突出的 ARM 在 CPU 设计上仅允许一次子程序调用。因为 CPU 进入子程序时,会首先将当前 CPU 寄存器推入堆栈(RAM),在离开时又将 CPU 寄存器弹出堆栈,这样至少带来两次对 RAM 的操作。因此,程序员可以考虑用宏定义来代替子程序调用。对于程序员,调用一个子程序还是一个宏在程序写法上并没有什么不同,但宏会在编译时展开,CPU 只是顺序执行指令,避免了调用子程序。唯一的问题似乎是代码量的增加。目前,微控制器的片内 Flash 越来越大,对于一些不在乎程序代码量大一些的应用,这种做法无疑会降低系统的功耗。

在这里有必要说明的是不推荐将所有的函数转为宏函数,特别是对有传入参数的函数,一般将"宏"替代"子程序"都是一些比较简单的函数,如:＃define MAX(A,B) {A>B? A:B}。

3. 尽量减少 CPU 的运算量

减少 CPU 运算的工作可以从很多方面入手:将一些运算的结果预先算好,放在 Flash 中,用查表的方法替代实时的计算,减少 CPU 的运算工作量,可以有效地降低 CPU 的功耗(很多微控制器都有快速有效的查表指令和寻址方式,用以优化查表算法);不可避免的实时计算,算到精度够了就结束,避免"过度"的计算;尽量使用短的数据类型,例如,尽量使用字符型的 8 位数据替代 16 位的整型数据,尽量使用分数运算而避免浮点数运算等。

更多的关于减少 CPU 的运算量可参考 26.3.4 程序优化章节。

4. 让 I/O 模块间歇运行

不用的 I/O 模块或间歇使用的 I/O 模块要及时关掉，以节省电能。不用的 I/O 引脚要设置成输出或设置成输入，用上拉电阻拉高。因为如果引脚没有初始化，可能会增大微控制器的漏电流。特别要注意有些简单封装的微控制器没有把个别 I/O 引脚引出来，对这些看不见的 I/O 引脚也不应忘记初始化。

深入重点

✓　软件上设计的缺陷同样会对低功耗系统的功耗造成影响。

✓　软件低功耗设计可从这 4 个方面着手：用"中断法"代替"查询法"、用"宏"代替"子程序"、尽量减少 CPU 的运算量、让 I/O 模块间歇运行。

第 **4** 篇

番外篇

何谓之番外篇,因为本篇超出了介绍微控制器的范畴,但是又不得不说。在高级接口通信开发篇已经涉及了界面的应用,现在的微控制器程序员或多或少与界面接触,甚至要懂得界面的基本编写,微控制器程序员同时演绎着界面程序员的角色,这个在中小型企业比较常见,编写的往往是一些比较简单的调试界面,常用于调试或演示给老板和参观的人看,当产品竣工时,要提供相应的 DLL(动态链接库)给系统集成部,缔造出不同的应用方案。在番外篇中,界面编程开发工具为 VC++2008,通过 VC++2008 向读者展示界面如何编写,同时如何实现串口通信、USB 通信、网络通信,只要使用笔者编写好的类,实现它们的通信是如此的简单,就像在 C 语言中调用函数一样,只需要掌握 Init()、Send()、Recv()、Close() 函数的使用就可以了,相信读者会在这篇中基本掌握界面编程,最后驾轻就熟,编写出属于自己的调试工具。

第 **25** 章

界面开发

在以往的一段时间中,标准的微控制器程序员只需要侧重于微控制器程序的编写就可以了,但是随着社会的不断进步,社会的需求越来越多,迫使产品的开发速度要相应地加快,而且时时都要与接口打交道,例如含有串口接口、USB 接口、网络接口的设备,往往都需要 PC 界面来辅助,"过时的"微控制器程序员就显得力不从心。虽然网络上可以搜索到不同的串口调试助手、USB 调试助手、网络调试助手,但是这些调试工具往往存在一定的局限性,因为这些工具都具有相同的特点:发送字符串、发送十六进制数、显示字符串、显示十六进制数,但拓展性不强,几乎每次更改发送的数据都要自己修改,严重影响开发效率,假如下位机有很多功能都通过接收串口数据来控制,哪岂不是每次都要修改数据,还有更坏的情况就是一般产品的接口通信都含有数据校验的,而这些调试助手不具备校验值计算功能,需要自己动手计算,这真的是最头痛的事情。我们反过来想一下,倒不如自己写调试工具,不但可以加快产品的开发速度,更可以了解软件的编写方法,何乐而不为,单片机多功能调试助手如图25.1.1所示。

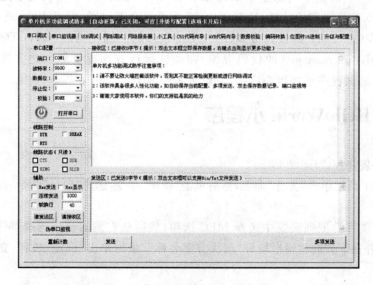

图 25.1.1　单片机多功能调试助手

界面编写的工具有很多种,例如 Delphi、VB、VC++等。在这里推荐读者使用 VC++来进行界面开发,VC++与底层关系非常密切,同时有一定 C 语言功底的我们更加易于上手,可以使用 VC6.0 以上的版本进行编写,不过笔者给出的所有界面程序都是基于 VC++2008 来编写的,因此在这章是以 VC++2008 来讲解界面编写的。

25.1　VC++2008

在选择 VC++界面开发工具,有些人心中或多或少就有点纠结,为什么不使用 VC++6.0,却选择用 VC++2008 进行开发图 25.1.2 所示的界面,那么就让笔者为读者进行析疑吧。

图 25.1.2　VS2008 Logo

VC++6.0 是 1998 年诞生的,遗憾的是 1998 年以后 C++标准才正式制定出来的。VC++2008 是完全支持 C++标准的,VC++6.0 对 C++标准的支持程度只有 86%,有时出了问题也不知道在哪里出现,无从下手。不支持 C++标准的 VC++6.0 不是我们的首选,VC++2008 就再适合不过了,而且 VC++2008 的编译器比较 VC++6.0 的强大很多,不仅支持很多新的优化功能(Oy,LTCG,PGO),而支持 native 和 managed 的代码混编,在调试运行方面提供更加之多的人性化功能,使你在调试程序更加得心应手,发现更多的 BUG。

25.2　HelloWorld 小程序

① 安装好 VC++2008。

② 在工具栏单击"文件"命令,然后单击"新建"命令,选择"项目"命令,如图 25.2.1 所示。

③ 在项目类型列表框中选择 MFC 选项,然后从右侧的模板选择"MFC 应用程序"选项,并在下方的编辑框填好"解决方案名称",最后单击"确定"按钮,如图 25.2.2 所示。

④ 在 MFC 应用向导单击"下一步"按钮,如图 25.2.3 所示。

图 25.2.1 新建项目

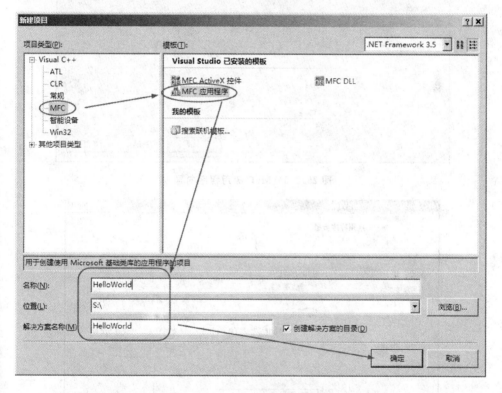

499

图 25.2.2 创建 MFC 应用程序

⑤ 在应用程序类型选择"基于对话框"选项,在 MFC 的使用选择"在静态库中使用 MFC"选项,单击"完成"按钮,如图 25.2.4 所示。

然后界面创建完成,如图 25.2.5 所示。

⑥ 右击"确定"按钮,在弹出的菜单中选择"添加事件处理程序"选项,如图 25.2.6 所示。

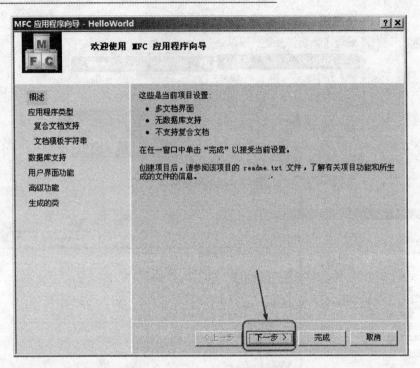

图 25.2.3　MFC 应用程序向导

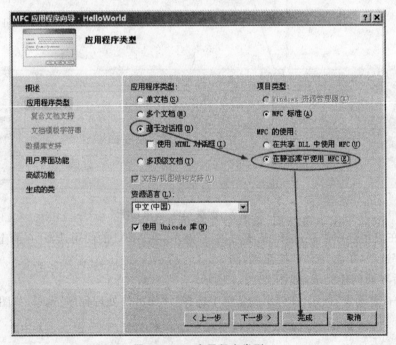

图 25.2.4　应用程序类型

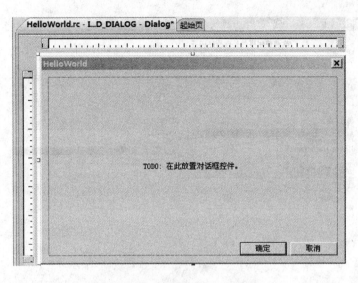

图 25.2.5　创建 MFC 应用程序成功

图 25.2.6　添加事件处理程序

⑦ 在事件处理程序向导对话框中,消息类型选择 BN_CLICKET 选项,类列表选择 CHelloWorldDlg 选项,填写函数处理程序名称为 OnShowHelloWorld,单击"添加编辑"按钮,如图 25.2.7 所示。

⑧ 在 OnShowHelloWorld()函数中,填写程序,如图 25.2.8 所示。

⑨ 编译程序。单击菜单"生成"命令,然后选择"重新生成解决方案"命令,如图25.2.9 所示。

⑩ 运行程序。单击菜单"生成"命令,选择"按配置优化"命令,在弹出的菜单中选择"运行检测/优化后的程序"命令,在弹出的 HelloWorld 的对话框中单击"确定"按钮,显示"Hello World!",如图 25.2.10、图 25.2.11 所示。

事件处理程序向导 - HelloWorld
欢迎使用事件处理程序向导
命令名:
IDOK
消息类型(Y):
BN_CLICKED
BCN_DROPDOWN
BCN_HOTITEMCHANGE
类列表(L):
CAboutDlg
CHelloWorldApp
CHelloWorldDlg
函数处理程序名称(N):
OnShowHelloWorld
处理程序说明
指示用户单击了按钮
添加编辑(A)
取消

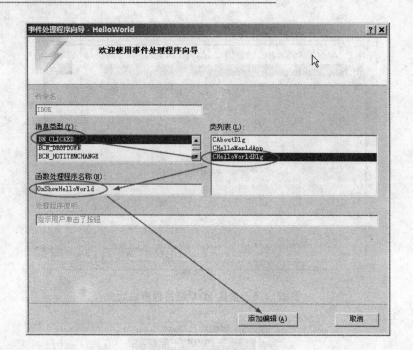

图 25.2.7　事件处理程序向导

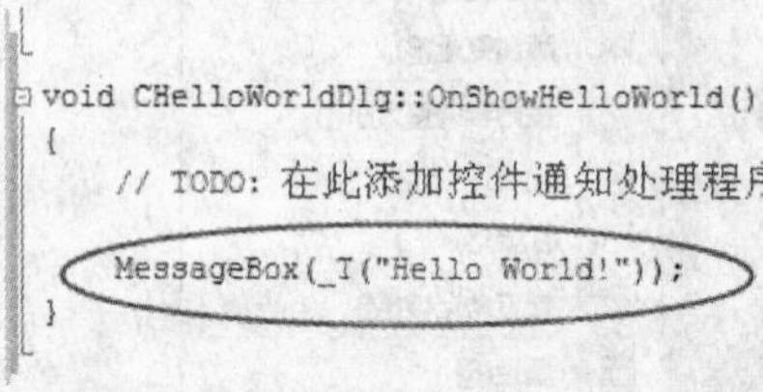

void CHelloWorldDlg::OnShowHelloWorld()
{
// TODO: 在此添加控件通知处理程序代码
MessageBox(_T("Hello World!"));
}

图 25.2.8　编写事件处理程序

生成(B)
调试(D)
工具(T)
窗口(W)
帮助(
生成解决方案(B)　F7
重新生成解决方案(R)　Ctrl+Alt+F7
清理解决方案(C)

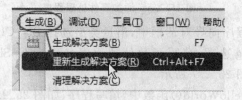

图 25.2.9　编译程序

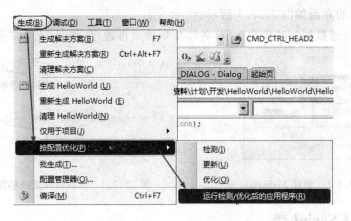

图 25.2.10 运行程序

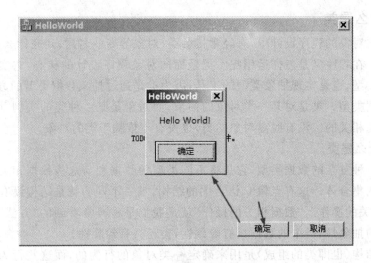

图 25.2.11 观察程序执行

> **深入重点**
> ✓ VC++2008 是什么？
> ✓ VC++2008 如何创建界面、如何编写程序、如何编译程序、如何运行程序？

25.3 实现串口通信

25.3.1 创建界面

声明：在创建界面的过程中，如果忘记如何创建，可以参考 HelloWorld 小程序的章节。

① 创建的界面如图 25.3.1 所示。

② 为"发送数据"和"接收数据"各添加事件处理程序,如图 25.3.2 所示。

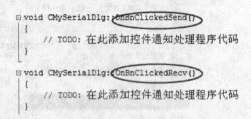

图 25.3.1　创建 MySerial　　　　图 25.3.2　添加事件处理程序

25.3.2　CSerial 类

1. 什么是类

在面向对象的程序设计中,有经常接触类、对象等专业名词;到底什么是类、什么是对象呢? 在程序又是怎样运用呢? 类是面向对象程序设计的核心,它实际是一种新的数据类型,也是实现抽象类型的工具,因为类是通过抽象数据类型的方法来实现的一种数据类型。类是对某一类对象的抽象;而对象是某一种类的实例,因此,类和对象是密切相关的。没有脱离对象的类,也没有不依赖于类的对象。

(1) 什么是类

类是一种复杂的数据类型,它是将不同类型的数据和与这些数据相关的操作封装在一起的集合体。这有点像 C 语言中的结构,唯一不同的就是结构没有定义所说的"数据相关的操作","数据相关的操作"就是我们平常经常看到的"方法",因此,类具有更高的抽象性,类中的数据具有隐藏性,类还具有封装性。

类的结构(也即类的组成)是用来确定一类对象的行为的,而这些行为是通过类的内部数据结构和相关的操作来确定的。这些行为是通过一种操作接口来描述的(也即平时我们所看到的类的成员函数),使用者只关心的是接口的功能(也就是我们只关心类的各个成员函数的功能),对它是如何实现的并不感兴趣。而操作接口又被称为这类对象向其他对象所提供的服务。

(2) 类的定义格式

类的定义格式一般地分为说明部分和实现部分。说明部分是用来说明该类中的成员,包含数据成员的说明和成员函数的说明。成员函数是用来对数据成员进行操作的,又称为方法。实现部分是用来对成员函数的定义。概括说来,说明部分将告诉使用者"干什么",而实现部分是告诉使用者"怎么干"。

类的一般定义格式如下:

```
class <类名>
{
```

504

```
    public：
    ＜成员函数或数据成员的说明＞
    private：
    ＜数据成员或成员函数的说明＞
};
```

＜各个成员函数的实现＞

下面简单地对上面的格式进行说明：class 是定义类的关键字，＜类名＞是种标识符，通常用 T 字母开始的字符串作为类名。一对花括号内是类的说明部分（包括前面的类头）说明该类的成员。类的成员包含数据成员和成员函数两部分。从访问权限上来分，类的成员又分为：公有的（public）、私有的（private）和保护的（protected）三类。公有的成员用 public 来说明，公有部分往往是一些操作（即成员函数），它是提供给用户的接口功能。这部分成员可以在程序中引用。私有的成员用 private 来说明，私有部分通常是一些数据成员，这些成员是用来描述该类中的对象的属性的，用户是无法访问它们的，只有成员函数或经特殊说明的函数才可以引用它们，它们是被用来隐藏的部分。保护类（protected）将在以后介绍。

关键字 public，private 和 protected 被称为访问权限修饰符或访问控制修饰符。它们在类体内（即一对花括号内）出现的先后顺序无关，并且允许多次出现，用它们来说明类成员的访问权限。

其中，＜各个成员函数的实现＞是类定义中的实现部分，这部分包含所有在类体内说明的函数的定义。如果一个成员函数的类体内定义了，实现部分将不出现。如果所有的成员函数都在类体内定义，则实现部分可以省略。

下面给出一个日期类定义的例子：

程序清单 25.3.1　日期类示例 1

```
class TDate
{
    public：
    void SetDate(int y,int m,int d);
    int IsLeapYear();
    private：
    int year,month,day;
};
//类的实现部分
void TDate::SetDate(int y,int m,int d)
{
    year = y;
    month = m;
    day = d;
```

```
}
int TDate::IsLeapYear()
{
    return(year % 4 == 0 && year % 100! = 0) || (year % 400 == 0);
}
```

这里出现的作用域运算符::是用来标识某个成员函数是属于哪个类的。

该类的定义还可以如下所示：

程序清单 25.3.2　日期类示例 2

```
class TDate
{
    public:
    void SetDate(int y,int m,int d)
    {year = y; month = m; day = d;}

    int IsLeapYear()
    {return(year % 4 == 0 && year % 100! = 0) || (year % 400 == 0);}
    private:
    int yeay,month,day;
}
```

这样对成员函数的实现（即函数的定义）都写在了类体内，因此类的实现部分被省略了。如果成员函数定义在类体外，则在函数头的前面要加上该函数所属类的标识，这时使用作用域运算符::。

定义类时应注意的事项：

① 在类体中不允许对所定义的数据成员进行初始化。

② 类中的数据成员的类型可以是任意的，包含整型、浮点型、字符型、数组、指针和引用等。也可以是对象。另一个类的对象，可以作该类的成员，但是自身类的对象是不可以的，而自身类的指针或引用又是可以的。当一个类的对象用为这个类的成员时，如果另一个类的的定义在后，需要提前说明。

③ 一般地，在类体内先说明公有成员，它们是用户所关心的，后说明私有成员，它们是用户不感兴趣的。在说明数据成员时，一般按数据成员的类型大小，由小至大说明，这样可提高时空利用率。

④ 经常习惯地将类定义的说明部分或者整个定义部分（包含实现部分）放到一个头文件中。

2. CSerial 类

CSerial 类包含两个文件，分别是 CSerial. h 和 CSerial. cpp，示例源码如下：

程序清单 25.3.3　CSerial.h 源码

```cpp
# ifndef __CSERIAL_H__
# define __CSERIAL_H__
# pragma once
class CSerial
{
public：
            CSerial(void)；
    virtual～CSerial(void)；
    BOOL Init(UINT portnr,
            UINT baud,
            UINT parity,
            UINT databits,
            UINT stopbits)；
    BOOL Close(void)；
    UINT Send(UCHAR * pbuf,UINT len)；
    UINT Recv(UCHAR * pbuf,UINT len)；
protected：
    BOOL  Ready(void) ；
private：
    BOOL    m_bInit；        //串口是否已初始化
    HANDLE  m_hSerial；      //串口句柄
}；
# endif
```

程序清单 25.3.4　CSerial.cpp 源码

```cpp
# include "StdAfx.h"
# include "CSerial.h"
# include <assert.h>
*********************************************
* 函数名称：CSerial：：CSerial
* 输    入：无
* 输    出：无
* 说    明：构造函数,用于初始化相关资源
*********************************************/
CSerial：：CSerial(void)
{
    m_bInit = FALSE；
    m_hSerial = NULL；
}
/ *******************************************
```

```
 * 函数名称:CSerial::~CSerial
 * 输    入:无
 * 输    出:无
 * 说    明:析构函数,用于释放资源
 **********************************************/
CSerial::~CSerial(void)
{
    Close();
}
/*********************************************
 * 函数名称:CSerial::Ready
 * 输    入:无
 * 输    出:TRUE/FALSE
 * 说    明:返回串口是否初始化成功
 **********************************************/
BOOL CSerial::Ready(void)
{
    return m_bInit;
}
/*********************************************
 * 函数名称:CSerial::Close
 * 输    入:无
 * 输    出:TRUE/FALSE
 * 说    明:返回串口是否关闭成功
 **********************************************/
BOOL CSerial::Close(void)
{
    if (m_hSerial)
    {
        /*  释放串口句柄  */
        CloseHandle(m_hSerial);
        m_hSerial = NULL;
    }
    if (m_bInit)
    {
        m_bInit = FALSE;
    }
    return TRUE;
}
/*********************************************
 * 函数名称:CSerial::Init
 * 输    入:portnr      串口号
```

```
            baud        波特率
            parity      校验方式
            databits    数据位
            stopbits    停止位
* 输      出：TRUE/FALSE
* 说      明：返回串口是否初始化成功
************************************************/
BOOL CSerial::Init(UINT portnr,
                   UINT baud,
                   UINT parity,
                   UINT databits,
                   UINT stopbits)
{
    /* 检查串口是否已经准备好 */
    if (Ready())
    {
        Close();
    }

    /* 声明读/写操作的超时 */
    COMMTIMEOUTS CommTimeOuts;
    /* 声明串口通信设备的控制设置 */
    DCB dcb;
    /* 创建串口句柄 */
    LPWSTR wsz = new WCHAR[64];
    wsprintf(wsz,_T("\\\\.\\COM%d"),portnr);
    m_hSerial = CreateFile(wsz,
                           GENERIC_READ | GENERIC_WRITE,
                           0,
                           0,
                           OPEN_EXISTING,
                           0,
                           0);
    delete []wsz;
    if(m_hSerial == INVALID_HANDLE_VALUE)
    {
        return FALSE;
    }
    /* 读取串口设置 */
    GetCommState(m_hSerial,&dcb);
    dcb.BaudRate = baud;
    dcb.ByteSize = databits;
```

```
        dcb. Parity = parity;
        dcb. StopBits = stopbits;
        dcb. fParity = FALSE;
        dcb. fBinary = TRUE;
        dcb. fDtrControl = 0;
        dcb. fRtsControl = 0;
        dcb. fOutX = 0;
        dcb. fInX = 0;
        dcb. fTXContinueOnXoff = 0;
        dcb. EvtChar = 'q';
        /* 设置串口事件 */
        SetCommMask(m_hSerial,EV_RXFLAG|EV_RXCHAR);
        /* 初始化一个指定的通信设备的通信参数 */
        SetupComm(m_hSerial,1024,1024);
        /* 写入串口设置 */
        if(! SetCommState(m_hSerial,&dcb))
        {
            return FALSE;
        }
        /* 读取串口超时参数 */
        GetCommTimeouts(m_hSerial,&CommTimeOuts);
        CommTimeOuts. ReadIntervalTimeout = 100;
        CommTimeOuts. ReadTotalTimeoutMultiplier = 1;
        CommTimeOuts. ReadTotalTimeoutConstant = 100;
        CommTimeOuts. WriteTotalTimeoutMultiplier = 0;
        CommTimeOuts. WriteTotalTimeoutConstant = 0;
        /* 写入串口超时参数 */
        if(! SetCommTimeouts(m_hSerial,&CommTimeOuts))
        {
            return FALSE;
        }
        /* 清除串口收/发缓冲区 */
        PurgeComm(m_hSerial,PURGE_RXCLEAR | PURGE_TXCLEAR | PURGE_RXABORT | PURGE_TX-
ABORT);

        m_bInit = TRUE;
        return TRUE;
    }
    /**********************************************
    * 函数名称:CSerial::Send
    * 输    入:pbuf      发送缓冲区
              len       数据长度
    * 输    出:成功发送的数据长度
```

```
＊说　　　明：串口发送数据
＊＊＊＊＊＊＊＊＊＊＊＊＊＊＊＊＊＊＊＊＊＊＊＊＊＊＊＊＊＊＊＊＊＊＊＊／
UINT CSerial：：Send(UCHAR ＊ pbuf，UINT len)
{
    if (! Ready())
    {
        return 0；
    }
    BOOL rt = FALSE；
    DWORD dwBytesSend = 0，dwCnt = 0；
    while (len＞dwCnt)
    {
        /＊ 向串口写入数据 ＊/
        rt = WriteFile(m_hSerial，pbuf + dwCnt，len － dwCnt，&dwBytesSend，NULL)；
        if (! rt)
        {
            return FALSE；
        }
        dwCnt ＋ = dwBytesSend；
        if (len ＞ dwCnt)
        {
            Sleep(100)；　//有可能 I/O 挂起
        }
    }
    return (UINT)dwCnt；
}
/＊＊＊＊＊＊＊＊＊＊＊＊＊＊＊＊＊＊＊＊＊＊＊＊＊＊＊＊＊＊＊＊＊＊＊＊
＊ 函数名称：CSerial：：Recv
＊ 输　　　入：pbuf　　　　发送缓冲区
　　　　　　　 len　　　　　数据长度
＊ 输　　　出：成功发送的数据长度
＊ 说　　　明：串口发送数据
＊＊＊＊＊＊＊＊＊＊＊＊＊＊＊＊＊＊＊＊＊＊＊＊＊＊＊＊＊＊＊＊＊＊＊＊／
UINT CSerial：：Recv(UCHAR ＊ pbuf，UINT len)
{
    /＊ 检查串口是否已经准备好 ＊/
    if (! Ready())
    {
        return 0；
    }
    BOOL rt = FALSE；
    DWORD dwBytesRecv = 0；
```

```
/* 读取串口数据 */
rt = ReadFile(m_hSerial,pbuf,len,&dwBytesRecv,NULL);

if (! rt)
{
    return FALSE;
}
return (UINT)dwBytesRecv;
}
```

3. 添加 CSerial 类

① 在"解决方案资源管理器"添加 CSerial 类，如图 25.3.3 所示。

② 在 MySerialDlg. h 头文件添加 ♯ include"CSerial. h"，并且在 CMySerialDlg 类中定义 CSerial 类的对象 m_Serial，如图 25.3.4 所示。

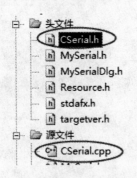

图 25.3.3　添加 CSerial 类

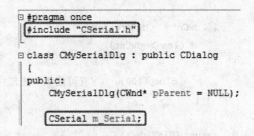

图 25.3.4　声明 CSerial 类对象

25.3.3　编写程序

在编写程序前，首先我们要知道 CSerial 类提供了什么函数给我们调用，CSerial 类可供调用的成员函数如表 25.3.1 所列。

表 25.3.1　CSerial 类成员函数列表

成员函数	说　明
Init	初始化串口
Close	关闭串口
Send	发送数据
Recv	接收数据

由于篇幅有限，在编写程序的步骤中只讲解如何调用 CSerial 的成员函数，关于 CSerial 类的深入，不在这里作详细说明。

① 在 BOOL CMySerialDlg::OnInitDialog()中初始化串口,即调用 CSerial 类中的 Init 函数,如果初始化串口失败,并通过消息对话框进行提示。

程序清单 25.3.5　初始化串口

```
BOOL CMySerialDlg::OnInitDialog()
{
//……………………………………
    //打开 COM1、波特率 9600b/s、无校验、8 位数据位、1 位停止位
    if (! m_Serial.Init(1,9600,NOPARITY,8,ONESTOPBIT))
    {
        MessageBox(L"初始化串口失败");
    }
return TRUE;
}
```

若打开串口失败,会是如下的情况,如图 25.3.5 所示。

② 在 void CMySerialDlg::OnBnClickedSend()中添加发送的程序。

程序清单 25.3.6　发送数据

```
void CMySerialDlg::OnBnClickedSend()
{
    UCHAR szBuf[3]={0x01,0x02,0x03};//发送缓冲区
    m_Serial.Send(szBuf,3); //发送数据
}
```

图 25.3.5　初始化串口失败

③ 在 void CMySerialDlg::OnBnClickedRecv()中添加接收的程序,并显示数据。

程序清单 25.3.7　接收数据

```
void CMySerialDlg::OnBnClickedRecv()
{
    UCHAR szBuf[64]={0};    //接收缓冲区
    UINT  unRecvLength=0;  //接收长度
    UINT  i=0;
    CString str=_T(""),str_=_T("");//用于显示数据
    unRecvLength=m_Serial.Recv(szBuf,sizeof(szBuf));//接收数据
    for (i=0;i<unRecvLength;i++)
    {
        str.Format(L"%02X ",szBuf[i]);//转换为进制格式
        str_ += str;
    }
    MessageBox(str_);//显示数据
```

}

25.3.4　运行程序

① 编译程序,确保编译通过(可参考 HelloWorld 小程序章节的编译程序部分),并运行程序,如图 25.3.6 所示。

② 单击"发送数据"按钮,当前发送数据为:0x01,0x02,0x03,如图 25.3.7 所示。

③ 单击"接收数据"按钮,会显示接收到微控制器发过来的数据,如图 25.3.8 所示。

图 25.3.6　执行程序　　　图 25.3.7　发送数据　　图 25.3.8　显示接收到的数据

界面编程也不是想象中那么深不可测,就这几个简单的函数就轻易地实现了串口的收发数据功能。只要我们每天肯花少许时间,将会熟悉串口、USB、网络的初始化、发送数据、接收数据的细致过程,甚至做出功能更为丰富的调试工具。

> ### 深入重点
> ✓ 熟悉 C++的类与对象的抽象概念。
> ✓ 熟悉 CSerial 类的成员函数的功能,了解串口收发数据的过程。

25.4　动态链接库

动态链接库英文为 DLL,是 Dynamic Link Library 的缩写形式,如图 25.4.1 所示,DLL 是一个包含可由多个程序同时使用的代码和数据的库,DLL 不是可执行文件。动态链接提供了一种方法,使进程可以调用不属于其可执行代码的函数。函数的可执行代码位于一个 DLL 中,该 DLL 包含一个或多个已被编译、链接并与使用它们的进程分开存储的函数。DLL 还有助于共享数据和资源。多个应用程序可同时访问内存中单个 DLL 副本的内容。DLL 是一个包含可由多个程序同时使用的代码和数据的库。

图 25.4.1　动态链接库文件

较大的应用程序都由很多模块组成,这些模块分别完成相对独立的功能,它们彼此协作来完成整个软件系统的工作。在构造软件系统时,如果将所有模块的源代码都静态编译到整个应用程序的 EXE 文件中,会产生一些问题:一个缺点是增加了应用程序的大小,它会占用更多的磁盘空间,程序运行时也会消耗较大的内存空间,造成系统资源的浪费;另一个缺点是,在编写大的 EXE 程序时,在每次修改重建时都必须调整编译所有源代码,增加了编译过程的复杂性,也不利于阶段性的单元测试;而且,一些模块的功能可能较为通用,在构造其他软件系统时仍会被使用。

25.4.1　动态链接库优点

Windows 系统平台上提供了一种完全不同的较有效的编程和运行环境,你可以将独立的程序模块创建为较小的动态链接库(Dynamic Linkable Library,DLL)文件,并可对它们单独编译和测试。在运行时,只有当 EXE 程序确实要调用这些 DLL 模块的情况下,系统才会将它们装载到内存空间中。这种方式不仅减少了 EXE 文件的大小和对内存空间的需求,而且使这些 DLL 模块可以同时被多个应用程序使用。

因为动态链接库是将功能封装在一起的模块,因此,与将代码直接写入调用模块中相比,它不仅可以提高程序的复用,减少代码开发工作量,同时使得功能更新更方便。除了这些模块化带来的优点外,动态链接库的工作方式也决定了它先天具有比静态链接更多的优点,如下所述。

节约内存和减少交换:当应用程序使用动态链接时,多个进程可以同步使用一个 DLL 共享内存中 DLL 的单个副本。相比之下,当应用程序使用静态链接库时,Windows 必须为每个应用程序装载一个库代码的副本到内存中。

节约磁盘空间:当应用程序使用动态链接时,多个应用程序可以共享磁盘上单个 DLL 副本。相比之下,当应用程序使用静态链接库时,每个应用程序要将库代码作为独立的副本链接到可执行镜像中。

当 DLL 中的函数修改时,只要函数参数、调用规定和返回值没有改变,使用 DLL 的应用程序不需要重新编译或链接。而静态链接的函数改变时,需要应用程序重新链接。

支持多语言编程:只要应用程序遵循相同的调用规范,则使用不同编程语言编写的程序可以调用相同的 DLL 函数。程序和 DLL 函数必须兼容:函数定义的参数入栈顺序,函数或应用程序谁来负责清理堆栈,参数是否传入寄存器中等方面必须兼容。

轻松的创建中间版本:通过将资源放入 DLL 中,使得创建应用程序的中间版本非常简单。如可以将应用程序的每个语言版本的字符串放到单独的一个资源 DLL 中,并为不同的语言版本装载合适的资源 DLL 就可以了。

　　虽然使用 DLL 有诸多的优点，但是也需要格外注意使用 DLL 的缺点。即调用 DLL 的应用程序不是独立的，程序的运行依赖于所使用的 DLL 是否存在。

　　总结：

　　在 Windows 操作系统中使用动态链接库(DLL)有很多优点，最主要的一点是多个应用程序、甚至是不同语言编写的应用程序可以共享一个 DLL 文件，真正实现了资源"共享"，大大缩小了应用程序的执行代码，更加有效地利用了内存；使用 DLL 的另一个优点是 DLL 文件作为一个单独的程序模块，封装性、独立性好，在软件需要升级的时候，开发人员只需要修改相应的 DLL 文件就可以了，而且，当 DLL 中的函数改变后，如果没有修改参数，程序代码并不需要重新编译。这在编程时十分有用，大大提高了软件开发和维护的效率。

25.4.2　动态链接库创建流程

　　① 运行 VC++2008。

　　② 在工具栏单击"文件"命令，然后单击"新建"命令，选择"项目"命令，如图 25.4.2 所示。

图 25.4.2　新建项目

　　③ 在项目类型列表框中选择 Win32 选项，然后从右侧的模板选择"Win32 项目"命令，并在下方的编辑框填好"解决方案名称"选项，最后单击"确定"按钮，如图25.4.3 所示。

　　④ 在"应用程序"类型中选中 DLL 选项，并在"附加选项"中选择"导出符号"选项，最后单击"完成"按钮退出向导，如图 25.4.4 所示。

　　⑤ 在"解决方案资源管理器"中打开"TestDll.cpp"，可以看到系统默认给出向导示例，导出函数为"fnTestDll"，如图 25.4.5 所示。

　　⑥ 编译程序。单击菜单"生成"命令，然后选择"重新生成解决方案"命令，如图25.4.6 所示。

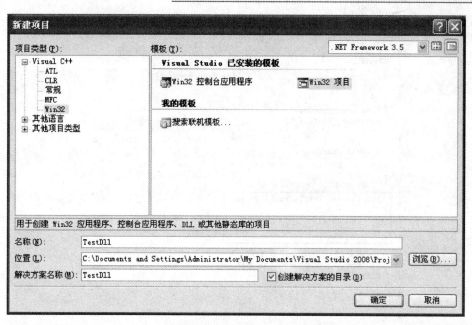

图 25.4.3 创建 Win32 项目

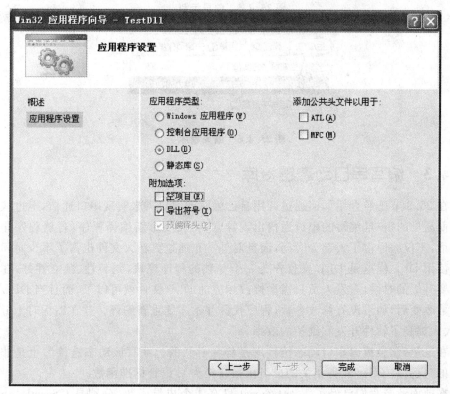

图 25.4.4 应用程序设置

```
TestDll.cpp
CTestDll.CTestDll            CTestDll::CTestDll()
CTestDll                                          CTestDll()
// TestDll.cpp : 定义 DLL 应用程序的导出函数。
//

#include "stdafx.h"
#include "TestDll.h"


// 这是导出变量的一个示例
TESTDLL_API int nTestDll=0;

// 这是导出函数的一个示例。
TESTDLL_API int fnTestDll(void)
{
    return 42;
}

// 这是已导出类的构造函数。
// 有关类定义的信息，请参阅 TestDll.h
CTestDll::CTestDll()
{
    return;
}
```

图 25.4.5　向导示例

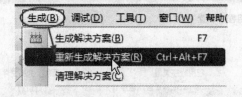

图 25.4.6　编译程序

25.4.3　编写串口动态链接库

在 25.3 节已经介绍如何通过调用自己编写的串口类来实现串口通信,不过缺点是显而易见的,一旦编写的串口通信出现异常,得需要重新编译程序,若然程序非常大的话,不仅编译占了大部分时间,而且对外发布通过更新大文件也占了不少时间。

使用 DLL 优点是 DLL 文件作为一个单独的程序模块,封装性、独立性好,在软件需要升级的时候,开发人员只需要修改相应的 DLL 文件就可以了,而且当 DLL 中的函数改变后,如果没有修改参数,程序代码并不需要重新编译。这在编程时十分有用,大大提高了软件开发和维护的效率。

在这里,学会编写串口动态链接库是势在必然的。编写该动态链接库也是非常简单的,只要将 CSerial 类相关的成员函数转换为 C 语言标准函数。

在前面章节我们已经了解到 CSerial 只有 4 个成员函数,分别是 CSerial::Init、CSerial::Send、CSerial::Recv、CSerial::Close,因此我们只需要将这 4 个函数封装

为 C 语言标准函数就能让其他程序所调用,代码如清单 25.4.1 所示。

程序清单 25.4.1　类成员函数封装为 C 语言标准函数

```
# include "SmartMComDll.h"
# include "CSerial.h"
static CSerial  m_Serial;
/ *************************************************
* 函数名称:Init
* 输      入:portnr  端口号
            baud    波特率
            parity  校验方式
            databits 数据位
            stopbits 停止位
* 输      出:TRUE/FALSE
* 功      能:初始化串口
* 示      例:
BOOL b = Init(1,9600,NOPARITY,8,ONESTOPBIT);
  *************************************************/
BOOL Init(UINT portnr,
          UINT baud,
          UINT parity,
          UINT databits,
          UINT stopbits)
{
      return m_Serial.Init(portnr,baud,parity,databits,stopbits);
}
/ *************************************************
* 函数名称:Close
* 输      入:无
* 输      出:TRUE/FALSE
* 功      能:关闭串口
* 示      例:
BOOL b = Close();
  *************************************************/
BOOL Close(void)
{
      return m_Serial.Close();
}
  *************************************************
* 函数名称:Send
* 输      入:pSendBytes       发送数据缓冲区
            unSendLength    发送数据长度
```

```
*   输    出:成功发送的字节数
* 示    例:
UINT8 buf[3] = {0x01,0x02,0x03}
UINT  b = Send(buf,3);
***********************************/
UINT  Send(UCHAR * pSendBytes,UINT unSendLength)
{
    return m_Serial. Send(pSendBytes,unSendLength,3000);
}
/**********************************
* 函数名称:Recv
* 输    入:pRecvBytes      接收数据缓冲区
            unRecvLength    接收数据长度
* 输    出:成功接收的字节数
* 功    能:串口接收数据
* 示    例:
UINT8 buf[3];
UINT  b = Recv(buf,3);
***********************************/
UINT Recv(UCHAR * pRecvBytes,UINT unRecvLength)
{
    return m_Serial. Recv(pRecvBytes,unRecvLength,3000);
}
```

当封装完毕后,为了让外部程序调用该 Dll 知道函数的存在,必须对外导出。

要导出 DLL 函数,我们可以向导出的 DLL 函数中添加函数关键字,也可以创建 (.def)以列出导出的 DLL 函数,方法详细如下:

方法 1:向导出的 DLL 函数中添加函数关键字。要使用函数关键字,我们必须使用以下关键字来声明要导出的各个函数:__declspec(dllexport)。要在应用程序中使用导出的 DLL 函数,我们必须使用以下关键字来声明要导入的各个函数:__declspec(dllimport)。通常下,我们最好使用一个包含 define 语句和 ifdef 语句的头文件,以便分隔导出语句和导入语句。

方法 2:创建模块定义文件(.def)以列出导出的 DLL 函数。使用模块定义文件来声明导出的 DLL 函数。当我们使用模块定义文件时,我们不必向导出的 DLL 函数中添加函数关键字。在模块定义文件中,我们可以声明 DLL 的 LIBRARY 语句和 EXPORTS 语句。

总的来讲,向外导出函数一般都使用方法 1,示例代码如清单 25.4.2 所示。

程序清单 25.4.2　向外导出函数

```
# ifdef SMARTMCOMDLL_EXPORTS
# define SMARTMCOMDLL_API __declspec(dllexport)
```

```
#else
#define SMARTMCOMDLL_API __declspec(dllimport)
#endif
#ifdef __cplusplus
extern "C" {
#endif
SMARTMCOMDLL_API
extern BOOL Init(UINT portnr,
                 UINT baud,
                 UINT parity,
                 UINT databits,
                 UINT stopbits);
SMARTMCOMDLL_API
extern BOOL Close(void);
SMARTMCOMDLL_API
extern UINT Send(UCHAR * pSendBytes,UINT unSendLength);
SMARTMCOMDLL_API
extern UINT Recv(UCHAR * pRecvBytes,UINT unRecvLength);
#ifdef __cplusplus
}
#endif
```

有一点要注意的是在将 C++生成的 DLL 供标准 C 语言使用,输出文件需要用 extern "C"修饰,否则不能被标准 C 语言调用。

代码编写完毕后,最后一步当然是编译代码,生成的动态链接库输出在工程目录下的 Debug 或 Release 目录,这个根据你的解决方案配置而定,那么默认设定为 Release,并对该工程进行编译,动态链接库文件输出在工程目录下的 Release 目录,如图 25.4.7 所示。

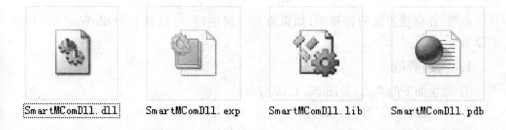

SmartMComDll.dll　　　SmartMComDll.exp　　　SmartMComDll.lib　　　SmartMComDll.pdb

图 25.4.7　动态链接库文件

在 Release 目录下,我们需要关注的是 SmartMComDll. dll 和 SmartMCom. lib 文件,在 25.4.4 小节必须用到这两个文件。那什么是 Lib 文件呢?该文件为 Windows 操作系统中的库文件,相当于 Linux 中的.a 或.o、.so 文件。

静态 lib 将导出声明和实现都放在 lib 中，编译后所有代码都嵌入到宿主程序。动态 lib 相当于一个 H 文件，是对实现部分（.dll 文件）的导出部分的声明。编译后只是将导出声明部分编译到宿主程序中，运行时候需要相应的 dll 文件支持。lib 文件是不对外公开的，不能查看一个编译过后的文件，有几个选择：

① 如果你查看有同名的 dll 文件，可以通过 vc 自带的 depends 查看 dll 接口。

② 通过 msdn 看你使用的该 lib 包含的函数名，来查找其对应的头文件，头文件里面有整个 lib 的函数声明（可能不全）。

③ 查看 VC 或者其他工具安装目录下的 src 目录，查看函数的代码。

由于该章节编写的串口动态链接库不属于微软公司，不能通过 msdn 进行查询，因此我们只能通过第 1 和第 3 种方法去获释函数名称，再倘若该代码属于第三方，那只能是第一种方法了。使用第 1 种方法操作步骤如下：

① 打开 depends.exe 软件，如图 25.4.8 所示。

图 25.4.8　depends

② 导入 SmartMComDll.dll 文件，并可得到该动态链接库文件的相关信息如函数名称、进入点、是否调试版本等，如图 25.4.9 所示。

25.4.4　调用串口动态链接库

声明：在创建界面的过程中，如果忘记如何创建，可以参考 HelloWorld 小程序的章节。

1. 创建界面

① 创建如下的界面，如图 25.4.10 所示。

② 为"发送数据"和"接收数据"各添加事件处理程序，如图 25.4.11 所示。

2. 添加相应的文件

① 在当前工程目录下添加 SmartMComDll.h、SmartMComDll.lib、SmartMComDll.dll，如图 25.4.12 所示。

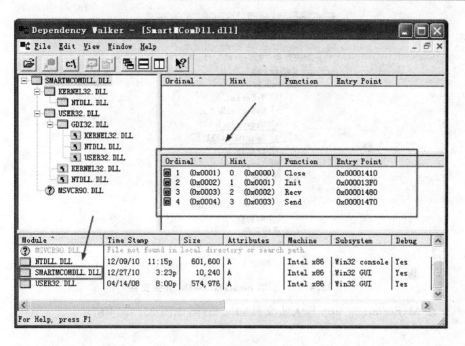

图 25.4.9　查看动态链接库

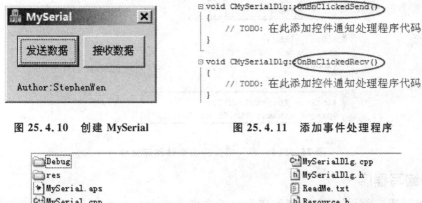

图 25.4.10　创建 MySerial　　　　图 25.4.11　添加事件处理程序

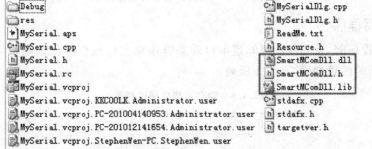

图 25.4.12　导入头文件、库文件、动态链接库文件

② 在"解决方案资源管理器"添加 SmartMComDll.h 头文件，如图 25.4.13 所示。

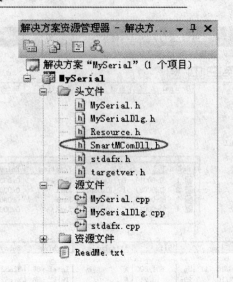

图 25.4.13　添加 SmartMComDll. h 头文件

③ 在 MySerialDlg. cpp 导入头文件和库文件，如图 25.4.14 所示。

```
#include "stdafx.h"
#include "MySerial.h"
#include "MySerialDlg.h"
#include "SmartMComDll.h"

#ifdef _DEBUG
#define new DEBUG_NEW
#endif


#include "SmartMComDll.h"
#pragma comment(lib,"SmartMComDll")
```

图 25.4.14　导入相关的头文件和库文件

3. 编写程序

在编写程序前，首先我们要知道串口动态链接库文件提供了什么函数给我们调用，可供调用的函数如表 25.4.1 所列。

表 25.4.1　动态链接库函数列表

函　数	说　明
Init	初始化串口
Close	关闭串口
Send	发送数据
Recv	接收数据

① 在 BOOL CMySerialDlg::OnInitDialog()中初始化串口,即调用 CSerial 类中的 Init 函数,如果初始化串口失败,并通过消息对话框进行提示。

程序清单 25.4.3 初始化串口

```
BOOL CMySerialDlg::OnInitDialog()
{
//……………………………………
    //打开 COM1、波特率 9600b/s、无校验、8 位数据位、1 位停止位
    if (! Init(1,9600,NOPARITY,8,ONESTOPBIT))
    {
        MessageBOx(L"初始化串口失败");
    }
return TRUE;
}
```

若打开串口失败,如图 25.4.15 所示。

② 在 void CMySerialDlg::OnBnClickedSend()中添加发送的程序。

程序清单 25.4.4 发送数据

图 25.4.15 初始化串口失败

```
void CMySerialDlg::OnBnClickedSend()
{
    UCHAR szBuf[3] = {0x01,0x02,0x03};//发送缓冲区

    Send(szBuf,3); //发送数据
}
```

③ 在 void CMySerialDlg::OnBnClickedRecv()中添加接收的程序,并显示数据。

程序清单 25.4.5 接收数据

```
void CMySerialDlg::OnBnClickedRecv()
{
    UCHAR szBuf[64] = {0};    //接收缓冲区
    UINT  unRecvLength = 0;   //接收长度
    UINT  i = 0;
    CString str = _T(""),str_ = _T("");//用于显示数据

    unRecvLength = Recv(szBuf,sizeof(szBuf));//接收数据

    for (i = 0;i<unRecvLength;i ++)
    {
        str.Format(L" % 02X ",szBuf[i]);//转换为进制格式
```

```
        str_ + = str;
    }
    MessageBOx(str_);//显示数据
}
```

4. 运行程序

① 编译程序,确保编译通过(可参考 HelloWorld 小程序章节的编译程序部分),并运行程序,如图 25.4.16 所示。

② 单击"发送数据"按钮,当前发送数据为:0x01,0x02,0x03,如图 25.4.17 所示。

③ 单击"接收数据"按钮,会显示接收到单片机发过来的数据,如图 25.4.18 所示。

图 25.4.16 执行程序   图 25.4.17 发送数据   图 25.4.18 显示接收到的数据

无论任何时候运行该程序,它的根目录必需要有 SmartMComDll.dll 文件的存在,否则运行该程序时会提示缺失无法找到组件导致其未能启动,如图 25.4.19 所示。

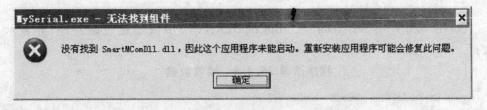

图 25.4.19 程序缺失动态链接库的运行情况

深入重点

✓ 动态链接库有助于共享数据和资源。多个应用程序可同时访问内存中单个动态链接库副本的内容,并且是一个包含可由多个程序同时使用的代码和数据的库。

✓ 在 Windows 操作系统中使用动态链接库(DLL)有很多优点,最主要的一点是多个应用程序、甚至是不同语言编写的应用程序可以共享一个 DLL 文件,真正实现了资源"共享",大大缩小了应用程序的执行代码,更加有效地利用了内存;使用 DLL 的另一个优点是 DLL 文件作为一个单独的程序模块,封装性、独立性好,在软件需要升级的时候,开发人员只需要修改相应的 DLL 文件就可以了,而且,当 DLL 中的函数改变后,如果没有修改参数,程序代码并不需要重新编译。这在编程时十分有用,大大提高了软件开发和维护的效率。

✓ 静态 lib 将导出声明和实现都放在 lib 中,编译后所有代码都嵌入到宿主程序。动态 lib 相当于一个 H 文件,是对实现部分(.dll 文件)的导出部分的声明。编译后只是将导出声明部分编译到宿主程序中,运行时候需要相应的 DLL 文件支持。lib 文件是不对外公开的,不能查看一个编译过后的文件,有几个选择:

(1) 如果你查看有同名的 DLL 文件,可以通过 VC 自带的 depends 查看 DLL 接口。

(2) 通过 MSDN 看你使用的该 lib 包含的函数名,来查找其对应的头文件,头文件里面有整个 lib 的函数声明(可能不全)

(3) 查看 VC 或者其他工具安装目录下的 SRC 目录,查看函数的代码。

✓ 无论任何时候运行该程序,它的根目录必须要有 SmartMComDll.dll 文件的存在,否则运行该程序时会提示缺失无法找到组件导致其未能启动。

附录 A

开发板原理图

A.1 原理图

原理图 A.1.1：

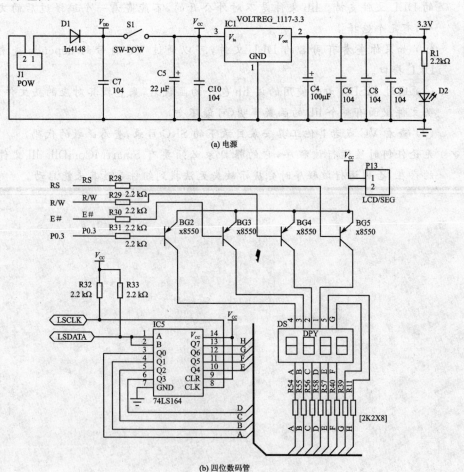

(a) 电源

(b) 四位数码管

图 A.1.1 SmartM-M051 开发板原理图 1

原理图 A.1.2：

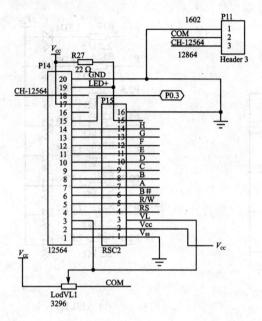

(a) 1602&12864液晶接口

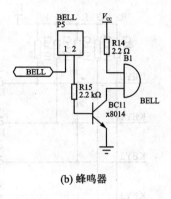

(b) 蜂鸣器

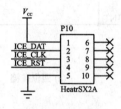

(c) ICE CONNECT

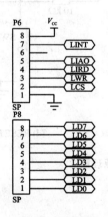

(d) USB模块接口

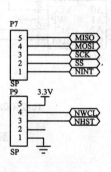

(e) NET模块接口

图 A.1.2 SmartM-M051 开发板原理图 2

原理图 A.1.3：

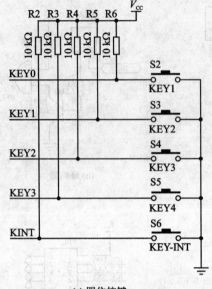

(a) 四位按键

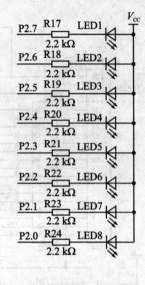

(b) 八位LED

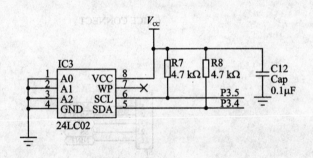

(c) 24C02

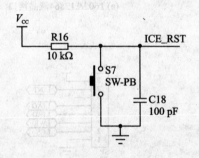

(d) RESET

图 A.1.3　SmartM-M051 开发板原理图 3

原理图 A.1.4:

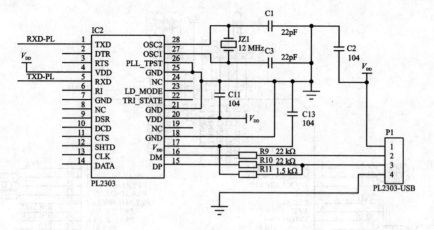

(a) USB转串口

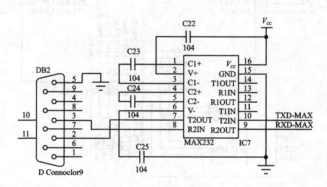

(b) 串口通信电路

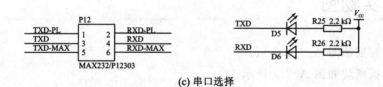

(c) 串口选择

图 A.1.4 SmartM-M051 开发板原理图 4

ARM Cortex-M0 微控制器原理与实践

532

原理图 A.1.5：

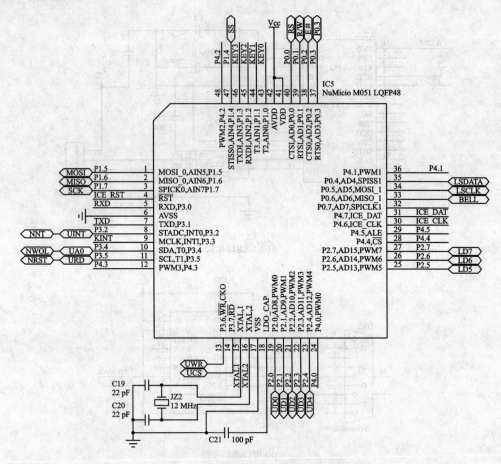

图 A.1.5 SmartM-M051 开发板原理图 5

A.2 实物图

元件布局如图 A.2.1 所示。

开发板概貌如图 A.2.2 所示。

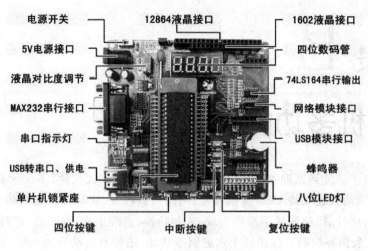

电源开关 —— 12864液晶接口　　1602液晶接口

5V电源接口 ——　　　　　　　　　四位数码管

液晶对比度调节 ——　　　　　　　74LS164串行输出

MAX232串行接口 ——　　　　　　　网络模块接口

串口指示灯 ——　　　　　　　　　USB模块接口

USB转串口、供电 ——　　　　　　　蜂鸣器

单片机锁紧座 ——　　　　　　　　八位LED灯

四位按键　　　　中断按键　　　　复位按键

图 A.2.1　元件布局

图 A.2.2　开发板概貌

附录 B

单片机多功能调试助手

单片机多功能调试助手(图 B.1.1)是一款多功能调试软件,不仅含有强大的串口调试功能,而且还支持 USB 数据收发、网络数据收发、8051 单片机代码生成、AVR 单片机波特率计算、数码管字型码生成、进制转换、点阵生成、校验值(奇偶校验/校验和/CRC 冗余循环校验)、位图转十六进制等功能,还带有自动升级功能,读者手上的调试助手永远是最新的。

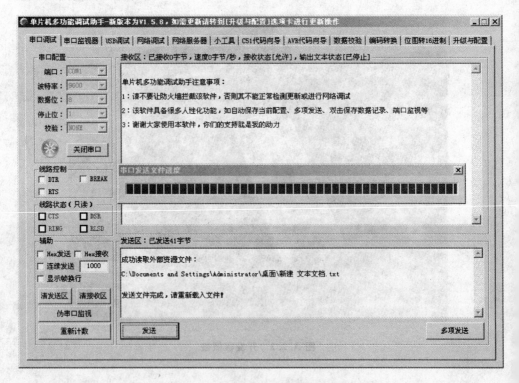

图 B.1.1 单片机多功能调试助手

下载地址:http://www.cnblogs.com/wenziqi/或百度搜索"单片机多功能调试助手"。

参考文献

[1] 温子祺. 51 单片机 C 语言创新教程[M]. 北京：北京航空航天大学出版社，2011.

[2] 新唐科技. NuMicro M051 系列技术参考手册.

[3] 王宇行. ARM 程序分析与设计[M]. 北京：北京航空航天大学出版社，2007.

[4] ARM 公司. RealView 编译器用户指南.

[5] ARM 公司. ARM 架构程序调用标准（AAPCS）.

[6] ARM 公司. AMBA 3 AHB-Lite Protocol.

[7] 周立功. PDIUSBD12 USB 固件编程与驱动开发[M]. 北京：北京航空航天大学出版社，2003.

[8] ［美］Richard Stevens W. TCP/IP 详解卷 1：协议[M]. 范建华，等译. 北京：机械工业出版社，2000.

[9] Joseph Yiu. 微控制器何去何从刊文.

[10] CoreSight Architecture Specification Rev 1.0.

[11] Cortex-M0 Technical Reference Manual.

[12] 12. http://www.cnblogs.com/wenziqi/.